Hans-Joachim Zillmer

Dinosaurier-Handbuch

HANS-JOACHIM ZILLMER

DINOSAURIER-HANDBUCH

Fakten, Funde, Kontroversen

Mit Reiseführer und Lexikon

Mit 77 teils farbigen Fotos
und 82 Textabbildungen

LANGEN MÜLLER

Bildnachweis

Fotos:
© *Zillmer*: Archiv Zillmer 13–15; 20–24, 27, 28–30, 33, 34, 41, 45–47, 49, 50; 52; Zillmer, Insert: *Dalton Wells Dinosaur Quarry* 48; im *National Museum of N. H.* (Washington, D.C.) 2, 4, 6; im *American Museum of N. H.* (New York) 3; 36–39; im *Naturmuseum Senckenberg* (Frankfurt) 5, 7; in *The Academy of N. Sciences* (Philadelphia) 9, 10, 31, 32; im *Museum of Comparative Zoology* (Cambridge) 11; im *Dinosaur State Park* (Rocky Hill, Connecticut) 1, 35, 51.
© *Andere*: Aus Colbert (1984): *American Museum of N. H.* (New York) 8; *Oklahoma Museum of N. H.*, University of Oklahoma 16; G. E. Douglass u. *Mariott Library, Univ. of Utah* 17; aus Wallace (1994): *American Museum of N. H.* (New York) 18 und E. M. Fulda/AMNH neg. (#315711) 19; Departement of Library Services, *American Museum of N. H.*, New York (#310437) 25; aus Lambert (1993) 26; © M. Shiraishi 40, 42, 43; West/Chure (1984/1994) 44; Departement of Library Services, *American Museum of N. H.* (#314524) 53; *George S. Eccles Dinosaur Park* 54, 55.

Abbildungen:
© Aus CD von United Soft Media »3D Dinosaurier« (ISBN 3-8032-1501-3), außer: Zillmer 1–7, 8 u., 9–11, 14 u., 16, 17, 18 m., 18 u., 19, 78–81; © »Science« 8 o.; K.-H. Jacob 12 u.; © Steve Kirk in Cox (1989) 15 r.; Brown (1914) 18 o.; nach Wittmer (Science, 2001) 20. *Künstler:* © M. Shiraishi S. 11, 119, 123, 125, 131, 134, 135, 142, 153, 154, 166, 168, 171, 175, 177, 225; © Raul Martin S. 141, 163; © Lambert (1993) S. 157, 173, 174; © Christopher Srnka S. 164; © Frank Denota S. 176; © T. Michael Keesey S. 126.

Vorsatz: Kopf von Majungatholus, *Nachsatz:* Rekonstruktion eines Pentaceratops. Beide Zeichnungen von Mineo Shiraishi.

Besuchen Sie uns im Internet unter
http://www.herbig.net

Gedruckt auf chlorfrei gebleichtem Papier

Schutzumschlaggestaltung: Wolfgang Heinzel
Satz: Schaber Satz- und Datentechnik, Wels
Gesetzt aus der 10,5/12,5 und 9/10 Punkt Stempel Garamond
Druck: Jos. C. Huber KG, Dießen
Binden: R. Oldenbourg, Heimstetten
Printed in Germany 2002
ISBN 3-7844-2870-3

Inhalt

Abkürzungen

a	Jahre (anni)
Ma	Millionen Jahre nach offizieller Zeitrechnung
»IlW«	Magazin »Illustrierte Wissenschaft«
»BdW«	Magazin »Bild der Wissenschaft«
»SpW«	Magazin »Spektrum der Wissenschaft«
BdW	»Bild der Wissenschaft« Online (www.wissenschaft.de)
SpW	»Spektrum der Wissenschaft« Online (www.wissenschaft-online.de)
ZiW	Homepage des Autors (http://www.zillmer.com)

Symbole

Bewertung von Fossilienstätten durch den Autor mit 1–6 Dinosauriern

Fossilienfundstätte in der Natur

Museum mit Dinosaurier-Ausstellung

Nationalpark

Möglichkeit zur Ausgrabungsteilnahme

Vergnügungspark mit Dinosaurier-Thematik

T Insidertipp

? Mysteriöse Funde, ungeklärte Phänomene oder offene Fragen

L Literatur

G Fundstätte eines Massengrabs

Vorwort

Dieses Buch ist ein Novum, da es als Spezialführer mit einem Reiseführerteil, einem Schnellregister zur Einordnung der Arten in den Stammbaum und neuen wissenschaftlichen Themen (u.a. Dinosaurier-Paläogeographie und Kontinentalverschiebung) einen umfassenden Überblick nicht nur über den aktuellen Stand der Dinosaurier-Forschung gibt. Jüngste wissenschaftliche Erkenntnisse führen zu einer Neubewertung der Dinosaurier hinsichtlich des Aussehens, ihres inneren Aufbaus und der Funktion der Extremitäten. Die Diskussion fantastisch anmutender Fragen – wie: »Waren die Dinosaurier hohl?« – könnte zu neuen Ufern der in fließender Bewegung befindlichen Dinosaurier-Forschung und damit der Erdgeschichtsforschung führen.
Keine andere fossile Tiergruppe ist so populär geworden wie die der Dinosaurier. Riesige Tiere und bizarre Erscheinungsformen üben eine besondere Faszination aus, obwohl das Wort »Dinosaurier« (schreckliche Echsen) erst im Jahre 1842 geprägt wurde und Rekonstruktionen dieser Tiere meist wesentlich jünger sind. Seit dieser Zeit hat sich das rekonstruierte Aussehen der Dinosaurier ständig verändert, und es ist gerade in unserer Zeit einem starken Wandel unterworfen. Viele in den Museen seit Jahrzehnten aufgebaute Skelette werden in heutiger Zeit abgebaut und neu errichtet – in ganz anderer, ungewohnter Pose. Das Bild von den Dinosauriern ist also keineswegs »festgeschrieben«. Zu dieser interessanten Entwicklung tragen neue Erkenntnisse der unterschiedlichsten Wissenschaftszweige bei.
Erstmals ist hier in einem Sachbuch ein Kapitel der immer wichtiger werdenden Dinosaurier-Paläogeographie gewidmet: Darin wird die Verteilung der Dinosaurier-Funde bestimmter Arten und Familien

auf den verschiedenen Kontinenten untersucht. Hieraus ergeben sich Konsequenzen für die bisherigen Ansichten von der »Kontinentalverschiebung« (Plattentektonik), die später stattgefunden zu haben scheint, als bisher angenommen wurde. Gibt es vielleicht noch entscheidendere Konsequenzen? Die in meinem Buch »Irrtümer der Erdgeschichte« diskutierte Expansion der Erde bildet auch in diesem Zusammenhang eine interessante und neuartige Perspektive im Blick auf erdgeschichtliche Abläufe.

Ein eigenes Kapitel befasst sich in diesem Sinn mit den ungelösten Rätseln in Bezug auf die Dinosaurier-Forschung. Denn beispielsweise sind die großen Sauropoden nicht nur aus irgendeinem – zumindest teilweise ungeklärten – Grund ausgestorben, sondern das entscheidende Problem ist, dass diese Riesen unter heutigen Bedingungen überhaupt nicht lebensfähig wären.

Der eine oder andere Leser wird vielleicht an einer Ausgrabung von Dinosaurier-Fossilien oder auch nur an einer eintägigen Exkursion teilnehmen wollen, um den Wissenschaftlern vor Ort bei der Arbeit zusehen oder selbst tätig werden zu können. Entsprechende Hinweise mit Kontaktadressen sind in diesem Buch zusammengestellt – als erstmals in dieser Form gebotene Informationen.

Solingen, im Mai 2002 *Dr. Hans-Joachim Zillmer*

Teil I

Fakten, Funde, Kontroversen

1 Die Welt der Dinosaurier

Dinosaurier lebten in einem Zeitabschnitt, der als Erdmittelalter (Mesozoikum) bekannt ist, vor 250 Millionen Jahre (Ma) begann und bis vor 65 Ma, also zum Ende der Kreidezeit, dauerte. Tiere und Pflanzen hatten damals ein anderes Aussehen und waren oft wesentlich größer als heute. Die Verteilung der Landmassen unterschied sich von dem uns gewohnten Bild, und die Umrisse der Kontinente verliefen ganz anders, als man sie derzeit kennt. Es gab kein Eis an den Polen *und global gesehen vielleicht auch keine ausgeprägten Jahreszeiten, sondern es herrschte wahrscheinlich ein gemäßigtes bis tropisches Klima von Pol zu Pol. Nicht Schwankungen, sondern Konstanz des Klimas war das besondere Kennzeichen der Erdgeschichte.*

Die Geschichte des Lebens

Die Erde soll 4 600 Millionen Jahre (= 4 600 Ma) alt sein. Aus den ersten 600 Ma in der Erdurzeit (Azoikum) gibt es keine fossilen Belege für Tiere. In der anschließenden Erdfrühzeit (Präkambrium) – 4 000 bis 590 Ma – bildeten sich erste Lebensspuren (Einzeller) unter weitgehend anaeroben Lebensbedingungen im »Urmeer«. Der Zeitraum von der Entstehung des Lebens bis zu den ersten »Würmern«, für den nur 590 Ma angesetzt werden, war wesentlich länger als die folgende Entwicklung bis hin zu den heute lebenden Tierarten. An die Urzeit der Erde schließt sich das Erdaltertum (Paläozoikum) an, das 340 Ma umfasst. Während dieser Zeit entwickelten sich nach herrschender Ansicht neben Muscheln und Korallen auch Insekten und Wirbeltiere (Fische, Kriechtiere und Lurche). Auch erfolgte der erste Landgang von Amphibien, und erste Amnioten (Reptilien, Vögel und Säugetiere, deren Embryonen in einer Embryonalhülle heranwachsen) entwickelten sich. Das anschließende Erdmittelalter (Mesozoikum) der Erde, das etwa 185 Ma dauerte, war die »Zeit der Reptilien«, die alle Lebensräume an Land, in der Luft und im Wasser einnahmen. In diesem Erdzeitalter beherrschten die Saurier die Erde, bis sie vor 65 Ma ausstarben. Es gab zu dieser Zeit auch schon Säugetiere, allerdings als primitive, eher rattengroße Spezies. Erst nach dem Aussterben der Saurier vollzog sich nach herkömmlicher Auffassung dann während der Erdneuzeit (Neozoikum) die Entwicklung der Säugetiere und schließlich des Menschen. Auch Vögel traten am Ende des Erdmittelalters erstmals auf.

? Am 30. 4. 1998 erschien im britischen Wissenschaftsmagazin »Nature« (Volume 392/1998) die Meldung, dass die amerikanischen Biologen Sudhir Kumar und Blair Hedges von der Pennsylvania State University nach dem Studium fossiler Erbsubstanz die Meinung verträten, die meisten Säugetiergruppen oder -ordnungen hätten schon vor über 100 Ma zu Lebzeiten der Dinosaurier existiert. Neue, noch zu überprüfende Meldungen deuten auf Funde von Plazentatieren in der Kreidezeit hin.

Beginn der Dinosaurier-Ära

Das Erdmittelalter (Mesozoikum) wird in drei Perioden eingeteilt: Trias (250–210 Ma), Jura (210–140 Ma) und Kreide (140–65 Ma).
Nach einem Artensterben Ende des Erdaltertums (Perm) entwickelten sich zahlreiche neue Tierformen im beginnenden Erdmittelalter, darunter Amphibien und Dinosaurier. Deshalb kann man die Triaszeit als Anfang des Zeitalters der Dinosaurier bezeichnen. Kleine primitive, weit von den heutigen Formen entfernte Säugetiere scheint es allerdings schon vor und auch während der gesamten Ära der Dinosaurier gegeben zu haben.
Während der Trias gab es keine regelrechten Kontinente, sondern eine große Landmasse. Dieser Urkontinent wird Pangaea genannt.

Damals war es warm und trocken, viele Wüsten breiteten sich aus. Es erscheint erstaunlich, dass sich die Dinosaurier in dieser unwirtlichen Umwelt entwickelten, denn nur die Obertrias (Keuper von 230–210 Ma) wird als feucht angesehen. Die Dinosaurier wurden mit fortschreitendem Erdmittelalter immer zahlreicher, während die Vorfahren der Säugetiere anscheinend seltener und kleiner wurden. Die vorherrschenden Saurier zu jener Zeit waren fleischfressende (wie Herrerasaurus) und pflanzenfressende Prosauropoden (wie Plateosaurus). Nur sieben Prozent aller bisher bekannten Dinosaurier fand man in Gesteinen der Trias.
Dinosaurier lebten während des gesamten Erdmittelalters von Pol zu Pol – auch in der heutigen Eiswüste Antarktis –, denn es gab während dieses gesamten Zeitalters 185 Ma lang keine Eiskappen an den Polen.

Die Zeit der Giganten

Auf die Trias folgte vor 210 Ma der Jura mit einer Dauer von 70 Ma. Der Urkontinent Pangaea begann vor 200 bis 180 Ma in einen Nordkontinent (Laurasia) und Südkontinent (Gondwana) auseinander zu brechen. Zwischen Europa und Afrika sowie Nordamerika und Europa entstanden große, tiefe Meere. Das Klima wurde feuchter, aber es war wärmer als heute.
Die Zahl der Dinosaurier vergrößerte sich, und viele verschiedene Arten entwickelten sich, wie gigantische langhalsige Sauropoden oder gepanzerte Dinosaurier (Stegosaurus) sowie Fleischfresser (Allosaurus). Nur 28 Prozent der Dinosaurier fand man bisher in jurassischen Sedimenten.

Ende der Dinosaurier-Ära

Nach dem Jura war die Kreidezeit die letzte Periode des Mesozoikums. Sie begann vor 140 Ma und endete vor 65 Ma, bevor in der darauf folgenden Erdneuzeit (Neozoikum) das Zeitalter der Säugetiere begann.

Die späte Oberkreide war die Epoche des Raubsauriers Tyrannosaurus Rex, des dreihörnigen Triceratops sowie der Entenschnabelsaurier. 65 Prozent aller bisher gefundenen Dinosaurier gehörten der Kreidezeit an, davon wiederum 75 Prozent nur der Oberkreide – 97 bis 65 Ma –, also der jüngsten Periode vor dem Massensterben der Saurier.
Am Ende der Kreide verschoben sich die Kontinente an jene Standorte, an denen sie sich noch heute ungefähr befinden. Indien war allerdings noch eine große, in der Nähe von Madagaskar vor der Ostküste Afrikas liegende Insel, bevor der Subkontinent seine endgültige Position einnahm und das Himalajagebirge durch den Zusammenstoß mit den Kontinentalmassen entstand, das nach neuesten Untersuchungen 20 Ma jünger sein soll, als bisher angenommen wurde. Australien, die Antarktis und Südamerika sollen noch durch bestehende Landbrücken miteinander verbunden gewesen sein, sodass Dinosaurier teilweise noch auf andere Kontinente einwandern konnten. Die Temperatur erreichte zu Beginn der Kreide ihre höchsten Werte und kühlte sich sehr langsam ab, blieb aber höher als heute.

Massensterben

Gegen Ende des Erdmittelalters (Mesozoikum) starben mit den Dinosauriern weltweit auch die Flugsaurier und die Meeresreptilien (Ichthyosaurier, Plesiosaurier und Mosasauriden) aus, während beispielsweise viele Krokodilarten überlebten. Auch verschiedene Gruppen meeresbewohnender wirbelloser Tiere verschwanden vollständig, darunter die Ammoniten und gewisse »Muscheln« (Rudisten).
Die Methoden zur Altersbestimmung von Gesteinen gestatten nur eine Genauigkeit von einigen Hunderttausend Jahren. Meistens werden fossile Relikte in Sedimenten gefunden, die man überhaupt nicht mit direkten Messmethoden datieren, also hinsichtlich des Alters nicht messen kann. Es lässt sich daher kaum feststellen, ob das Artensterben auf dem Festland und im Meer tatsächlich gleichzeitig

stattfand. Wahrscheinlicher ist es, dass die betroffenen Wirbeltiere nach und nach ausstarben. Im Gegensatz dazu scheinen viele mikroskopisch kleine wirbellose Tiere des Meeres auf einen Schlag ausgestorben zu sein. Sie verschwanden zu einem Zeitpunkt, für den sich in den Gesteinen eine ungewöhnlich hohe Konzentration normalerweise selten vorkommender Metalle wie Iridium, Osmium und Rhodium nachweisen lässt. Derartig angereicherte Schichten wurden in vielen unterschiedlichen Gebieten von Nordamerika und Europa bis nach Neuseeland und in den Sedimenten des Pazifikbodens gefunden.

Die Geologen Luis und Walter Alvarez entdeckten, dass die betreffenden seltenen Metalle im Gestein in denselben Mengenverhältnissen auftreten wie in Meteoriten. Daraus schlossen sie auf den Einschlag eines Meteoriten mit einem Durchmesser von mindestens 10 Kilometern. Ein solcher scheint am Ende der Kreide vor 65 Ma in die Erdkruste nördlich der Halbinsel Yukatan (Mexiko) eingeschlagen zu haben. Durch den Aufprall wurden ungeheure Trümmer- und Schuttmassen in die Luft geschleudert, die dann den Himmel viele Jahre lang verdunkelten. Langfristige Klimaveränderungen führten zu einer Beeinträchtigung des Wachstums der Pflanzen, die schließlich zum Massensterben des marinen Planktons und aller Dinosaurier sowie Meeres- und Flugsaurier geführt hätten. Die größeren Dinosaurierarten waren bei der Regelung ihrer Körpertemperatur wahrscheinlich auf ein ausgeglichenes Klima angewiesen. Nach dem Einschlag des Meteoriten ereignete sich – nach Computersimulationen – einerseits durch die geringere Sonneneinstrahlung ein bis zu fünf Monate andauernder Impakt-Winter mit *zu Beginn* des Szenarios um bis zu 40 Grad absinkenden Temperaturen und andererseits *nachfolgend* eine weltweite Anhebung der Durchschnittstemperaturen, da aus den oft aus Kalkstein bestehenden Meeressedimenten große Mengen von Kohlendioxid in die Atmosphäre gelangt sein könnten, die zu einer für die Dinosaurier ungewohnten und nicht zu ertragenden Hitzeentwicklung (Treibhauseffekt) geführt hätten, falls sie den Impakt-Winter überstanden hatten.

Dinosaurier, die in der Oberkreide vor der Zeit des großen Aussterbens lebten, waren: z. B. Ankylosaurus, Pachyrhinosaurus, Saltasaurus, Tyrannosaurus, Pachycephalosaurus, Triceratops, Therizinosaurus und Parasaurolophus.

Man findet Dinosaurier auch in einer Art Massengrab (siehe Foto 53) mit einem Durcheinander von fossilen Knochen verschiedenartiger Saurier, nicht selten vermischt mit Relikten von Krokodilen als eigentlichen Sumpfbewohnern. Kann man aus diesem Knochengemenge auf im Sumpf lebende Dinosaurier schließen? Im *Dinosaur National Monument* (Utah) sind in einer massiven Sandsteinwand mehrere Hundert Dinosaurier-Skelette wie in einer Sardinenbüchse teilweise in einem heillosen Wirrwarr von Skelettteilen neben-, mit- und ineinander versteinert.

Fliegende Reptilien

Bereits früh im Erdmittelalter sind fliegende Reptilien oder Pterosaurier nachgewiesen, die bis zum Ende der Kreidezeit überlebten. Pterosaurier waren teilweise nur so groß wie ein Sperling (nicht in der Kreidezeit), andererseits erreichten sie – wie der Quetzalcoatlus während der Oberkreide – eine Flügelspannweite von etwa zwölf Metern bei einer Flügelfläche von etwa 20 Quadratmetern. Speziell in der Kreidezeit scheint 1,30 Meter Flügelspannweite das Minimum gewesen zu sein. Die Flügel dieser Tiere bestanden aus Haut. Der leichte Körperbau machte den Flugsaurier so zu einem ausgezeichneten Segelflieger. Pterosaurier lebten an Flüssen, Seen und Meeresklippen. Die Nahrung bestand aus Insekten, Fischen und Kleintieren – zumindest sind diese Fossilien dort besser erhalten geblieben und uns daher bekannt.
Die erstmals in der Obertrias (230–210 Ma) erschienenen langschwänzigen Flugsaurier (Unterordnung Rhamphorhynchoidea) starben gegen Ende des Oberjura (160–140 Ma) aus. Zu Beginn der Kreidezeit wurden diese – angeblich primitiveren – Formen durch die eigentlichen Flugsaurier (Unterordnung Pterodactyloidea) abgelöst, die jetzt den Luftraum eroberten.

Die Flugsaurier der Urwelt faszinieren von jeher die Paläontologen. Seit 150 Jahren ist die Frage nach der Art ihrer Fortbewegung auf dem Lande ungeklärt. Ähnelt sie den zweibeinig laufenden Vögeln oder eher den heutigen Fledermäusen? Neue Fossilfunde belegen nun erstmals, dass die Flugsaurier der Gattung Pterodactylus vermutlich vierfüßig liefen (BdW, 3. 5. 2001).

Erste Vögel

Im Erdmittelalter wurden auch die ersten Vorfahren der Vögel nachgewiesen. Der »Urvogel« Archaeopteryx besitzt zahlreiche Reptilienmerkmale (u. a. Zähne, lange Fingerkrallen) und zugleich zahlreiche Vogelattribute (u. a. Federn, luftgefüllte Knochen). Er gilt als Bindeglied zwischen Reptilien und Vögeln. Die Abstammung des Archaeopteryx wird noch diskutiert. Theoretisch kommen infrage: Thecodontia (formenreiche Ordnung der Archosauria während der Trias), Crocodilia (Krokodile und Alligatoren, einzige überlebende Ordnung der landlebenden Archosauria) oder Theropoda (Unterordnung der Echsenbeckensaurier). Derzeit wird die Abstammung von den Theropoda favorisiert. Zu ihnen gehört der Compsognathus, der eine große Ähnlichkeit mit dem Urvogel zeigt.

Die Abstammung der Vögel wird weiterhin im Dunklen bleiben, da mehrere unabhängige Untersuchungen in Amerika und China bestätigen, dass die Vögel nicht von den Theropoden abstammen können (u. a. BdW, 21. 1. 1999; SpW, 21. 9. 1999 und ausführlich im Internet: http://www.zillmer.com). Vergleichende morphologische Untersuchungen ergaben, dass es sich bei den drei Fingern der Vögel und Theropoden um unterschiedliche Finger handelt (ausführlich in »Darwins Irrtum«, S. 266). In China wurde sogar ein wissenschaftlicher Betrug aufgedeckt, da man einen angeblichen »Urvogel« aus mehreren unterschiedlichen Fossilien zusammen gesetzt hatte (BdW, 17. 4. 2000). Außerdem entdeckte man einen nicht flugfähigen Urvogel (Longisquama insignis), der 70 Ma älter als der bisher als Vorfahre der Vögel propagierte Archaeopteryx ist. Allerdings wird diese Frage kontrovers diskutiert, da die Federn eine andere Struktur besitzen sollen. Falls sich *Longisquama insignis* als Vorfahre der Vögel erweist, können Dinosaurier nicht die Stammväter der Vögel sein, da sie *Zeitgenossen des Urvogels* waren, also zur gleichen Zeit lebten (BdW, 27. 6. 2000).

Meeresbewohnende Reptilien

Spektakuläre Meeresungeheuer bewohnten die Meere während des Mesozoikums: Ichthyosaurier, Plesiosaurier, Pliosaurier und Mosasaurier. Ichthyosaurier brachten lebende Jungtiere zur Welt. Diese den Delphinen ähnlich sehenden Meeresreptilien waren dem Meeresleben mit ihrer langen, spitzen Schnauze voller scharfer Zähne sowie Flossen zum Steuern und einem sichelförmigen Schwanz sehr gut angepasst. Plesiosaurier hatten schlangenförmige, lange Hälse, auf denen kleine Köpfe mit spitzen Zähnen saßen. Vier große Paddelflossen sorgten für eine große Wendigkeit im Wasser. Die Pliosaurier sahen den Plesiosauriern ähnlich, hatten jedoch kürzere Hälse und größere Köpfe. Mosasaurier sind eng mit den heute lebenden Waranen verwandt. Es waren gigantische Echsen der Oberkreide mit einer Länge von bis zu zwölf Metern.

? Plesiosaurier bewegten sich auf eine einzigartige, bei keinem heutigen Lebewesen anzutreffende Art und Weise im Wasser fort, denn kein heute im Meer lebendes Tier weist zwei ähnlich angeordnete, gleich große Flossenpaare auf. Seit Anfang des 20. Jahrhunderts bewegt die Wissenschaft eine Frage, wie diese Flossen bewegt wurden. Eine alternierende Bewegung, bei der mit der aktiven Abwärtsbewegung des einen die passive Aufwärtsbewegung des anderen einherging, hätte eine Vorwärtsbewegung bei konstanter Geschwindigkeit ermöglicht, nicht aber eine stoßartige Beschleunigung. Diese konnte nur erreicht werden, wenn beide Flossenpaare synchron eingesetzt und der Körper – ähnlich einem Delphin – in einer Wellenbewegung sich auf und ab bewegt hätte.

Einteilung der Dinosaurier

Als Dinosaurier werden große, teilweise riesige Reptilien des Erdmittelalters mit zwei Schläfenfenstern (Diapsida) bezeichnet. Man entwickelte »Stammbäume«, deren Einteilung in verschiedene Gruppen auf charakteristischen Merkmalen beruht, die eine bestimmte Gruppe auszeichnen. Das Erkennen und Bestimmen verschiedener Skelettmerkmale ermöglicht es, die verwandtschaftlichen Beziehungen unterschiedlicher Dinosaurierarten zu erschließen.
Die Dinosaurier werden in zwei Hauptgruppen eingeteilt, die sich durch die Ausbildung der Becken bzw. die Struktur ihrer Hüftknochen unterscheiden: die Dinosaurier mit einem Echsenbecken (Saurischia) und die mit einem Vogelbecken (Ornithischia). Diese beiden systematischen Gruppen bezeichnet man als Ordnungen (Abb. 1).
Echsenbeckensaurier besaßen ein normales, dreistrahlig aufgebautes Reptilienbecken. Das Schambein (die Pubis) war nach vorn abwärts gerichtet, das Sitzbein (das Ischium) nach hinten abwärts und das Darmbein (das Ilium) noch vorn verbreitert. Die Vogelbecken-Dinosaurier hatten ein vierstrahlig aufgebautes Beckenskelett, bei dem das Schambein zurückgebogen ist und parallel zum Sitzbein liegt. Schambein und Sitzbein waren nach hinten abwärts gerichtet, und das Darmbein verschmälerte sich nach vorn.

Echsenbecken-Dinosaurier (Saurischia)

Saurischia werden in zwei Gruppen unterteilt: Theropoda (ab Obertrias) und Sauropodomorpha.
Die Theropoden waren auf zwei Beinen laufende Fleisch- und Allesfresser, die scharfe Zähne und Greifhände mit kräftigen Krallen besaßen. Hierzu zählen Allosaurus, Baryonyx, Dilophosaurus, Deinonychus, Coelophysis, Eoraptor, Herrerasaurus, Tyrannosaurus, Oviraptor und viele andere, wie der kleinste der Dinosaurier, der Compsognathus. Obwohl Theropode »Tierfuß« heißt, ähnelte der

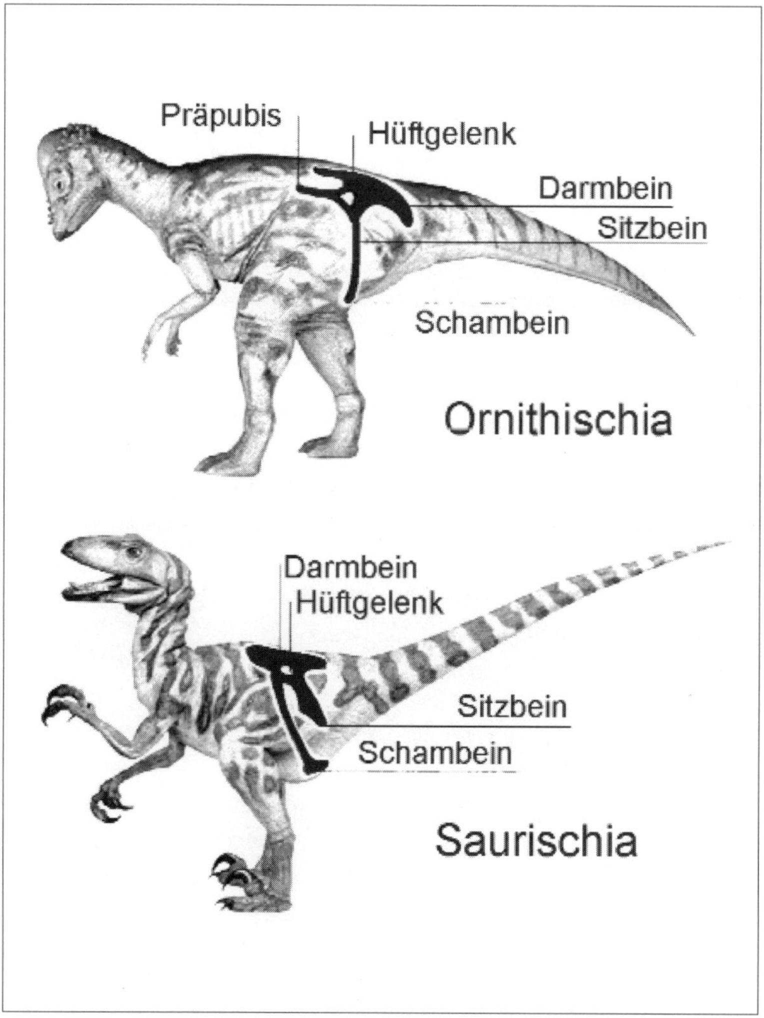

Abb. 1: Anatomie. *Die Dinosaurier werden nach der Struktur ihrer Becken- und Hüftknochen in zwei Gruppen unterteilt: Ornithischia und Saurischia. Der Pachycephalosaurus (Bild oben) war ein Ornithischier-Dinosaurier. Seine Beckenknochen bestanden aus einem Sitzbein, daneben einem schmäleren Schambein und einem Darmbein. Der Deinonychus (Bild unten) war ein Saurischier-Dinosaurier. Seine Beckenknochen bestanden aus einem Schambein, einem Sitzbein und einem Darmbein.*

Fuß eines Theropoden mehr dem eines Vogels. Er wies drei Zehen mit langen Fußknochen auf, welche die Beine länger machten. Sauropodomorpha (Echsenfuß-Formen) waren pflanzenfressende Saurischier. Sie werden in Prosauropoda (Obertrias bis Unterjura) und Sauropoda (Jura und Kreide) unterteilt. Beide Gruppen hatten lange Hälse, kleine Köpfe und große, schwere Körper. Sie waren zwei bis 40 Meter lang und unterschieden sich durch unterschiedliche Merkmale wie z. B. die Zahl der Halsknochen und damit die Länge des Halses. Sauropoden wie der Diplodocus oder Apatosaurus hatten viel längere Hälse als Prosauropoden, wie etwa der vor allem in Europa gefundene Plateosaurus. Die Sauropoden waren pflanzenfressende, sich auf vier Füßen fortbewegende Großformen. Dagegen ist man sich nicht sicher, ob der Plateosaurus gelegentlich nicht auch Fleisch gefressen haben könnte. Einige Sauropoden setzten vielleicht ihren langen, peitschenartigen Schwanz zur Verteidigung ein. Man nimmt an, dass manche von ihnen bis zu 17 Stundenkilometer schnell waren, und man schätzt, dass einige bis zu hundert Jahre alt wurden.

Vogelbecken-Dinosaurier (Ornithischia)

Die pflanzenfressenden Ornithischia werden in vier Unterordnungen ausgewiesen, von denen sich drei aus vierfüßigen Tieren zusammensetzten, die unterschiedlich gepanzert waren. Die Stegosaurier wie Kentrosaurus trugen große Knochenplatten auf dem Rücken. Die Ankylosaurier wie Ankylosaurus hatten eine gepanzerte Haut und am Schwanzende eine Art »Keule«. Horndinosaurier (Ceratopsier) wie Triceratops und Styracosaurus trugen Hörner auf dem Kopf sowie Halskrausen als knöcherne Nackenschilde, während Pachycephalosaurier wie Pachycephalosaurus durch dickwandige Schädelkuppen gekennzeichnet waren. Die Ornithopoda (Vogelfüßer) als vierte Unterordnung gingen auf zwei Beinen, wie beispielsweise Hypsilophodon – allerdings lief Iguanodon als Erwachsener auf vier Beinen. Ihre Köpfe besaßen lange Schnauzen.

2 Was waren Dinosaurier?

Da von Dinosauriern in den meisten Fällen nur Knochen und Skelettteile, selten versteinerte originale Hautreste oder sogar biologisches Gewebe gefunden wurden, überträgt man Beobachtungen bei heutigen Tieren auch auf die Dinosaurier. Welche gesicherten Funde und Erkenntnisse über den Körper und die Lebensweise dieser einst die ganze Welt beherrschenden Tiere gibt es?

Warm- oder kaltblütige Dinosaurier?

Lange Zeit ging man von einer nahe liegenden Theorie aus: Dinosaurier waren Reptilien, also müssen sie kaltblütig (wechselwarm) gewesen sein, da alle heutigen Reptilien Kaltblüter sind. In den Siebzigerjahren des 20. Jahrhunderts wurde diese Theorie infrage gestellt, um zugleich Argumente für die Warmblütigkeit der Dinosaurier anzuführen. Neben dem Streit um die Herkunft der Vögel ist kaum eine andere wissenschaftliche Diskussion in der Paläontologie heftiger geführt worden als die um die Warm- oder Kaltblütigkeit der Dinosaurier, denn die richtige Antwort beeinflusst ganz wesentlich unser Verständnis von diesen Urtieren. Dieser Forschungsgegenstand ist ungemein kompliziert, da Warm- und Kaltblütigkeit nicht so einfach voneinander zu trennen sind, denn einige kaltblütige Eidechsen können höhere Temperaturen aufrechterhalten als warmblütige Säugetiere. Dinosaurier gingen nach wissenschaftlicher Auffassung aus Lebensformen hervor, die ähnlich wie die Krokodile keine eigene Wärme erzeugen konnten. Allerdings können Krokodile ihre Körpertemperatur um bis zu fünf Grad Celsius gegenüber

der Umgebungstemperatur aus »Eigenwärme« erhöhen. Die Vögel als Nachkommen der Dinosaurier verfügen anderseits über hohe Körpertemperaturen.
Ein kaltblütiges Tier wird als Ektothermer (Ektothermie = Außenwärme) oder als wechselwarmes Lebewesen bezeichnet: zum einen, weil seine Körpertemperatur nicht immer niedrig liegt, zum anderen, weil es seine Wärme aus der Umgebung bezieht. Außerdem kann die Körpertemperatur über das Verhalten gesteuert werden. Tagsüber lässt sich die Wärme mit der Sonnenstrahlung aufnehmen, bei drohender Überhitzung werden schattige, kühlere Plätze aufgesucht. Während die Aktivität der kaltblütigen Tiere an sonnigen Tagen einen hohen Grad erreicht, können diese Tiere an kalten Tagen oder nachts gänzlich inaktiv werden. Unter- oder überschreiten die Temperaturen den unteren oder oberen Toleranzpunkt, hat das den Tod des Tieres zur Folge.
Für die Kaltblütigkeit der Dinosaurier sprechen die relativ gleichmäßig hohen Temperaturen auf der ganzen Erde von Pol zu Pol während des Erdmittelalters. Man glaubt aber, dass an den eisfreien Polen zumindest kältere Winter herrschten. Im Verhältnis zu den teilweise großen, massigen Körpern verfügten die Dinosaurier allerdings über eine relativ kleine Körper*oberfläche*. Aus diesem Grund verloren diese Urtiere nur langsam Wärme an die Umgebung.
Nach den in »Darwins Irrtum« diskutierten Theorien könnte es auch an den Polen immer warm gewesen sein, ganz ohne kalte Winter oder Nächte. Dies würde sich mit der Ansicht vieler Paläontologen decken, die glauben, dass die Dinosaurier eine niedrigere Körpertemperatur als die heutigen warmblütigen Tiere hatten. Denn diesen Tieren fehlte – nach bisheriger Auffassung – eine Isolierschicht aus Haaren oder Federn, die bei Temperaturstürzen eine konstante Temperatur gewährleistet hätte. Deshalb müsste die Umgebungstemperatur in Einklang mit den in »Darwins Irrtum« erläuterten Szenarien einigermaßen stabil gewesen sein. Eine größere Klimaveränderung hätte den Tod der Dinosaurier zur Folge gehabt, wie etwa nach einem gewaltigen Asteroideneinschlag.
Ein Teil der Wissenschaftler glaubt, dass Dinosaurier zu komplexem

Verhalten, wie Brutpflege, Herdenbildung und Rudeljagd, befähigt waren. Da diese Verhaltensformen, von einzelnen Ausnahmen (Krokodile) abgesehen, als für kaltblütige Reptilien untypisch angesehen werden müssen, ziehen einige Wissenschaftler den Schluss, dass Dinosaurier nicht kaltblütig gewesen sein können und deshalb warmblütig waren. Auch der Körperbau (Bipedie) und die Haltung des Kopfes bei Theropoden werden als Hinweis angesehen. Dieser Ansicht ist entgegenzuhalten, dass die größten Sauropoden nicht in der Lage gewesen wären, die von ihnen erzeugte Körpertemperatur abzugeben, wenn sie Warmblüter gewesen wären. Die heutigen warmblütigen Tiere haben bei einer konstanten Körpertemperatur einen zwölfmal so großen Energieverbrauch wie ein wechselwarmes Tier. Für große Sauropoden wie Apatosaurus oder Diplodocus hätte die Energie selbst dann nicht ausgereicht, wenn sie 24 Stunden am Tag ununterbrochen gefressen hätten. Anderseits hätten die riesigen Sauropoden als Warmblüter – aufgrund der relativ kleinen Körperoberfläche – keine Chance gehabt, bei Überhitzung zur Abkühlung genügend Wärme abzuführen (s.S. 112). Es wird auch angedacht, dass die jungen Dinosaurier einen höheren Stoffwechsel hatten als die erwachsenen. Ähnliche, wenn auch nicht so ausgeprägte Phänomene gibt es bei Schildkröten. Zudem sprechen histologische Untersuchungen an Knochen für einen Wechsel der Physiologie im Alter.
Da es aber auch sehr kleine Dinosaurier gab, kam man auf die Idee, dass Dinosaurier weder kalt- noch wechselblütig gewesen sein könnten, sondern über verschiedene Stoffwechselmechanismen verfügten. Entsprechendes existiert bei heutigen Tieren nicht. Allerdings müsste – nicht nur unter diesen Voraussetzungen – der Blutkreislauf effizient aufrechterhalten worden sein.

Blutkreislauf

Falls langhalsige Sauropoden ihre Köpfe hoch in die Kronen der Bäume gereckt hätten, wäre ihr Blutdruck in der Kopfregion stark abgesunken. Andernfalls hätte es eines besonderen Mechanismus für den Bluttransport bedurft, um die gleichmäßige Blutversorgung von der Schwanzspitze bis zum Kopf zu gewährleisten. Die Durchblutung und die Sauerstoffversorgung der großen Dinosaurier stellt ein nicht geklärtes Rätsel dar. Das Problem hätte sich verschärft, falls Dinosaurier in der dünneren Luft größerer Höhenlagen, zum Beispiel 2 000 Meter hoch wie die heutigen Dinosaurier-Fundstätten in Colorado, und nicht nur auf Meereshöhe gelebt hätten. Nicht umsonst sind die im Vergleich zu Sauropoden relativ kleinen Elefanten unsere größten Landbewohner. Größere Tiere wären unter den heutigen Bedingungen – u. a. Stärke der Gravitation, Klimaschwankungen, Topografie – kaum lebensfähig.

Das viel diskutierte Problem der Blutversorgung von riesigen Dinosauriern bleibt ein ungeklärtes Rätsel. Zur Versorgung des Kopfes mit Blut hätte dieses vom Herz mit so hohem Druck gepumpt werden müssen, dass dadurch die feingeweblichen Strukturen der Lungen zerstört worden wären. Bei Vögeln und Säugetieren ist dieses Problem durch ein vollständig geteiltes Herz mit separaten Kammern gelöst: In einem Kreislauf wird Blut unter geringem Druck zur Sauerstoffaufnahme zu den Lungen gepumpt, in einem zweiten, unabhängigen Kreislauf gelangt Blut unter hohem Druck in die restlichen Körperbereiche. Man nimmt daher an, dass Dinosaurier zur Erzeugung eines ausreichend hohen Blutdrucks mit einem geteilten Herzen ausgestattet waren, aber dennoch kaltblütig blieben. Anderseits wurde auch vermutet, dass die großen Tiere zwei Herzen besaßen. Inzwischen hat man den seltenen Fund eines versteinerten Herzens gemacht. Man fand aber nur zwei anstatt der vermuteten vier Herzkammern – zu wenig für eine effiziente Blutversorgung. Man hofft aber, die fehlenden noch zu entdecken.

Die Frage, ob Dinosaurier Warm- oder Kaltblüter waren, wird wohl nie zur Gänze geklärt werden. In jedem Fall erscheint es sehr unwahrscheinlich, dass diese Tiere ihre Köpfe so hoch erheben konnten, wie es bisher behauptet wird.

? Wie andere Sauropoden (u. a. Apatosaurus) wird Barosaurus (S. 130) teilweise auf zwei Beinen balancierend dargestellt und das Skelett in dieser Pose manchmal aufgebaut. Der Barosaurus erreicht auf diese Weise eine Höhe von 15 Metern. Man hat errechnet, dass ein überdimensional großes, etwa 1 400 kg schweres Herz erforderlich gewesen wäre, um das Blut nach oben zum Gehirn zu pumpen. Allerdings schlagen größere Herzen langsamer. 1992 vertraten Wissenschaftler an der *Columbia University* die Ansicht, dass ein 1,4 Tonnen schweres Herz zu langsam wäre, um zu verhindern, dass das hochgepumpte Blut zwischen zwei Herzschlägen wieder nach unten strömte. Sie vertraten stattdessen die Annahme, dass der Barosaurus *acht* Herzen besaß: Zwei große im Brustkorb und drei kleinere Paare über den Hals verteilt, jedes groß genug, um Blut zum nächsten zu pumpen. Es gibt keine Hinweise aus Fossilienfunden auf große Herzen bei Sauropoden, auch nicht auf das Vorhandensein mehrerer Herzen. Es handelt sich um Vermutungen – reine Gedankenmodelle. Neue Untersuchungen an der *Northern Illinois University* ergaben, dass Apatosaurus seinen Kopf höchstens in Schulterhöhe tragen konnte, da sich sonst die Halswirbelknochen verkeilt hätten. Entsprechendes gilt auch für andere riesigen Sauropoden. Die Blutversorgung des langen Körpers bei entsprechend horizontal gehaltener Wirbelsäule vom Kopf bzw. von der Halswirbelsäule bis zur Schwanzspitze geht bei dieser horizontalen Körperhaltung naturgemäß einfacher vonstatten als bei einem auf zwei Beinen balancierenden Sauropoden. Die meisten Dinosaurierarten liefen – oder schwammen – mit waagerechter Wirbelsäule und waren nicht in der Lage, in den höchsten Baumwipfeln zu äsen oder als »Raubsaurier« wie Tyrannosaurus Rex eine Drohgebärde in Känguru-Stellung einzunehmen. Siehe: »Blutkreislauf« (S. 25) und »Waagerechte Hälse« (S. 89)

Die Stimme

Heutige Reptilien sind nicht in der Lage, eine nennenswerte Bandbreite von Lauten zu erzeugen. Es fehlen die Stimmbänder oder andere erforderliche Strukturen. Sie können allerdings eine Reihe von Zisch- und Brülllauten erzeugen. Dies geschieht durch das Pressen

von Luft durch Kehle, Maul und Nase. Es besteht keine Möglichkeit festzustellen, ob Dinosaurier Laute hervorbringen konnten.
Einige anatomische Merkmale könnten allerdings darauf hindeuten, dass bestimmte Spezies Brülllaute ausstoßen konnten. Der Schädel des Parasaurolophus beispielsweise wies eine komplexe Anordnung von Röhren auf. Durch das Durchpressen von Luft könnten eventuell bestimmte Laute erzeugt worden sein. Vielleicht hatten auch die Hauben der Hadrosaurier eine entsprechende Funktion.
Der Edmontosaurus trug keinen Knochenkamm, jedoch wies der Schädel im Nasenbereich auf beiden Seiten tiefe Furchen auf. Waren sie durch lockere Hautflügel abgedeckt, konnten diese aufgeblasen werden, um in den Nasenpassagen erzeugte Schwingungen zu verstärken und laute, posaunenähnliche Geräusche hervorzurufen.
Der Schädel des Corythosaurus trug einen knöchernen Kamm. Möglicherweise konnte Luft aus den Lungen auf einen halbkreisförmigen Weg durch seine Nasenröhren gepresst werden. Auf diese Weise war es vielleicht möglich, Schwingungen zu erzeugen, die volle, blasinstrumentähnliche Laute hervorriefen.
Mutmaßungen, ob überhaupt oder welche Art Stimme Dinosaurier hatten, werden wahrscheinlich auch in Zukunft Spekulation bleiben. Das Problem besteht darin, dass man von Dinosauriern fast nur unvollständige Skelette, aber kaum versteinertes biologisches Gewebe findet.

Haut und Farben

In Spielfilmen, Magazinen und auch Museen werden Dinosaurier in allen möglichen Farben dargestellt, wobei das Aussehen der Tiere durch verschiedenartige Muster interessanter gestaltet wird.
Da man neben einigen versteinerten Negativabdrücken nur in ganz wenigen Ausnahmefällen echt versteinerte Haut von Dinosauriern gefunden hat, gibt es zwar Anhaltspunkte dafür, dass Dinosaurier eine Schuppenhaut wie Reptilien besaßen, aber man hat nicht die geringsten Hinweise auf eine irgendwie geartete Färbung

oder Zeichnung der Haut. Bei Rekonstruktionen von Dinosauriern wird auf die Farben heute lebender Tiere zurückgegriffen. Vielleicht sahen die Dinosaurier schlichtweg grauschwarz wie Krokodile aus. Wenige Fossilien zeigen, dass manche Dinosaurier auch ein Kleid aus flaumigen Daunen oder sogar Federn hatten (siehe Seite 113).

Sinne und Gehirn

Die Augen der heutigen Pflanzenfresser, wie z. B. Rinder, befinden sich auf beiden Seiten des Kopfes. Die Mehrzahl der Dinosaurier waren Pflanzenfresser, und die Augen der meisten lagen ebenfalls an den Kopfseiten. Durch diese Anordnung der Augen war ein weites Sichtfeld bei der Beobachtung sich nähernder Raubtiere gewährleistet. Viele fleischfressende Dinosaurier hatten, wie z. B. die heutigen Löwen, nach vorn gerichtete Augen. Dadurch waren sie bei der Beutejagd in der Lage, Entfernungen präzise abzuschätzen.
Die Größe des Gehirns in Relation zum Körpergewicht soll ein Hinweis auf die Intelligenz sein. Bei Dinosauriern schwankte dieses Verhältnis je nach Art gewaltig. Der Körper eines Stegosaurus war 25 000-mal, eines Troodon 500-mal, der eines Elefanten ist 1350-mal und eines Menschen 50-mal so schwer wie sein Gehirn.

Nester und Eier

Versteinerte Dinosaurier-Eier wurden erstmals am 13. Juli 1923 in der Wüste Gobi in Mittelasien gefunden. Eine Expedition des *American Museum of Natural History* entdeckte Eier, neben denen sich Knochen eines Protoceratops befanden. Später fand man heraus, dass Oviraptor die Eier ablegte, ein vogelähnlicher Dinosaurier. Denn man fand das Skelett eines Oviraptor direkt auf einem Nest. War ein Oviraptor beim Brüten auf dem Nest versteinert (siehe Fotos 37 und 38)? Die Vermutung wurde bekräftigt, da man ein Ei fand, das einen ungeborenen Oviraptor enthielt.

Eine Anzahl jüngerer Entdeckungen, darunter ungeborene und frisch geschlüpfte Tiere, hat das Wissen über die Geburt von Dinosauriern deutlich verbessert. Wissenschaftliche Untersuchungen zeigten, dass sich Dinosaurier scheinbar in ihrem Nistverhalten kaum von dem heute lebender Vögel, wie des Buschhuhns, unterscheiden. Ende der Siebzigerjahre wurden viele Nester von Entenschnabel-Dinosauriern aufgefunden, die in den Boden eingegraben und mit Blättern und Zweigen ausgestattet waren.

Untersuchungen der bis zu zwei Meter großen Nester von Maiasaura zeigten, dass diese aus mehreren Schichten Lehm und Pflanzenteilen bestanden, die übereinander lagen. Vermutlich wurden die Nester alljährlich wieder – oder eventuell sogar ganzjährig? – benutzt. Anderseits waren die Nester von Troodon einfache Vertiefungen, die wie Schüsseln aussahen und durch das Ausheben einer flachen Mulde entstanden.

Dinosaurier-Eier wurden zahlreich in unterschiedlichen Größen und Formen gefunden. Einige sind so groß wie ein Tennisball und kreisrund, während andere oval und bis zu 40 Zentimeter lang sind. Es ist sonderbar, dass die Eier großer Vögel wie des ausgestorbenen Elefantenvogels von Madagaskar größer als Dinosaurier-Eier sind, da die gigantischen Vögel wesentlich kleiner als viele Dinosaurier waren (Bau des Beckens).

Die Eier besitzen viele winzige Poren (Löcher), damit lebenswichtiger Sauerstoff in das Ei gelangen kann. Die maximale Größe hängt davon ab, wie gut Sauerstoff in das Ei transportiert werden kann.

Aufgrund der vielfältigen Funde vermutet man, dass alle Dinosaurier Eier und diese auch in Nester legten. Die kleinen Theropoden wie Oviraptor und Troodon legten etwa 22 Eier, der Entenschnabel-Dinosaurier bis zu 25 Eier in ein einziges Nest.

Sämtliche von Dinosauriern stammenden Gelege sind entweder rund oder linear angelegt. In runden Gelegen (siehe Foto 53) sind die Eier auf kleinem Raum konzentriert, in geradlinig angeordneten Gelegen verteilen sie sich hingegen auf eine größere Fläche.

Die Eier in runden Nestern wurden wahrscheinlich mittels darüber angehäuften Pflanzenmaterial ausgebrütet, ähnlich wie dies heutige

Krokodile tun. Das sich zersetzende pflanzliche Material erzeugt die zum Brüten erforderliche Wärme durch einen Gärungsprozess. Die in geradlinigen Reihen abgelegten Eier wurden vermutlich durch die den Boden aufheizende Sonnenwärme ausgebrütet.

Bei einer Expedition im Jahre 1925 wurden in der Wüste Gobi Dinosaurier-Eierschalen gefunden, die quadratisch angeordnet waren. Scheinbar hatten Menschen aus der Steinzeit (?) Dinosaurier-Eier gefunden – Tausende von Jahren bevor amerikanische Wissenschaftler sie dort zuerst entdeckten.

Egg Mountain

Der Egg Mountain (Eierberg) ist ein spektakulärer Platz in Montana (USA). Geologische Untersuchungen ergaben, dass sich hier während der Oberkreide eine Insel in einem flachen See gebildet hatte. Einige Dutzend Nester liegen hier auf einer Fläche von etwa 70 Metern Durchmesser sehr dicht zusammen und sind nur einige Meter voneinander entfernt. Sie sind auf drei verschiedene stratigraphische Horizonte (Erdschichten) eines drei Meter hohen Profilabschnitts verteilt. Das seichte Wasser um die Insel bot vielleicht Schutz vor Raubsauriern, vermutet man.

Entgegen früherer Meinung muss man davon ausgehen, dass sich auch fleischfressende Dinosaurier, wie Megalosaurus, schwimmend fortbewegen konnten. Denn man fand versteinerte Spuren, die deutlich Zehen und Krallen zeigen, nicht aber den Fuß selbst (Mossman/Sarjeant, 1997, vergleiche »Irrtümer der Erdgeschichte«, S. 299).

Embryonen und Brutpflege

Bis heute entdeckte man Überreste von Embryonen der Theropoden Troodon, Oviraptor und Therizinosaurus, des Ornithopoden Maiasaura sowie eines bisher nicht identifizierten Sauropoden aus

Südamerika. Nachdem eine Computertomographie (CT-Scan) perfekt ausgebildete Embryonen in einigen Eiern aufgezeigt hatte (siehe Foto 51), schnitt man ein paar dieser Eier auf. Die Knochenstrukturen der Embryonen von Orodromeus und Maiasaura spiegeln den Unterschied in der Brutpflege wider. Die Beingelenke der Orodromeus-Babys waren nach dem Schlüpfen voll entwickelt und stark genug, um das Gewicht der Jungen zu tragen. Sie wären also in der Lage gewesen, ihre Nester sofort nach dem Schlüpfen zu verlassen, um auf Nahrungssuche zu gehen. Nester von Troodon enthielten oft Überreste geschlüpfter Eier, denen zwar der beim Schlüpfen aufgebrochene obere Teil fehlte, die aber nicht zertreten waren. Daher vermutet man, dass die Jungen nach dem Schlüpfen relativ schnell das Nest verließen.

Die Beingelenke der Maiasaura-Embryonen waren dagegen schwach entwickelt und hätten das Eigengewicht der Jungen nach dem Schlüpfen nicht tragen können. Aus den zahlreichen Bruchstücken zertretener Eierschalen in den Nestern von Maiasaura schloss man, dass die Jungen ihr Nest nicht kurz nach dem Schlüpfen verlassen haben konnten. Da sie anscheinend ans Nest gefesselt waren, mussten ihnen die Eltern Nahrung und Wasser bringen und sie beschützen – anscheinend soziales Verhalten von Dinosauriern. Nestflüchter und Nesthocker sind auch heute bei verschiedenen Eier legenden Tiergruppen bekannt.

Körperhaltung

Die Beinstellung der Dinosaurier ist unter den Echsen sonst nicht anzutreffen, sie ist nämlich gerade nicht echsenartig, sondern eher aufrecht wie bei den Säugetieren. Die Haltung der Echsen ist durch seitwärts ausgespreizte Gliedmaßen gekennzeichnet, während Krokodile ihre Gliedmaßen halb gespreizt halten: Die Beine werden nach außen und unten vom Körper ausgestreckt. Der Körper kann auf diese Art nur kurze Zeit hoch über den Boden erhoben werden (Abb. 2).

***Abb. 2: Körperhaltung.** Die Haltung der Dinosaurier mit geraden Beinen und einer aufrechten Haltung brachte drei Vorteile: Das Körpergewicht wurde von unten getragen. Die Fortbewegung war leicht, da die Gelenke ähnlich wie Scharniere funktionierten. Der gerade gehaltene Körper erleichterte das gleichzeitige Atmen und Laufen.*

Gerade Beine und eine aufrechte Haltung verschafften den Dinosauriern drei Vorteile: Das Körpergewicht wurde von unten getragen. Das Gehen und Laufen war leicht, da die Gelenke ähnlich wie einfache Scharniergelenke funktionierten. Der Körper wurde gerade gehalten, was das gleichzeitige Atmen und Laufen ermöglichte.

Das Innere eines Dinosauriers

Die zahlreichen Fossilienfunde lassen teilweise sehr genaue Rekonstruktionen der Dinosaurier-Skelette zu. Daraus kann man aber nur bedingt Schlüsse über das Aussehen der Dinosaurier und ihre inneren Organe ziehen. Vergleiche mit anderen Tieren und detaillierte Untersuchungen der Knochen ermöglichen jedoch begründete Vermutungen über die Gesamtanatomie der Dinosaurier (siehe Foto 31). Allerdings könnten Funde von versteinertem biologischen Gewebe oder eines komplett oder teilweise versteinerten Dinosauriers diese Ansichten revolutionieren.

Siehe:
»Hohle Dinosaurier?« (S. 100).

Gebiss und Zähne

Die Kiefer und Zähne von Herbivoren (Tieren die nur pflanzliche Nahrung zu sich nehmen) waren dem Fressen von Pflanzen angepasst. Die Zähne der Sauropoden waren stift- oder blattförmig (Abb. 3, unteres Bild).

Die Ornithischier besaßen scherenartige Kiefer zum Zerschneiden von Pflanzen und Backenzähne mit flachen Seiten zum Zermahlen der Nahrung. Die Entenschnabel-Dinosaurier – wie der Edmontosaurus (Abb. 3, oberes Bild) – waren mit hunderten von selbstschleifenden Backenzähnen mit raspelartigen Oberflächen ausgestattet. Der Oberkiefer war durch ein Gelenk nach außen zu bewegen, und wenn die Kiefer geschlossen wurden, glitten die oberen Zähne seit-

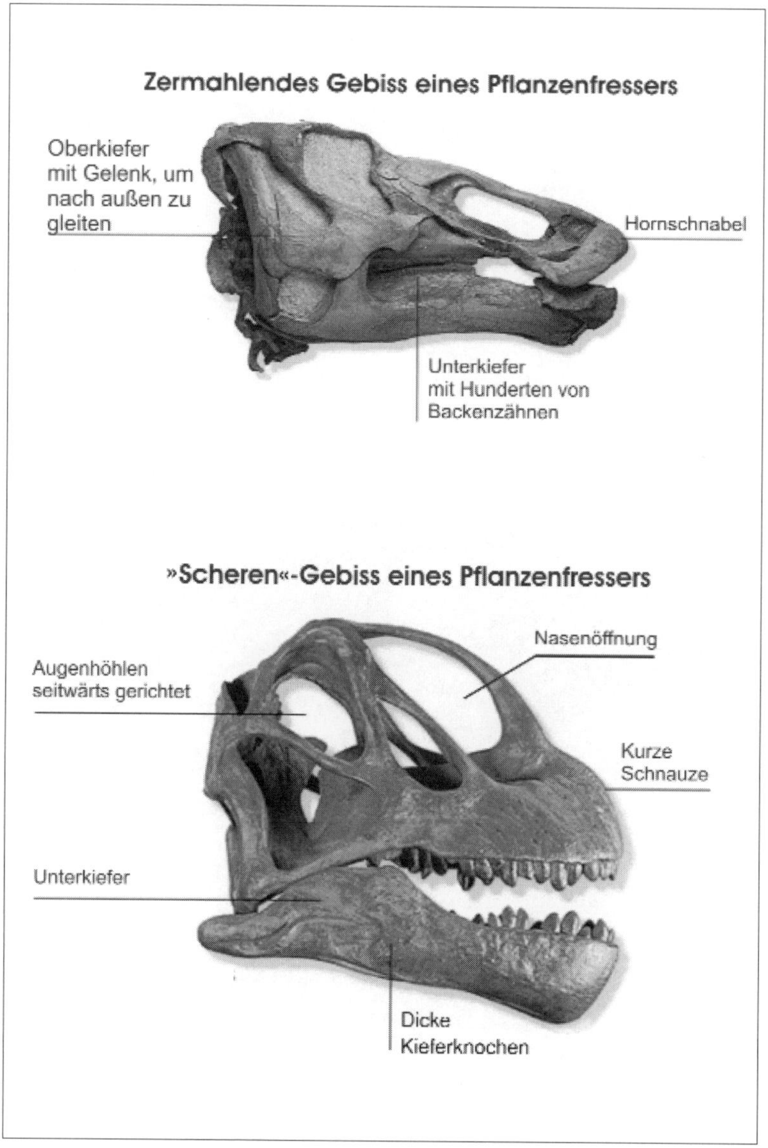

Abb. 3: Pflanzenfresser-Schädel. *Das zermahlende Gebiss eines Edmontosaurus (oberes Bild) und das »Scheren«-Gebiss eines Camarasaurus (Bild unten).*

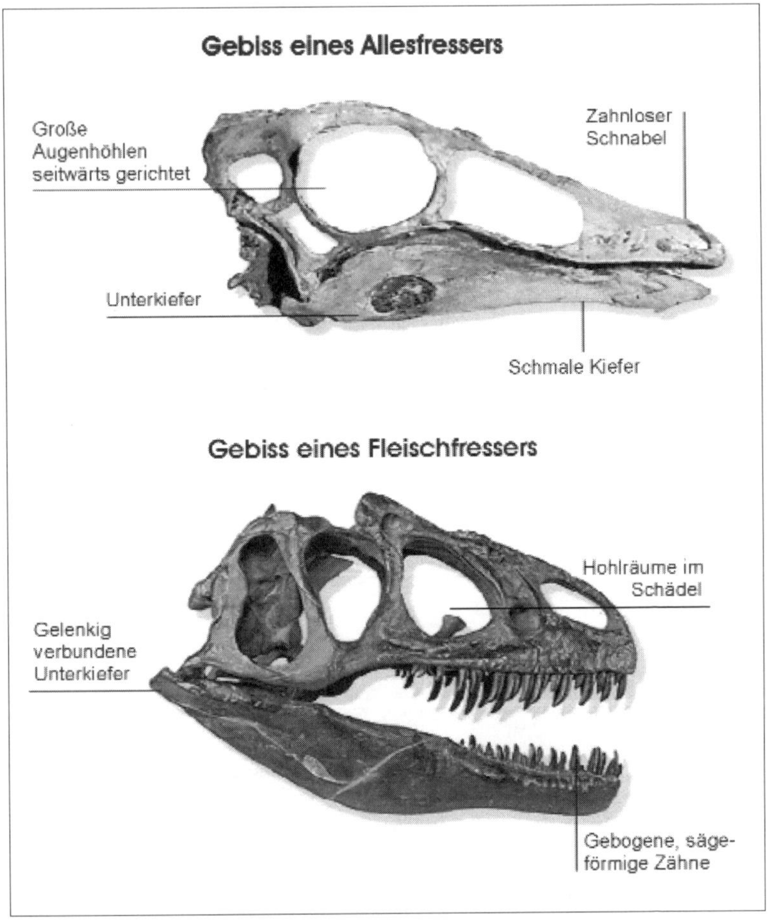

Abb. 4: Dinosaurier-Schädel. *Das Gebiss eines allesfressenden Struthiomimus (Bild oben) und eines fleischfressenden Allosaurus (Bild unten).*

wärts über die unteren Zähne. Auf diese Weise konnte die Vegetation äußerst effektiv zu Brei zermahlen werden.

Die Theropoden enthalten auch eine Untergruppe (Ornithomimosaurier), die Allesfresser waren. Das Gebiss bestand aus einem zahnlosen Schnabel, der verwendet wurde, um Blätter, Früchte und klei-

ne Tiere zu schnappen. Die Kiefer waren schmal und ähnlich wie die eines heutigen Vogels aufgebaut (Abb. 4, oberes Bild).
Eine andere Gruppe der Theropoden umfasste die Fleischfresser. Der Kiefer der meisten Theropoden waren lang und mit scharfen, rückwärts gekrümmten Zähnen bestückt, die nach Verschleiß oder Verlust ersetzt wurden (Abb. 4, unteres Bild). Sie ähneln denjenigen der heutigen Warane. Vorn und hinten an den Kanten der Zähne befinden sich winzige, sägeförmige Zacken, ähnlich wie bei einem Steakmesser. Andere Fleischfresser wie die Krokodile besitzen einfache, dornenartige Zähne ohne Zacken. Die größten Theropoden waren die Carnosaurier, die schwere Schädel besaßen. Sie benutzten ihre starken nach außen gebogenen, gelenkig verbundenen Kiefer, um Fleischstücke aus der Beute zu reißen. Baryonyx (S. 130) besaß dagegen Zähne wie ein Krokodil.

? Das Gebiss eines fleischfressenden Allosaurus sieht beeindruckend und Furcht erregend aus. Doch so kräftig konnte dieser Raubsaurier gar nicht zubeißen, wie jetzt britische Wissenschaftler herausfanden. Statt seine Beute zu zerfetzen, schlug *Allosaurus* (S. 123) wahrscheinlich schnell zu und wartete dann, bis sein Opfer verblutete.

Die Nahrung

Die Nahrung lässt Rückschlüsse auf das Verhalten und den Lebensraum der Tiere zu. Man unterscheidet Herbivoren (Pflanzenfresser), Karnivoren (Fleischfresser) und Omnivoren (Fleisch- und Pflanzenfresser, also Allesfresser).
Es kann kaum unmittelbar nachgewiesen werden, wovon sich Dinosaurier ernährten. In seltenen Fällen wurden Reste der letzten Mahlzeit bei einem Dinosaurier-Skelett gefunden. Der Theropode Coelophysis scheint junge Tiere der eigenen Art gefressen zu haben, denn in Skeletten ausgewachsener Tiere fand man kleine Knochen junger Coelophysiden. Eine kleine Echse wurde im Brustkorb eines Compsognathus (Theropode) entdeckt. Im Bereich des Magens

eines Edmontosaurus (Entenschnabelsaurier) fand man Teile von Baumrinden, Kiefernadeln und Tannenzapfen.
Einen direkten Nachweis der Nahrung können Untersuchungen von versteinertem Kot von Tieren – den Koprolithen – liefern. Es wurden allerdings nur in wenigen Fällen Koprolithe direkt bei einem Dinosaurier-Skelett entdeckt. Eine Zuordnung ist deshalb oft schwierig. Deshalb konnten viele Koprolithen keiner bestimmten Dinosaurierart zugeordnet werden.
Meistens müssen die Wissenschaftler auf indirekte Nachweise zurückgreifen. Ein Kriterium bildet die Form der Zähne oder Beweglichkeit der Kiefer, um Nahrung zu kauen. Aus dem Fressverhalten heutiger Tiere schließt man auf die Nahrungsart der Dinosaurier.

Verdauung

Die Nahrung der Pflanzenfresser musste zur Freisetzung der Nährstoffe vollständig zu Brei verarbeitet werden. Dazu wurden verschiedene Methoden angewandt. Einige Saurier zerkleinerten die Nahrung wahrscheinlich nur mithilfe ihrer Zähne. Eine andere Methode ist interessanter und mysteriöser.
Sauropoden verschluckten Steine, die Gastrolithe (Magensteine) genannt wurden. Diese Methode ist auch von heutigen Pflanzenfressern bekannt. Sie verschlucken Steine, die sich im Magen sammeln. Durch die Bewegung der Magenmuskulatur werden die Steine gegeneinander gerieben und zermahlen dabei die Nahrung in kleine Teile. Da man Dinosaurier-Skelette entdeckte, die im Bereich des Magens kleine Mengen polierter Steine (Gastrolithe) enthalten, glaubt man, dass die Gastrolithe bei den Dinosauriern auf die gleiche Art funktionierten. Die oft in Museen ausgestellten Magensteine wurden bisher eindeutig als Relikt und Kennzeichen eines pflanzenfressenden Dinosauriers interpretiert.
Psittacosaurus benötigte scheinbar auch Magensteine zur Verdauung. Psittacosaurus ist der einzige Ornithischier, von dem man ganz sicher weiß, dass er Gastrolithe benutzte. Es gibt Hinweise, dass

auch Stegosaurus sich ihrer bediente. Gastrolithe wurden auch in Mägen von einigen Prosauropoden, Sauropoden und Theropoden gefunden. Viele heute lebende Vögel (u. a. Strauße) benutzen ebenfalls Gastrolithe.

Erst im Jahr 1998 erregte die Untersuchung verschiedener versteinerter Kothaufen (Koprolithe) von Tyrannosaurus Rex durch die kalifornische Paläontologin und Expertin Karen Chin Aufregung unter den Paläontologen. Die in der »Frenchman Formation« von Saskatchewan gefundenen Koprolithe von *fleischfressenden* Sauriern sind im Gegensatz zu dem pflanzenfressender nicht gut von denen urzeitlicher Krokodile und großer Fische zu unterscheiden. Deshalb war man erstaunt, dass die Koprolithe zu 40 Prozent aus *millimeterklein* zerbissenen Knochen bestanden. Tyrannosaurus Rex gilt als ein gefräßiger Räuber, der – ähnlich wie heute lebende Reptilien – sein Futter in *großen* Stücken hinunterschlang, die erst im Verdauungstrakt zerkleinert wurden. Aber Tyrannosaurus besaß *keine Mahlzähne*. Im britischen Wissenschaftsmagazin »Nature« wurde deshalb vermutet, dass die urzeitlichen Fleischfresser Magensteine (Gastrolithe) zum Zerkleinern der Nahrungsbrocken besaßen. Bis zu diesem Zeitpunkt glaubte man, dass nur Pflanzenfresser Steine zur Zerkleinerung der Nahrung im Magen hatten.

Riesen, Zwerge und Rekorde

In den meisten Fällen stellt man sich Dinosaurier als gigantische Tiere vor, die wesentlich größer waren als heute lebende. Es gab aber auch kleine Saurier wie die Pflanzenfresser Hypsilophodon und Lesothosaurus oder die Fleischfresser Troodon und Compsognathus, die Größen von nur knapp einem und bis zu zwei Metern erreichten. Als kleinster Dinosaurier gilt allgemein der Compsognathus (S. 138) mit einer Länge von ca. 70 cm, der so viel wie ein Huhn wog. Die »Laufsaurier« aber waren sogar noch kleiner. Einige erreichten die Größe eines Sperlings.

Als der längste Dinosaurier gilt bisher der Seismosaurus. Es handelt sich um einen bis zu 40 bis 50 Meter langen Sauropoden, der in Nordamerika gefunden wurde.
Der größte fleischfressende Dinosaurier ist der Gigantosaurus, ein argentinischer Theropode, der mit einem Gewicht von 8 Tonnen bis zu 14,5 Meter lang und 4 Meter hoch wurde (siehe Foto 32).
Mit einem Gewicht von bis zu 100 Tonnen war der ungefähr 40 Meter lange Argentinosaurus, ein argentinischer Sauropode, wahrscheinlich der schwerste Dinosaurier.
Als der höchste Dinosaurier galt bisher Brachiosaurus (siehe Foto 40), der mit einer Höhe von bis zu 16 Meter in den Baumwipfeln weidete, falls die heutige Skelettrekonstruktion in Giraffenhaltung richtig sein sollten. Im Jahre 2000 wurde der 110 Ma alte *Sauroposeidon proteles* entdeckt, der in Giraffenhaltung 18 Meter groß werden konnte. Der längste Rückenwirbel von Sauroposeidon war 140 Zentimeter lang.
Den größten Kopf besaß ein Hornsaurier aus Nordamerika: Pentaceratops. Er besaß einen mehr als 3 Meter langen Schädel.
Am schnellsten sollen die kleinen, vogelartigen Raubdinosaurier mit bis zu 60 Kilometern in der Stunde (ein Gepard erreicht 100 km/h) gewesen sein. Wissenschaftler glauben, dass Coelophysis aus der späten Triaszeit einer der schnellsten Dinosaurier gewesen sein muss. Er war sehr schlank und leicht gebaut und bei 3 Meter Länge nur 30 Kilogramm schwer.
Die klügsten unter den Dinosauriern waren vielleicht Troodon, Dromaeosaurus, Deinonychus und Velociraptor, denn sie wiesen das relativ größte Verhältnis von Gehirngewicht zum Körpergewicht auf.

? Elefanten stellen die heutzutage größten Landtiere dar. Es ist fraglich, ob gigantische Dinosaurier von 50 Metern Länge und 100 Tonnen Gewicht unter den heutigen Bedingungen (Gravitation, Atmosphäre) überhaupt lebensfähig wären. Nicht umsonst leben die größten Lebewesen heutzutage im Wasser, da der Auftrieb dem Gewicht entgegen wirkt. Schwergewichtige Dinosaurier hätten es deshalb als im Wasser oder Sumpf lebende Tiere einfacher gehabt zu überleben.

Jagdmethoden

Die meisten Dinosaurier waren Pflanzenfresser (Herbivoren). Einige waren jedoch fleischfressende Saurier (Karnivoren), die andere Dinosaurier jagten.
Es wird vermutet, dass viele fleischfressende Dinosaurier, wie zum Beispiel Tyrannosaurus, als Einzelgänger jagten. Möglicherweise verfolgten sie Herden von Pflanzenfressern und jagten die schwächeren oder kranken Tiere. Kleine, leichte Jäger, wie zum Beispiel der Ornitholestes, könnten Eidechsen gejagt und sie mit den krallenbewehrten Händen oder scharfen Zähnen ergriffen haben.
Andere Dinosaurier, wie zum Beispiel der Deinonychus, jagten in Rudeln. Zähne dieser Spezies wurden oft neben Skeletten von Tenontosaurus gefunden, einem großen Pflanzenfresser. Untersuchungen ergaben, dass die Zähne von mehreren Einzeltieren stammten. Häufig wurden mehrere Skelette von Deinonychus zusammen entdeckt, was auf in Gruppen lebende Tiere – oder alternativ ein Massengrab? – hinzuweisen scheint. Beide Beobachtungen führten zu dem Schluss, dass Deinonychus anscheinend im Rudel jagte.

Waffen und Panzerung

Viele pflanzenfressende Dinosaurier besaßen beeindruckende Waffen zur Verteidigung: Daumendornen, Schwanzkeulen, Hörner (Fotos 7 und 55) und Rammschädel (siehe Fotos 11 und 12). Ankylosaurier und der Sauropode Saltasaurus verließen sich auf ihre ausgezeichneten Panzerungen, die den scharfen Zähnen der Raubsaurier widerstehen konnten. Stegosaurus war mit Platten gepanzert und an seinem Schwanzende besaß er Schwanzdorne, die bis zu 60 Zentimeter lang werden konnten. Ein Schlag mit dem Schwanz konnte einen Angreifer zumindest abschrecken. Einige Ankylosaurier besaßen eine aus festen Knochen bestehende massive Schwanzkeule, die wahrscheinlich eine ähnliche Funktion hatte. Auch einige Sauropoden, wie der chinesische Omeisaurus, besaßen ebenfalls

Schwanzkeulen. Man vermutet, dass manche Sauropoden wie Diplodocus und Apatosaurus ihre langen Schwänze als Peitschen benutzten, mit denen kräftige Hiebe ausgeteilt werden konnten.

Die Hörner der Ceratopsier sahen Furcht erregend aus und konnten als schreckliche Waffe zur Verteidigung benutzt werden. Die Zahl der Hörner und deren Anordnung unterschied sich bei den einzelnen Arten. Monoclonius besaß nur ein einziges Horn auf seiner Nase, während Triceratops neben einem kurzen Horn auf seiner Nasenspitze – fehlt beim Diceratops (siehe Foto 6) – zusätzlich lange Hörner über den Augenbrauen hatte. Eine große Knochenkrause schützte den Nacken.

? Ob die eindrucksvollen Hörner der Horndinosaurier überhaupt als Waffe benutzt wurden, erscheint fraglich, da der Schädel nur in einem kleinen Kugelgelenk am Ende der Halswirbelsäule gelagert war: siehe hierzu die Beschreibungen im Bildteil (Foto 7). Alternativ fungierten Hörner und Halskrause als Wärmetauscher zur Regulierung der Körpertemperatur. Siehe: »Warm- oder kaltblütige Dinosaurier« (S. 23 und 112)

Vielen pflanzenfressenden Dinosauriern fehlten solch beeindruckenden »Waffen« wie spitze Hörner. Sie waren auf andere Fähigkeiten angewiesen und besaßen vielleicht schärfere Sinnesorgane wie beispielsweise gutes Sehvermögen oder ausgeprägten Geruchssinn.

Viele kleine Ornithopoden wie Hysilophodon entkamen aufgrund ihrer großen Schnelligkeit, die bis zu 60 Stundenkilometer betragen haben soll. Andere Dinosaurier – wie beispielsweise der Entenschnabelsaurier Maiasaura – lebten in großen Herden, die einen gewissen Schutz vor Angriffen boten. Man vermutet, dass Dinosaurier ihre Hautfarbe ändern und ihrer Umgebung anpassen konnten, obwohl es keinen Beweis für eine überhaupt irgendwie geartete Färbung der Haut gibt.

3 Fossilienfunde

Die Ansichten über Dinosaurier haben sich in den letzten Jahren stark gewandelt. Auch das Wissen über die Verbreitung einzelner Dinosaurierarten ist durch neue Funde einer steten Veränderung unterworfen. Man fand Dinosaurier auf Erdteilen wie beispielsweise der Antarktis oder in Gegenden, in denen nach herkömmlicher Meinung entsprechende Arten von Dinosauriern gar nicht vorkommen dürften. Weitere entsprechende Funde solcher Tiere an »falschen Orten« könnten auf die Theorie von der Plattentektonik (Kontinentalverschiebung) einwirken und neue Vorstellungswelten erzeugen (ausführlich siehe Kapitel 4).

Welche Gesteine enthalten Fossilien?

Fossilienfunde kommen nur in Sedimentgesteinen vor, die schichtweise abgelagert wurden und sich entweder aus mineralischen und/oder organischen Bestandteilen zusammensetzen. Gesteinsschichten, die aus einem lockeren Gefüge aus Kieseln und größeren Blöcken gebildet wurden, beinhalten selten Fossilien, da die Knochen nach der Ablagerung zerbrochen und zerrieben werden. In magmatischen Gesteinen wie Graniten oder Basalten, die als geschmolzene Masse aus dem Erdinnern an die Oberfläche traten und dann erkalteten, kommen dagegen keine Fossilen vor. Auch in metamorphen Gesteinen – wie beispielsweise Marmor – fehlen fossile Relikte, da sie unter großer Hitze- und Druckeinwirkung aus ursprünglichem Gestein entstanden sind.

Besonders fossilienreich sind feinkörnige Sand- und Kalksteine.

Tone und Tonschiefer bestehen aus noch feineren Bestandteilen. Sie machen ungefähr 60 Prozent aller Sedimentgesteine aus und enthalten teilweise eine Fülle von Fossilien, insbesondere ungefähr 50 Ma alte Tonablagerungen des Eozäns.

Die Fossiliensuche lohnt sich dort, wo entsprechende Gesteine der entsprechenden Zeitalter an die Erdoberfläche treten. Kalk- und Sandstein sowie Schiefer aus dem Erdmittelalter können Fossilien aus der Dinosaurier-Ära enthalten. Geologische Karten der entsprechenden Gebiete geben Auskunft über die in dieser Gegend anzutreffenden Gesteinsschichten, und Fossilienführer informieren über die Art der Fossilien. Zu empfehlen ist auch, sich vor Beginn der Suche bei naturkundlichen Museen umzusehen und einen Geologenhammer zu besorgen.

Insbesondere sind Bruchspalten in Erdbebengebieten, Straßeneinschnitte, Klippen an Seen, Rutschhänge in Flusstälern, Flusstäler, Kohlengruben sowie Steinbrüche interessant. Das Suchen und das Finden fossilhaltiger Gesteine sind bei dieser Vorgehensweise nicht sehr schwer.

Das Aufspüren der Fossilien selbst ist dagegen schon mühsamer, weil es dafür praktisch kein Patentrezept gibt. Eine methodische Untersuchung Schicht für Schicht ist sehr aufwändig, verspricht aber Aussicht auf Erfolg. Wenn man Glück hat, findet man einzelne Knochen, die aus einem Abhang oder dem Erdboden herausragen.

Umfangreich treten Dinosaurier in den so genannten »Badlands« (Ödland) und Wüsten zutage, wie zum Beispiel in Teilen des Westens Nordamerikas, in der Wüste Gobi in Asien, in Patagonien in Argentinien, im Osten Australiens und in einigen sandigen Abschnitten der Wüste Sahara.

Paläontologen nehmen eine genaue Beschreibung von Fund und Fundort vor. Die Fundstücke werden nummeriert, nach wissenschaftlichen Kriterien charakterisiert und katalogisiert. Durch eine spätere Analyse können so die gefundenen Fossilien auch unterschiedlichen Gesteinsschichten und damit Lebensgemeinschaften zugeordnet werden.

Datieren von Fossilien

Es gibt eine relative und eine absolute Methode der Altersbestimmung. Die relative Datierung beruht auf der Beobachtung, dass die Sedimente Schicht um Schicht nach- und übereinander abgelagert werden. Daraus schließt man, dass Lebewesen, welche in höher gelegenen Schichten entdeckt wurden, in einer späteren Epoche lebten als tiefer liegende. Andererseits konnte man beobachten, dass im Normalfall bestimmte Sedimentschichten durch ganz bestimmte Kombinationen von Pflanzen und Tieren gekennzeichnet sind. Aufgrund dieser Gegebenheiten entwickelten die Pioniere der Wissenschaften im 19. Jahrhundert eine Einteilung von Abfolgen der Erdzeitalter, durch die die geologischen und biologischen Funde über eine Zeittafel miteinander fest verknüpft sind. Diese relative (indirekte) Altersbestimmung ist allerdings willkürlich, da die zur Bildung geologischer Schichten benötigten Zeiträume nicht bekannt sind. Zur Datierung dienen deshalb »Leitfossilien«, die in bestimmten Gesteinsschichten vorkommen. Das Alter der Leitfossilien wurde von den Biologen mit der Entwicklung der Zeittafeln im 19. Jahrhundert festgelegt. So genannte »lebende Fossilien«, insbesondere noch lebende Leitfossilien – wie beispielsweise der noch in zwei verschiedenen Ozeanregionen lebende Quastenflosser –, lassen Zweifel an den festgelegten Zeitaltern, Perioden und Epochen zu, da die »lebende Fossilie« ja nie wirklich ausgestorben ist und deshalb auch nicht der Altersbestimmung dienen kann.
Nachdem mit den Methoden der relativen – indirekten – Datierung seit Einführung vor über hundert Jahren lang keine absoluten – direkten – Altersbestimmungen möglich waren, wurden ab 1950 mit der Einführung der Radiokarbonmethode nach und nach Datierungsmethoden entwickelt, durch die das absolute Alter von Fossilien in Jahrmillionen bestimmt wird. Dabei macht man sich den Umstand zunutze, dass einige Gesteine radioaktive Mineralien enthalten, die bei der Ablagerung in sie eingebettet wurden. Die radioaktiven Atome zerfallen im Normalfall und unter heutigen Bedingungen in ganz bestimmter Geschwindigkeit in andere Atome

(Isotope). Uran-235 zerfällt beispielsweise in 713 Ma zur Hälfte in Blei-207. Durch Messung relativer Mengen von Uran-235 und von Blei-207 in einem bestimmten Gestein, lässt sich die bisherige Zerfallsdauer berechnen, wann das Gestein erhärtete bzw. abgelagert wurde.
Diese direkten Datierungsmethoden bringen jedoch nur korrekte Ergebnisse, sofern die Bedingungen in der gesamten Erdgeschichte ähnlich den heutigen waren (siehe hierzu kritisch: »Darwins Irrtum«, S. 68 ff.). Radioaktive Mineralien sind im Normalfall nur in magmatischen Gesteinen wie Basalten und Graniten enthalten. Fossilien sind in diesen Gesteinen jedoch nicht vorhanden, sondern in Sedimentgesteinen wie Kalk- oder Sandstein. Zur absoluten (direkten) Datierung dieser Sedimentschichten gibt es allerdings keine Möglichkeit, sodass in Wirklichkeit wieder vergleichende Untersuchungen erforderlich sind: Eine absolut datierfähige Granitschicht könnte beispielsweise direkt über oder unter einer nicht zu datierenden Kalksteinschicht liegen. Dieser Vergleich setzt voraus, dass die geologischen Schichten nicht durch gewaltsame Einwirkungen (Meteoriteneinschlag, Vulkanausbruch) »umgedreht« wurden.

Die Technik des Ausgrabens

Die weltweit in den Museen ausgestellten Dinosaurier-Knochen oder sogar beeindruckenden -Skelette sind das Ergebnis meistens mehrere Jahre andauernder sorgfältiger Arbeit. Für diese Arbeit benötigt man Paläontologen, die verschiedene Fähigkeiten wie die eines Geologen, Künstlers und Anatoms haben müssen.
Bei der Suche nach Dinosaurier-Fossilien beschränkt man sich auf Schiefer, Kalk- und Sandgestein des Erdmittelalters (Mesozoikum). Diese Sedimentgesteine werden aus Schichten von Ton, Lehm oder Sand gebildet. Gesteine aus jüngeren und älteren Formationen beinhalten zwar auch Fossilien, aber keine Relikte von Dinosauriern. Magmatische Gesteine, die beispielsweise durch Vulkanausbrüche entstanden, oder solche, die durch hohen Druck und enorme Hitze

metamorph verändert wurden, enthalten keine Dinosaurier-Fossilien. Mögliche Fundorte werden durch diese Kriterien begrenzt. Auch wenn alle Voraussetzungen erfüllt sind, gehört zur Suche eine Portion Glück wie beispielsweise ein aus dem Boden ragendes Knochenstück.

War die Suche nach einem Dinosaurier-Fossil erfolgreich, muss die oberste Deckschicht abgetragen werden. Die weitere Vorgehensweise hängt von der Härte des Felsens ab und davon, in welchem Zustand sich die Knochen befinden.

Man beginnt gegebenenfalls, das lockere Gestein mit Bürsten und Löffeln zu entfernen. Bei steinigen Böden oder Felsschichten muss man mit Hacken, Schaufeln und manchmal auch Presslufthämmern arbeiten oder sogar Sprengstoff benutzen. Liegen die Knochen in weichen Bodenschichten (Lehm oder Ton), können die Knochen mit einer Kelle freigekratzt oder mit Wasser freigespült werden. Ist der Ausgrabungsbereich erst einmal freigelegt, kann die eigentliche Arbeit des Ausgrabens der Knochen beginnen.

Der auszugrabende Bereich wird mit einem Gitternetz kartiert. Ist der Ausgrabungsbereich groß, wird das Gitter vor Ort aus Schnüren zusammengesetzt, die ausgelegt und im Boden befestigt werden. Das Gitter markiert den Ausgrabungsbereich und ermöglicht, die groben Positionen der im Boden liegenden Knochen festzuhalten. Von der Lage der Knochen im Gestein fertigen die Paläontologen exakte Zeichnungen an. Sie dienen als Hilfe, wenn das Dinosaurier-Skelett später zusammengesetzt wird.

Wenn die Ausgräber das (gesamte) ein Fossil umgebende Erdmaterial erreicht haben, muss vorsichtig gearbeitet werden, da die fossilen Knochen sehr zerbrechlich sein können. Man verwendet kleine Bohrer, Messer oder Löffel, um das Gestein abzuschaben ohne die Knochen zu berühren.

Liegen die Knochen an der Oberfläche frei, kann eine durchsichtige, aushärtende Flüssigkeit über sie gegossen werden. Diese Flüssigkeit dringt in die Knochen ein und macht sie härter, dunkler und glänzender. Sie trägt zum Schutz der Knochen bei, indem sie ihr Zerfallen oder Zerbrechen während der weiteren Ausgrabung verhindert.

In der Reihenfolge ihrer Freilegung werden die Bezeichnungen der Knochen und ihre Position akkurat in einen Ausgrabungsplan eingetragen. Aufgrund der Positionen, in denen die Knochen liegen, können Hinweise darauf gewonnen werden, wie der oder die Dinosaurier starben. Das umgebende Gestein könnte Aufschlüsse über die Umgebung geben, in welcher der Dinosaurier starb.
Wurden die Oberseite und beide Seiten des Knochens freigelegt, ist *Sockelbildung* die nächste Stufe der Vorgehensweise. Sie umfasst die allseitige Untertunnelung des Knochens, wobei Sockel als Stützpfeiler von tragendem Gestein unter den Knochen stehen gelassen werden. Diese Methode eignet sich vor allem für das Ausgraben großer Knochen. Sie ermöglicht die Fortführung der Arbeit, während die Knochen noch in ihren natürlichen Positionen befinden.
Nachdem die Knochen zwecks nachfolgend einfacherer Säuberung im Laboratorium beispielsweise mit einer Aluminiumfolie ummantelt wurden (wird nicht immer praktiziert), wickelt man diese mit Tuchstücken ein, die zuvor in einer Gipsmischung getränkt wurden. Der Gips erhärtet und schützt die Knochen beim nachfolgenden Transport (siehe Fotos 20–21). Sind die Knochen größer, wird ein Stützkorsett in Form von Holzbalken eingegipst. Nach Erhärtung des einseitig angebrachten Stützkorsetts wird der Knochen umgedreht und die noch offen liegenden Oberflächen des Knochens mit Gipstüchern ummantelt. Die derart geschützten Fossilien werden mit starken Gurten zusammengebunden und zum Abtransport verladen. Nach der Ankunft im Museum können die Knochen gereinigt und für die Untersuchung vorbereitet werden. Für diese Feinarbeit dienen Nadeln und kleine Zahnarztinstrumente, manchmal auch Sandstrahlgeräte. Das Skelett kann dann zur Ausstellung im Museum zusammengesetzt werden.

Versteinerungsvorgang

Heutzutage versteinert (fossiliert) kein biologisches Gewebe mehr. Wie lange dauert ein Versteinerungsvorgang? Nach den wissenschaftlichen Prinzipien über lange Zeiträume hinweg, wenn man von biologischen Formen der Kalkbildung (Korallen) oder den Kalk-Sinterquellen als Ergebnis eines natürlichen chemischen Prozesses absieht. Wie versteinert überhaupt biologisches Gewebe, ein Ei oder ein Tier *mitsamt seinen Weichteilen*? Sind die Erklärungen für Versteinerungen von Skeletten richtig?

An der Grenze zwischen Utah und Colorado liegt das *Dinosaur National Monument*. Am 17. August 1909 wurden hier erstmals Dinosaurier-Knochen gefunden, die an der Erdoberfläche aus hartem Gestein herausragten. Heute befindet sich hier eine 183 Meter lange und 24 Meter hohe Felswand, geschützt unter einer Halle. In dieser steil aufragenden Wand sind Hunderte von Dinosauriern in einem wilden Durcheinander in puren Fels eingeschweißt. Auch heute noch werden die fossilen Knochen mit Presslufthämmern herausgestemmt – man kann dabei zusehen (Foto 44). Wie kommen diese vielen Dinosaurier in diese Felsplatte, dicht an dicht gelagert wie Ölsardinen in der Büchse? Die Hinweisschilder geben eine eindeutige Erklärung (übersetzt durch d. V.):

»Vor vielen Jahren spülte ein mäandernder Fluss unzählige Dinosaurier-Leichen auf eine Sandbank. Strömungen und Aasgeier zerstreuten die Überreste. Der Sand bedeckte nach und nach viele der Knochen mit einer oft zwei bis drei Meter dicken Schicht. Über einen noch längeren Zeitraum hinweg lagerten Binnenseen Tausende von Metern Schlamm und Sand auf den Knochen ab. Langsam verwandelten sich die Sedimente und Knochen zu Stein. Verwerfungen und Krümmung der Erdkruste bogen die flach liegenden Felsschichten nach oben und falteten sie zu Bergen; gleichzeitig begann die Erosion, die Gipfel wieder abzutragen. Weitere Verwitterung in der Neuzeit legte Teile einer nach oben geschobenen Sandbank frei, bis einige Knochen an die Oberfläche gelangten – und Douglas sie zu sehen bekam.«

Bleiben Hunderte von Dinosaurier-Skeletten erhalten, nachdem Aasgeier (richtiger: Aasfresser) oder Reptilien ihr räuberisches Werk beendet hatten? Wieso sammelten sich an einer Flussbiegung derart viele Dinosaurier als ein Knochenwirrwarr aus Teilskeletten – unter anderem Apatosaurus, Diplodocus, Camptosaurus, Allosaurus und Camarasaurus – an, und dies nicht während einer Katastrophe, was eher verständlich wäre, sondern ausgesprochen *langsam über lange Zeiträume hinweg*, ganz im Sinne der geologischen Grundsätze (Lyell-Dogma) und der darin eingebetteten Idee von der sich nur *unmerklich langsam verändernden Erde*?

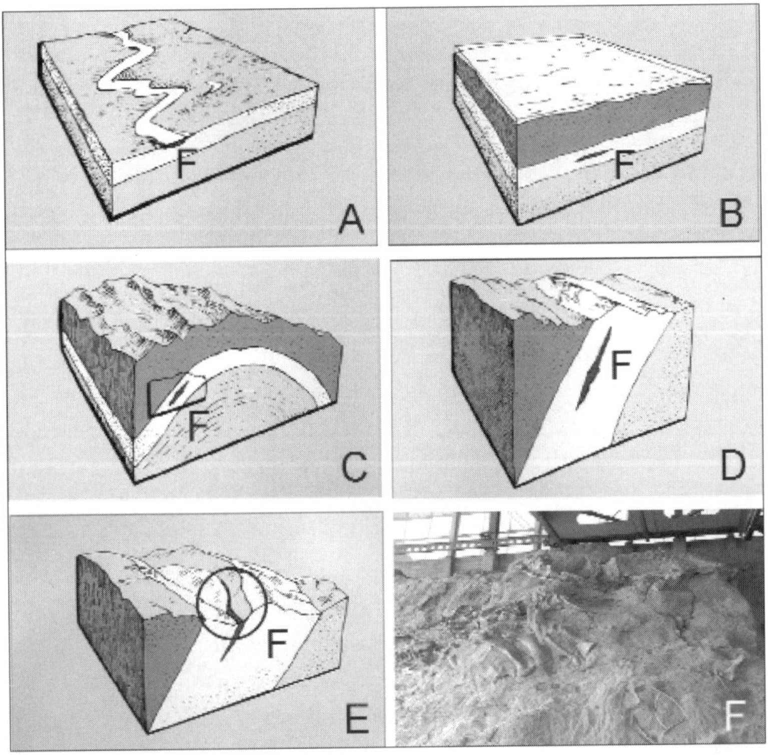

Abb. 5: Versteinerung von Knochen. *Auf den Hinweisschildern im »Dinosaur National Monument« (Utah/Colorado) wird dargestellt, wie der an einer Flussbiegung (Abb. A) entstandene Dinosaurier-Friedhof – dunkler Fleck (F) –* kilometertief *in die Erdkruste abgesenkt worden sein* musste *(Abb. B), damit die Knochen durch geochemische Prozesse (Druck und Hitze) versteinern können. Irgendwann kehren die Relikte zurück an die Erdoberfläche (Abb. C–E) und können dann als Fossilien gesammelt oder aus dem Fels gestemmt werden (Abb. F).*

Der auf den originalen Hinweistafeln (Abb. 5) dokumentierte Versteinerungsvorgang kann auch nicht die Existenz des fossilen Dinosaurier-Kots (Koprolithe) oder versteinerter Eier erklären, wie sie zusammen mit fossilen Knochen auf/in der gleichen geologischen Schicht z. B. in der Nähe von Tuba City (siehe *Dinosaur Tracksite*, Arizona) gefunden werden (siehe Abb. S. 263). Bleiben solche fragilen Gebilde trotz des beschriebenen kilometerlangen Weges durch die Erdkruste unbeschadet erhalten? Das müsste so sein, da direkt an der Erdoberfläche, neben versteinerten Knochen, auch Trittsiegel und Dinosaurier-Eier in der dünnen Felsschicht eingeschweißt sind. Und unmittelbar darauf liegen unzählige Koprolithe herum. An deren Unterseite sind die Kieselsteine zusammen mit der ehemals weichen Masse aneinander haftend miteinander versteinert. Die gesamte mit Kiesel übersäte Felsschicht ist an der betreffenden Lagestelle der Koprolithe wie blank gefegt, denn die anscheinend fehlenden Steinchen befinden sich an der Unterseite des in heutzutage knallhartes Gestein umgewandelten Kots. Es hat den Anschein, dass der Dinosaurier-Kot ehemals *genau hier* an diesem Ort hinterlassen wurde, was aufgrund der Millionen Jahre langen Zeiträume undenkbar erscheinen muss. Die Koprolithe sind ja noch nicht einmal ansatzweise verwittert. Anderseits müsste sich die Felsplatte mit den darauf liegenden Koprolithen kilometertief in die Erdkruste abgesenkt haben oder überschüttet worden sein, da nach dem eingangs zitierten »Versteinerungsszenario« die Knochen ja nicht an der Erdoberfläche oder auch etliche Meter tief in der Erdkruste, sondern nur in mehreren Kilometern Tiefe versteinern können. Denn falls Dinosaurier tatsächlich längere Zeit auch mehrere Meter tief im Erdboden begraben liegen, verrotten die Knochen aufgrund des Sauerstoffgehalts im Boden trotzdem, biologisches Gewebe sogar sehr schnell. Es fehlt im Normalfall ganz einfach der *notwendige Luftabschluss* zur Konservierung der Knochen. Deshalb versteinert auch heute kein Tier mehr. Auch nicht in Afrika, wo Millionen von Tieren gestorben sind, ohne über Jahrtausende hinweg Spuren zu hinterlassen. Auf den Prärien im Mittleren Westen Amerikas wurden im letzten Jahrhundert Millionen Büffel aus Eisenbahnwagen heraus abgeschossen. Kein Knochen wird unter den gegebenen aktuellen Bedingungen versteinern können, auch nicht nach einer Überdeckung mit Wüstensand, denn neben dem *notwendigen Luftabschluss* fehlen die nötigen geochemischen Voraussetzungen: *Hitze und Druck*. Diese geochemischen Bedingungen sind aber Begleiterscheinungen von Kometeneinschlägen an der Erdoberfläche. Für einen Versteinerungsprozess sind eventuell auch noch andere Einflüsse maßgebend (ausführlich in »Irrtümer der Erdgeschichte«).

Fabelwesen und Entdeckungen

Sind Vorstellungen von sagenhaften Drachen oder anderen Fabeltieren Erinnerungen an Dinosaurier? Da Menschen und Dinosaurier sich angeblich um ungefähr 60 Millionen Jahre zeitlich verfehlt haben sollen, könnten sich Menschen nicht daran erinnern. Rühren entsprechende Erzählungen vom Fund großer Knochen her? Zentralasiatische Stämme berichteten vor über 2 000 Jahren von Furcht erregenden Tieren, die in der Wüste Schätze bewachten.
Im Jahre 1677 veröffentlichte der Engländer Robert Plott ein Buch über die Naturgeschichte von Oxfordshire mit der ersten Zeichnung eines Dinosaurier-Knochens. Man glaubte, es handle sich um den Knochen eines Elefanten, den die Römer nach England gebracht hatten. Die Zeichnungen zeigen jedoch den Oberschenkelknochens eines fleischfressenden Dinosauriers.
Der Geologiedozent William Buckland (Universität Oxford) beschrieb und benannte als Erster einen Dinosaurier, der um 1815 in Kalksteinbrüchen bei Oxford ausgegraben worden war. Im Jahre 1824 gab er dem fleischfressenden Reptil den Namen Megalosaurus.
Der englische Arzt Gideon Mantell entdeckte versteinerte Zähne eines ungewöhnlichen Tieres und gab ihm 1825 den Namen Iguanodon. Gegen den Widerstand der Wissenschaftler glaubte er, dass die Zähne einer gewaltigen, pflanzenfressenden Echse gehörten.
Zu der Zeit dieser Entdeckungen gab es den Namen »Dinosaurier« noch gar nicht, denn man glaubte an riesige Echsen. Die Zuordnung

als Dinosaurier (Dinosauria) wurde erst einige Jahre später vollzogen, nachdem der Wissenschaftler Richard Owen die fossilen Skelette untersucht und einige Abweichungen gegenüber anderen Reptilien festgestellt hatte. Der Begriff Dinosaurier (»schreckliche Echse«) wurde von Owen erst 1842 geprägt. Damit änderte sich die Sicht über das Leben im Erdmittelalter grundlegend.
Im Jahre 1854 wurden unter der Leitung von Richard Owen Modelle aus Beton, Steinen, Fliesen und Stahl von Iguanodon, Megalosaurus und Hylaeosaurus fertig erstellt. Vor Beginn der Ausstellung in London lud Owen herausragende Wissenschaftler zu einem Essen im Inneren des unvollständigen Modells von Iguanodon ein. Damals wurden Iguanodon und Megalosaurus im Gegensatz zur bisherigen Auffassung als quadrupede, also sich auf allen vieren fortbewegende Tiere (Vierfüßer) rekonstruiert. Allerdings deutet sich wieder ein Umdenkungsprozess an. Näheres siehe Seite 97.

Knochenkriege

Im späten 19. Jahrhundert wetteiferten zwei amerikanische Wissenschaftler, Edward Cope und Othniel Charles Marsh (siehe Foto 26), darin, den jeweils anderen bei der Entdeckung von Dinosauriern im Westen Amerikas zu übertreffen. Aus Freunden wurden bald Feinde.
Beide Wissenschaftler besaßen Trupps von Mitarbeitern, die Fossilien suchten und ausgruben. Im Kampf um die Funde kam es oft zu Handgreiflichkeiten. Als »Knochenkriege« wurden sowohl die Zusammenstöße ihrer Trupps wie auch die wissenschaftlichen Auseinandersetzungen zwischen Cope und Marsh bekannt. Viele neue Dinosaurierarten, wie beispielsweise Diplodocus, Allosaurus oder Camarasaurus, wurden während dieser Zeit (1877–1895) von den Kontrahenten entdeckt.

4 Dinosaurier-Paläogeographie und Plattentektonik

Die Bewegungen der Kontinente lassen sich nicht nur anhand von geophysikalischen Untersuchungen nachvollziehen, sondern sie spiegeln sich auch in Fossilfunden von ausgestorbenen Tierarten wider. So gab es im Verlauf der Erdgeschichte vermutlich einmal einen Weg (Landbrücke) von Südamerika nach Indien, der über die Antarktis führte. Die weitere weltweite Jagd nach Dinosaurier-Fossilien wird die unserem aktuellen Weltbild zugrunde liegenden geologischen und geophysikalischen Modelle in Zukunft gravierend verändern. Für paläogeographische und geotektonische Theorien (Plattentektonik) ergeben sich ernsthafte Probleme und Widersprüche, da man in den letzten Jahren Dinosaurier-Gattungen auf verschiedenen Kontinenten aus der Oberkreide vor ungefähr 70 Millionen Jahren (= Ma) – kurz vor Aussterbezeitpunkt der Dinosaurier – fand, die bereits lange vorher, *teilweise seit ungefähr Ende des Jura vor etwa 140 Ma und auch früher, durch Ozeane getrennt gewesen sein sollen.*

Weltweite Verbreitung

In heutigen Steinbrüchen, Wüsten, Savannen und Wäldern fand man Fußabdrücke, Knochen und Eier von Dinosauriern auf allen Kontinenten rund um die Erde, auch in arktischen Gegenden – Alaska, Labrador und Spitzbergen –, sowie in den heutigen Eiswüsten der Antarktis. Dinosaurier lebten quasi vom Nord- bis zum Südpol in einem gleichbleibend warmen Klima. Die ständig zunehmenden Funde von Dinosauriern auf »falschen« Kontinenten erfordern wahrscheinlich eine deutliche Korrektur des bisher propagierten

Zeitablaufs der Kontinentalverschiebungs- bzw. Plattentektonik-Hypothese. Andererseits scheint es wesentlich mehr Landbrücken oder großflächige Landverbindungen zwischen den Kontinenten gegeben zu haben, als man bisher annimmt. Heutzutage nicht mehr bestehende Landbrücken könnten darauf hindeuten, dass der Meeresspiegel während bestimmter Perioden oder im ganzen Erdmittelalter, also zu Lebzeiten der Dinosaurier, wesentlich tiefer gelegen haben könnte, als heutzutage zu beobachten ist – wodurch naturgemäß zu Lebzeiten der Dinosaurier mehr Landverbindungen als heute bestanden (ausführlich in »Irrtümer der Erdgeschichte«, S. 236 ff.).

Der in der Unterkreide vor ungefähr 120 bis 100 Ma lebende Valdosaurus *canaliculatus* wurde nach Funden in Europa (Rumänien und England) jetzt auch in dem afrikanischen Staat Niger (siehe Abb. 10, S. 71) entdeckt (*Valdosaurus nigeriensis*). Da Afrika in der Unterkreide ein *von Ozeanen umschlossener Kontinent* wie heutzutage Australien gewesen sein soll, ergibt sich durch die Anwesenheit schwimmunfähiger Dinosaurier derselben Spezies in Europa und gleichzeitig Afrika ein Problem für paläogeographische Modelle (Plattentektonik), denn es müsste eine bisher nicht vermutete Landbrücke oder zumindest ein für diese Tiere zu durchwatendes Flachmeer bestanden haben, als die Stammart existierte, bevor sich beide Arten dieser Gattung entwickelten.

Eine Verbindung von Afrika und Europa in der Unterkreide wird auch durch neue, 130 Ma alte Trittsiegel-Funde von Iguanodon in Italien dokumentiert (BdW, 25. 8. 2000). Die prähistorischen Spuren belegen außerdem, dass Italien nicht – wie bislang angenommen – zu dieser Zeit ein Archipel mit mehreren kleinen Inseln vor dem afrikanischen Festland gewesen sein kann. Denn solch gewaltige Tiere benötigen riesige Lebensräume mit einem entsprechenden Wasser- und Futterangebot, um überhaupt überleben zu können. Diese wären aber auf kleinen Inseln, wie sie heute beispielsweise die Malediven oder die Bahamas darstellen, nicht vorhanden gewesen.

Aufgrund verschiedener Dinosaurier-Funde gleicher Gattung in der Unterkreide scheint die Dinosaurier-Paläogeographie eine Verbindung zwischen Europa und Afrika bis vor 100 Ma nachzuweisen.

Allosaurier

Vor allem die Morrison-Formation im Gebiet von New Mexico bis Montana mit Schwerpunkt in Colorado enthält viele Allosaurier. Diese bis zu zwölf Meter großen Fleischfresser, die von 156 Ma bis zum Ende der Jura vor 140 Ma gelebt haben sollen, fand man zuerst in Nordamerika, dann aber auch in Afrika (Tansania) und Australien. Zu dieser Zeit bis zum Beginn der Kreidezeit könnten die Kontinente noch zusammengehangen haben, oder es bestanden nach bisheriger Fundlage Landbrücken von Amerika über Afrika bis Australien. Findet man demnächst vielleicht einen Allosaurier in Südamerika, wäre auch eine Verbindung von Nordamerika oder Afrika über Südamerika und der Antarktis nach Australien denkbar. Die bereits im Jahr 1988 ungefähr 135 Kilometer nordöstlich von Lissabon (Portugal) gefundenen fossilen Skeletteile eines Allosaurus wurden erst elf Jahre später im Jahre 1999 eindeutig zugeordnet (BdW, 29. 4. 1999). Es war der erste *transatlantische* Fund einer Dinosaurier-Spezies. Dieser ungewöhnliche Fund hat Auswirkungen auf die Vorstellung von der Entstehung der Kontinente. Konventionelle paläogeographische Modelle zeigen im Allgemeinen, dass Westeuropa und die Grand-Banks-Region bei Neufundland (Kanada) bereits im Jura – also zu Lebzeiten des in Portugal und Nordamerika entdeckten Allosaurus – durch tiefe Wasserkanäle getrennt waren (siehe Abb. 6, S. 57). Aufgrund des neuen Fundes muss im Gegensatz dazu geschlossen werden, dass der europäische Kontinent wesentlich länger mit dem nordamerikanischen verbunden war, als es durch die Theorie der Plattentektonik beschrieben wird: Schon vor 160 Ma sollen die Kontinente bereits durch tiefe Gräben und vor 125 Ma durch einen 4 000 Meter tiefen Ur-Atlantik ohne jede Landverbindung voneinander getrennt gewesen sein (siehe Karte der Abb. 10, S. 71).

Der Fund von Allosaurus in Portugal weist darauf hin, dass wahrscheinlich mindestens bis vor 140 Ma (Beginn der Unterkreidezeit) eine transatlantische Landbrücke bestand, eventuell durch eine Verbindung von Nordamerika mit Europa beispielsweise über Grön-

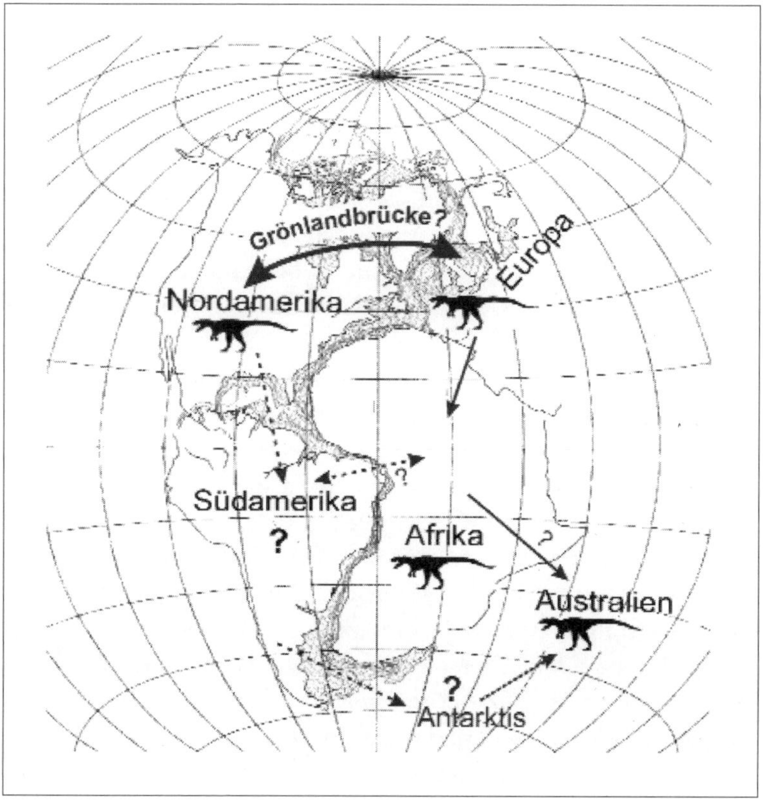

Abb. 6: Allosaurus. *Die Karte zeigt die Stellung der Kontinente vor 165 Ma im Oberjura (nach Sclater/Tapscott, 1987), zu einem Zeitpunkt vor Beginn der Allosaurus-Ära. Bereits zu dieser Zeit war Nordamerika von Europa und Asien durch tiefe Rinnen getrennt. Der Fund von Allosaurus in Nordamerika und Europa deutet auf das Bestehen einer Landbrücke (über Grönland?) in der Unterkreidezeit hin.*

land hinweg, die »Grönlandbrücke« (Abb. 6). Die schwimmunfähigen Dinosaurierarten hatten es ansonsten auch zu diesem frühen Zeitpunkt nicht einfach, um über tiefe Gräben hinweg von Kontinent zu Kontinent zu wandern.

Der westliche Teil Nordamerikas und Europa könnten nach der

Dinosaurier-Paläogeographie in der Unterkreidezeit bis zum Beginn der Unterkreidezeit vor ungefähr 140 Ma eine Landbrücke besessen haben. Nach derzeitiger Fundlage müssten Nordamerika, Europa, Afrika und Australien in der Oberjura (160 bis 140 Ma) verbunden gewesen sein. Falls man allerdings in Südamerika – oder in der Antarktis – einen Fund von Allosaurus machen sollte, wäre eine Verbreitung über die Antarktis nach Australien denkbar. Nord- und Südamerika sollen zu Lebzeiten von Allosaurus aber *keine Landverbindung* besessen haben. Alternativ wäre ein Wanderweg von Afrika nach Südamerika bzw. in die Antarktis und dann nach Australien auch analog anderer bereits beschriebener Funde von Dinosaurierarten denkbar, nach den Szenarien der Plattentektonik jedoch noch nicht einmal ansatzweise diskutabel (Abb. 6).
Interessant ist in diesem Zusammenhang die paläogeographische Verbreitung der anderen Gattungen aus der Familie Allosauridae. Nach Paul C. Sereno entwickelten sich *nach dem Aussterben von Allosaurus* vor ungefähr 140 Ma dessen nahe verwandte Gattungen von Acrocanthosaurus, Giganotosaurus und Carcharodontosaurus in der Mittelkreide. Sie lebten ungefähr vor 110 bis 90 Ma auf verschiedenen Kontinenten: Acrocanthosaurus in Nordamerika, Giganotosaurus in Südamerika und Carcharodontosaurus in Nordafrika. Wie kommen sich voneinander kaum unterscheidende Gattungen auf Kontinente, die schon lange vor Lebzeiten dieser Gattungen durch tiefe Ozeane getrennt gewesen sein sollen? Denn nach Sereno entwickelte sich zuerst Acrocanthosaurus in Nordamerika. Nach der Trennung in den Nordkontinent Laurasia und Südkontinent Gondwana könnten sich dann Giganotosaurus als separate Gattung nur in Südamerika entwickelt haben. Zeitlich danach erfolgte die Trennung Afrikas von Südamerika, und der Carcharodontosaurus entwickelte sich isoliert in Afrika. Da der Carcharodontosaurus nach den aktuellen Datierungen vor hundert Millionen Jahren gelebt haben soll, dürfte sich Afrika kurz vor diesem Zeitpunkt von Südamerika getrennt haben, da es sonst diese Gattung auch in Südamerika gelebt haben müsste. Dieses Szenario – Abkoppelung Afrikas von Südamerika – begann nach der Plattentektonik-Hypothese

aber bereits vor 130 bis 125 Ma, also vor der Entwicklung von Carcharodontosaurus. Dieser bisher durch die Geophysiker *fest fixierte Zeitpunkt* müsste aufgrund der geschilderten Dinosaurier-Funde um 20 Ma in Richtung Jetztzeit verschoben werden (Abb. 7). Die Trennung Afrikas von Südamerika könnte frühestens vor ungefähr 105 Ma, also 20 bis 25 Ma später als bisher angenommen erfolgt sein (»Science«, Vol. 284, 25. 6. 1999).

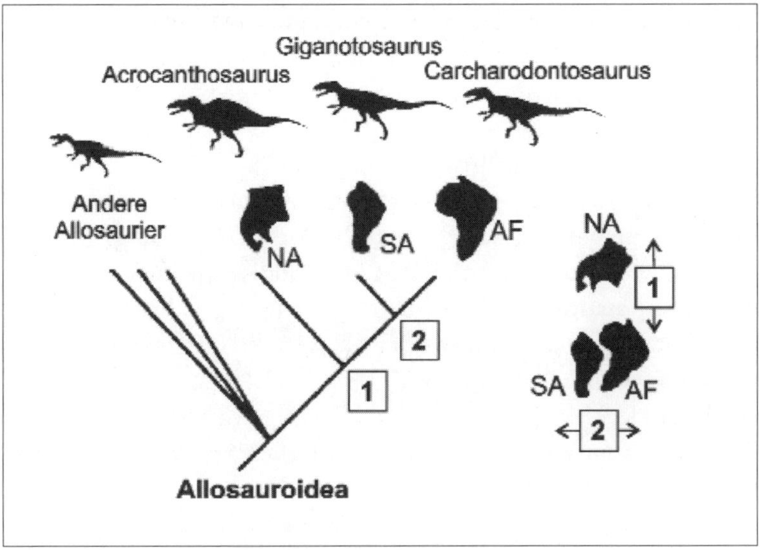

Abb. 7: Kontinentale Verteilung. *Die Entwicklung einzelner Gattungen der Familie Allosauridae nach Aufspaltung von Pangaea erfolgte zuerst in Nordamerika (NA), dann in Südamerika (SA) und schließlich in Afrika (AF). 1 = Trennung: Nordamerika von Südamerika und Afrika; 2 = Trennung: Afrika von Südamerika. Nach Sereno, 1999.*

Majungatholus und Majungasaurus

In Madagaskar wurden gut erhaltene Relikte von Majungatholus entdeckt (»Science«, 15. 5. 1998 und BdW, 18. 5. 1998). Früher wurden diese Fossilien eher einem Pachycephalosaurus zugeordnet, obwohl man entsprechende Familienmitglieder bisher auf der südlichen Erdhalbkugel noch nicht gefunden hat. Eine entsprechende Zuordnung hätte eine grundlegende Revision des Plattentektonik-Modells erfordert, da im Widerspruch zur Plattentektonik-Theorie eine Landverbindung von Nordamerika bis nach Madagaskar in der Oberkreidezeit nachzuweisen gewesen wäre.

Der Majungatholus wird neuerdings als Raubsaurier zur Familie Abelisauridae gezählt. Bisher waren nur Funde in Südamerika und Indien dokumentiert. Der neue Fund auf Madagaskar wirft neues Licht auf die Frage, wann sich die Kontinente der Erde voneinander entfernt haben. Denn als Majungatholus in der späten Kreidezeit vor 70 bis 65 Ma lebte, war Madagaskar – wie auch Indien – angeblich seit langer Zeit eine Insel.

Majungatholus sieht dem gehörnten Carnotaurus sehr ähnlich, der bisher nur in Südamerika gefunden wurde. Wissenschaftler glauben, dass Afrika seit mindestens 130 Ma von Südamerika und Madagaskar für Dinosaurier unüberwindlich getrennt ist, während Südamerika, Madagaskar und Indien über die Antarktis länger miteinander verbunden waren (Abb. 8).

Abelisauride Theropoden hätten demzufolge von Südamerika über die Antarktis nach Madagaskar und Indien einwandern können (»Science«, 15. 5. 1998).

Auch der Majungasaurus gehört wahrscheinlich zur Familie Abelisauridae, und es wird vermutet, dass es sich bei Funden von Majungasaurus in Wirklichkeit um Fossilien von Majungatholus handelt. Relikte von Majungasaurus entdeckte man ebenso in Indien und auf Madagaskar, allerdings auch wider Erwarten in Ägypten (Nordafrika). Majungasaurus soll vor vielleicht 83 bis 73 Ma (= Millionen Jahre) gelebt haben, also auch in der Oberkreide.

Egal, ob es sich bei diesem Fund in Nordafrika um Relikte von Majungatholus oder Majungasaurus handelt, müsste es auch eine bisher nicht für möglich gehaltene Verbindung zwischen Afrika und Südamerika oder Afrika und Madagaskar in der Oberkreide vor nur 70 bis 65 Ma zu Lebzeiten von Majungatholus gegeben haben.

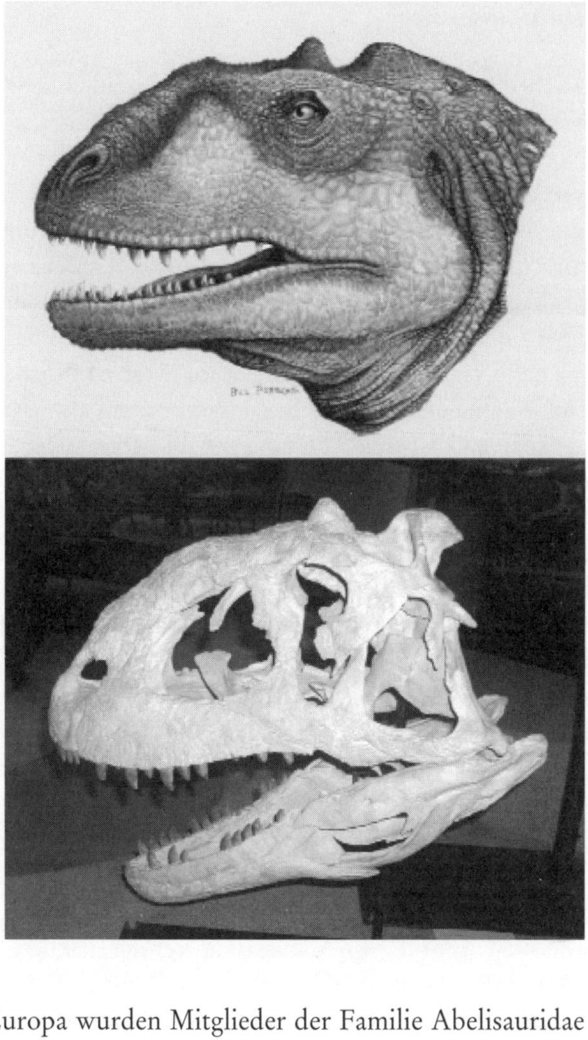

Abb. 8:* *Majungatholus. *Oberes Bild: Rekonstruktion; Unteres Bild: Schädel.*

Aber auch in Europa wurden Mitglieder der Familie Abelisauridae entdeckt. In Frankreich entdeckte man Überreste von Tarascosaurus, der vor 70 Ma lebte. Die Bestätigung eines Fundes von Betasuchus (unsichere Klassifizierung) in Holland könnte ein weiterer Hinweis auf eine bisher nicht für möglich gehaltene Landbrücke zwischen Europa und Afrika in der Oberkreide sein (siehe Verteilung Abelisauridae in Abb. 9, S. 64).

Tyrannosaurus

Auch die Tyrannosaurier gelten als ausschließliche Bewohner des nördlichen Superkontinents Asiamerika (Asien und der Westteil Nordamerikas). Entsprechende Funde von Mitgliedern der Familie Tyrannosauridae in der Mongolei und China sowie in ganz Nordamerika bestätigten bisher diese Auffassung. Früher wurden entsprechende Fossilenfunde in Asien auch als solche von Tyrannosaurus klassifiziert. Sie sind heutzutage jedoch Tarbosaurus zugeordnet, einer Gattung der Familie Tyrannosauridae. Aus der Verteilung dieser nahe verwandten Gattungen im Westteil Nordamerikas und in China schließt man, dass diese Landmassen als Asiamerika noch in der späten Oberkreide Bestand gehabt haben sollen, da Tyrannosauriden vor ungefähr 76–65 Ma lebten.

Die bisher ausschließlich in Asiamerika entdeckten Relikte von Tyrannosaurus gelten als Beweis dafür, dass Asiamerika bzw. der westliche Teil Nordamerikas von Euramerika mit dem östlichen Teil Amerikas durch den Mid-Continental Seaway – als Kontinentalmeer im Bereich des heutigen Mittleren Westens der USA – getrennt gewesen sein soll (siehe »MCS« in Abb. 9, S. 64). Mit anderen Worten, Asiamerika soll in der Oberkreidezeit ein *separater Kontinent* gewesen sein, der *keine Verbindungen (Landbrücken) zu Südamerika, Afrika und Australien* gehabt hätte.

Lawrence Witmer von der Ohio University in Athens (USA) fand 1998 den Schädel eines Majungatholus (siehe Abb. 8), eines Verwandten von Tyrannosaurus, auf Madagaskar (»Science«, 15. 5. 1998 und BdW, 18. 5. 1998). Madagaskar trennte sich bereits vor ungefähr 180 bis 150 Ma von Afrika und war andererseits *nicht mit Asien verbunden*. Die Existenz des nahen Verwandten von Tyrannosaurus auf einer Insel auf der südlichen Erdhalbkugel beweist, dass es eine Verbindung zwischen Madagaskar und anderen Kontinenten gegeben haben *muss*.

Außerhalb von Asiamerika fand man *erstmals* einen 110 Ma alten *Vorfahren* des Tyrannosaurus Rex in Südamerika, im Nordosten Brasiliens. Es handelt sich um eine neue Dinosaurierart, einen bis

2,5 Meter langen Santanaraptors – wissenschaftlich beschrieben im Jahre 1999. An den entdeckten Knochen des Santanaraptors befinden sich den Angaben der Bundesuniversität Rio de Janeiro zufolge sehr gut erhaltene Reste von Haaren, Muskeln, Blutgefäßen und Nerven, deren Zellen mit dem Mikroskop sichtbar seien. Offiziell wurde verlautbart: »Die Evolutionslinie gestattet den Schluss, dass der Tyrannosaurus Rex auch in Südamerika gelebt hat« (BdW, 31. 7. 2000). Die Anwesenheit von Tyrannosaurus Rex in der späten Oberkreidezeit in Südamerika würde bedeuten, dass eine Landverbindung mit Nordamerika bestanden hat. Wie eingangs erwähnt, schloss man aus bisherigen Funden in Asien und dem Westteil Nordamerikas auf eine notwendige Landverbindung über die Behringstraße hinweg in der späten Oberkreidezeit. Bestätigt sich die Annahme der brasilianischen Forscher, müsste Asiamerika mit Südamerika eine Verbindung gehabt haben, und zwar in der späten Oberkreidezeit – unvereinbar mit den geltenden paläogeographischen und plattentektonischen Modellen!

Aber auch in Europa entdeckte man einen Urahn von Tyrannosaurus Rex. Auf der britischen Isle of Wight stieß man auf die fossilen Überreste eines Eotyrannus (Tyrannosauroidea). Das über 4,5 Meter lange und beinahe vollständige Skelett zeugt von einem fleischfressenden Saurier, der vor 120 bis 125 Ma in Europa lebte, rund 55 Ma bevor Tyrannosaurus Rex auftauchte. Dieser Fund ist ein wichtiges Puzzleteil im Stammbaum des Tyrannosaurus Rex (SpW, 10. 5. 2001). Es ergeben sich ähnliche Überlegungen wie zu dem Fund des brasilianischen Urahns von Tyrannosaurus Rex, denn Euramerika war von den bisherigen Fundorten von Tyrannosaurus im Ostteil von Nordamerika bzw. Asiamerika durch den *Mid-Continental Seaway* getrennt. Da Europa mit Afrika zumindest in der Oberkreidezeit Verbindung besaß, sind entsprechende Funde von Ahnen des Tyrannosaurus Rex – oder vielleicht auch von dieser Spezies selbst – nicht nur in Afrika, sondern für diesen Fall mit *einschneidenden Konsequenzen* für den Zeitplan der Plattentektonik auf allen Kontinenten denkbar.

Obwohl Wissenschaftler über die Art und den genauen Zeitpunkt

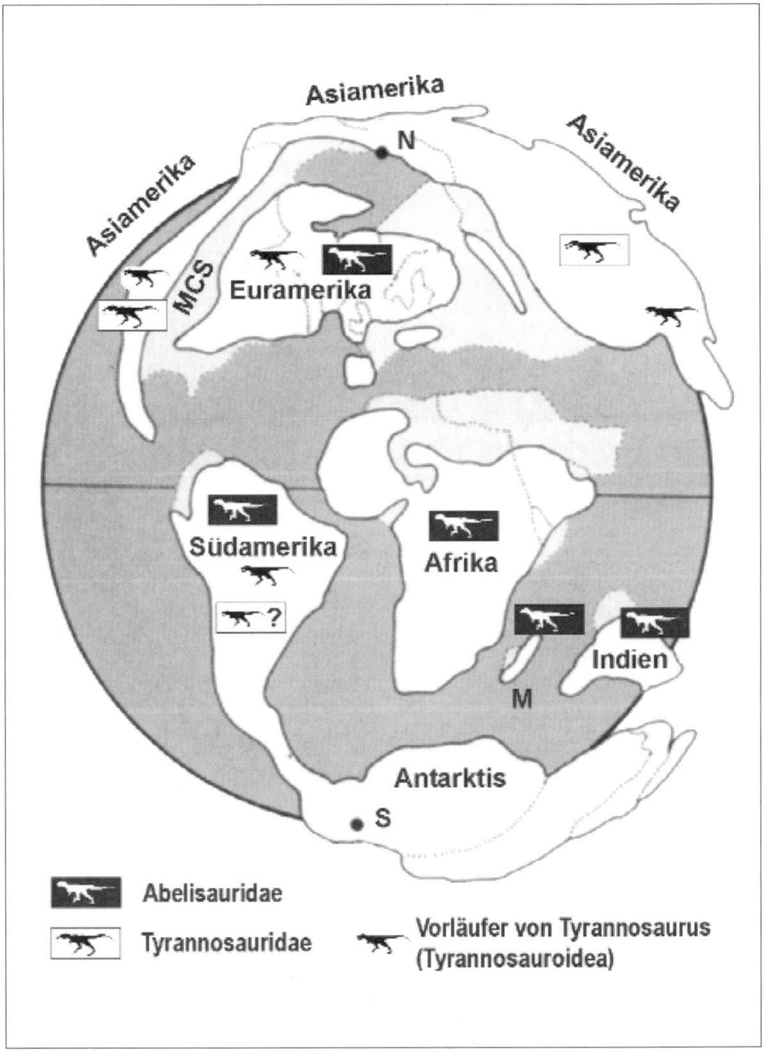

Abb. 9: Oberkreidezeit. *Tyrannosaurus wurde in Nordamerika gefunden, Vorfahren aus der Unterkreidezeit entdeckte man aber auch in Euramerika sowie Südamerika. Verwandte von Tyrannosaurus, die abelisauriden Theropoden, bevölkerten mehrere Kontinente, die in der Oberkreidezeit durch Ozeane getrennt gewesen sein sollen, wie auch die Insel Madagaskar (M). N = Nordpol; S = Südpol; MCS = Mid-Continental Seaway.*

1

1 Im Exhibit Center´s Geodesic Dome des Rocky Hill Museum in Connecticut können neben Dinosaurier-Modellen (Insert: Dilophosaurus) auch 500 der insgesamt 2000 versteinerten dreizehigen Fußspuren (Trittsiegel) besichtigt werden.

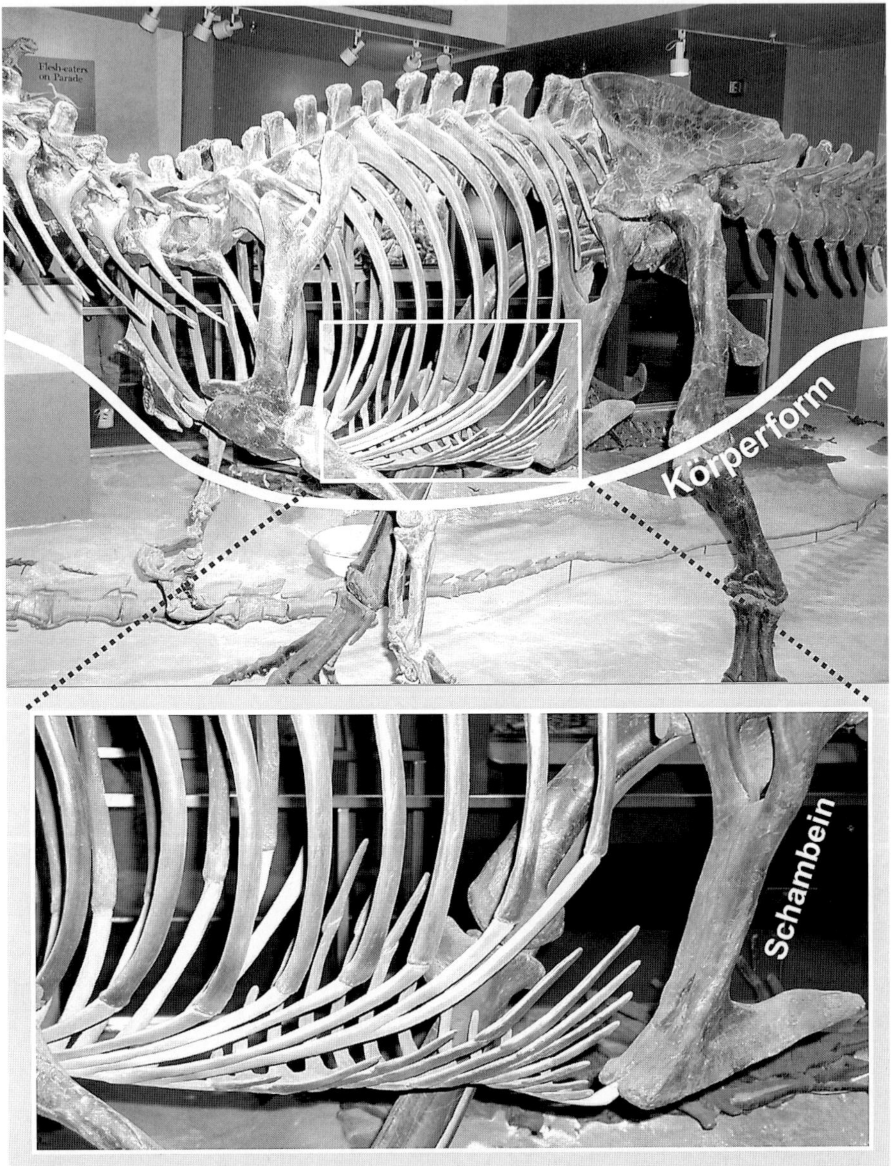

2

2 Ein – wie in diesem Beispiel – mit Bauchrippen rekonstruierter Allosaurus besaß anstelle eines sich zum Hals hin stark verjüngenden einen tonnenförmigen Körper (weiße Linie = mutmaßliche untere Körperbegrenzung), der für einen flinken Räuber jedoch eher hinderlich gewesen wäre. Die Arme sind bei dieser Rekonstruktion über den Schultergürtel (Coracoid und Scapula, siehe Foto 4) und die Bauchrippen an der Unterseite des Körpers kraftschlüssig mit dem Skelett verbunden und hängen mehr nach hinten gerichtet unter dem voluminösen Körper.

3

3 Unter Berücksichtigung von Bauchrippen würde Tyrannosaurus Rex wie Allosaurus (Foto 2) einen eher tonnenförmigen Körper (weiße Linie) und nicht einen von den Hinterbeinen zum Halsansatz sich stark verjüngenden Körper besitzen. Durch die weiter unterhalb an den Bauchrippen platzierten Arme entsteht ein »plumperes« Aussehen – ein für einen flinken Jäger wenig passendes Bild.

4 Die kurzen Arme von Tyrannosaurus Rex wurden ohne kraftschlüssige Verbindung zum Skelett auf den Rippen platziert und sind daher eher kraftlos im Gegensatz zu den Armen von Allosaurus, falls Bauchrippen rekonstruiert werden (Foto 2).

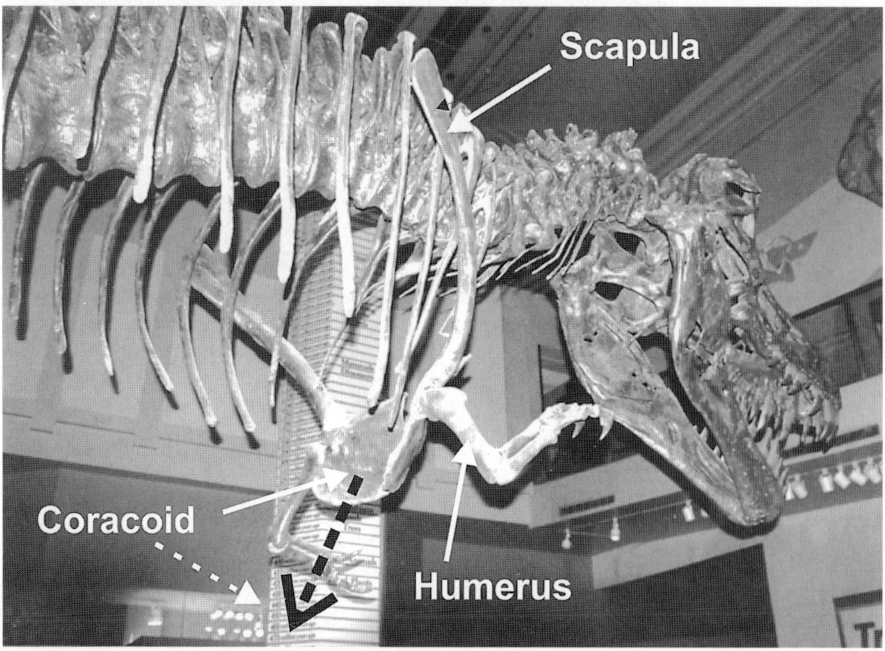

4

5

5, 6, 7 Die Schädel von Horndinosauriern wie Triceratops (Foto 5), Diceratops (Foto 6), Chasmosaurus oder Styracosaurus besaßen einen Kugelkopf (Foto 7). Sollten die Hörner als Waffe gebraucht worden sein, ist es sehr fraglich, ob die bei einem Kampf entstehenden heftigen Stoßkräfte über das Kugelgelenk auf die Wirbelsäule und damit das Skelett übertragen werden konnten. Das aus dem Gelenkkopf und der nicht sehr robust wirkendenden Gelenkpfanne (Insert Foto 7) bestehende Kugelgelenk wäre bei einem heftigen Kampf deformiert

6

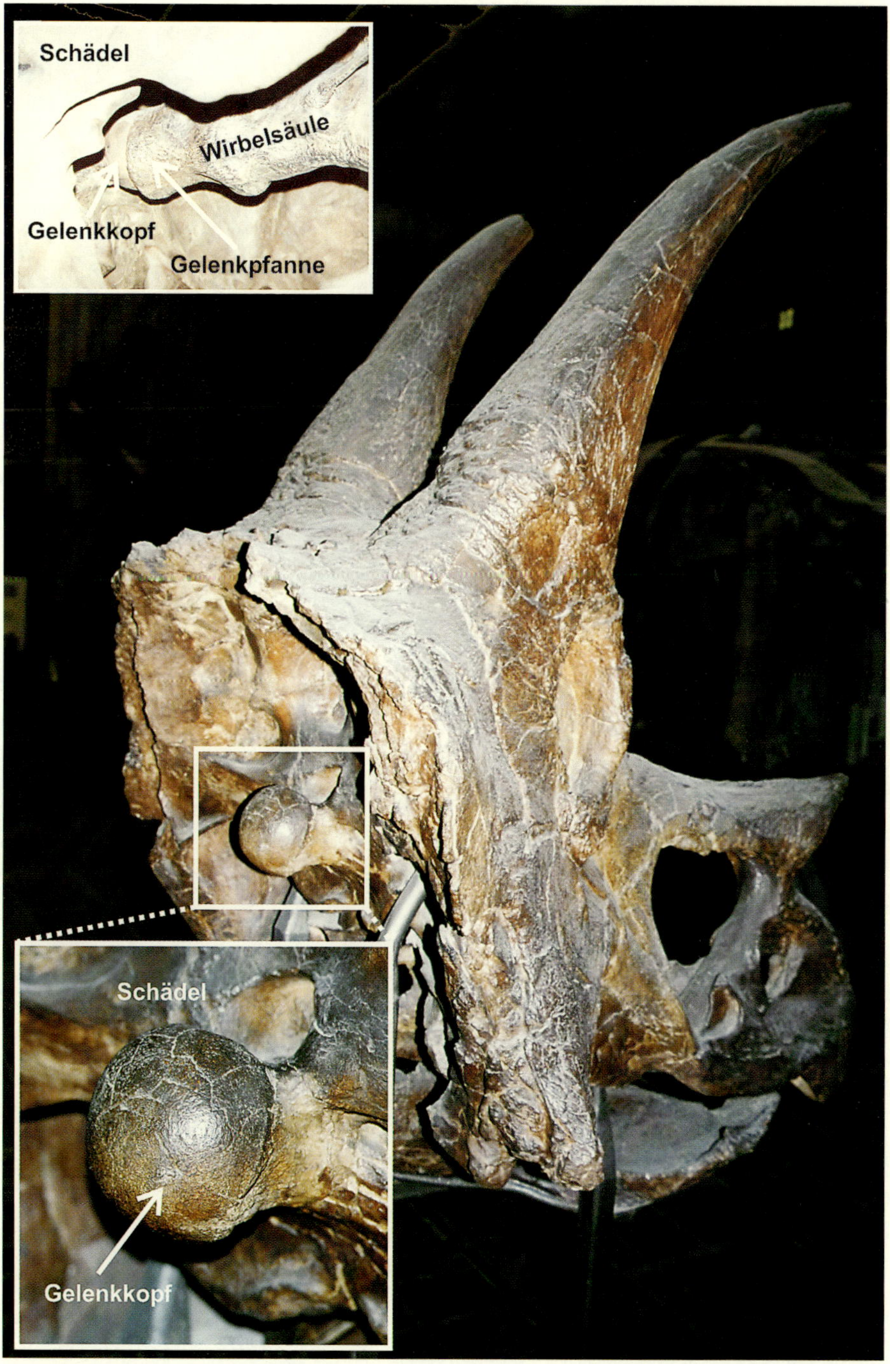

und ausgeschlagen worden (Kapselverletzungen), ein lebensbedrohendes Risiko für das Tier. Wahrscheinlicher ist, dass die scheinbar Furcht erregenden Hörner ebenso wie die große Halskrause nicht als Waffe, sondern zur Regulierung der Körpertemperatur als Wärmetauscher gedient haben. Der instabile Schädel könnte durch einen massiveren Hals unterstützt und statisch stabilisiert worden sein, siehe dünne Linie auf dem Insert des Fotos 5.

8

8 Im Jahre 1912 wurde dieser Corythosaurus von Barnum Brown aus der Oldman Formation (Red Deer River) geborgen. Merkmale des Fossils: weit nach hinten oben angeordnete Sitzbeingabel, fließender Übergang der Bauch- und Schwanzunterseite ohne abrupten Höhenversatz sowie horizontal gehaltener Schwanz.

9 Ein rekonstruierter Corythosaurus in der Academy of Natural Sciences (Philadelphia).

9

10

10 Der waagerecht gehaltene Schwanz beim Corythosaurus (wie auch bei anderen Entenschnabelsauriern) wurde durch zwei Lagen kreuzweise angeordneter, verknöcherter Sehnen gegen senkrechte Bewegungen stabilisiert. Das Rückgrat war von der Schwanzspitze bis zum Hals steif. Seitliche Bewegungen des länglich hohen Schwanzes waren dagegen möglich und könnten u. a. der Fortbewegung im Wasser gedient haben. Die (zu?) weit nach hinten oben ausgerichtete Sitzbeingabel (unteres Foto) deutet darauf hin, dass die Afterknolle vor und nicht, wie allgemein rekonstruiert, hinter der Sitzbeingabel saß. Sollte man Bauchrippen finden, erhalten die Entenschnabelsaurier ein noch plumperes Aussehen (weiße Linie, vgl. Fotos 2 und 3).

Verstärkte
Schädelkuppel
Stegoceras

11

Pachycephalosaurus
Verstärkte
Schädelkuppel

12

der Verschiebung der Kontinente etwas unterschiedlicher Meinung sind, wird Madagaskar in der gesamten Kreidezeit von 140 bis 65 Ma als Insel dargestellt, eventuell verbunden mit dem damals auch als Insel betrachteten Indien. Folgerichtig hätten 110 Ma alte Vorfahren von Tyrannosaurus und abelisauriden Theropoden nicht nach Madagaskar einwandern können. Diese Meinung kann nach obigem Fund nicht mehr aufrechterhalten werden. Madagaskar kann sich höchstens vor 80 Ma von Südamerika und der Antarktis oder/und Afrika getrennt haben, vielleicht 70 Ma später als bisher angenommen. Fände man eventuell demnächst einen Tyrannosaurus in Afrika, müsste das gesamte zeitliche Szenario der Plattentektonik-Hypothese ganz neu aufgestellt werden. Denn Afrika soll in der Oberkreide, also zu Lebzeiten der Tyrannosauriden, ein eventuell aus zwei Teilen bestehender Kontinent ohne Landverbindung mit Euramerika, Asiamerika, Südamerika oder Madagaskar gewesen sein. Als Folge müsste der gesamte Zeitplan über die Verschiebung der Kontinente weiter verjüngt, in einen wesentlich kürzeren Zeitraum zusammengeschoben werden. Unklar erscheint nach den neuen Funden auch das Entwicklungszentrum der Tyrannosauriden, das nach bisherigen Überlegungen in Asien gelegen haben soll (Abb. 9).
Allerdings gibt es tatsächlich solche Funde, jedoch einer anderen Dinosaurier-Spezies, die dem paläogeophysikalischen Szenario einer frühen Trennung Madagaskars von Afrika, aber auch anderen derzeitigen Szenarien vielleicht sogar grundsätzlich widersprechen.

Titanosaurier

Die Titanosaurier gehören zu den gemütlichen, pflanzenfressenden Urgiganten mit elefantenartigen Beinen, langem Schwanz und langem Hals, auf dem ein sehr kleiner Kopf saß. Diese Sauropoden ähnelten dem den meisten Menschen bekannten Brontosaurus, der heutzutage allerdings Apatosaurus genannt wird. Diese Namensänderung wurde erforderlich, da man diese Skelette früher immer ohne Kopf fand. Deshalb gab man ihm einen mutmaßlich dazu gehörenden Schädel und stellte ihn in Museen der ganzen Welt entsprechend aus, bis man durch neue Funde schließlich einsehen musste, dass fälschlicherweise Köpfe von Camarasaurus auf die »Brontosaurus-Skelette« montiert waren.

Auch Titanosaurier wurden bisher nur kopflos ausgegraben. Ein fast komplettes Skelett entdeckte man in Argentinien. Skelettreste dieser Reptilien fand man unter anderem in Brasilien, Indien, Afrika (Malawi), Europa, Laos und Nordamerika. Aber auch in Madagaskar wurde inzwischen ein fast vollständig erhaltenes Skelett sogar mit teilweise erhaltenem Schädel entdeckt (BdW, 13. 4. 1999). Im Jahre 2001 erhielt der bereits 1993 auf Madagaskar entdeckte 15 Meter lange Titanosaurier aus der Oberkreidezeit einen neuen Namen: Rapetosaurus (BdW, 7. 8. 2001).

Es wurden also sowohl in Afrika *als auch* auf Madagaskar Titanosaurier gefunden (BdW, 13. 4. 1999). Malawisaurus, der älteste afrikanische Titanosaurier, ist 140 bis 100 Ma alt. Da analog zu allen geotektonischen Modellen Afrika seit mindestens 150 Ma Jahren keine Verbindung mit Madagaskar und damit zum südlichen Superkontinent Gondwana hatte, scheint es hier ein Problem zu geben: Wie kamen die nicht schwimmfähigen Titanosaurier von Afrika auf die Insel Madagaskar oder auch umgekehrt, wenn *gleichzeitig* entsprechende Exemplare in Afrika und auf Madagaskar, ja sogar auch nahe verwandte Gattungen in Südamerika (Andesaurus), Nordamerika (Alamosaurus) und Asien (Tangvayosaurus in Laos) gefunden wurden? Man vermutet einen gemeinsamen Vorfahren, der noch die Landbrücken beschreiten konnte, ehe sich unterschiedliche Arten entwickeln konnten. Allerdings führt auch dieser Lösungsansatz zu einer Neuordnung der Paläogeographie, zumindest Korrektur (Verkürzung) des zeitlichen Ablaufs der Kontinentalverschiebung.

Bisher wurden die meisten Titanosaurier in der südlichen Hemisphäre entdeckt, und man glaubte, dass sich diese Urgiganten dort entwickelt hätten. Für die Funde in Nordamerika wurde aber bisher nur ein Alter von 100 bis 70 Ma angesetzt. Neue Funde in

Utah wurden jedoch auf ein Alter von 100 bis 150 Ma geschätzt, berichtet Brooks Brit vom *Eccles Dinosaur Park* in Odgen. Damit könnte nicht nur die Stammesgeschichte dieser merkwürdigen Dinosaurier eine völlig andere sein als bisher angenommen (BdW, 13. 4. 1999).

Denn andere Konsequenzen sind einschneidender. Aufgrund dieser Funde kann man die in Afrika und Nordamerika gefundenen Exemplare für ungefähr gleich alt halten. Damit wäre eine schnelle, scheinbar *blitzschnelle Ausbreitung* der Titanosaurier über Abertausende von Kilometern und urzeitliche Kontinentränder hinweg dokumentiert, aber *keine langsame* Entwicklung und allmähliche Verbreitung. Tiefe Wasserrinnen oder zwei durch ein Urmeer getrennte Superkontinente (Laurasia und Gondwana) wären mit dieser Vorstellung kaum zu vereinbaren. Mit anderen Worten, es kann keine parallele Entwicklung auf den zwei angeblich getrennten Superkontinenten zur gleichen Zeit gegeben haben. Waren diese Superkontinente aber zu Lebzeiten der Titanosaurier noch verbunden, stimmen die bisher favorisierten paläogeographischen Modelle, aber auch die damit zusammenhängenden Altersbestimmungen und der Zeitablauf über die Verschiebung der Kontinente nicht.

Titanosaurier wurden auch in Europa (Spanien, Frankreich) sowie in Indien gefunden (Bruhathkayosaurus, Jainosaurus und Titanosaurus), das jedoch in der Oberkreide bis zum Zeitpunkt des Aussterbens der Dinosaurier eine Insel gewesen sein soll. Indien lag in der Nähe von Madagaskar und begann dann eine lange Reise, bis der Zusammenprall mit dem asiatischen Kontinent erfolgte. Durch den Aufprall auf den asiatischen Kontinent soll als sichtbares Folgeereignis das Himalajagebirge vor ungefähr 56 Ma entstanden sein.

? Wissenschaftler der kanadischen Universität Calgary haben das Alter von Glimmerkörnchen aus Balakot im pakistanischen Vorland des Himalaja neu bestimmt und auf 36 bis 40 Millionen Jahre datiert (BdW, 13. 3. 2001 nach »Science«). Da die Auffaltung des Himalaja ein Folgeereignis der nordwärts gerichteten Verschiebung Indiens gewesen sein soll, müsste auch dieses Ereignis 20 Ma in Richtung Jetztzeit vordatiert werden. Da die Datierungen im Gesamtzusammenhang zu sehen sind, können sich gravierende Konsequenzen auf den zeitlichen Ablauf der Kontinentalverschiebung ergeben. *Bestätigen sich die Messergebnisse für den Himalaja*, wird man gezwungen sein, auch über den Zeitpunkt des Aussterbens der Dinosaurier nachzudenken. Das Massensterben der Dinosaurier müsste eventuell um 20 Ma von 65 Ma auf ungefähr 45 Ma vordatiert werden. Der bisher mit dem Ende der Kreidezeit unverrückbar erscheinende Eckpfeiler und Anker der Erdzeitalter begänne sich in Richtung Jetztzeit zu verschieben.

Titanosaurus fand man in Indien, allerdings ursprünglich auch in Laos, das sich zwischen Thailand und Vietnam entlang des Mekong in Südostasien erstreckt. Für diesen Fall müsste Indien zu Lebzeiten von Titanosaurus mit Asiamerika verbunden gewesen sein, also nach bisheriger Datierung am Ende der Oberkreidezeit vor 70 bis 65 Ma. Zu diesem Zeitpunkt und auch vorher während der gesamten Kreidezeit gab es nach paläogeographischen Modellen keine Verbindung zwischen der Insel Indien und dem asiatischen Festland. Dieses Problem scheint gelöst, denn Relikte des »Titanosaurus« in Laos wurden einerseits im Jahre 1999 als eine neue Gattung der Titanosaurier (Titanosauria) aufgestellt: Tangvayosaurus lebte vor ungefähr 100 Ma. Andererseits wurden andere dieser Relikte des in Laos gefundenen »Titanosaurus« im Jahre 2000 der neuen Gattung Huabeisaurus zugeordnet, der allerdings zur gleichen Zeit wie Titanosaurus gelebt haben soll. Ein Fund von Titanosaurus in Asiamerika würde schwerwiegende Konsequenzen für das Modell der Plattentektonik bedeuten, da es zumindest eine Landbrücke zwischen Indien und Asien gegeben haben müsste – undenkbar nach der Theorie der Plattentektonik, denn Indien könnte dann keine Insel gewesen sein und hätte schon im Erdmittelalter Kontakt mit dem restlichen asiatischen »Festland« gehabt.

Entsprechende Funde von Titanosauriern aus der Oberkreidezeit in Australien fehlen bisher. Allerdings fand man dort einen 15 Meter langen Austrosaurus (ca. 95 Ma), der dem in Nordamerika, Europa und Afrika zu findenden Brachiosaurus ähnlich ist, der vor ungefähr 150 Ma lebte.

Waren die Kontinente zur Oberkreidezeit größtenteils verbunden – entsprechende Vergleichsfunde in Australien fehlen bisher allerdings für diesen Zeitraum –, zeigen andere Funde – beispielsweise von Iguanodon –, dass in der Unterkreidezeit ebenso entsprechende Landverbindungen bestanden, allerdings auch mit Australien und der Antarktis.

Andererseits waren beispielsweise Europa und Afrika (Erectopus, Iguanodon) während der Unterkreidezeit einerseits verbunden, während anderseits auch mit dem Westteil Amerikas (Iguanodon) eine Verbindung bestand.

Funde von Dryosaurus oder Elaphrosaurus in Nordamerika und Tansania (Afrika) in der Oberjurazeit deuten auf eine eventuell schon früher bestehende Verbindung über Europa hin, die durch den neuen Fund von Allosaurus in Portugal, Nordamerika und Afrika bestätigt wird. Anderseits fand man Allosaurier sogar in Australien, wodurch Landbrücken bis nach über Afrika und Europa bis nach Nordamerika vor ungefähr 150 Ma dokumentiert zu sein scheinen.

Nachdem man in früheren Zeiten nur intensiv in Nordamerika und Europa nach Relikten von Dinosauriern fahndete, wurde danach die Suche auf der südlichen Erdhalbkugel intensiviert. Immer neue Funde von Dinosaurierarten auf »falschen« Kontinenten erfordern einen Umdenkungsprozess hinsichtlich paläogeographischer und tektonischer Denkmodelle in Bezug auf Dauer und Ablauf der Kontinentalverschiebung und des Auseinanderbrechens des Urkontinents Pangaea.

Weitere weltweite Dinosaurierfunde von Titanosaurus oder Tyrannosaurus in der Oberkreidezeit könnten zeigen, dass die Kontinente während des gesamten Erdmittelalters (Trias, Jura und Kreide) mehr oder minder in Verbindung standen. Allerdings müssten die Verschiebungsprozesse der Kontinente für diesen Fall schneller abgelaufen sein, durch den zwangsläufig zur Verfügung stehenden wesentlich kürzeren Zeitabschnitt. Im Extremfall ergibt sich ein relativ schneller Verschiebungsprozess am Ende des Erdmittelalters. Für diesen Fall müsste ein auslösendes geophysikalisches Ereignis überhaupt erst »gesucht« werden.

Weltenbummler Iguanodon

Vertreter der Familie Iguanodontidae lebten in Nordamerika, Europa, Asien, Nordafrika und vielleicht in Südamerika. Trittsiegel (versteinerte Fußspuren) wurden in Spitzbergen gefunden (siehe Tromsø University Museum, Norwegen, S. 250). Zu Lebzeiten dieser Saurier in der Unterkreidezeit vor 140 bis 97 Ma scheinen fast alle Kontinente (bisher keine Funde in Australien!) miteinander verbunden gewesen sein, obwohl das Auseinanderdriften der Kontinente angeblich schon 40 bis 60 Ma angedauert hätte.
Im Jahre 1999 wurde ein Fossil, das zum Genus Iguanodon gehört, sogar auf der antarktischen Insel James Ross Island nahe der Südspitze Südamerikas entdeckt. Es handelt sich um eine bisher unbekannte, in *gemäßigtem Klima* lebende Saurierart, die 74 Ma alt sein soll (BdW, 22. 7. 1999).
In der Antarktis sind weitere Dinosaurierarten gefunden worden, neben Mosasaurus wurden auch noch nicht genau identifizierte Relikte von einem nodosauriden Ankylosaurier (1986) und Mitgliedern der Familien Hysilophodontia (1991), Iguanodontia (1999) und Hadrosauridae (1998) entdeckt. Diese Dinosaurier gelten neuerdings als wichtiger Hinweis, dass Argentinien mit der Antarktis in der Oberkreidezeit vor vielleicht 80 Ma verbunden war, also wesentlich länger als bisher angenommen.
Weitere Konsequenzen wurden bisher wissenschaftlich kaum diskutiert, denn beispielsweise fand man Kritosaurus am Südpol, in Argentinien sowie in Nordamerika (Texas, New Mexico). Nordamerika und Südamerika sollen aber – nach konventionellen paläogeophysikalischen Modellen – durch ein tiefes, für Dinosaurier nicht zu überwindendes Meer getrennt gewesen sein. Diese Vorstellung galt ja gerade im Umkehrschluss als Beweis für die isolierte Entwicklung unterschiedlicher Dinosaurier-Spezies auf den durch das Auseinanderbrechens von Pangaea entstandenen Superkontinente Laurasia im Norden und Gondwana im Süden. Aufgrund der beschriebenen Funde muss diese Sichtweise wahrscheinlich aufgegeben werden.

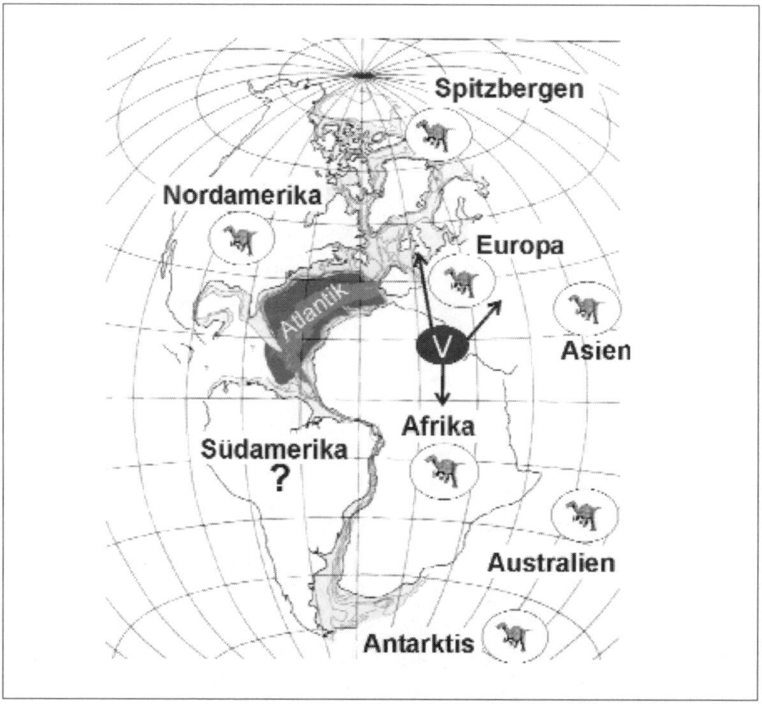

Abb. 10: Iguanodon. *Die Karte (nach Sclater/Tapscott, 1987) zeigt die bisher favorisierte Stellung der Kontinente vor 125 Ma in der Unterkreidezeit zu Lebzeiten von Iguanodon. Ihre fast weltweite Verbreitung von der eisfreien Antarktis bis nach Spitzbergen erfordert untereinander verbundene Kontinente zu dieser Zeit. Der Ur-Atlantik soll damals bereits 4 000 Meter tief gewesen sein. Die Pfeile markieren die durch Funde von Valdosaurus (V) in Europa und Afrika dokumentierte Verbindung der beiden Kontinente vor 120 bis 100 Ma in der späten Unterkreidezeit.*

Noch in der Oberkreide wären demzufolge Nordamerika, Südamerika und die Antarktis verbunden gewesen. Die Funde auf Madagaskar und eventuell Indien – beide Inseln während der Oberkreidezeit – könnten auf eine Landverbindung über den Südkontinent Gondwana hindeuten, die allerdings wesentlich länger Bestand gehabt haben müsste als bisher angenommen – eine neue Sichtweise.

Allerdings könnten die Funde von Titanosaurier in Afrika und auf der Insel Indien auf eine bisher offiziell nicht akzeptierte Verbindung von Afrika, Madagaskar und Indien in der Oberkreidezeit einerseits und/oder wie zuvor beschrieben mit der Antarktis sowie Süd- und Nordamerika andererseits hindeuten. Funde von gleichen Dinosaurier-Gattungen in Europa und Afrika (u. a. Valdosaurus, siehe Abb. 10) bestätigen zumindest für die Unterkreidezeit auch eine Verbindung zwischen diesen Kontinenten, obwohl Afrika im Widerspruch zu den Funden von Dinosauriern komplett vom Meer umschlossen gewesen sein soll.
Die Funde von Titanosauriern in Asien (Mongolei und China) können erklärt werden, da eine Verbindung mit dem Westteil Amerikas in der Oberkreidezeit bestanden haben soll. Aber der Fund einer gleichen Gattung (Titanosaurus) in Indien (damals eine Insel) und Laos hätte die Frage aufgeworfen, ob Indien am Ende der Oberkreidezeit nicht bereits (oder vielleicht noch, also mehr oder minder mit Unterbrechungen immer) mit Asien verbunden war.

Streitfrage Erdcrash

Neue wissenschaftliche Untersuchungen weisen auf eine relativ schnelle Verschiebung der magnetischen Pole und der Erdachse um vielleicht 20 Grad hin (»Science«, Vol. 287, 21. 1. 2000, 455–499; vergleiche »Irrtümer der Erdgeschichte«, S. 232 ff.). Durch eine relativ schnelle Erdachsenverschiebung würden sich auch Kontinente in einem kurzen Zeitraum verschieben. Im Extremfall könnte sich der Urkontinent Pangaea als Folgeerscheinung einer Erdkatastrophe schnell in einzelne Kontinente aufgespalten haben. Diese kataklysmischen Ereignisse könnten durch vermehrte Vulkantätigkeit auf der ganzen Welt verstärkt worden sein, wodurch beispielsweise großflächige Basaltregionen durch riesige Lavaströme erzeugt wurden. Die alte Streitfrage, ob vermehrte Vulkantätigkeit *oder* ein Asteroideneinschlag (Dinosaurier-Impakt) für das Aussterben der Dinosaurier verantwortlich war, wäre beendet, da beide Szenarien

gleichzeitig gewirkt haben können (ausführlich in »Irrtümer der Erdgeschichte«).
Gewaltige Meteoriteneinschläge können die Ursache für den rätselhaften *Hot-Spot-Vulkanismus* sein. Nach neuen Berechnungen an der Columbia University traten große Einschläge und gewaltige Vulkaneruptionen in der Erdgeschichte auffallend oft gleichzeitig auf. Ein Beispiel dafür ist der Asteroideneinschlag am Ende der Kreidezeit vor angeblich 65 Ma, der die Dinosaurier und viele andere Lebewesen auslöschte. Der 180 Kilometer große Chicxulub-Krater in Mexiko ist das Überbleibsel dieser Katastrophe. Die gewaltige Energie der Kollision bündelte sich auf der anderen Seite der Erde (»Darwins Irrtum«, S. 193). Möglicherweise hat sich dadurch der Vulkanismus der so genannten Dekkan-Trapps, gewaltiger Flutbasalte in Indien, verstärkt oder wurde neu in Gang gesetzt, denn die Iridiumschicht als Beleg für den Einschlag eines Himmelskörpers liegt *zwischen* den Basaltlagen, ebenso wie die durch Fossilien innerhalb der Flutbasalte nachgewiesene Grenze Kreide-Tertiär.
Die Dekkan-Vulkane lagen auch nicht direkt gegenüber vom Einschlagsort, sondern um etwa 30 Grad versetzt. Der Hot Spot, der den Dekkan-Vulkanismus auslöste, liegt heute unter der Vulkaninsel La Réunion (BdW, 6. 8. 2001).
Unter diesem Gesichtswinkel wäre die weltweite Verteilung der Dinosaurier auf den vielleicht *bis zur apokalyptischen Erdkatastrophe noch zusammenhängenden Kontinente* verständlich. Anderseits ist auch das Aussterben nicht nur der riesigen Saurier nahe liegend – insbesondere da nachgewiesen wurde, dass nicht alle Dinosaurierarten an *einem einzigen Tag*, sondern innerhalb einer – erdgeschichtlich gesehen – sehr kurzen Zeitspanne ausstarben. In der bekannten Hell-Creek-Formation in Montana und Dakota konnte in einer 90 Meter mächtigen Serie der obersten Kreide bis 60 Zentimeter unter der Iridium-Grenzschicht immer wieder Reste von Dinosauriern gefunden werden – im oberen Drittel der Formation noch von immerhin acht Familien mit jeweils bis zu drei verschiedenen Gattungen.

? Mit und nach der Erdkatastrophe am Ende der Kreidezeit wurden die Kontinente vielleicht zuerst schnell auseinander geschoben und die Kadaver der größtenteils bereits toten Dinosaurier unter und in Flutschichten begraben. Danach setze sich die Verschiebung der Kontinente fort. Allerdings steht unter dieser Voraussetzung weniger Zeit für die Verschiebung der Kontinente zur Verfügung. Dieses Problem könnte durch das geophysikalische Modell der Erdexpansion gelöst werden.

Plattentektonik oder Erdexpansion

Die Plattentektonik beruht auf der Vorstellung einer globalen Tektonik, die davon ausgeht, dass die Erdkruste und Teile des oberen Mantels der Erde in große und kleine Platten zerlegt sind, die sich mehr oder weniger wie starre Körper verhalten. Diese Lithosphären-Platten sollen langsam horizontal gleiten, sich dabei von Nachbarplatten entfernen oder mit anderen Platten kollidieren. An einem Plattenrand kann eine Platte umbiegen und unter eine andere absinken, wodurch eine Subduktionszone entstehen soll – eine bisher allgemein anerkannte aber *unbewiesene* Vorstellung (siehe konträre Diskussion im Kapitel *Zerrissene Tektonik* in »Irrtümer der Erdgeschichte«). Dem heutigen Plattentektonik-Modell liegt die Vorstellung zugrunde, dass sich der Erdumfang weder vergrößert (Expansionsmodell) noch im Gegensatz zur früher vertretenen Ansicht verringert (Kontraktionsmodell), also immer gleich groß war und auch konstant bleibt – ein allgemein gültiger geophysikalischer Ansatz oder handelt es sich um einen theoretischen Spezialfall?
Das durch die Plattentektonik verbesserte Modell der von Alfred Wegener eingeführten Kontinentalverschiebungs-Theorie (Abb. 11) weist viele – auch grundsätzliche – Widersprüche auf. Beispielsweise gibt es um Afrika herum nur Spreizungszonen, dort soll ständig neue Erdkruste entstehen, aber es ist keine Subduktionszone vorhanden, wo die entstandene Erdkruste wieder vernichtet wird. Diese Vernichtung der angeblich andauernd neu entstehenden Erdkruste wäre nach der Plattentektonik zwingend erforderlich, da der Erdumfang ja konstant sein soll – die Erde expandiert nach der Plat-

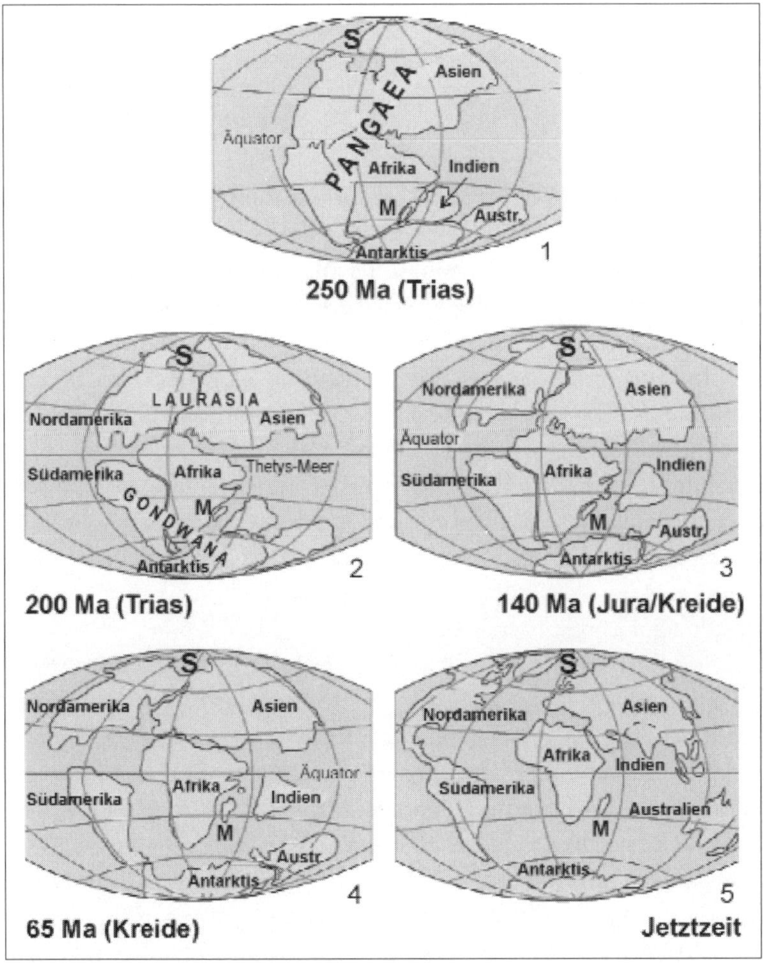

Abb. 11: Orthodoxe Kontinentalverschiebungs-Theorie. *Der Urkontinent Pangaea zerbrach zuerst in die Superkontinente Laurasia und Gondwana und dann in weitere Teile. Die Dinosaurier erlebten dieses Szenario als »Passagiere« der urzeitlichen Kontinente. Die Kontinente lagen im Erdmittelalter immer ungefähr in den gleichen Breiten, Spitzbergen (S) also in solchen mit »arktischem« Klima. Zu Lebzeiten der Dinosaurier gab es jedoch kein Eis an den Polen. Deshalb lebten Dinosaurier in heutzutage dauervereisten Gegenden. Wie überstanden sie eine mehrere Monate andauernde Dunkelheit in Polnähe? (M = Madagaskar)*

tentektonik-Hypothese nicht. Die Afrikanische Platte müsste demzufolge durch die von allen Seiten neu gebildete Ozeankruste wie in einem Schraubstock zerquetscht werden. Aber das Gegenteil ist der Fall, Afrika vergrößert sich untermeerisch (ausführliche Diskussion in »Irrtümer der Erdgeschichte«).

Berücksichtigt man eine Expansion, also Volumenvergrößerung der Erde, benötigt man überhaupt keine fiktiven – bisher funktionell nicht nachgewiesenen – Subduktionszonen. Denn der flächenmäßige Zuwachs an Erdoberfläche wäre die *natürliche Folge* einer sich *vergrößernden Kugel.* Das alternative Modell der Erdexpansion entspricht einer modifizierten Plattentektonik ohne die Krücke der Subduktion. Ein Vergleichsbeispiel: Zeichnet man zwei Punkte auf einen Luftballon und bläst diesen auf, dann entfernen sich die beiden Punkte voneinander, bleiben aber trotzdem stationär, schwimmen also nicht auf dem Untergrund – der Asthenosphäre – herum, wie es die Theorie der Plattentektonik erfordert: zweifelhaft allein schon aufgrund der entstehenden riesigen Reibungskräfte, die die Kontinentalschollen zerreißen würden.

Das von Geophysikern und Geologen gern vorgebrachte Argument des Fließens von Materialien zur Vermeidung der zerstörerisch wirkenden gigantischen Reibungskräfte kann für eine ständige Wanderung der Kontinente nicht vorgebracht werden, da dieses aus dem Betonbau bestens bekannte Prinzip in allen Richtungen – also sowohl in Bewegungsrichtung als auch senkrecht dazu – *gleichzeitig und gleichmäßig wirken müsste*, also in Bewegungsrichtung der Kontinente und auch senkrecht dazu, da ansonsten riesige Risse entstehen würden, die zur Zerstörung der Kontinentalplatten hätten führen müssen. Die Vorstellung eines in allen Richtung ähnlich wirkenden Fließprinzips widerspricht aber gerade in eklatanter Weise der Idee einer einsinnig gerichteten Bewegung (Translation) der Kontinente.

Eine Erdexpansion dagegen erklärt die Entfernung der Kontinente voneinander auf natürliche Weise und würde die eklatanten Widersprüche der Plattentektonik mit der darin eingebetteten Idee eines konstanten Erdumfangs aufheben. Das Problem besteht in einem

bisher nicht bekannten masseerhaltenden Quellmechanismus. Deshalb wird die Theorie der Erdexpansion von den meisten Geowissenschaftlern noch abgelehnt.
Eine mögliche Erklärung für einen masseerhaltenden Quellmechanismus der Erde als Antrieb einer Erdexpansion wird in »Irrtümer der Erdgeschichte« diskutiert. Vom Autor wurde das neue Prinzip der »Drainageschalen-Theorie« zur Diskussion gestellt. Der Geophysiker Professor Dr.-Ing. Karl-Heinz Jacob von der TU Berlin veröffentlichte am 21. August 2001 folgende Meinung: »Die Expansion der Erde scheint nur von der Tagesordnung der Geowissenschaften verschwunden zu sein. Vieles deutet darauf hin, dass sie in ganz kurzer Zeit wie ein Phönix aus der Asche auferstehen wird – eine konsequente Weiterentwicklung der Plattentektonik!«
Seltsamerweise würden die Oberflächen aller Kontinente eine Erdkugel mit 50 Prozent verringertem Durchmesser komplett wie ein Mosaik ohne große Ozeane umhüllen. Die urzeitliche Erdoberfläche bestände bei diesem Gedankenmodell aus einem einzigen mehr oder minder zusammenhängenden Kontinent (= Pangaea?), gegebenenfalls durch Risse unterteilt wie Lederflecken eines Fußballs (Abb. 12). Diese Urerde würde also zu 100 Prozent – heutzutage 30 Prozent – aus Festland bestehen. Dr. Ott Christoph Hilgenberg (1896–1976) von der TU Berlin baute entsprechende Paläogloben bereits im Jahre 1933.
Auf dieser kleineren Urerde ohne tiefe Ozeane, hätten Dinosaurier kein Problem gehabt, von Kontinent zu Kontinent zu wandern. Außerdem wären die Wanderwege auch wesentlich kürzer, als es die unterschiedliche Anordnung der Kontinente im Erdmittelalter auf einer doppelt so großen Erdkugel erfordern würde. Entsprechend könnte die bereits diskutierte weltweit schnelle Verbreitung u. a. der Titanosaurier besser erklärt werden – insbesondere da die Titanosaurier auf der nördlichen und südlichen Hemisphäre ungefähr gleich alt zu sein scheinen.
Nach der Theorie der Plattentektonik waren die Kontinente bis vor ungefähr 180 Ma im Superkontinent Pangaea vereinigt und von einem einzigen Meer Panthalassa umgeben. Denkt man sich Pangaea

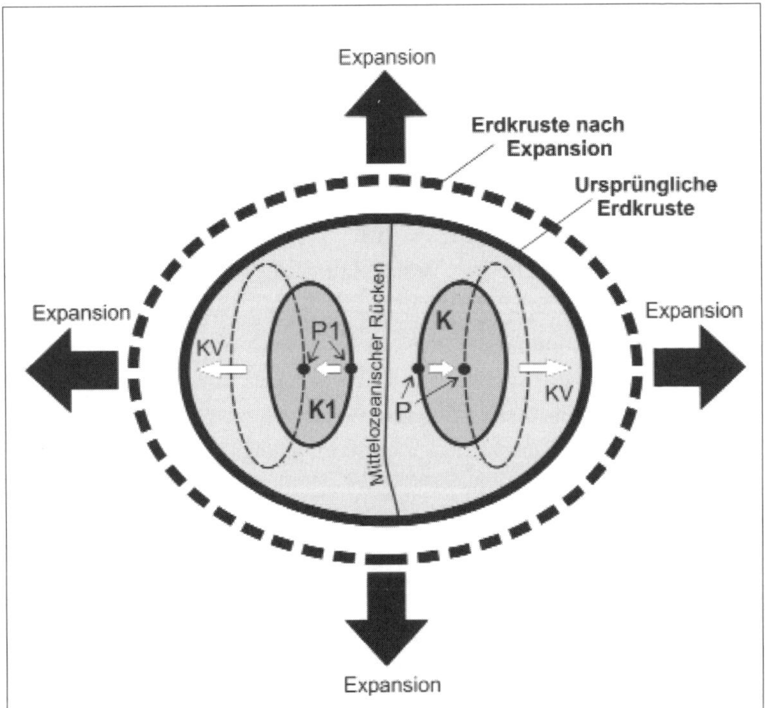
Expansion
Erdkruste nach Expansion
Ursprüngliche Erdkruste
Expansion
Expansion
KV
P1
K1
Mittelozeanischer Rücken
K
P
KV
Expansion

jetzt als ausgeschnittene Landmasse ohne den Urozean und umhüllt damit eine entsprechend kleinere Urerde, kommt man im Extremfall zu dem Ausgangspunkt einer durch eine komplette Landmasse umhüllte Erdkugel ohne Ozean, aber mit der Existenz von Pangaea, dessen Landmassen durch die Verringerung des Erdradius näher zusammenrücken.

Versucht man vergleichsweise für dieses Gedankenmodell die Schale einer Orange mit einem bestimmten Durchmesser auf einer solchen mit größerem Durchmesser zu verteilen, wird sie automatisch gestreckt, und es entstehen Risse in der ursprünglichen Schale. Das heißt, bestimmte Ränder reißen auf und entfernen sich voneinander, obwohl die Schale selbst insgesamt verbunden bleibt. Automatisch ergeben sich aber auch freie Flächen, die nicht durch die ursprüngliche Schale bedeckt werden können. Diese Flächen bilden im Vergleich mit der Erde den Urozean Panthalassa. Das Grundmodell der Plattentektonik mit einem einzigen Kontinent Pangaea ist wahrscheinlich richtig und entspricht unter Berücksichtigung eines geringeren Erdumfangs grundsätzlich dem Grundmodell, also der anfänglichen Urerde im Expansionsmodell vor der Vergrößerung des Erddurchmessers – zumindest im Extremfall als Gedankenmodell. Auch ein Zwischenzustand zwischen heutigem und einem um 50 Prozent verringertem Erddurchmesser wäre als Ur- bzw. Ausgangszustand der Erde denkbar.

◁ ***Abb. 12: Erdexpansion.*** *Eine sich ausdehnende Erde würde eine scheinbare Kontinentalverschiebung (KV) hervorrufen (oberes Bild). Die Kontinente (K und K1) entfernen sich zwar voneinander, bleiben jedoch jeweils ortsfest in Richtung einer Verbindungslinie mit dem Erdmittelpunkt. Ein Punkt P entfernt sich von P1, auch ohne Verschiebung (»Driften«) der Kontinente. Beide Punkte bleiben jedoch auf ein und demselben Richtstrahl, vom Erdmittelpunkt aus betrachtet. Paläo-Globen von O. C. Hilgenberg (1933) wurden im Jahre 2001 unter Leitung von Professor Giancarlo Scalera am* Nationalinstitut für Geophysik und Vulkanologie *in Rom als Nachbau gefertigt (unteres Bild).*

Wie neuerdings durch viele Funde nachgewiesen, gab es im Widerspruch zur Plattentektonik während der Dauer des gesamten Mesozoikums (Trias, Jura, Kreide) verschiedene Dinosaurier-Gattungen, die auf fast allen Kontinenten beheimatet waren. Expandierte die Erde mit einer Erdkatastrophe, vielleicht zusammen mit einer Erdachsenverschiebung, wurden die Dinosaurier zumeist als Kadaver auf sich durch die Expansion der Erde entfernenden Kontinentalplatten verschoben und oft in einer Art Massengrab zusammengespült. Mit der dann einsetzenden Entfernung der Kontinente voneinander entstanden auch Risse zwischen den Kontinentalplatten im neu entstandenen Ozeanboden: die mittelozeanischen Rücken waren geboren. Die Ozeanböden sind deshalb zwanzigmal jünger als die Kontinentplatten. Wissenschaftlich unbestritten ist, dass die Kontinente sich erst im Erdmittelalter voneinander entfernten und die Ozeanböden, damit aber auch die mittelozeanischen Rücken erst zu dieser Zeit entstanden – die Dinosaurier waren Augenzeuge dieser umwälzenden Ereignisse.
Um die relativ schnelle Entfernung der Kontinente voneinander am oder nach Ende der Oberkreidezeit plausibel zu machen, müsste eine in dieser Zeit lebende Dinosaurierfamilie auf möglichst vielen Kontinenten nachgewiesen werden, was den Grundsätzen der Plattentektonik mit dem darin eingebetteten Grundsatz langsam andauernden Plattenverschiebungen widersprechen würde.

Polar-Dinosaurier

Die Funde gleicher Dinosaurier in Südamerika, Madagaskar und Indien sollen nach neuen Erkenntnissen eine Landbrücke über die Antarktis hinweg noch in der Unterkreide bezeugen. Gefunden wurden in der Antarktis bisher Fossilien fleisch- und pflanzenfressender Dinosaurier. Andererseits wurden in Alaska große Mengen an Dinosaurier-Relikten gefunden. Auf Spitzbergen entdeckte man Trittsiegel von Iguanodon (siehe Abb. 10, S. 71), also in Gebieten, die sich heutzutage durch sehr kaltes, unwirtliches Klima auszeichnen. Zu Lebzeiten gab es kein Eis an den Polen, sondern weltweit mindestens gemäßigte Temperaturen, sodass sich Dinosaurier in Gebieten mit heute kaltem Klima aufhielten.

Allerdings ergibt sich ein ganz anderes Problem, denn es herrscht heutzutage an den Polen eine monatelange Polarnacht. Wissenschaftler vermuten deshalb, dass diese dort lebenden Saurier mit einer hervorragenden Nachtsicht – große Augen – ausgestattet gewesen sein könnten (müssen). Einen Hinweis darauf oder sogar einen Beweis dafür gibt es nicht. Es handelt sich um ein rein fiktives Denkmodell. Auf jeden Fall gibt es heutzutage nirgendwo eine Kombination von monatelanger Dunkelheit und gemäßigtem Klima wie im Erdmittelalter.

Die wissenschaftlichen Schätzungen für die mittlere Jahrestemperatur zu Lebzeiten der Polar-Dinosaurier schwankt zwischen 10 Grad Celsius bis zum Gefrierpunkt (Vickers-Rich/Rich, 1997). Wahrscheinlich aber waren die Temperaturen höher, denn nicht nur eine Fülle von Versteinerungen beweisen, dass im Erdmittelalter tatsächlich ein gemäßigt bis tropisches Klima von Pol zu Pol geherrscht hat. Mehrere Meter mächtige Schichten glänzender Kohle fand man am nördlichen Zipfel des Spitzbergen-Archipels (Heer, 1868). Aber auch Tannen, Zypressen, Pinien, Feigenbäume und sogar die aus Kalifornien bekannte gigantische Riesenmammutbäume wuchsen von der Beringstraße bis in den Norden Labradors – in heute arktischen Gebieten muss feuchtwarmes Klima geherrscht haben. Echte Korallenriffe sind praktisch rund um den ganzen Erdball, unter anderem am deutschen Nieder- und Mittelrhein und in Schweden sowie in allen Randgebieten des polaren Amerika von Alaska bis Grönland, in Sibirien, Australien wie auch in fast allen Teilen der Erde zu finden. Verschiedene Korallen versteinerten während der Kreidezeit an der Antarktis, die während des gesamten Erdmittelalters immer in der Nähe des Südpols lag. Korallen sterben aber bei länger anhaltenden Temperaturen unter 20 Grad Celsius ab. Die Antarktis besaß in der Vergangenheit große Wälder. Neben mehreren Kohleschichten entdeckte E. H. Shackleton im Laufe einer Expedition 1907 bis 1909 dort fossiles

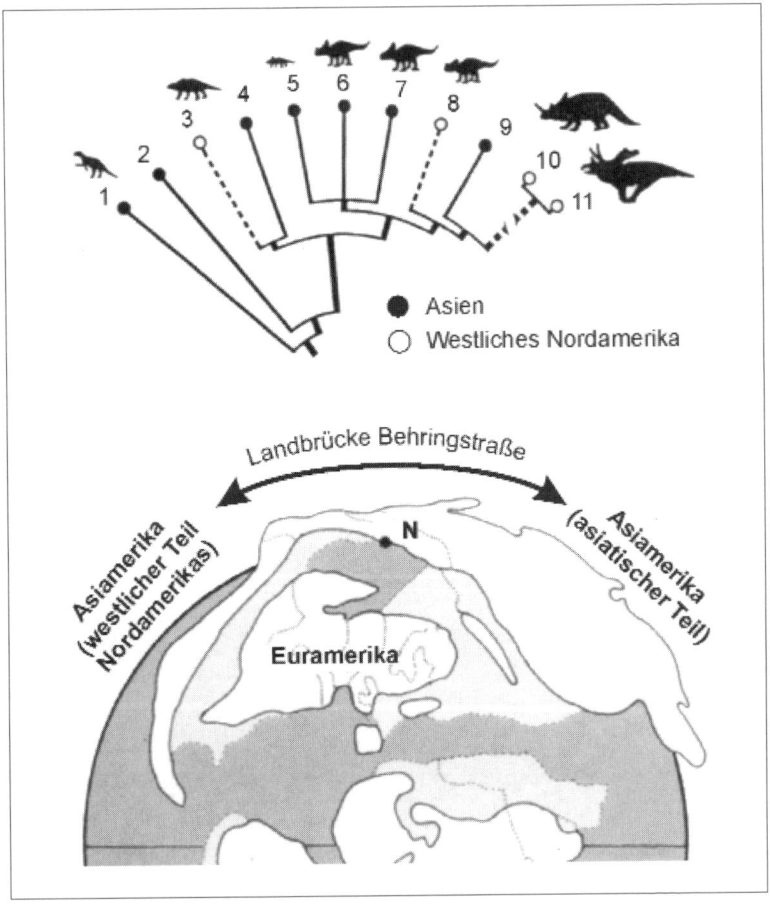

Abb. 13: Polare Landbrücke. *Zur Erklärung der Anwesenheit und ähnlichen Entwicklung von Ceratopsiern (Ceratopsia) und anderen verwandten Dinosauriern in der Oberkreidezeit im westlichen Teil Nordamerikas und Asiens dient eine polare Landbrücke (mit entsprechender Polarnacht) über die Behringstraße. Gestrichelte Linien zeigen Entwicklungen von Ceratopsiern im westlichen Teil Amerikas, durchgezogene Linien solche in Asien an. Auf den anderen Kontinenten wurden bisher keine Ceratopsier gefunden. Nach Sereno, 1999.*
1 Psittacosaurus; 2 Chaoyangsaurus; 3 Leptoceratops; 4 Udanoceratops; 5 Microceratops; 7 Protoceratops; 8 Montanoceratops; 9 Turanoceratops; 10 Chasmosaurinae; 11 Ceratopsinae.

Holz im Sandstein einer Moräne. Ohne drastische Änderungen der Erdachse sind kaum Bedingungen denkbar, die tropische Pflanzen in Polarregionen, *wann auch immer in den letzten 250 Millionen Jahren (Ma)*, gedeihen lassen. Denn seit dieser Zeit lag die Antarktis immer in Polnähe und Spitzbergen mit versteinerten Korallen sowie Alaska mit Mammutbäumen immer in heutzutage arktischen Breiten.

Die Vorstellung von Dinosauriern mit hervorragender Nachtsicht könnte daher in die falsche Richtung gehen. Denn es kann nicht eine Monate andauernde Dunkelheit geherrscht haben, da die verbrauchte Nahrung für Pflanzenfresser auch wieder nachwachsen muss – ohne Sonnenlicht wäre das kaum möglich. Wanderten die Tiere während der Polarnacht in Gebiete mit Tag- und Nachtwechsel ab? Da auch Korallen in diesen Breiten entdeckt wurden, wären diese sicher während monatelanger Dunkelheit und geringeren Wassertemperaturen als 20 Grad Celsius abgestorben.

Aber auch Riesenmammutbäume und Zypressen benötigten höhere Temperaturen, als sie an der Behringstraße und in Labrador wuchsen. Monate lange Dunkelheit überstehen auch diese gegen heftige Temperaturunterschiede empfindlichen Pflanzen kaum. Auch in der Nähe der Pole müssten demnach 20 Grad Celsius geherrscht haben, bei *ausreichender Helligkeit auch im Winterhalbjahr* – im krassen Gegensatz zu heutigen Verhältnissen. Unter diesen Umständen müsste auch eine Art Streuscheibe in oder über der Atmosphäre vorhanden gewesen sein, um die Sonnenstrahlen zu streuen oder zumindest ein diffuses Licht erzeugt zu haben, damit auch im Winterhalbjahr in Polnähe nicht absolute Dunkelheit herrscht (ausführliche Diskussion in »Darwins Irrtum«).

Seit dem Auseinanderbrechen Pangaeas lagen die Kontinente immer grob in den gleichen Breiten. Beispielsweise soll *Spitzbergen in den letzten 60 Ma sogar 400 Kilometer südöstlich gedriftet sein*, wie neue Untersuchungen mit dem Forschungsschiff »Polarstern« im Jahr 1999 ergaben (BdW, 15. 9. 1999). Somit befand sich Spitzbergen *am Ende der Kreidezeit, endend vor 65 Ma, sogar weiter nördlich als heute, also in noch unwirtlicheren Gefilden.*

Kontroverse Neubewertung und Perspektiven

Es bleibt abzuwarten, welche Dinosaurier-Gattungen in Zukunft weltweit gefunden werden, die eventuell die unserem aktuellen Weltbild zugrunde liegenden geologischen und geophysikalischen Modelle gravierend verändern. Fossilienfunde können nicht nur zu Änderungen der paläogeographischen Anordnung der Kontinente und plattentektonische Modelle führen, sondern eventuell auch zur Entwicklung eines neuen oder zumindest erheblich modifizierten geophysikalischen Konzepts (Alternative: Erdexpansion).

Wie bereits festgestellt, lassen sich die Bewegungen der Kontinente nicht nur anhand von geophysikalischen Untersuchungen nachvollziehen, sondern spiegeln sich auch in geographischen Fossilfunden ausgestorbener Tierarten wider. Der bekannte Saurierexperte Paul C. Sereno nahm 1999 aufgrund neuer Dinosaurierfunde eine zeitliche Neubewertung des Auseinanderbrechens der Kontinente vor

Abb. 14: Dinosaurier-Paläogeographie. *Die jüngsten Funde von Dinosaurier-Fossilien führen zu einer Neubewertung der Zeitabläufe in Bezug auf die Plattentektonik. Schwarze Balken stellen den zeitlichen Bestand der Kontinente nach neuen Erkenntnissen durch die Dinosaurier-Paläogeographie (Stand Juni 1999) im Schaubild A nach Sereno dar. Lichte Balken deuten das aktuelle geophysikalische Modell (Plattentektonik) im Gegensatz zur Dinosaurier-Paläogeographie bzw. in ihrer Länge die Zeitreduktion exemplarisch an. Gestrichelte Balken zeigen den Zeitpunkt des Auseinanderbrechens von Pangaea nach Wegener an. Das Schaubild B zeigt ein fortentwickeltes Modell der Zeitreduktion aufgrund neuerer Fossilienfunde, das hier vom Autor vorgestellt wird. Laurasia spielt bei dieser Theorie keine Rolle, denn Pangaea zerfällt in Asiamerika (AA) und einen bisher nicht benannten Superkontinent (Gondeuramerika), der aus Gondwana und Euramerika (EA) bestanden haben könnte, bevor dieser auseinander brach. Anderseits erfordert die Dinosaurier-Paläogeographie, dass Indien, Madagaskar und Südamerika bis vor knapp 80 Ma wahrscheinlich über die Antarktis bis zur späten Oberkreidezeit miteinander verbunden waren. AS = Asien, AW = Westteil Nordamerikas, AO = Ostteil Nordamerikas, EU = Europa, AF = Afrika, SA = Südamerika, MA = Madagaskar, IN = Indien, AN = Antarktis, AU = Australien.* ▷

(»Science«, Vol. 284, 25. 6. 1999). Der Urkontinent Pangaea brach nach dem aktuellen Stand der Dinosaurier-Paläogeographie erst vor 140 Ma auseinander, anstatt vor 180 bis 200 Ma, wie bisher angenommen, nachdem Alfred Wegener – der Begründer der Kontinentalverschiebungs-Theorie – noch von 225 Ma ausging (siehe Abb. 14, Bild A).

Neuere Funde machen nach Ansicht des Autors eine weitere Zeitverkürzung erforderlich, wie der Fund von Majungatholus auf Ma-

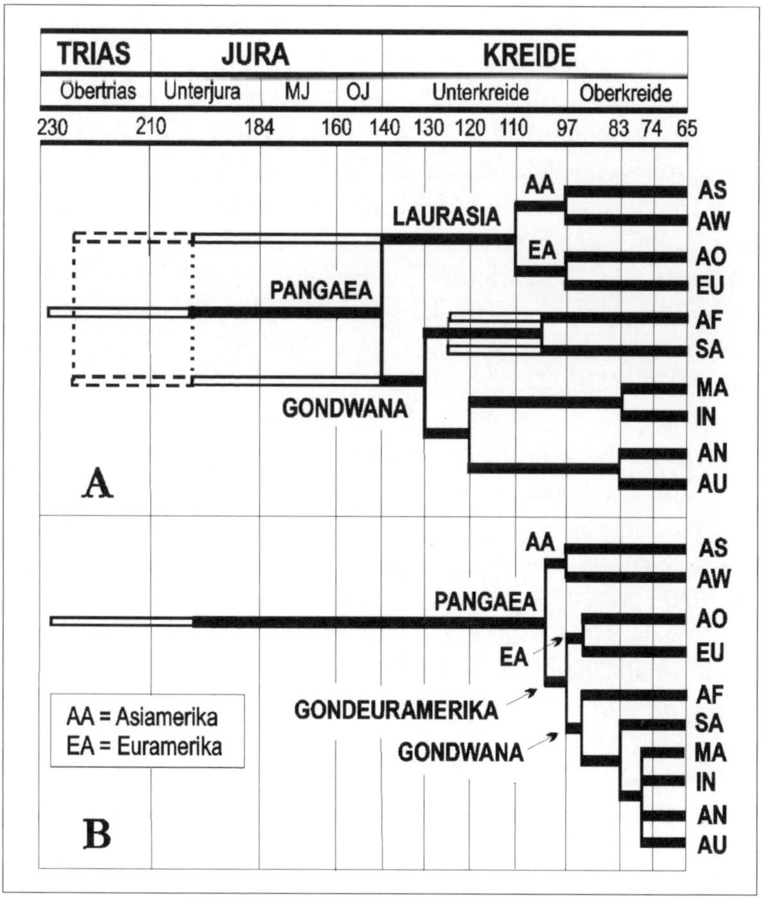

dagaskar in Bezug auf das Auseinanderbrechen von Gondwana zu beweisen scheint. Die Verteilung der abelisauriden Theropoden (siehe Abb. 9, S. 64) weist auf eine längere Verbindung zwischen Europa und Afrika und damit Gondwana hin. Der Autor schlägt aufgrund neuer Dinosaurierfunde ein verbessertes, zeitverkürztes Modell (siehe Abb. 14, Bild B) – *unter Verzicht auf einen einheitlichen Nordkontinent Laurasia* – vor. Unter Zugrundelegung dieses Modells hatten die unterschiedlichen Dinosaurierarten keine Probleme, von Kontinent zu Kontinent zu wandern, wie es etwa die weltweite Verbreitung von Iguanodon in der Unterkreidezeit bis vor 97 Ma erforderlich macht. Fossilienfunde unter anderem von Majungatholus erfordern Landbrücken zwischen Indien, Madagaskar und Südamerika – wahrscheinlich – über die Antarktis in der späten Oberkreidezeit vor ungefähr 75 Ma. Afrika spaltete sich anscheinend etwas früher von Südamerika oder Gondwana ab (Abb. 14).

Insgesamt ist bei geophysikalischen Szenarien und dem angeblichen Alter geologischer Schichten in Zusammenhang mit der von Wegener Anfang des 20. Jahrhunderts eingeführten Kontinentalverschiebung über die Plattentektonik bis zur Dinosaurier-Paläogeographie der Jahrtausendwende eine kräftige Verkürzung der Zeiträume zu verzeichnen (Abb. 14).

Als konsequente Folge würde die Hypothese einer apokalyptischen Erdkatastrophe plausibler erscheinen, die zum Aussterben vieler Tiere und der Dinosaurier führte. Meteoriteneinschläge bei heftigem Vulkanismus auf der ganzen Erde führten zur Bildung großer Plateaubasalte. Gleichzeitig neigte sich die Erdachse eventuell um ungefähr 20 Grad, und das führte zu einem relativ schnellen Auseinanderbrechen der Kontinente. Die Dinosaurier wurden mit den Kontinentalplatten lebend und/oder tot räumlich verschoben. Durch eine anhaltende Expansion der Erde wurden die Kontinente in die heutzutage zu beobachtende Position verschoben, und sie entfernen sich weiterhin voneinander, bleiben jedoch an ihrem Standort verankert, sind also fixiert und wandern nicht, wie es die orthodoxe Plattentektonik – unter Voraussetzung eines konstanten Erdumfangs – erfordert.

5 Ein neues Bild der Dinosaurier

Die Rekonstruktionen der Urzeit-Tiere werden aufgrund eines allen Überlegungen zugrunde liegenden wissenschaftlichen Prinzips vorgenommen, dem zufolge man Vorgänge der unbekannten Vergangenheit mithilfe bekannter Entsprechungen in der Gegenwart deutet. Dieses Grundprinzip wird »Aktualismus« genannt. Die Anwendung dieses Prinzips wäre unzulässig und ergäbe falsche Ergebnisse, falls früher ganz andere Bedingungen herrschten, wie beispielsweise ein wesentlich stärkeres Magnetfeld, höherer Atmosphäredruck oder eine Abschirmung aus Wolkenschichten (analog bei der Venus mit extremem Treibhauseffekt) und auch eventuell gänzlich unbekannte Umstände. Man kann daher unsere heutigen Erfahrungen und Bedingungen nicht bedenkenlos in die Vergangenheit projizieren, da wir zum Beispiel keine kataklysmische Erdkatastrophe als Menschheit live miterlebt und dokumentiert haben. In der Gegenwart gibt es nur relativ kleine Tiere – stimmen dann aber Rekonstruktionen riesiger Saurier unter Anwendung des Aktualismus-Prinzips, wenn heutzutage keine realen Vergleichsobjekte existieren? Das Bild von den Dinosauriern ist in einem starken Wandel begriffen, und die Skelette in den Museen werden anlässlich gerade erstellter oder geplanter Umbauten meistens ganz anders aufgebaut, als man es bisher auch aus den Abbildungen in Lexika und anderen Veröffentlichungen gewohnt ist. Riesige Dinosaurier mit einem Gewicht von bis zu 100 Tonnen sind unter heutigen Bedingungen (Gravitation, Atmosphärendruck) nicht lebensfähig, falls man sie als muskelbewehrte Kraftpakete rekonstruiert.

Aasfresser Tyrannosaurus Rex

Der Star unter den Dinosauriern ist Tyrannosaurus Rex, ein wendiger, blutrünstiger Jäger – wie in Kinofilmen und Presseartikeln suggeriert wird. Nicht nur der amerikanische Paläontologe Jack Horner – Kurator am *Museum of the Rockies* in Bozeman (Montana) – glaubt dagegen, dass es sich nur um einen Aasfresser handelte. Denn er konnte schlecht sehen, dafür aber auf große Entfernungen gut riechen, schließt Horner aus Untersuchungen von versteinerten Gehirnabdrücken. *Auch die Beine des Riesen waren nicht für die Jagd gebaut.* Mit den langen Oberschenkeln und kurzen Unterschenkeln waren sie ideal, um lange Strecken gemächlich zurückzulegen, jedoch eine Fehlkonstruktion, um hinter einem fliehenden Opfer herzurennen. Die Vorderbeine des Tyrannosaurus Rex seien nicht für den Kampf geeignet gewesen, und mit den Zähnen hätte der Riese besser Knochen zerbrechen können, als große Wunden in das Fleisch der Beute zu reißen (BdW, 5. 9. 2000 nach »Dinosaur Magazine«).

Auch das Gebiss eines fleischfressenden Allosaurus, der mit zwölf Metern Länge nur etwas kleiner als der berüchtigte Tyrannosaurus Rex ist, sieht beeindruckend und Furcht erregend aus – doch besonders kräftig konnte dieser Raubsaurier gar nicht zubeißen, wie jetzt britische Wissenschaftler herausfanden. Der Schädel wurde mithilfe der aus der Statik bekannten Methode der finiten Elemente dreidimensional rekonstruiert. Das Ergebnis: Sein Biss ist viermal schwächer als der eines Alligators (SpW, 23. 2. 2001). Die Funktion des riesigen Schädels ist unter diesen Voraussetzungen rätselhaft.

Angeblich auf kräftigen Beinen preschte Allosaurus durch die urzeitliche Landschaft, auf der Jagd nach Beute. Doch so flink und beweglich waren die Raubsaurier wohl nicht. Vielmehr waren ihren Körpern von der Physik enge Grenzen gesetzt. Theropode Dinosaurier, zu denen Allosaurus und auch Tyrannosaurus Rex gehörten, liefen auf zwei Beinen. Während der Mensch sich auf zwei Beinen gerade gehend aufrecht bewegt, *schwankte der Körper* der Riesenechsen eher wie ein Betrunkener durch die Landschaft. Die theropoden Dinosaurier hatten Schwierigkeiten, das Gleichgewicht zu

halten, gleichzeitig einen langen Schwanz und einen langen Hals mit einem massigen Kopf zu kontrollieren und auszubalancieren. Unter diesen Umständen wäre es fraglich, ob Allosaurus überhaupt in der Lage war, Beutetiere aus dem Hinterhalt blitzschnell anzugreifen – eine für einen blutrünstigen Raubsaurier natürliche, ja zwangsläufig notwendige Jagdtechnik. Waren die großen Theropoden gewöhnliche Aasfresser mit gemächlichen Bewegungen?
Insbesondere Tyrannosaurus Rex hatte im Verhältnis zu den großen Beinen und dem massigen Körper winzige Arme, deren Funktion bisher ein Rätsel für die Wissenschaftler ist. Sie waren auch nicht lang genug, um Nahrung zum Maul zu führen. Fraglich erscheint bei dieser Konstellation, wie ein solch riesiger »Raubsaurier« wieder aufstehen konnte, wenn er beispielsweise bei einem Kampfgetümmel unglücklich auf der Seite zu liegen kam. Auch Menschen haben Schwierigkeiten, mit an den Körper gefesselten Armen aufzustehen. Raubsaurier sollen blutrünstige Kämpfe ausgetragen haben und müssen dann auch einmal aus dem Gleichgewicht gekommen sein: Wie stand ein auf zwei Beinen gehender 14 Meter langer Dinosaurier aus der Seitenlage wieder auf?

Waagerechte Hälse

In vielen Sachbüchern sind große Sauropoden wie Apatosaurus (früher Brontosaurus) auf den zwei Hinterbeinen balancierend dargestellt, in den Wipfeln hoher Bäume äsend. In manchen Museen sind auch die Skelette in entsprechender Pose aufgestellt. Diese Darstellungen sind falsch, denn Sauropoden liefen ausschließlich auf vier Beinen und konnten auch nicht ihren Kopf wie eine Giraffe in die Höhe recken. Das Gesamtgewicht der riesigen Sauropoden mit einem Gewicht von vielleicht bis zu oder auch über hundert Tonnen konnte wohl kaum auf zwei Beinen oder sogar einem während einer tänzelnden oder ausbalancierenden Bewegung abgefangen werden – ein ungelöstes statisches Problem hinsichtlich der Stabilität und Tragfähigkeit der Knochen. Im Extremfall entfallen fünfzig oder sogar hundert Tonnen Gewicht pro Fuß, falls das Tier etwas aus dem Gleichgewicht gerät.

Es überrascht, dass die Apatosaurier ihren Kopf nicht höher als die Schultern heben konnten, obwohl die Hälse von Sauropoden bis zu zwölf Meter lang waren. Zu dieser Überzeugung kommen Michael Parrish und seine Kollegen von der *Northern Illinois University*, nachdem sie die Halsregion der Reptilien im Computer nachbildeten, um die Bewegung der Tiere zu rekonstruieren. »Zumeist«, so Parrish, »hielten die Saurier ihren Kopf an waagerecht ausgestreckten Hälsen oder knapp über dem Boden«, und zwar kaum höher als drei Meter (BdW, 3. 5. 1999 nach »Science« vom 30. 4. 1999). Die Begründung, dass sich ihre Wirbelknochen bei dem Hochrecken der Köpfe miteinander verkeilt hätten, ist einleuchtend, wenn man sich die rekonstruierten Skelette genau ansieht. Damit wäre die Vorstellung von einem in hohen Bäumen äsenden Apatosaurier (früher Brontosaurier) nichts als ein Märchen, entsprechende Darstellungen und Rekonstruktionen wären schlichtweg falsch.

Neben sich verkeilenden Halswirbeln gibt es andere Probleme: Herzschlag und Metabolismus (Stoffwechsel) haben nicht ausgereicht, um das Blut bei senkrechtem Hals bis zum Kopf zu pumpen. Sowohl Herzgröße als auch die Metabolismus-Rate der Tiere gestatteten ein Leben an Land nur mit horizontal gehaltenem Hals (BdW, 26. 10. 2000).

»Wissenschaftler an der australischen Adelaide University gründen ihre Schlussfolgerung auf Untersuchungen der Herzmorphologie und des Arterienblutdrucks heutiger Reptilien, Vögel und Säuger. Daraus leiteten sie ab, wie dick eine Herzwandung sein muss, um den für das Tier nötigen Blutdruck erzeugen zu können. Die Herzgröße scheint dabei vor allem von zwei Faktoren abzuhängen: zum einen von der vertikalen Entfernung des Kopfes vom Herzen und zum anderen von der Warm- oder Kaltblütigkeit des jeweiligen Organismus. Beispielsweise hat eine Giraffe einen außergewöhnlich hohen Blutdruck und ein sehr großes Herz – dies ermöglicht es dem Tier, das Blut den langen Hals entlang bis zum Kopf zu pumpen. Auch Vögel und Säuger haben relativ große Herzen, was jedoch eher damit zusammenhängt, dass sie Warmblüter sind. Kaltblütige Reptilien hingegen zeichnen sich durch geringere Stoffwechselraten, einen niedrigeren Blutdruck und kleinere Herzen aus.«

So haben Roger Seymour vom *Department of Environmental Biology* und sein amerikanischer Kollege Harvey Lillywhite Seymour beispielsweise berechnet, dass die linke Herzkammer eines (vorausgesetzt) warmblütigen Barosaurus 2 000 kg (= 2 Tonnen) gewogen haben müsste, um in der Lage gewesen zu sein, das Blut bis zum Gehirn transportieren zu können. Das ist aus wenigstens drei Gründen unmöglich: Erstens wäre es schwierig, solch ein riesiges Herz im Körper unterzubringen. Zweitens würde das Herz mehr Energie verbrauchen als der restliche Körper, und drittens wären die Herzwände so dick und unbeweglich, dass sie mehr Energie verbrauchen würden, um sich selbst zu verformen, als um tatsächlich Blut zu befördern. Eine Lösung des Problems wäre laut Seymour auf zwei Wegen möglich: Entweder verfügten die Sauropoden über zusätzliche Pumpstationen im Hals oder sie hatten ein spezielles Blut, welches leichter aufsteigen konnte. Beides sehen die Wissenschaftler jedoch als kaum wahrscheinlich an. Ein waagerecht geführter Hals dagegen wäre für die Tiere kaum von Nachteil gewesen. Auch in dieser Haltung war es den Sauropoden ohne weiteres möglich, Blätter allerdings kleinerer Bäume zu erreichen (BdW, 26. 10. 2000). Siehe auch: »Blutkreislauf« (S. 25 ff.)

Glaubt man entgegen den beiden unabhängigen Untersuchungen an eine senkrechte Giraffen-Halshaltung und eine Blutversorgung durch ein relativ kleines Herz, funktioniert dies nur dann, wenn Sauropoden einen niedrigen Stoffwechsel hatten, der allgemein für Reptilien typisch ist. Auch in diesem Fall müssten die Herzwände relativ dick und ineffizient für den Pumpvorgang gewesen sein. Es stellt sich die schon immer kontrovers diskutierte Frage, ob Dinosaurier Warm- oder Kaltblüter waren. Aber der Stoffwechsel von Sauropoden wird wohl nie bis zur Gänze bekannt werden. In jedem Fall erscheint es unwahrscheinlich, dass diese Tiere ihre Köpfe so hoch erheben konnten, wie es oft behauptet wird – insbesondere da sich für diesen Fall die Halswirbel verhakt hätten, wie Michael Parrish nachwies. Nicht nur Sauropoden, sondern auch Theropoden wie Allosaurus und Ornithopoden wie Iguanodon besaßen eine relativ gerade Wirbelsäule vom Schwanzende bis zum Hals.

Waagerechte Schwänze

Sollten elefantenfüßigen Sauropoden, aber auch andere Arten, ihre Schwänze auf dem Boden hinter sich herzogen haben, wie es oft dargestellt wird, müssten es sehr viele Schwanzschleifspuren zwischen den Abdrücken (Trittsiegeln) geben, ähnlich solchen von heutigen Eidechsen auf Sandoberflächen.
Auch Felsplatten mit mehreren tausend Trittsiegeln – wie sie im Jahre 2001 in der Region La Rioja (Nordspanien) *direkt unter der Grasnarbe* (nach 115 Ma!) entdeckt wurden – zeigen nie Schwanzschleifspuren, bis auf ganz seltene Ausnahmen.

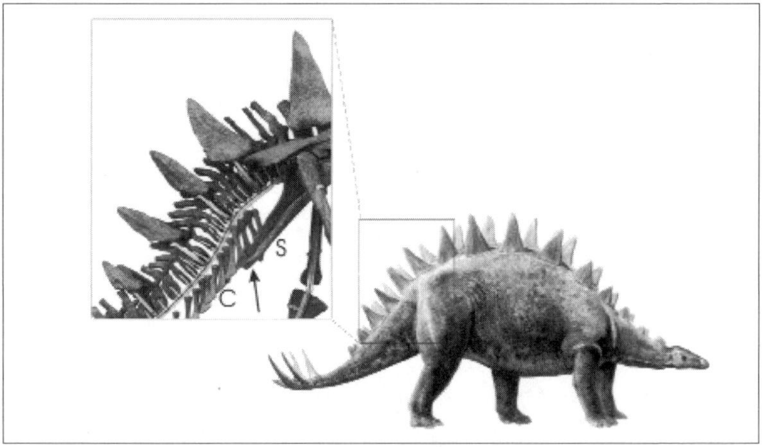

Abb. 15: Platzprobleme. *Die Knochenanhänge »C« (Chevrons) sind bei korrekter (gerader) Anordnung der Sitzbeingabel »S« (Ischium) im Weg (siehe Pfeil). Eine Überlappung widerspricht einer anatomisch korrekten Rekonstruktion. Wahrscheinlich waren alle Stegosaurier keine Schwanzschleifer, sondern bewegten sich mit horizontal gehaltenem Schwanz.*

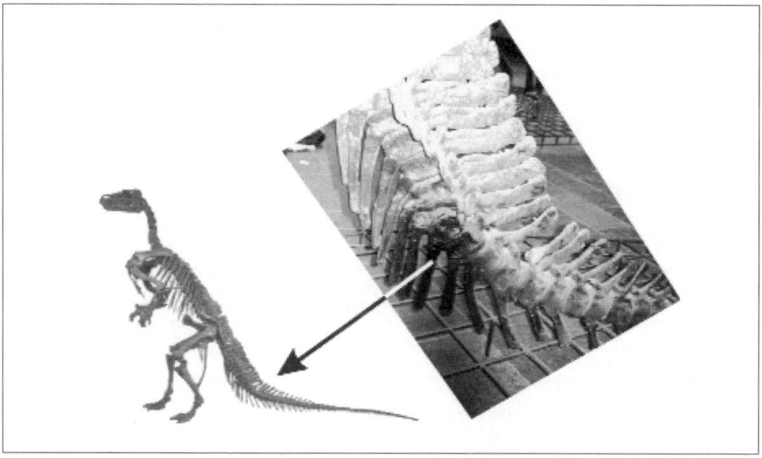

Abb. 16: Knick. *Bei der Rekonstruktion eines Iguanodon als Schwanzschleifer entsteht ein unnatürlicher Knick in der Schwanzwirbelsäule, da der Schwanz mangels Bewegungsspielraum zwangsläufig aufliegen muss.*

Ähnlich wie bei den Halswirbeln entsteht ein Problem mit der Schwanzwirbelsäule: Schwanzschleifer können Sauropoden in der Regel nicht gewesen sein, da sich die einzelnen Knochenanhänge (Chevrons) an der Unterseite der Schwanzwirbelsäule rekonstruierter Giganten ansonsten teilweise berühren, ja sogar manchmal überlappen würden. Aber nicht nur Apatosaurier, sondern auch Stegosaurus, Hadrosaurus und Iguanodon sind zur Zeit falsch montiert.
Der Tuojiangosaurus war wahrscheinlich kein Schwanzschleifer, wie aufgebaute Skelette ausweisen. Denn die Sitzbeingabel (S) und die Chevrons (C) unter den Schwanzwirbel überlappen sich bei dieser Anordnung (siehe Pfeil in Abb. 15). Der Tuojiangosaurus hielt den Schwanz wahrscheinlich gerade, wie der Stegosaurus (Foto 31).
Im vorigen Jahrhundert wurden die in Bernissart (Belgien) gefundenen Skelette von Iguanodon im *Royal Belgian Institute of Natural Sciences* in Brüssel (Belgien) aufgebaut. Ein Abguss ist in Originalgröße im Frankfurter *Naturmuseum Senckenberg* als »Schwanzschleifer« in »Känguru-Pose« aufgebaut (Abb. 16).

Bei dieser Rekonstruktion mit einer steilen Stellung des Rückens erhielt die Schwanzwirbelsäule einen unnatürlichen Knick nach oben, um überhaupt auf dem Boden aufliegen und schleifen zu können. Einige Schwanzwirbel klaffen am Knickpunkt auseinander. Die ersten hinter dem Becken liegenden Knochenanhänge (Chevrons) an der Unterseite der Schwanzwirbelsäule liegen viel zu nah an dem sehr lange gegabelten Sitzbein (Ischium). Bei normaler Anordnung wären sie dem Ischium allerdings im Wege gewesen (Abb. 16). Um eine solche »Kollision« zu vermeiden, wurden die Chevrons einfach nach hinten abgeklappt, also flacher gegen die Schwanzwirbelsäule Richtung Schwanzspitze angeordnet, mit dem Effekt, dass die Chevrons dicht an dicht beieinander liegen. Damit die Haltung von Iguanodon der Wirklichkeit entspricht, müsste die Wirbelsäule mit dem Schwanz waagerecht gestellt werden. In dieser Pose erhalten die Chevrons Spielraum gegenüber dem Ischium, erhalten eine parallel ausgerichtete Anordnung und brauchen auch nicht mehr nach hinten geklappt zu werden.
Die über 100 Jahre alte Rekonstruktion des Iguanodon als Schwanzschleifer diente als Vorbild zahlreicher folgender Nachbildungen weiterer Dinosaurier, auch von Allosaurus und Tyrannosaurus Rex. Entsprechend wurde im Jahre 1905 im *American Museum of Natural History* in New York Tyrannosaurus Rex fast senkrecht stehend in Känguru-Pose aufgebaut. Im Juni 1995 wurden die Hallen wieder eröffnet und die Dinosaurier-Skelette zum Teil neu rekonstruiert. In der dieser Ausstellung kann man »Sue«, einen neu entdeckten Tyrannosaurus Rex, als Star der Ausstellung studieren – jetzt mit *waagrecht angeordneter Wirbelsäule.*
Bei dem bereits beschriebenen Skelett des Iguanodon ist ein weiteres Detail sehr deutlich zu erkennen: Eigenartig verknöcherte Sehnen überlagern kreuzweise die langen Dornfortsätze der Rücken- und Schwanzwirbelsäule und versteifen in zwei Lagen die Wirbelsäule. Durch diese Umhüllung muss die Wirbelsäule beim Iguanodon und bei den Hadrosauriern fast vollkommen starr gewesen sein. Die Schwänze konnten nicht nach unten durchhängen. Vergrößerungen der »Sehnen« im Querschnitt zeigen, dass es sich

um echtes Knochengewebe handelt. Da von den meisten Ornithischiern die verknöcherten Sehnen bekannt sind, kann man wahrscheinlich davon ausgehen, dass sie sich alle mit waagerecht gehaltenen Schwänzen vorwärts bewegten (siehe Foto 10).

Rätselraten um den Körperumriss

Die meisten Paläontologen waren in der Vergangenheit ratlos, wie sie den Umriss der Dinosaurier im Becken- und Afterbereich rekonstruieren sollten. Denn das Sitzbein (Ischium) überragt bei den Ornithischiern als auch Saurischiern die nach unten gerichteten Chevrons sehr weit. Es scheint einen Versatz zwischen Unterkante Schwanz und Unterkante Bauch hinter der Schwanzwurzel am Ende des Sitzbeins zu geben. Das Ergebnis ist die von zahlreichen Darstellungen bekannte hässliche »Afterknolle« unter der Schwanz-

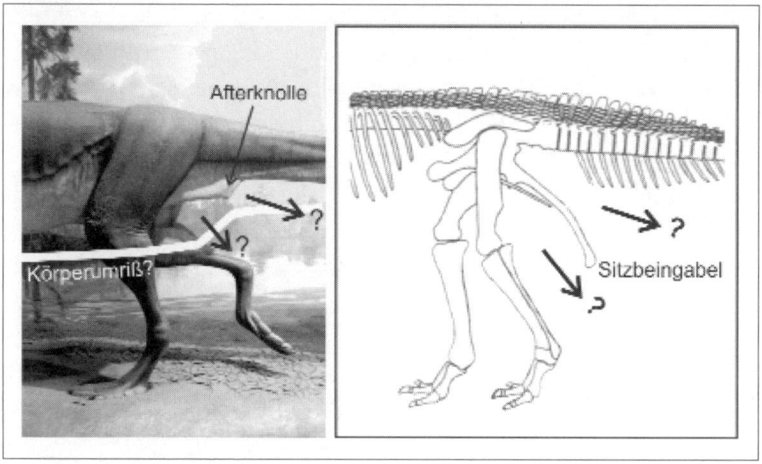

Abb. 17: Lagerätsel. *Befand sich die Körperöffnung (?) vor oder hinter der Sitzbeingabel? Heutige Rekonstruktionen verlegen die Körperöffnung hinter die Sitzbeingabel (oberer Pfeil), wodurch eine unnatürlich anmutende »Afterknolle« und eine schlankere Körperform entsteht. Bild: Dilophosaurus.*

wurzel. In den Augen der Rekonstrukteure war die Aufgabe dieser Knolle, die überraschend weit hervorstechenden beiden Knochen der Ischiumgabel unter der Haut verschwinden zu lassen. Lag der After hinter *oder* vor der Sitzbeingabel (Abb. 17)?

Die heutigen Rekonstruktionen in den Museen entsprechen den Verhältnissen bei Krokodilen, deren Becken allerdings ganz anders gestaltet ist: Die Körperöffnung wird hinter die Sitzbeingabel gelegt. Wenn die Körperöffnung hinter dem Sitzbein konstruiert wird, muss die »Afterknolle« zwangsläufig vorhanden gewesen sein. Dann kann der Umriss der Schwanzunterseite auch nicht vom Sitzbein in direkter Linie bis zur Schwanzspitze gezogen werden. Die Folge ist, der Schwanz bleibt, wie bei aktuellen Rekonstruktionen zu sehen, niedrig und rund.

Dr. Joachim Scheven schlägt eine andere Deutung vor. Wenn die Körperöffnung analog den Verhältnissen bei heutigen Vögeln nicht hinter, sondern *vor dem Sitzbein* rekonstruiert wird, was besonders bei Ornithischiern (Vogelbecken-Sauriern) einleuchtet, dann kann die Umrisslinie der Schwanzunterseite von der Sitzbeingabel bis zur Schwanzspitze durchgezogen werden. Bei dieser Rekonstruktion wird der Schwanz nicht niedrig und rund, sondern hoch und flach. Im Vergleich mit der mumifizierten Leiche eines Corythosaurus kann der Schwanz auch etwas oberhalb hinter dem Sitzbein ansetzen (Abb. 18).

Insbesondere die Schwänze der Ornithischier waren tatsächlich hoch und flach, wie aus den Querschnitten des Schwanzskeletts eindeutig hervorgeht. Die langen Chevrons waren möglicherweise Ansatzpunkt und Träger eines fossil nicht erhaltenen Schwimmsaums. Besonders bei Ornithischiern, die wegen der mit Sehnen versteiften Wirbelsäule einen starren Schwanz besaßen, wäre ein durch Muskeln zu bewegender Hautsaum für die Fortbewegung im Wasser von Bedeutung gewesen. Da hiervon aber nichts fossil erhalten blieb, glauben Wissenschaftler heutzutage nicht an sich vornehmlich im Wasser bewegende Ornithischier (oder auch andere Dinosaurier), sondern stufen sie als Landtiere ein. An Land hatten die riesigen Tiere (wie bereits diskutiert) allerdings Probleme, den langen,

Abb. 18: Gestalt. *Der mutmaßliche Körperumriss mit dargestelltem Skelett eines Iguanodon (Bild Mitte) ergibt im Vergleich mit der in scheinbarer Schwimmbewegung erstarrten Mumie von Corythosaurus – eine andere Form, falls die Körperöffnung vor der Sitzbeingabel lag. Von der Sitzbeingabel bis zum Schwanzende könnte sich ein Schwimmsaum entlang der starren Wirbelsäule befunden haben. Unter Berücksichtigung von Bauchrippen (skizziert) und Anordnung der Beine unter dem Bauch (Foto 2) wird aus einem Iguanodon in Känguru-Pose (siehe Abb. 16, S. 93) ein echter »Vierbeiner«, der sich aufgrund des steifen Schwanzes und der plumpen Körperform höchstens geringfügig aufrichten konnte.*

geraden Schwanz und den waagerecht gehaltenen Oberkörper mit dem Kopf auszubalancieren.

Viele Dinosaurier-Leichen fand man in reinen Meeresschichten der oberen Kreideformation. Man hat mumifizierte Reste von einigen solcher Tiere, an denen Sehnen und Haut noch erhalten sind, gefunden, und man entdeckte bei einer Art noch Schwimmhäute zwischen den Zehen (Abb. 18 oben). Der in Alberta (Kanada) gefundene mumifizierte Corythosaurus mit langen Hinterbeinen und kurzen Vorderbeinen, entenartigem Schnabel und einem knöchernen Kamm auf dem Schädel scheint förmlich mitten in einer Schwimmbewegung erstarrt zu sein. Interessant sind die Umrisse, denn eine ausgeprägte »Afterknolle« besitzt er hinter der Sitzbeingabel nicht. Das zahnlose breite Maul, das wahrscheinlich mit entenschnabelartigen Hornscheiden überzogen war, deutet auf ein Leben im Wasser hin, wo sie nach Art der Entenvögel vielleicht aus dem Schlamm am Boden ihre Nahrung bezogen.

Im Gegensatz dazu stehen die Gebissbatterien der Hadrosaurier, die aus vielen übereinander gelagerten Zahnreihen bestanden. Jede Zahnreihe konnte 45 bis 60 Zähne umfassen. Der Kiefer konnte so bis zu 700 Zähne bergen. Die Zähne warten sehr rau und besaßen viele harte Kanten. Für weiche Wasserpflanzen oder Weichtiere wäre diese nicht nötig gewesen, denn Hadrosaurier waren in der Lage, die härtesten Pflanzen leicht zu zermahlen.

Interessant ist auch die Stellung der Vorderbeine, die nach rückwärts angeordnet sind, im Gleichschritt mit den Hinterbeinen. Fraglich erscheint nach diesem Fund, ob die Anordnung der Vorderbeine bisher richtig konstruiert wurde. Die Vorderbeine auch großer Saurier sind nicht mit dem Körper direkt verbunden, beispielsweise durch ein Kugelgelenk. Die Oberarmknochen sitzen bei heutigen Rekonstruktionen auf und neben dem Brustkorb.

Sauropoden sollen angeblich an Land spaziert sein, mit sehr langem Schwanz und sehr langen Hälsen – den relativ kurzen Körper weit überragend. Zur Stabilisierung wurde deshalb in der Vergangenheit der Schwanz als auf dem Boden aufliegend rekonstruiert und der Hals giraffenartig steil nach oben angebracht. Da nach neuen Untersuchungen der Schwanz als auch der Hals ungefähr gerade gehalten wurde, stellt sich die Frage nach der Stabilität der Wirbelsäule und auch nach dem Ausbalancieren des Körpers während des Laufens, insbesondere falls bei dieser großen Angriffsfläche heftige Stürme auf den Körper einwirkten. Sollten Sauropoden nicht Land-, sondern Wasserbewohner, zumindest amphibisch lebende Urzeit-Tiere gewesen sein, entschärft sich dieses Problem entscheidend, falls sie nicht im Schlamm versanken.

Betrachtet man den kleinen Kopf der Sauropoden, erscheint es unwahrscheinlich, dass die erforderliche riesige Menge an Nahrungsmitteln das im Verhältnis winzige Maul des – unnatürlich – kleinen Kopfes passieren konnte. Sollten die Tiere warmblütig und wie heutige Tiere eine konstante Körpertemperatur aufgewiesen haben, hätten die großen Sauropoden wie Apatosaurus oder Mamenchisaurus auch in 24 Stunden – oder sogar weniger, denn der Tag hatte früher weniger Stunden als heutzutage – ununterbrochenen Fressens nicht genügend Nahrung zu sich nehmen können. Denn zig Tonnen schwere Körper benötigen nach konventionellen Vorstellungen mehrere Tonnen Nahrung am Tag. Auch ein wechselwarmes Tier mit einem vielleicht nur ein Zehntel so hohen Energieverbrauch im Vergleich zu einem warmblütigen Tier hätte ernsthafte Probleme eine ausreichende Nahrungsmenge durch das kleine Maul und den schmalen Schlund zu schleusen.

Wie Fossilienfunde zeigen, bestand das Gebiss der Sauropoden aus einzelnen Stiftzähnen und bildeten eine Art Rechen. Der Abstand der Zähne erlaubte es dem Tier, etwas aus dem Wasser zu sieben, während anscheinend etwas anderes – uns nicht Bekanntes – zurückgehalten werden konnte. Der lange Hals der Sauropoden verlieh den Tieren einen beträchtlichen horizontalen Aktionsradius, beispielsweise um in einem großen Umkreis an der Wasseroberfläche die Nahrung herauszufiltern. Die Sauropoden hätten als Wasserbewohner ihre Köpfe nicht in die hohen Baumwipfel stecken, sondern je nach Wasserstand nur etwas absenken oder geringfügig anzuheben brauchen.

Die Anordnung einer vom Kopf bis zur Schwanzspitze relativ gera-

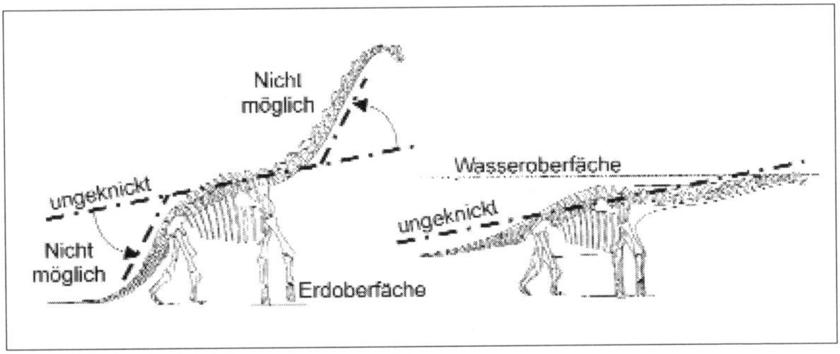

***Abb. 19: Haltung.** Die Anordnung der Wirbel widerspricht einer Giraffenhaltung und auch einem abgeknicktem Schwanz. Eine gerade Wirbelsäule ergibt eine natürliche Haltung, und die Köperform bildet vom Bauch bis zum Schwanzende eine gerade Linie.*

den Wirbelsäule wäre für Wasser bewohnende Tiere eine natürliche Haltung im Gegensatz zu Land bewohnenden Urzeit-Riesen (Abb. 19).
Waren viele Dinosaurier Sumpfbewohner oder amphibisch lebende Tiere, hätten sich eigentlich die Säugetiere durch den entstehenden Feiraum schneller entwickeln können. Dieser konventionellen Sichtweise der Säugetierentwicklung widersprechen die diskutierten Untersuchen der Biologen Sudhir Kumar und Blair Hedges über die wesentlich früher vollzogene Entwicklung (siehe Seite 13).

Hohle Dinosaurier?

Lange Zeit nahm man an, dass der Riesenwuchs den Dinosauriern zum Verhängnis geworden sei. Da aber wahrscheinlich der Einschlag eines oder vielleicht mehrerer Meteoriten ihr jähes Ende herbeiführte, passt das natürlich nicht mehr zu der Vorstellung vom Gigantismus – als Sackgasse der Evolution. Andererseits scheint es auch zeitgleich mit dem Beginn der Entfaltung der Reptilien einen Einschlag eines Riesenmeteoriten gegeben zu haben. Ein großes

Massensterben könnte am Ende des Perm vor 251 Ma durch den Einschlag eines Asteroiden oder Kometen ausgelöst worden sein (SpW, 31. 8. 2001). Ökosysteme können sich als ziemlich robust erweisen: Störungen von außen, seien es Stürme, Feuersbrünste, neu einwandernde Arten oder auch menschliche Zerstörungen, puffern sie geduldig ab – bis zu einem gewissen Punkt. Überschreitet die Störung einen Schwellenwert, dann kippt das gesamte System um, und ein neues, vorher nicht voraussehbares Gleichgewicht stellt sich ein (SpW, 12. 10. 2001). Begann das Zeitalter der Dinosaurier, wie es zu Ende ging – mit einem apokalyptischen Einschlag?

Warum beherrschten während dieses Zeitabschnitts Dinosaurier die Welt? Aus der Ökologie weiß man, dass sich nicht immer die Größeren und Stärkeren in der Auseinandersetzung um knappe Lebensgrundlagen durchsetzen. Eher trifft das Gegenteil zu. »Offensichtlich trifft hier die Sicht der Evolutionsvorgänge, wie sie Charles Darwin entwickelt hat, nicht die wirklichen Verhältnisse« (Reichholf, 1992, S. 82).

Wahrscheinlich waren die Dinosaurier den »moderneren« Vögeln und Säugetieren gar nicht unterlegen, denn der Innenaufbau der Dinosaurier-Knochen wies eine ähnliche Feinstruktur auf, wie er sonst nur bei warmblütigen Säugetieren zu finden ist, aber bei wechselwarmen Tieren nicht vorkommt. Waren Dinosaurier keine trägen Riesen, sondern aktive Großtiere, dann wäre die Vorstellung von einem allmählichen Aussterben wenig verständlich und um das Ende einer evolutionären Sackgasse könnte es sich auch nicht gehandelt haben. Wozu aber waren dann die Großformen der Dinosaurier gut?

Tiere, die sich von pflanzlicher Kost ernähren, brauchen ein Mehrfaches der Menge, die Fleischfresser zu sich nehmen müssen, weil die Pflanzen so eiweißarm sind. Ein großer Elefant verzehrt täglich 100 bis 360 Kilogramm pflanzliche Nahrung und ist bis zu 18 Stunden mit der Nahrungsaufnahme beschäftigt. Der Nahrungsbrei kommt nach durchwandern des Darms etwa halb verdaut wieder zutage.

Bis zu über hundert Tonnen schwere Sauropoden besaßen im Verhältnis winzige Köpfe. Diese im Verhältnis zu Elefanten zigmal schwereren Körper hätte auch entsprechend mehr Nahrung zu sich nehmen müssen, die durch den kleinen Schlund aufgenommen und den langen Hals verfrachtet hätte werden müssen. Da der Vergleich mit Elefanten nicht passen kann, müssen pflanzenverwertende Dinosaurier einen höheren Verwertungsgrad als heutige Pflanzenfresser erzielt haben.

Die riesigen Leiber der Sauropoden waren vielleicht fast hohl. Die bereits zuvor diskutierte typische Statur vegetarischer Saurier verrät ihre hoch entwickelte Energiegewinnung. Der Zoologe Professor Dr. Josef Reichholf (Zoologische Staatssammlung München) meint, dass riesige, zig Tonnen schwere Dinosaurier *nicht direkt* von vergleichsweise nährstoffarmen Pflanzen leben konnten (Reichholf, 1992, S. 83 ff.). Anstatt mit Tonnen von Grünzeug kamen diese Dinos seiner Meinung nach mit 300 bis 1 500 Kilogramm am Tag als Futter aus. Der Trick besteht in einem hohlen Körper, der eine Gärkammer dargestellt haben könnte, in der Fettsäuren erzeugt wurden. Auf dem darin befindlichen Pflanzenbrei »züchteten« sie Bakterien oder einzellige Mikroben. Diese produzierten mithilfe der vegetarischen Nahrung hoch energiereiches Eiweiß, die eigentliche Kost der Pflanzenfresser.

Gärkammern sind bei schlecht verdautem Grünzeug umso wirkungsvoller, je größer sie sind. Liegt darin der Grund für die Riesenformen pflanzenfressender Sauropoden? Der scheinbar nutzlose Gigantismus böte aus dieser Sichtweise sogar entscheidende Lebensvorteile. Die größere Masse der Riesenkörper wirkte auch als Wärmespeicher – etwa der Sonnenenergie –, wodurch die erforderliche Vergrößerung der Aktionszeitspanne für die erforderliche Nahrungsaufnahme verlängert wurde. Die gleichmäßigere Wärme schuf günstige Lebensbedingungen für die Mikroben, ohne dass eine konstante Körpertemperatur notwendig gewesen wäre. Zusätzlich entstand durch die Aktivität der Mikroorganismen Gärwärme, wie bei einem Komposthaufen.

Auch heutzutage gibt es noch Tiere, in deren Körper das Pflanzenprotein in bakterielles Protein umgewandelt wird: Sowohl Kühe als auch Pferde besitzen »Gärungsfässer«. Das »Gärungsfass« bei der

Kuh liegt an einer Stelle, wo die Nahrung noch nicht verdaut ist, während es beim Pferd im hinteren Darmbereich liegt, wo die Nahrung bereits verdaut ist, also zwischen dem Hauptteil des Darms und dem Anus. Kühe verwerten ungefähr 75 Prozent des Proteins und scheiden nur 25 Prozent aus, während es sich bei Pferden genau umgekehrt verhält. Deshalb besitzen Pferde eine geringere Überlebensfähigkeit bei längeren Dürreperioden und in strengen Wintern.

Die Hörner an Schwanz, Kopf und/oder Körper pflanzenfressender Großechsen (wie Stegosaurus und Triceratops) dienten dann vielleicht auch nicht – nur – der Verteidigung, sondern der Wärmeaufnahme (siehe Spinosaurus, S. 170). Horn- und Knochenbildungen geben aufschlussreiche Hinweise auf das Nahrungsangebot: je eiweißreicher, desto stärker werden Horngebilde entwickelt (Geist, 1987 und Clutton-Brock, 1989). »Auch bei heute lebenden Reptilien gilt der Befund, dass besonders eiweißreiche Nahrung die Bildung von Hornstacheln oder -dornen fördert« (Reichholf, 1992, S. 87). Schlechte Futterverwerter nach dem Vorbild heutiger pflanzenfressender Säugetiere hätten nicht genügend Eiweiß zur Bildung der Hörner oder Knochenplatten produziert. Eine grundlegende, oft nicht in Betracht gezogene Unterscheidung von Ursache und Wirkung führt zu neuen Erkenntnissen und ganz anderen Sichtweisen.

Vielleicht waren die riesigen pflanzenfressenden Dinosaurier mit ihren »Gärkammern« gar keine klassischen warm- oder kaltblütigen (wechselwarmen) Tiere im herkömmlichen Sinne. Auch muskelbewehrte Giganten scheinen sie nicht gewesen zu sein, wie aufgrund ihrer riesigen Größe auch vermutet worden ist.

Die relativ dünnen Beine der Sauropoden wären nicht in der Lage gewesen, einen massigen, schweren, mit riesigen Muskelpaketen bewehrten Körper zu tragen (siehe ausführlich »Irrtümer der Erdgeschichte«, S. 295 ff.). Deshalb liegt es nahe, Sauroden als in Sümpfen lebende Tiere anzusehen, da das Gewicht durch den Auftrieb des Wassers reduziert wird. Waren die Dinosaurier fast hohl, reduzierte sich ihr Gewicht dank der Hohlräume (Gärkammern) auf ein Drittel oder weniger. Die dünnen Beine wären unter diesen Voraussetzungen überhaupt erst in der in der Lage, den leichteren Körper allein unter statischen Gesichtspunkten auch zu tragen, im Gegensatz zu konventionellen Rekonstruktionen mit Muskelpaketen voll gepackter Tiere. Auch die Wirbel vieler Sauropoden waren hohl und deshalb leicht. Das Innere vieler ihrer Knochen besaß eine gewichtreduzierende wabenförmige Struktur, nur aus Balken und Streben bestehend. Das galt besonders für die Wirbelsäule. Unter diesen Voraussetzungen wäre es im Gegensatz zu »massiven« Dinosauriern eher denkbar, dass die riesigen »hohlen« Dinosaurier sich auch an Land fortbewegen konnten.

Riesige, bis über 50 Meter lange, mit ungeheuren Muskelpaketen bewehrte Körper wären ohne Berücksichtigung einer Gewichtsverringerung heutzutage überhaupt nicht lebensfähig. Berücksichtigt man die Vorstellung von »hohlen Dinosauriern« nicht, müsste man annehmen, dass die Gravitation zu Lebzeiten der Dinosaurier wesentlich geringer gewirkt hätte als heute, zum Beispiel nur 50 Prozent oder weniger, wie auf dem Planeten Mars. Eine mit dem Wirken von Erdkatastrophen einhergehende Erhöhung der »Anziehungskraft« könnte ein oder auch sogar ein entscheidender Faktor für das Aussterben großer Dinosaurier gewesen sein, während kleinere Tiere (Krokodile) überlebten. Allerdings könnte es dann keinen Zusammenhang zwischen der Masse eines Körpers (Erde) und der direkt proportional resultierenden Gravitation nach Isaac Newton geben, der allerdings auch nicht nachgewiesen wurde. Berücksichtigt man die im vorigen Kapitel diskutierte Expansion der Erde, könnte dieses Szenario andererseits eine entsprechende Erhöhung der Gravitation nach Newton zur Folge haben, falls sich die Masse der Erde entsprechend vermehrt hätte. Ein möglicher Quellmechanismus ist aber nicht bekannt, und eine wesentliche Masseerhöhung erscheint nach heutigem Kenntnisstand zweifelhaft, auch wenn kontinuierlich kosmischer Staub auf die Erdoberfläche rieselt. Das weitere Studium der Dinosaurier wird zukünftig interdisziplinäre Konsequenzen für verschiedene Wissenschaftsgebiete von der Geophysik bis zur Biologie nach sich ziehen.

Da die Sauropoden – wie bereits erläutert – ihre Köpfe nicht in die

Baumwipfel heben konnten (Verkeilung der Nackenwirbel, Absenken des Blutdrucks) und ihre Stiftzähne eher einem Rechen glichen, könnten diese Tiere jedoch doch eher Bewohner von Sümpfen gewesen sein. Das Körpergewicht würde durch den Auftrieb des Wassers noch einmal zusätzlich reduziert. Sauropoden lebten wahrscheinlich hauptsächlich unter der Wasseroberfläche, siebten ihre Nahrung aus dem Wasser, und nur die Oberseite des Kopfes schaute ähnlich dem Erscheinungsbild schwimmender Krokodile etwas aus dem Wasser heraus.

Wie bekamen unter Wasser lebende Sauropoden Luft zum Atmen? Sie lagen bis zu den Nasenlöchern im Wasser. Im Gegensatz zu Nilpferden und Krokodilen lagen die Nasenöffnungen im Schädel nicht vor, sondern zwischen den Augen an der höchsten Stelle am Kopf. Eine neue Untersuchung durch Lawrence M. Witmer (Universität von Ohio) soll im Vergleich mit heute lebenden Tieren nachweisen, dass die fleischigen Nasenöffnungen mehr an der Schnauzenspitze als dahinter lagen. Nur auf Knochenfunde angewiesen, ist es schwierig zu rekonstruieren, wie Dinosaurier wirklich ausgesehen haben. So lässt sich anhand der Nasenöffnungen im Schädel nicht unmittelbar auf die Position und Länge der fleischigen Nase schließen. Wissenschaftler sind inzwischen der Meinung, die Riesenechsen seien keine amphibischen Lebewesen gewesen. Früher positionierte man die Nasen bei Rekonstruktionen *auf* der Schnauze mit nach *oben geöffneten Nasenlöchern*, wie es für teils im Wasser lebende Tiere vorteilhaft wäre. Witmer ging von der herrschenden Annahme aus, dass Dinosaurier ausschließlich Landbewohner waren, und verschob bei Schädeln von Tyrannosaurus und Triceratops die Nasenöffnungen im Vergleich zu heutigen Tieren etwas von der Oberseite zur Spitze der Schnauze (Abb. 20).

Bei Tyrannosaurus liegt die Nasenöffnung im Schädel aber auch von Hause aus an der Spitze der Schnauze. Bei Sauropoden befindet sich diese Öffnung dagegen zwischen den Augen am hinteren Teil des Schädels und nicht vorne an der Schnauzenspitze. Witmer vermutet zwar auch bei Sauropoden eine etwas weiter nach vorne verschobene Position der Nasenöffnungen. Allerdings ist dies nur eine Ver-

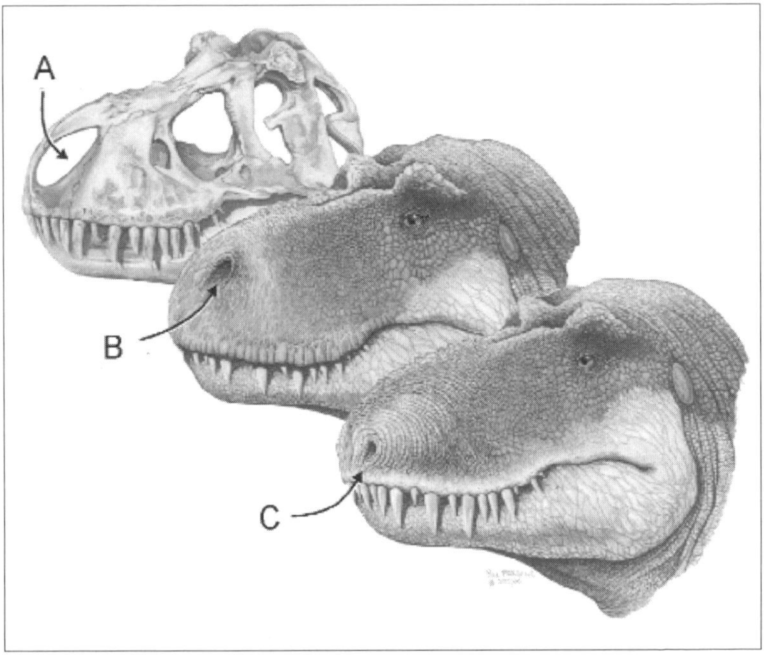

Abb. 20: Nasenlöcher. *Im Gegensatz zu den Sauropoden (Abb. 3, S. 35) liegen die Nasenöffnungen im Schädel beim Tyrannosaurus Rex vorne an der Schnauzenspitze (A). Entsprechend wurden die Nasenlöcher bisher auf der Oberseite der Schnauze rekonstruiert (B). Nach der neuen Theorie sollen sie ganz vorne direkt über dem Maul liegen, mehr waagrecht angeordnet (C). Zeichnung nach Witmer in »Science«, 3. 8. 2001, Vol. 293, S. 850.*

mutung – ein Beweis fehlt, da keine fossilen Funde bekannt sind. Trotz aller Überlegungen wird sich die Nasenöffnung direkt oder in unmittelbarer Nähe der Nasenöffnung im Schädel befunden haben, bei Sauropoden also im hinteren, höheren Teil des Schädels und bei Theropoden sowie Ornithischiern auch weiter vorne an der Schnauzenspitze – entsprechend der Lage der Nasenöffnung im Schädel, denn ansonsten könnte die Nasenöffnungen der Sauropoden ja auch direkt an der Schnauzenspitze wie bei Tyrannosaurus Rex befunden haben. Eine Anordnung dieser Nasenöffnungen zwischen den Augen hätte keinen Sinn, falls die fleischigen Nasenlöcher sehr weit entfernt, vorne in der Näher der Schnauzenspitze positioniert gewesen sein sollten.

Wissenschaftler sind heute davon überzeugt, dass Dinosaurier ausschließlich landbewohnende und – zumindest – keine amphibischen Tiere waren. Der zuvor diskutierte, möglicherweise vorhandene Schwimmsaum – der sich von der Sitzbeingabel bis zum Schwanzende erstreckt – ergibt einen Sinn, falls Sauropoden und auch andere Dinosaurier wie Iguanodon im Wasser lebten: Er diente der Fortbewegung. Falls diese Tiere im Wasser lebten, findet man auch keine Schwanzschleifspuren dieser Tiere, da die Schwänze quasi an der Wasseroberfläche schwammen.

Bis vor kurzer Zeit glaubte man, dass fleischfressende Saurier nur an Land jagten und Sauropoden sich den Angriffen durch Flucht ins Wasser erwehren konnten. Im Jahre 1980 fand man jedoch Trittsiegel eines Megalosaurus in Sedimentgesteinen aus dem Jura, die beweisen, dass auch »Raubsaurier« zumindest zeitweise ins Wasser gingen. Man entdeckte versteinerte Abdrücke von Zehen und Krallen, aber nicht vom Fuß selbst. Aus diesem Laufstil schloss man, dass der Megalosaurus sich im Seeboden während der schwimmenden Vorwärtsbewegung abdrückte (»Spektrum der Wissenschaft«, Digest 5, S. 55; vgl. Skizze in »Irrtümer der Erdgeschichte«, S. 299).

Aus den vorgelegten Gründen könnte angenommen werden, dass Sauropoden vornehmlich im Wasser lebten. Ihr Gebiss bestand aus einzelnen Stiftzähnen, die eine Art Rechen bildeten. Die Sauropoden siebten scheinbar irgendetwas aus dem Wasser und brauchten deshalb ihre Hälse nicht wesentlich über Schulterhöhe zu heben – die Schwänze schwammen auf dem Wasser. Somit hat die Anordnung der großen Nasenöffnungen an höchster Stelle im Schädel einen Sinn. Diese Giganten lagen anscheinend einfach die meiste Zeit bis zu den Nasenlöchern im Wasser. Aber auch Fleischfresser gingen *entgegen* früherer Auffassung ins Wasser und »schwammen«. Aufgrund des wirkenden äußeren Wasserdrucks könnten Dinosaurier sich nur direkt unter der Wasseroberfläche bewegt haben, da ansonsten die Lungen wegen des auf den Körper wirkenden Wasserdrucks nicht expandieren konnten – den Dinosauriern wäre förmlich die Luft ausgegangen. »Hohle« Dinosaurier wären aufgrund des Auftriebs im Wasser auch nicht zu Tauchaktionen fähig gewesen.

Zu groß

Wären diese riesigen Dinosaurier unter heutigen physikalischen und biologischen Verhältnissen überhaupt lebensfähig? Für den Saurierforscher Professor Paul C. Sereno von der *University of Chicago* (»BdW«, 10/1999, S. 58) markierten die Urzeitgiganten mit ihren 50 Metern Länge eindeutig die Obergrenze. Nicht umsonst leben die größten Tiere, die bis zu 30 Meter langen Blauwale, heute im Meer, da der Wasserauftrieb der Schwerkraft entgegenwirkt.
»Die Schwerkraft verbietet, dass es auf der Erde einen King Kong von der Größe eines Hochhauses gibt. Wenn man sich einen Gorilla um das Zehnfache vergrößert vorstellt und die Proportionen beibehält, bedeutet dies, dass alle Abmessungen – Länge, Breite und Höhe – um das Zehnfache wachsen. Das Volumen des Riesen stiege entsprechend mit der dritten Potenz an und würde das Gewicht auf das Tausendfache erhöhen. Die Querschnittsflächen der Knochen, die das Gewicht tragen, würden aber nur quadratisch zunehmen, also um das Hundertfache wachsen. Der Druck würde sich demnach bei einer Verzehnfachung aller Abmessungen ebenfalls verzehnfachen. Das Ergebnis: King Kong könnte nicht zehnmal schneller laufen als sein kleiner Bruder, sondern er würde schon nach dem ersten Schritt zusammenbrechen.« Als diese Zeilen geschrieben wurden (Bührke, 1999), wusste man nichts von dem beschriebenen neuen Fund eines über 50 Meter langen Riesensauriers in Argentinien.
Wenn die langhalsigen Sauropoden dennoch ihre Köpfe hoch in die Kronen der Bäume gereckt hätten, wäre ihr Blutdruck in der Kopfregion drastisch abgesunken. Deshalb hätten diese Urgiganten ein riesiges Herz oder einen zweiten Herzmuskel benötigt, wovon auch

manche Wissenschaftler ausgehen. Denn auch die Durchblutung und die Sauerstoffversorgung stellen bei solch riesigen Tieren – wie zuvor diskutiert – ein ernsthaftes Problem dar. Dieses hätte sich verschärft, falls Dinosaurier in der dünnen Luft größerer Höhenlagen und nicht nur auf Meereshöhe gelebt haben sollten. Nicht umsonst sind die im Vergleich zu Sauropoden relativ kleinen Elefanten heutzutage unsere größten Landbewohner. Größere Tiere wären unter heutigen Umständen wahrscheinlich gar nicht lebensfähig. War früher alles anders?

Krokodile überlebten

Den Tod der Dinosaurier kann der Einschlag eines Meteoriten eingeleitet haben. Rund um den die Erde ausgelöste Vulkanausbrüche verdunkelten die Atmosphäre für viele Monate (ausführlich in »Darwins Irrtum«, S. 207 ff.). Den Pflanzen fehlte das Licht zum Wachsen. Für Vögel stellte das kein Problem dar. Sie lebten von Samenkörnern, Insekten oder Würmern, die in absterbenden Pflanzen besonders gut gedeihen. Dieses apokalyptische Szenario bedeutete aber das Ende der pflanzenfressenden und mit ihnen das der fleischfressenden Dinosaurier, da sich diese von den vegetarischen Sauriern ernährten. Mit monatelang andauernden Nacht war keine Versorgung mit Grünfutter möglich, die Gärkammern der Sauropoden bekamen keinen Nachschub für die Mikroben – die Tiere verhungerten.
Eine viel diskutierte Frage ist: Warum überlebten einige Arten der Krokodile im Gegensatz zu den Dinosauriern bis zum heutigen Tag? Neue Untersuchungen haben ergeben, dass Krokodile mehrere Monate lang ohne Nahrung auskommen, und außerdem erfolgt die Verdauung, beispielsweise eines Kaninchens, sehr langsam über bis zu mehrere Wochen hinweg. Krokodile konnten daher eher einige Monate Dunkelheit überstehen und fanden vielleicht verendende Dinosaurier als Futterquelle. Außerdem werden die großen Dinosaurier den einem großen Meteoriteneinschlag folgenden Tempera-

tursturz auf weit unter den Gefrierpunkte (nach O. B. Toon, 1984) kaum überstanden haben. Falls doch, ist es fraglich, ob sie das dann einsetzende Treibhausklima ertragen hätten. Denn aus den oft aus Kalkstein bestehenden Meeressedimenten waren große Mengen von Kohlendioxid in die Atmosphäre gelangt, die zu einer für die Dinosaurier ungewohnten und für sie nicht zu ertragenden Hitzeentwicklung (Treibhauseffekt) geführt hatten.

Warum findet man von Dinosauriern fast nur Knochen, seltener fast komplette Skelette und so gut wie kein biologisches Gewebe? Besaßen pflanzenfressende Dinosaurier große Gärkammern zur Verdauung und damit große Hohlräume im Körper, wird dieser Umstand verständlich. Vielleicht platzten diese Tiere auch, durch von Meteoriteneinschlägen erzeugten Druckwellen. Andere wurden als Bewohner von Sümpfen oder Flachmeeren mit der Erdkatastrophe zusammengeschwemmt – insbesondere ein für im Wasser lebende Tiere verständliches Szenario –, wodurch auch die häufig anzutreffenden Massengräber mit einem Wirrwarr an Knochen einfach zu erklären wären.

Eine Hinweistafel im *Naturmuseum Senckenberg* (Frankfurt) erklärt, dass beispielsweise für *alle* Grabungsstellen an der bekannten Fossilienstätte am Tendaguru-Berg in Tansania (Afrika) gilt, dass die dort gefundenen Tiere nicht dort gelebt haben, wo die Knochenfunde gemacht wurden. Die Kadaver scheinen vielmehr am Ort der Ablagerung durch Wasserfluten und Überschwemmungen angelandet und im Schlamm eingebettet worden zu sein. Daher wurden auch die Skelette selten im natürlichen Verband angetroffen, vielmehr meist wirr gelagert. Allerdings fand dieses Ereignis wesentlich vor dem Dinosaurier-Impakt am Ende der Kreidezeit statt.

Der seltene Fund eines Teil des Körpers eines Entenschnabelsauriers ist im *American Museum of Natural History* in New York zu sehen. Es ist das am besten erhaltene Relikt eines Dinosauriers – wenig beachtet von den Besuchern. Durchaus könnte sich im fehlenden Teil des Kadavers eine Gärkammer befunden haben (siehe Fotos 2 und 36).

Besaßen Sauropoden, aber vielleicht auch viele andere pflanzenfressende Saurier, Gärkammern, dann sollte auch ein stabilisierendes, diesen Hohlraum umspannendes Knochengerüst vorhanden gewesen sein. Schwimmsaurier, wie Plesiosaurus, weisen Knochenplatten mit Bauchrippen am Unterbauch auf, die dem Rumpf zusätzliche Stabilität verliehen. Auch bei Dinosauriern sind in Einzelfällen Bauchrippen rekonstruiert worden, die den Bauch – oder die Gärkammer – umschlossen hatten.

Mit Bauchrippen rekonstruierte Dinosaurier erhalten ein plumperes Aussehen, da diese bei bisherigen Rekonstruktionen kaum berücksichtigt wurden. Der Grund liegt darin, dass diese Bauchrippen fossil selten erhalten blieben. Aktuelle Modelle von »Raubsauriern« wie Allosaurus und Tyrannosaurus besitzen deshalb einen sich von den Hinterbeinen zum Hals hin stark verjüngenden Körper. Ein mit Bauchrippen rekonstruierter Allosaurus (siehe Foto 2) erhält eine ganz andere Körperform, mehr tonnen- und nicht keilförmig. Vielleicht war sogar der Hals wesentlich dicker, als bisher angenommen, worauf die langen, bisher flach nach hinten rekonstruierten Knochenanhänge hindeuten könnten. Auf jeden Fall war der Körper von Allosaurus massiger als bisher angenommen. War ein derart plumpes Tier überhaupt ein aktiver »Raubsaurier«? Da Allosaurus auch aus anderen Überlegungen heraus (siehe Kapitel »Aasfresser Tyrannosaurus Rex«, S. 88) wahrscheinlich nicht aktiv jagen konnte, erscheint nicht nur dieser Theropode als langsamer, vielleicht durch die Landschaft schwankender, gigantischer Aasfresser.

Tyrannosaurus Rex wurde bisher nicht wie Allosaurus mit Bauchrippen rekonstruiert. Die Arme dieses Tieres sind normalerweise kurz unter der Wirbelsäule auf den Rippen montiert, da man ansonsten keinen skelettmäßigen Ansatz- bzw. Verankerungspunkt punkt besitzt. Wahrscheinlich wurden die fehlenden Skelettteile (Bauchrippen) bisher nur noch nicht gefunden oder als solche erkannt. Funktionsfähige Arme sollten über eine kraftschlüssige Verbindungskonstruktion zum Gelenk besitzen. Im Vergleich mit Allosaurus (Foto 2) ergibt sich für Tyrannosaurus Rex ein ganz anderes, ungewohntes Aussehen und auch die Arme müssen tiefer – unter dem Körper – sitzend rekonstruiert werden (Fotos 3 und 4).

Berücksichtigt man eine Lage der Afterknolle vor und nicht hinter dem Sitzbein (siehe Abb. 17, 18 und Foto 10), geht die Körperform auch bei Allosaurus und Tyrannosaurus fließend vom Bauch – in die Schwanzregion über – analog dem Aussehen von Corythosaurus (Abb. 18). Der blutrünstige, flinke Räuber Tyrannosaurus Rex wird so zu einem eher phlegmatischen Aasfresser mit einem riesigen Körper, der eher einer Schwimmboje ähnelt. Er konnte dann auch höchstens kurze Entfernungen wirklich rennen – mit waagerechter Haltung der Wirbelsäule, mühevoll das Gleichgewicht haltend.

Waffe oder Wärmetauscher?

Gewaltige spitze Hörner auf den Schädeln von Horndinosauriern und andere Körpermerkmale wie die Knochenplatten bei gepanzerten Dinosauriern (Stegosauria) scheinen eindrucksvolle Verteidigungswaffen gewesen zu sein. Nach den bisherigen Überlegungen erscheint es allerdings fraglich, ob diese überhaupt für einen Kampf benötigt wurden, da die bisher als berüchtigte »Raubsaurier« dargestellte Theropoden eher unbeholfene Aasfresser gewesen zu sein scheinen. Wozu wurden dann aber Hörner, Halskrause, Knochenplatten oder Rückensegel (Spinosaurus) benötigt? Man glaubt heute eher, dass es sich um Wärmetauscher zur Regulierung der Körpertemperatur handelte (siehe »Warm- oder kaltblütige Dinosaurier«, S. 23 und Foto 7).
Horndinosaurier waren wahrscheinlich nicht in der Lage, irgendwelche Kämpfe auszutragen, denn die Hörner konnten nicht als Waffe eingesetzt werden. Der Grund liegt in der Art der Verankerung des Schädels im Skelett, denn dieser war scheinbar nur über ein grazil wirkendes Kugelgelenk am Ende der Halswirbelsäule mit der Halswirbelsäule verbunden (siehe Foto 7). Es erscheint schon fraglich, wie das Gewicht des großen Schädels überhaupt getragen werden konnte, geschweige denn, wie die bei heftigen Kämpfen auftretenden großen Kräfte vom Schädel auf den Körper bis in die Beine abgeleitet werden konnten. Auf jeden Fall sind die bisher bekannten

Kugelgelenke für derartige Aktionen zu schwach konstruiert. Anderseits war der Schädel offenbar äußerst beweglich.

Deutet der bewegliche, aber statisch kaum verankerte Schädel nur auf einen »leichten« Schädel oder auch auf eine andere, zusätzliche Gewichtsreduzierung hin, beispielsweise durch den Auftrieb, falls Horndinosaurier im Wasser lebten? Für einen »schwimmenden« Schädel wäre eine große Beweglichkeit des Schädels von größerem Vorteil gewesen als für einen an Land lebenden pflanzenfressenden Dinosaurier.

Daunen und Federn

Die Rekonstruktion von Dinosauriern anhand heute lebender Tiere (Aktualismus), einschließlich heute zu beobachtender biologischer und anatomischer Prinzipien, kann, muss aber nicht mit der Wirklichkeit übersteinstimmende Resultate für die Tiere der Urzeit ergeben, insbesondere nicht für die Giganten der Urzeit, die aktuellen Gesetzmäßigkeiten kaum zu gehorchen scheinen. Das Bild von den Dinosauriern wandelte sich im Laufe der Jahrzehnte vom Sumpfbewohner über ein amphibisch lebendes Tier bis hin zur heutigen Vorstellung von riesigen Landbewohnern, die unter den aktuellen Bedingungen allerdings kaum lebensfähig wären. Da mehr Fakten und Überlegungen jedoch dagegen als dafür sprechen, werden zukünftige Lexika vielleicht wieder ein ganz anderes Bild – auch Umrissbild – von Dinosauriern zeichnen, mit anderen mehr tonnenförmigen Körperformen und als im Wasser oder amphibisch lebende Tiere, teilweise auch als eine Art riesige Ente (Ornithomimide) mit Federn. Besaßen theropode Dinosaurier Federn? Diese derzeit als Spekulation erscheinende Betrachtung könnte an Bedeutung gewinnen, falls sich Funde von Theropoden mit Federn häufen.

Der zu den Ornithomimiden (Vogelimitierern) gehörende kreidezeitliche Gallimimus fraß möglicherweise wie eine Ente. Dieses zwei Meter hohe und viereinhalb Meter lange Tier war ein entfernter Verwandter von Tyrannosaurus und benutzte zum Fressen wahrscheinlich die gleiche Technik wie Enten. Er legte offenbar wenig Wert auf fleischige Beute, sondern nutzte womöglich seinen schnabelartigen Kiefer, um nach Algen und kleinen Wirbellosen in seiner feuchten Heimat zu gründeln, und filterte mit siebähnlichen Strukturen in seinem Schnabel Nahrung aus dem Wasser – ganz so, wie es Enten heutzutage tun. Dies ist der Schluss, den Wissenschaftler vom *American Museum of Natural History* in New York aus einem gut erhaltenen Fund von Gallimimus in der Mongolei ziehen (»Nature«, Bd. 412, S. 873–874). Schwammen und lebten Ornithomimiden wie Enten?

Jüngst wurden fossile Reste eines Dromaeosaurus mit Federn gefunden, die so einzigartig gut erhalten sind, dass sie selbst feinste Strukturen erkennen lassen. Dieser Raubsaurier konnte allerdings nicht fliegen. Doch dazu waren die Federn auch nicht gedacht, vielmehr war dem – warmblütigen? – Tier einfach nur kalt. Ji Qiang von der *Chinese Academy of Geological Sciences* und Mark Norell vom *American Museum of Natural History* stellten den ersten, überaus bemerkenswerten Fund eines vollständigen Theropoden vor, zu denen auch Tyrannosaurus Rex zählt, der von Kopf bis Fuß gefiedert ist. Für Norell glich dieser Dromaeosaurus einer Ente mit langem Schwanz und einem zu groß geratenem Kopf. Letzteres könne ein Hinweis darauf sein, dass es sich um die Überreste eines Jungtiers handelt. Kopf und Schwanz waren von daunenartigen Federn, der Körper mit Büschel von primitiven Federn besetzt. An den Armen finden sich gar Strukturen, die den feinen Widerhaken moderner Vogelfedern gleichen. Norell meint, dass dieses Fossil unsere bisherigen Vorstellungen in radikaler Weise verändert (SpW, 29. 4. 2001 nach »Nature« 410/2001, S. 1084–1088).

Vielleicht muss man eine generelle Sicht der Dinosaurier auch neu ordnen, denn die Anforderungen an den Stoffwechsel eines riesigen Sauropoden unterscheiden sich völlig von denen eines kleinen Fleischfressers (Karnivoren). Eine *einheitliche* Argumentation könnte schon ansatzweise verkehrt sein. Die Debatte, ob Dinosaurier warm- oder kaltblütig waren, beeinflusst entscheidend unser Verständnis und die Rekonstruktionen von diesen Tieren. Da alle

Reptilien Kaltblüter, Vögel jedoch Warmblüter waren, gehen Wissenschaftler heute davon aus, dass Dinosaurier vermutlich weder als Kalt- noch Warmblüter existierten, sondern über verschiedene Entwicklungsstufen ihre Körpertemperatur regulierende Stoffwechselmechanismen verfügten, die bei heutigen Tieren nicht mehr existieren. Man vermutet ein in vier Kammern unterteiltes Herz, das einen effizienten Blutkreislauf und einen äußerst aktiven Stoffwechsel gewährleistete. Funde, die diese Sichtweise bestätigen könnten gibt es allerdings nicht und heutzutage gibt es auch kein Tier, das nur ansatzweise als Vorzeigemodell herhalten könnte. Aus diesen Gründen wird sich das Bild von den Dinosauriern auch in Zukunft noch gewaltig ändern.

Normale anormale Funde

Weltweit werden versteinerte Spuren (Trittsiegel) von Dinosauriern gefunden, manchmal Hunderte oder Tausende in einer einzigen zusammenhängenden Felsplatte. In Nordspanien haben Wissenschaftler Tausende von 115 Ma alten Dinosaurier-Fußspuren entdeckt. Die Abdrücke auf einem felsigen Abhang in der Region La Rioja sind jeweils bis zu 35 Zentimeter lang und weisen drei Zehen auf. Sie seien bislang von Gras und Büschen verdeckt gewesen, liegen also direkt am der felsigen Erdoberfläche. Die Trockenheit der vergangenen Monate habe sie zum Vorschein gebracht. An der Fundstelle habe sich zu Lebzeiten der Dinosaurier das Ufer eines Sees oder eines Flusses befunden.
Im westaustralischen Kimberley-Gebiet befindet sich ein 80 Kilometer langer Pfad mit Trittsiegeln unterschiedlicher Dinosaurierarten, erhalten über zig Millionen von Jahren. Nicht nur im Westen Nordamerikas stolpert man förmlich über Trittsiegel an oder kurz unter der Erdoberfläche, wie in der Nähe von Tuba City in Arizona, Clayton in New Mexico oder im Flussbett des Paluxy River in Texas. Warum versteinern solche Spuren heutzutage nicht mehr in Kalk- oder Sandstein? Zum Zeitpunkt der Erzeugung dieser Spuren

muss der heutzutage mehr oder minder feste Fels weich, quasi Schlamm gewesen sein, bevor er mit der darin befindlichen Spur erhärtete. Bleibt Schlamm mit entsprechenden Spuren heutzutage lange genug erhalten, bis er versteinern könnte?
Wie entstehen überhaupt Fossilien als versteinertes biologisches Gewebe? Manchmal sind die Tiere komplett mit »Haut und Haar«, sogar mit ihren Augen (siehe Fotos in »Irrtümer der Erdgeschichte«) versteinert. Heute kann keine Versteinerung von biologischem Gewebe beobachtet werden, da es vorher relativ schnell verrottet, auch mehrere hundert Meter unter der Erdoberfläche. Zur Versteinerung von organischen Weichteilen an der Erdoberfläche wäre absoluter *Luftabschluss* notwendig, damit nichts oder wenig verrottet. Diese Voraussetzung ist aber nur im Ausnahmefall gegeben. Die Entstehung von Fossilien scheint dagegen der »Normalfall« unabhängig von einem bestimmten Fundort *zu bestimmten Zeiten* gewesen zu sein, obwohl man nur in sieben Prozent der Sedimente Fossilien findet, die meistens nur schlecht erhalten sind.
Es reicht für einen Versteinerungsprozess nicht aus, wenn man sich einen mit einer – vielleicht auch mehreren Meter dicken – Sandschicht zugedeckten Kadaver vorstellt, der anschließend langsam versteinert, indem Mineralien die Luftporen des Skeletts ersetzen. Auch mehrere hundert Meter tief unter der Erdoberfläche ist im Normalfall kein absoluter Luftabschluss gegeben. Deshalb verrotten auch Menschen, wenn sie regulär in Särgen im Erdreich vergraben werden. Auf diese Art bestattete Menschen überdauern kaum einige Jahrzehntausende, geschweige denn zig Millionen Jahre. Dieser Feststellung widersprechen auch nicht die oft gut erhalten – nicht versteinerten – Mumien in trockenen Gegenden wie Ägypten oder der Hochebene Südamerikas.
Warum gibt es so viele Funde von Dinosauriern und so wenige von Menschen? Warum findet man Dinosaurier-Skelette ganz einfach beim Spazieren gehen, wie oft berichtet wird? Relikte von Dinosauriern müssten sich eigentlich tief in der Erdkruste befinden, da nach dem Aussterben dieser Urgiganten viele geologische Schichten als Beweis für vergangene Zeitalter (Tertiär und Quartär) entstanden

sein sollen. Wissenschaftler glauben, dass sich die geologischen Schichten des Erdmittelalters mit darin enthaltenen Dinosaurier-Fossilien durch geologische Prozesse über die Millionen Jahre hinweg bis an die Erdoberfläche gewandert sind bzw. durch Erosionen im Laufe der Jahrmillionen wieder freigelegt wurden (siehe Abb. 5, S. 50). Immerhin müssten vielleicht mehrere Hundert Meter oder mehr mächtige geologische Schichten (Erdschichten) über den Schichten des Erdmittelalters der Kreide, des Jura und der Triaszeit lagern. Weltweit liegen Dinosaurier-Fossilien, aber auch die versteinerten Spuren in der Nähe oder sogar an und auf der Erdoberfläche – auf fast allen Kontinenten.

Man findet anderseits versteinerte Eier von Dinosauriern, nicht nur auf der ganzen Welt, sondern auch zu Hunderten an bestimmten Orten, quasi auf allen Kontinenten. Am Fuße der spanischen Pyrenäen, in der Gegend der kleinen Stadt Tremp, lebten vor mehr als 65 Ma in der späten Kreidezeit Dinosaurier. Das Besondere an den zahlreichen Fossilienfunden ist, dass es sich bei ihnen um Eier und Gelege handelt. Es gibt dort hundert solcher Stellen, an denen die Versteinerungen von bis zu 300 000 (!) Eiern gefunden wurden.

Röntgenaufnahmen von Dinosaurier-Eiern zeigen immer öfter vollständige Embryonen im Inneren der vollständig konservierten Eier, vollkommen erhalten und unverwest. Wie lange bleiben Eier unverfault in der Natur liegen, ohne zu verfaulen? Man fand in China einen Oviraptor, der anscheinend beim Brüten auf dem Nest versteinerte (siehe Fotos 37 und 38)? Die Vermutung wurde bekräftigt, da man ein Ei fand, dass einen ungeborenen Oviraptor enthielt.

Auf der ganzen Erde findet man Dinosaurier-Skelette an oder kurz unter der Erdoberfläche. Im Westen Nordamerikas können mit etwas Glück Dinosaurierknochen ganz einfach von der Erdoberfläche gesammelt werden, ebenso wie in der Wüste Gobi oder Sahara, aber auch in Peru. Bei Ausgrabungen muss man manchmal nur wenige Zentimeter tief graben, um riesige Knochen freizulegen, oder die fossilen Überreste sind in massiven Gestein eingeschweißt. Wie kommen sie da hinein? Der Fels war zum Sterbezeitpunkt des Sauriers weich, war beispielsweise in ehemals weicher Form Teil einer

Abb. 21: Oberflächenfunde. *Ein riesiges Dinosaurier-Skelett liegt direkt an der Erdoberfläche in der Sandwüste (Niger, Afrika).*

Schlammflut, die über das Land hinwegfegte und Saurier in Massengräbern vergrub. Die urzeitlichen Schlammfluten erhärteten dann mit den darin eingeschlossenen Relikten der Dinosaurier – manchmal entstanden so mit fossilen Relikten durchsetze Massengräber mit einem Knochenwirrwarr.
Die Wüsten, in denen heutzutage vornehmlich Dinosaurier gefunden wurden, waren im Erdmittelalter eher blühende Landschaften oder auch Meeresgebiete, die erst durch die apokalyptische Erdkatastrophe am Ende der Kreidezeit in wüstenartige Landschaften umgeformt wurden. Denn die unzähligen Dinosaurier hätten als Bewohner ehemaliger Sand- und Schuttwüsten sicher nicht genug zu fressen vorgefunden (ausführlich in »Irrtümer der Erdgeschichte«). Beispielsweise weiß man heute nach Computersimulationen, erstellt mit dem Computermodell »CLIMBER« (CLIMate and BiospERe), dass die Sahara erst seit wenigen Tausend Jahren eine Wüste ist, entstanden wahrscheinlich durch Schwankungen der Erdachse (BdW, 12. 7. 1999 und 16. 9. 1999). Die Funde von aus dem Sand

herausschauenden Dinosaurier-Skeletten (Abb. 21) ließ Forscher in der Vergangenheit das Bild von in wüstenartigen Landschaften beheimateten Dinosauriern skizzieren, da man nicht an kurzzeitige Umgestaltungen ganzer Landschaften glauben konnte. Aber auch die Wüste Gobi wird wie die Sahara relativ jung sein und nicht aus der Dinosaurier-Ära stammen. Die Wüste Gobi sollte aus denselben Gründen wie die Sahara schnell und zeitgleich entstanden sein.

Dinosaurier und weiche Kohle

Bereits 1924 fand man in der Mine »Castle Gate« (Utah) den Abdruck eines dreizehigen Dinosauriers in einer Kohlenmine. Frühere Funde waren sicher als solche gar nicht erkannt worden. Inzwischen wurden Hunderte von ähnlichen Spuren in Utah und Colorado gefunden, die manchmal aus mehreren kompletten Pfaden, ganzen Feldern mit unzähligen Trittsiegeln bestehen. Alle Abdrücke haben gemeinsam, dass sie jeweils an der *Decke der Flöze* gefunden werden. Außerdem sind sie oft mit Sand- oder Kalkstein verunreinigt. Bezeugen die in der Kohle gut erhaltenen Abdrücke, dass die »Erhärtung« (Inkohlungsprozess) schnell und nicht über sehr lange Zeiträume vonstatten ging, denn Tausende oder sogar Millionen von Jahren wären die Abdrücke in weichem Material nicht erhalten geblieben.

Eine andere interessante Frage ist, wie die Trittsiegel an die Decken der Kohleflöze kommen? Die Dinosaurier müssen durch ein verschlammtes Gelände bzw. einem Sumpf gelaufen sein, sanken bis zur darunter liegenden Kohleschicht ein und hinterließen ihre Abdrücke in der obersten Schicht des Kohlevorkommens, dem damaligen See- bzw. Sumpfboden. Die heutige Kohle muss zu diesem Zeitpunkt *weich* gewesen sein, bevor sie erhärtete.

Durch die oft auch in Museen im Westen Nordamerikas zu besichtigenden kohlehaltigen Trittsiegel von Dinosauriern wird dokumentiert, dass die Kohle ursprüngliche eine weiche, homogene Masse war, in der die Dinosaurier einsanken und Spuren hinterließen. Die-

se Tiere scheinen sich in dann auch in Sümpfen bewegt zu haben, ein Hinweis auf sumpfbewohnende, interessanterweise auch drei Zehen besitzende Dinosaurier? Andererseits entstand Steinkohle vornehmlich im Karbonzeitalter, also dem »Kohlezeitalter« im Erdaltertum, bevor es überhaupt die ersten Dinosaurier gab.
Im Jahre 1878 wurden in einer Kohlenmine (Mons Basin) in Bernissart (Belgien) 30 fossilierten Skelette von Iguanodon gefunden, die im *Royal Belgian Institute of Natural Sciences* in Brüssel ausgestellt sind. Sie wurden zwischen Hunderten von Fischen, einigen Schildkröten, Krokodilen, einem Salamander und einem Insekt gefunden. Man glaubt, dass diese Tiere in einem Sumpf- oder Wasserloch (?) versanken und stehend im Schlamm steckten, bis die Knochen langsam versteinerten.

Kontroverse Funde

In der Zeitschrift »The Geologist« erschien im Dezember 1862 ein interessanter Bericht über den Fund von menschlichen Überresten auf einem Kohleflöz im County Macoupin in Illinois. Die in 28 Meter Tiefe liegenden Knochen waren von einer 60 Zentimeter dicken Schieferschicht bedeckt (Cremo/Thompson, 1997, S. 346). »Die Knochen waren … von einer Kruste aus hartem, glänzendem Material überzogen, das so schwarz war wie die Kohle selbst, die Knochen aber weiß und in natürlichem Erhaltungszustand beließ, sobald es abgekratzt wurde.« Die in Mitte des 19. Jahrhunderts abgebaute Kohle im Macoupin County ist aber 286 bis 320 Ma alt.
Der Leiter der geologischen Abteilung am Berea College in Berea (Kentucky), Professor W. G. Burroughs, schrieb in »The Berea Alumnus« (November 1938, S. 46 f.) von »Geschöpfen, die zu Beginn des oberen Kohlezeitalters auf ihren zwei Hinterbeinen gingen, mit Füßen, die menschlichen ähnlich waren, und auf einem Sandstrand im Rockcastle County, Kentucky, Spuren hinterlassen haben. Es war die Zeit der Amphibien, in der die Tiere sich auf vier Beinen vorwärts bewegten …

TEIL II

Lexikon und A–Z der Dinosaurier

6 Dinosaurier-Lexikon

In diesem Lexikon werden einige bekanntere Dinosaurierarten ausführlicher vorgestellt. Ungeklärte Fragen und neue Gedankenmodelle sind durch ein Fragezeichen-Symbol gekennzeichnet. Zu Einstufung im Dinosaurier-Stammbuch (siehe Kapitel 7: A–Z der Dinosaurier*) werden Kennziffern angegeben, die einen schnellen Überblick über den Verwandtschaftsgrad (Systematik) und die zeitliche Entwicklung ermöglichen.*

Erläuterungen

Nach dem Namen der Dinosaurierart wird der Wissenschaftler genannt, der die wissenschaftliche Beschreibung veröffentlichte, dazu das Erscheinungsjahr dieser Veröffentlichung – nicht gleichbedeutend mit dem Jahr der Entdeckung.

Abkürzungen und Zeichen

n.d. zweifelhafter Name (nomen dubium).
n.n. nicht veröffentlichter Name, ohne genaue wissenschaftliche Beschreibung.
Ma Millionen Jahre.
~ Hinweis für Fundorte gleicher Dinosaurier auf mehreren Kontinenten.
{40} Hinweis auf *Systematik* mit Gliederungszahl zur Einstufung in den Stammbaum (siehe Abb. 79 und 80, S. 186 und 187) sowie zeitlichen Entwicklung (siehe Abb. 81 und 82, S. 188 und 189).

Allosaurus

Veröffentlichung: Marsh (Foto 26), 1877.
Länge: bis zu 12 m. *Gewicht:* bis zu 2 t. *Nahrung:* Fleisch, Aas?
Zeitliche Verbreitung: Oberjura bis Unterkreide, vor 156–140 Ma.
Geographische Verbreitung: USA (Colorado, Utah, Wyoming, Montana, New Mexico) ~ Portugal ~ Tansania ~ Australien.
Systematik: siehe Stammbaum {48} Allosauridae (Abb. 80, S. 187).

Der riesenhafte Allosaurus (»andere Echse«) war angeblich der fürchterlichste Räuber des Oberjura und mit einer Gesamthöhe von 4,60 Metern einer der größten fleischfressenden Dinosaurier, bevor die Tyrannosauriden etwa 50 Ma später auftraten.
Der Schädel war groß, aber aufgrund mehrerer Öffnungen (»Schädelfenster«) nicht sehr schwer. Durchzogen von Knochenbalken und -verstrebungen war der Schädel in einer Art Leichtbauweise konstruiert. Äußerlich wirkte Allosaurus wie eine vergrößerte Ausgabe von Megalosaurus, unterschied sich jedoch durch einige Merkmale: Über den Augen standen zwei knöcherne Höcker und auf der Mittellinie der Schnauze verlief ein schmaler, knöcherner Grat.
Ein dicker, S-förmiger Hals trug den Kopf, ein langer Schwanz bildete das *Gegengewicht* zum schweren Vorderteil dieses großen Theropoden. Gebogene, spitz zulaufende Krallen bewaffneten die drei Finger der kurzen Arme. Jeder Fuß hatte drei Zehen mit Krallen, der kurze Zeh war leicht nach hinten gedreht. Kontroverse: Körperform (Foto 2).

? Ob Allosaurus allerdings der gefürchtete Räuber war, ist umstritten. Einige Wissenschaftler glauben, er sei zu schwer und zu unbeholfen gewesen, um aktiv zu jagen. Vermutlich hat er sich, wie vielleicht auch Tyrannosaurus, eher von Aas ernährt. Andere glauben, er sei für seine Größe sehr beweglich gewesen und habe in Rudeln Dinosaurier jener Zeit gejagt. Im Westen Amerikas hat man tatsächlich Knochen von Apatosaurus mit Zahnabdrücken gefunden, die von Allosaurus stammen *könnten*. An einem anderen Ort wurden abgebrochene Allosaurus-Zähne in der Nähe von Apatosaurus-Fossilien gefunden. Es ist nicht auszuschließen, dass Allosaurus nicht von ihm getötete Dinosaurier fraß, sondern solche, die bereits tot waren. War Allosaurus gar kein blutrünstiger Raubsaurier, sondern nur ein Aasfresser (siehe S. 88)?

Anchisaurus

Veröffentlichung: Marsh (Foto 26), 1885.
Länge: bis zu 2,4 m. *Gewicht:* bis zu 27 kg. *Nahrung:* Pflanzen.
Zeitliche Verbreitung: Unterjura, vor 194 Ma.
Geographische Verbreitung: USA (Connecticut, Massachusetts) – Südafrika.
Systematik: siehe Stammbaum {30} Anchisauridae (Abb. 80, S. 187).

Anchisaurus (»nahezu Echse«) war der erste Dinosaurier, der in Nordamerika gefunden wurde. Er war etwas größer als ein Mensch und gehörte zu den kleinsten und primitivsten aller Prosauropoden (frühe Echsenfuß-Dinosaurier). Der Kopf war klein, der Hals lang und beweglich, der Rumpf schmal und der Schwanz lang. Die Arme waren etwa um ein Drittel kürzer als die Beine. Er besaß schlanke Füße mit vier Zehen und Hände mit fünf Fingern, wobei die äußeren relativ kurz waren. Der »Daumen« trug eine Kralle, mit der die Tiere vielleicht Pflanzen ausgruben, Zweige von jungen Bäumen griffen und/oder sich verteidigten. Die runden, stumpfen Zähne wiesen darauf hin, dass Anchisaurus Pflanzen fraß.
Pflanzenfresser brauchen ein umfangreicheres Verdauungssystem als Fleischfresser, denn festes Pflanzenmaterial ist schwerer zu verdauen als Fleisch. Im lang gestreckten Körper von Anchisaurus könnte ein großer Magen sowie ein langer Darm Platz gefunden haben. Ein zweibeiniges Tier hätte bei solchen Eingeweidemassen kaum das *Gleichgewicht* halten können. Manche Wissenschaftler meinen daher, Anchisaurus und seine Verwandten hätten überwiegend auf allen vieren gestanden und sich nur kurze Zeit aufgerichtet.

Aufgrund erhaltenen gebliebener versteinerter Fußspuren wissen wir, dass Anchisaurus mit harmlosen frühen Ornithischiern (Vogelbecken-Dinosaurier) und räuberischen Theropoden (Raubtierfuß-Dinosaurier) gemeinsam lebte.

Das Auftreten von Anchisaurus in weit voneinander entfernten Teilen der Welt – Ostküste Nordamerikas und Südafrika – ist ein Beweis für die Theorie, dass zu Lebzeiten dieser Tiere im Unterjura vor ungefähr knapp 200 Millionen Jahren alle Kontinente miteinander verbunden waren und zusammen den Urkontinent Pangaea bildeten (siehe Kapitel 4).

Apatosaurus (= Brontosaurus)

Veröffentlichung: Marsh (Foto 26), 1877.
Länge: 21–26 m. *Gewicht:* 30–35 t. *Nahrung:* Pflanzen.
Zeitliche Verbreitung: Oberjura, vor 156–144 Ma.
Geographische Verbreitung: USA (Colorado, Oklahoma, Wyoming, Utah).
Systematik: siehe Stammbaum {37} Diplodocidae (Abb. 80, S. 187).

Der riesenhafte Apatosaurus (»Trugechse«) gehört zu den bekanntesten Sauropoden. Er war früher unter dem Namen Brontosaurus (»Donnerechse«) bekannt. Brontosaurus erwies sich aber als Synonym, als doppelte Benennung. Den wissenschaftlichen Regeln zufolge gilt immer nur der erste gültig veröffentlichte Name. Bis zum Jahre 1975 war der Schädel von Apatosaurus unbekannt, obwohl das übrige Skelett schon hundert Jahre zuvor vorhanden war. Deshalb wurden *Brontosaurier* seit ihrer Entdeckung 1877 fast hundert Jahre lang weltweit in den Museen mit falschem Kopf – von Camarasaurus – aufgebaut, und so ist sein Name »Trugechse« berechtigt. Auch andere Sauropoden, wie der Titanosaurier, werden oft nur kopflos gefunden.

Apatosaurus war fester gebaut, aber eine etwas kürzere Version des nahe verwandten Diplodocus. Der Körper ruhte auf vier mächtigen säulenartigen Beinen, und jeder Fuß besaß fünf Zehen – die Vorderbeine trugen eine Kralle am »Daumen«, während die Hinterbeine drei Krallen aufwiesen. Apatosaurus hatte einen *längeren* Schwanz als Diplodocus. Der peitschenähnliche Schwanz bestand aus 82 gelenkig miteinander verbundenen Wirbeln gegenüber 73 bei Diplodocus. *Vielleicht* konnten sich Apatosaurus und Diplodocus mithilfe ihres peitschenartigen Schwanzes verteidigen.
Wissenswert: Die Wirbel vieler Sauropoden waren hohl und deshalb leicht. Das Innere vieler ihrer Knochen besaß eine gewichtsreduzierende wabenförmige Struktur, nur aus Balken und Streben bestehend. Das galt besonders für die Wirbelsäule.

Archaeopteryx

Veröffentlichung: Meyer, 1861.
Länge: bis zu 60 cm. *Gewicht:* bis zu 500 g. *Nahrung:* Insekten, Kleingetier.
Zeitliche Verbreitung: Oberjura, vor 156–150 Ma.
Geographische Verbreitung: Süddeutschland.
Systematik: siehe Stammbaum {57} Archaeopteryx (Abb. 80, S. 187).
Der erstmals 1861 gefundene Archaeopteryx soll ein »Missing Link« sein, ein Bindeglied zwischen Reptilien und Vögeln. Er verkörpert eines der wichtigsten Beweisstücke für die Evolutionstheorie. Neuerdings fand man allerdings einen nicht flugfähigen Urvogel (Longisquama insignis), der 70 Ma älter als der bisher als Vorfahre der Vögel propagierte Archaeopteryx ist. Unter diesen Umständen können Dinosaurier nicht die Stammväter der Vögel sein, da sie Zeitgenossen des Urvogels waren. Zudem mehren sich unterschiedliche wissenschaftliche Untersuchungen, die

nachweisen, dass Vögel nicht von kleinen fleischfressenden Dinosauriern (Theropoden) wie Deinonychus oder Ornitholestes abstammen (siehe S. 18f.).

Archaeopteryx lebte während des Oberjura an den Gestaden eines Meeres in Deutschland. Das erste Exemplar wurde 1861 in Kalksteinbrüchen nahe der Stadt Solnhofen in Süddeutschland entdeckt. Insgesamt kennt man sieben Exemplare, wovon fünf fast vollständig sind.

Die Sedimente, in denen man Archaeopteryx fand, waren so feinkörnig, dass rund um das Skelett Abdrücke der Federn erhalten blieben. Es besteht eine große Ähnlichkeit zwischen den Abdrücken der Federn von Archaeopteryx und den Federn heutiger Vögel.

Einige Wissenschaftler sind deshalb der Meinung, dass er nicht nur durch passiven Gleitflug von Baum zu Baum glitt, sondern mit Flügelschlag durch aktiven Ruderflug flog. Für diese Vermutung spricht ein ungewöhnliches Merkmal: das vogelartige Brustbein. Jedoch dürfte hierfür die Muskulatur von Archaeopteryx nicht kraftvoll genug gewesen sein.

Es herrscht heute die Ansicht vor, dass Archaeopteryx vorwiegend in Bäumen lebte, Insekten fraß und im Ruder- und Gleitflug von Baum zu Baum segelte. Landete er auf dem Boden, kletterte er dann mit seinen scharfen, bekrallten Fingern wieder die Bäume hoch.

Archaeopteryx besaß einige Merkmale (u. a. Reptiliencharakteristika), die bei späteren Vögeln nicht zu verzeichnen sind. So trug er beispielsweise kleine, scharfe Zähne in seinen Kiefern. Spätere Vögel besitzen nur einen zahnlosen Hornschnabel. An den Vordergliedmaßen befanden sich noch drei Finger mit Krallen, wobei jeder Finger deutlich vom nächsten getrennt war – im Gegensatz zu den Knochenverschmelzungen bei modernen Vögeln. Anders als heutige Vögel besaß Archaeopteryx einen knöchernen Schwanz, der aus 21 Wirbeln zusammengesetzt war und an beiden Seiten noch eine Reihe langer Federn trug.

? Ob Dinosaurier warm- oder kaltblütig (siehe S. 23) waren, ist nicht geklärt. Vögel sind wie die Säuger allerdings warmblütig. Die körpereigene Temperatur ist bei diesen Tieren nicht von der Temperatur der Umwelt abhängig und eine erforderliche Wärmeisolation wird bei den Vögeln durch weiche Daunenfedern besorgt, die unter den größeren Konturfedern liegen.

Interessanterweise gleichen sich die Skelette von Archaeopteryx und Compsognathus, der manchmal auch mit Federn dargestellt wird. Von einigen Wissenschaftlern wird vermutet, dass auch andere Dinosaurier Federn trugen (siehe »Daunen und Federn«, S. 113).

Argentinosaurus

Veröffentlichung: Bonaparte/Coria, 1993.
Länge: 35–58? Meter. *Gewicht:* 80?–100? Tonnen. *Nahrung:* Pflanzen.
Zeitliche Verbreitung: Unterkreide, vor 105 Ma.
Geographische Verbreitung: Argentinien.
Systematik: siehe Stammbaum {40} Titanosauria (Abb. 80, S. 187).

Argentinosaurus, der möglicherweise größte Dinosaurier, wurde neuerdings in Argentinien gefunden. Experten des *Florentino-Ameghino-Museums* berichten unter anderem von einem 120 Zentimeter großen Wirbel und einem zwei Meter langen Oberschenkelknochen, aus denen sich ableiten ließe, dass der Pflanzenfresser bis zu 58 Meter Körperlänge zu bewegen hatte.

Avimimus

Veröffentlichung: Kurzanov, 1981.
Länge: 1 m. *Gewicht:* 15 kg. *Nahrung:* Pflanzen, Fleisch?
Zeitliche Verbreitung: Oberkreide, vor 83 Ma.
Geographische Verbreitung: China, Mongolei.
Systematik: siehe Stammbaum {50} Avimimidae (Abb. 80, S. 187).
Der Avimimus (»Vogelmime«) ist das einzige bisher bekannte Mitglied seiner Familie – eine leichtgewichtige, langbeinige Spezies mit kurzem, tiefhängendem Kopf, zahnlosem Schnabel, einem stark entwickelten Schwanz, kurzen Vorderbeinen und einem langen, gekrümmten Hals. Obwohl man bisher keine fossilierten Federn gefunden hat, geht man davon aus, dass der Körper gefiedert war: ein rauer Grat auf einem Unterarmknochen ähnelt dem Flugfederansatz heutiger Vögel. In dem Bereich, an dem beim Menschen das Handgelenk sitzt, weisen die verbundenen Enden der oberen

13

11, 12 Die Schädelkalotten der so genannten »Dickkopfechsen« (Familie Pachycephalosauridae bestanden aus enorm verstärkten Knochen. Kämpften die Männchen innerhalb kleiner Verbände, wobei sie mit gesenkten Köpfen aufeinander losgingen?

13, 14, 15 Im Nash Dinosaur Land (Connecticut) wurden über 5000 Trittsiegel in mehr als 50 übereinander liegenden, 200 Ma alten Schichten geborgen, die 1933 mit dem abgebildeten Auto (der Autor am Steuerrad) an Kunden ausgeliefert wurden. In dem flächenmäßig kleinen Steinbruch ist auch eine absolute Rarität zu besichtigen: der versteinerte Abdruck eines Schwanzes (Foto 15).

14

15

16

16 Ausgrabungsbeginn im Dinosaur Quarry nahe Kenton (Cimmaron County, Oklahoma) im Jahre 1935 oder 1936.

17

17 Im Jahre 1924 rollte die für 30 Jahre letzte Lieferung fossiler Knochen aus dem Dinosaur National Monument Quarry auf den Campus der University of Utah. Insgesamt waren bis dahin über 350 Tonnen Fossilien abgebaut worden.

18 Barnum Brown (im Hintergrund stehend) und Präparatoren des American Museum of Natural History in New York restaurieren einen Hoplitosaurus aus 20 000 fossilen Einzelstücken.

18

19

19 Rekonstruktionsarbeiten im American Museum of Natural History's Department of Vertebrate Palaeontology, um 1916.

20 *Bei einer Ausgrabung mit dem Autor in der Nähe des Dinosaur National Monument in Colorado wird ein kleineres Massengrab mit einem Wirrwarr an Knochen von Dinosauriern und Krokodilen erschlossen. Der einseitig freigelegte Oberschenkelknochen eines Stegosaurus wird mit Aluminiumfolie umwickelt (großes Foto) und dann mit einer Gipsummantelung geschützt, in die man ein Holzgerüst als Trag- und Transporthilfe eingegipst hat (siehe Inserts oben rechts und links unten).*

21

21 Auf die mit Gips ummantelten Knochen, die sich noch in ihrer originalen Lage befinden, werden an ausgewählten Stellen Markierungen aufgemalt (siehe Insert Foto 21). Die Ergebnisse der Vermessung trägt man dann mit allen Koordinaten in einen Lageplan ein.

22 Der Autor mit einer seltenen Fossilie: einem Stück versteinerter Haut.

22

23

23, 24 In der Oberjurazeit vor 160 bis 140 Ma lag Barkhausen (bei BadEssen, Deutschland) am nördlichen Rand des europäischen Kontinents. Unter subtropischen Bedingungen hinterließen ein Pflanzenfresser und ein Fleischfresser unterschiedliche Spuren im damaligen weichen Schlicksand am Rande des Meeres. Die Trittsiegel im heutzutage festen tonigen Sandstein sehen aus wie frisch hinterlassen. Trockenrisse und Rippelmarken zeugen von einem küstennahen Ablagerungsraum, bevor sich die Gesteinsschichten aufrichteten.

24

25 Ein junger Texaner sitzt in einem großen Sauropoden-Trittsiegel im Flussbett des Paluxy River in der Nähe von Glen Rose (Texas).

25

26 Das Team von Othniel Charles Marsh (Mitte hinten) kämpfte in den »Knochenkriegen« Ende des 19. Jahrhunderts um Dinosaurier-Fossilien. Sein Kontrahent in teilweise handgreiflichen Auseinandersetzungen um Ausgrabungsstätten war Edward Cope. Während dieser Zeit (1877 bis 1895) wurden von den Rivalen viele Dinosaurier-Arten wie Diplodocus, Allosaurus oder Camarasaurus entdeckt.

26

27

27 Lebensgroße Modelle von Pleurocoelus und Acrocanthosaurus stehen im Dinosaur Valley State Park (siehe Insert) in Glen Rose (Texas). Der Fleischfresser wurde entsprechend der früheren Auffassung in aufrechter und nicht waagerechter Haltung aufgebaut. Die Trittsiegel in diesem Gebiet stammen hauptsächlich von diesen Tieren.

28 Ein bunt gestalteter Stegosaurus erwartet die Besucher im Dinosaur National Monument in Utah. Dieses Modell zeigt den Stegosaurier noch als Schwanzschleifer und nicht mit waagerecht gehaltenem Schwanz (siehe Abb. 15 und Foto 31).

28

Handknochen ebenfalls auf eine Unterarmkonstruktion hin, die der von Vögeln ähnelt. Einige Wissenschaftler glauben, dass Avimimus seine »Flügel« falten konnte wie ein Vogel. Die Vorderbeine waren vermutlich jedoch zu kurz, um als Flügel dienen zu können. Im Gegensatz zu heutigen Vögeln besaß der Avimimus einen knöchernen Schwanz.
Vielleicht jagte der Avimimus hinter kleinen Tieren her und schnappte mit dem Schnabel nach ihnen. Es existiert allerdings auch die Vorstellung, dass Avimimus ein Pflanzenfresser war, der seinen Schnabel lediglich zum Abreißen und Fressen von Pflanzen nutzte.

Baptornis

Veröffentlichung: Marsh (Foto 26), 1877.
Länge: 1 m. *Gewicht:* 7 kg. *Nahrung:* Fische.
Zeitliche Verbreitung: Oberkreide, vor 83–80 Ma.
Geographische Verbreitung: USA (Kansas).
Systematik: siehe Stammbaum {58} Ornithurae – Hesperornithiformes (Abb. 80, S. 187).
Baptornis war ein spezialisierter Tauchvogel, mit einem stromlinienförmigen Körper, der im Gegensatz zu heutigen Vögeln kleine, scharfe Zahnreihen auf seinen Kiefern besaß. Mit ihnen hielt er seine Nahrung, die wahrscheinlich aus erbeuteten Fischen bestand, fest. Baptornis hatte einen langen Hals, der sehr beweglich war. Mit seinen riesigen Schwimmfüßen war Baptornis ein beweglicher Unterwasserräuber. Er ist eng mit einem anderen Tauchvogel der Oberkreide in Nordamerika verwandt, dem Hesperornis.

Barosaurus

Veröffentlichung: Marsh (Foto 26), 1890.
Länge: bis zu 20–27 m. *Gewicht:* unbekannt. *Nahrung:* Pflanzen.
Zeitliche Verbreitung: Oberer Jura, vor 156–144 Ma.
Geographische Verbreitung: USA (South, Dakota, Utah) ~ Tansania (Afrika).
Systematik: siehe Stammbaum {37} Diplodocidae (Abb. 80, S. 187).

Der Barosaurus (»schwere Echse«) war ein sehr langer, vierbeiniger Sauropode mit einem kleinen Schädel, eng verwandt mit dem Diplodocus und Apatosaurus. Die Größenverhältnisse von Hals und Schwanz waren unterschiedlich. Der Schwanz des Barosaurus war relativ kurz, der Hals dagegen mit 9 Metern sehr lang. Da dieser Dinosaurier keine Backenzähne zum Kauen besaß, sorgten Gastrolithe (verschluckte »Mahlsteine«) für das Zermahlen der Blätter im Magen.
Der Fund von Barosaurus in Tansania (Afrika) wird nicht von allen Wissenschaftlern Barosaurus zugeordnet – möglicherweise einer anderen verwandten oder neuen Sauropoden-Spezies. Das Verbreitungsgebiet des Barosaurus von den westlichen USA bis nach Afrika bezeugt Landbrücken zwischen den Kontinenten im Jura.

Baryonyx

Veröffentlichung: Charig/Milner, 1987.
Länge: 10,5–12 m. *Gewicht:* 1,5–2 t. *Nahrung:* Fische und Aas.
Zeitliche Verbreitung: Unterkreide, vor 125–118 Ma.
Geographische Verbreitung: Spanien, England ~ Niger.
Systematik: siehe Stammbaum {47} Spinosauridae – Baryonychinae (Abb. 80, S. 187).
Baryonyx (»schwere Kralle«) wurde 1983 in Südengland entdeckt. Er unterscheidet sich in Aussehen und Ernährungsweise von anderen Dinosauriern. Sein wissenschaftlicher Name bezieht sich auf eine riesengroße, gekrümmte, ungefähr 30 Zentimeter lange Kralle. Andere ungewöhnliche Merkmale des

Baryonyx waren seine langen, schmalen, krokodilähnlichen, mit scharfen Zähnen bestückten Kiefer. Sein S-förmig gebogener Hals war länger und gerader als der Hals der meisten großen Theropoden. Die Nasenöffnungen saßen nicht wie bei anderen Theropoden an der Schnauzenspitze, sondern etwa 10 Zentimeter dahinter. Manche der heutigen Krokodilarten wie der Gavial (Südasien) besitzen eine Schädelform wie Baryonyx und fressen Fische. Daraus schließt man, dass sich auch Baryonyx von Fischen ernährte. Zwischen den Rippen eines Baryonyx-Skeletts fand man *Nahrung*sreste wie Schuppen oder Fischzähne. Einige Merkmale von Hand und Schädel lassen andererseits auf einen Aasfresser schließen. Auch kann der Baryonyx auf alle vieren im seichten Wasser gehockt haben, den langen Hals gerade über der Wasseroberfläche, um vorbeischwimmende Fische mit dem Maul zu erschnappen.
Der Lebensraum des Baryonyx war die warme Überschwemmungsebene, die sich südlich von der heutigen Position Londons in England bis nach Spanien, Frankreich und Belgien erstreckte.

Brachiosaurus

Veröffentlichung: Riggs, 1903.
Länge: bis zu 28 m. *Gewicht:* ca. 50? t. *Nahrung:* Pflanzen.
Zeitliche Verbreitung: Oberjura, vor 156–144 Ma.
Geographische Verbreitung: USA (Colorado, Wyoming, South, Dakota) ~ Portugal ~ Algerien, Tansania.
Systematik: siehe Stammbaum {39} Brachiosauridae (Abb. 80, S. 187).
Der vierbeinige Brachiosaurus (»Armechse«) wurde lange Zeit für den größten Dinosaurier gehalten (siehe Foto 40). Er leitet seinen Namen von den sehr langen Armen (Vorderbeine) ab. Brachiosauriden waren die einzi-

gen Dinosaurier, deren Arme länger als die Beine waren – ungewöhnlich für die Sauropoden. Der Schultern befanden sich ungefähr 6,40 Meter über dem Boden, weit über den Hüften. Im Vergleich zu den meisten Sauropoden war der Schwanz relativ kurz. Die Wirbel aller fortschrittlichen Sauropoden besitzen seitliche Luftkammern und eine wabenförmige Struktur aus Balken und Streben zur *Gewichts*reduktion. Die Zahl der Halswirbel war nicht größer als bei anderen Sauropoden, wo sie allgemein zwischen 12 und 19 lag. Beim Brachiosaurus waren einzelne Halswirbel allerdings dreimal so lang wie Rückenwirbel. Ein 1909 bis 1912 in Tansania gefundenes vollständiges Exemplar von Brachiosaurus ist im Paläontologischen Museum der Humboldt-Universität in Berlin ausgestellt. Allerdings ist fraglich, ob Brachiosaurus sich in eine Giraffenhaltung mit hoch erhobenem Kopf aufrichten konnte (siehe: *Waagerechte Hälse*, S. 89). Durch die unterschiedliche Höhe der Beine und die deshalb im Gegensatz zu Apatosaurus schräg angeordnete Wirbelsäule erreichte der Kopf des Brachiosaurus theoretisch größere Höhen als Apatosaurus oder Diplodocus.

Brontosaurus ➛ *Apatosaurus*

Camarasaurus

Veröffentlichung: Cope, 1877.
Länge: bis zu 20 m. *Gewicht:* bis zu 20 t. *Nahrung:* Pflanzen.
Zeitliche Verbreitung: Oberjura, vor 156–144 Ma.
Geographische Verbreitung: USA (Colorado, Montana, Wyoming, Utah).
Systematik: siehe Stammbaum {38} Camarasaurus (Abb. 80, S. 187).
Der Camarasaurus (»gekammerte Echse«) erhielt seinen Namen aufgrund der riesigen, Gewicht reduzierenden Hohlräume in den Wirbelknochen und im Schädel. Kein anderer Sauropode ist so vollständig durch Fossilienfunde rekonstruierbar. Von den meisten Sauropoden sind nur ein bis zwei meist

unvollständige Skelette bekannt. Schädel sind besonders selten. In der Morrison-Formation in der westlichen USA fand man von Camarasaurus mehrere Schädel sowie viele gut erhaltene Skelette, und zwar aus allen Altersgruppen – von jungen bis hin zu erwachsenen Tieren. Aus diesen Funden schließt man, dass Camarasaurus in Herden lebte und erwachsene von jungen Tieren auf den langen Wanderungen begleitet wurden.
Der Camarasaurus war massiver als der besser bekannte Diplodocus, besaß aber einen kürzeren Schwanz und einen kürzeren Hals, relativ lange Vorderbeine und hohe Schultern. Er stand mit fast waagerechtem Rücken. Während Diplodocus einen kleinen, gedrungenen, pferdeähnlichen Kopf hatte, war der Kopf des Camarasaurus groß und hoch, vergleichbar mit der Schnauze einer Bulldogge.
Der nur aus zwölf einzelnen Halswirbeln bestehende Hals ermöglichte eine Auf-und-ab-Bewegung, sodass Camarasaurus bei gestrecktem Hals eine Höhe von sieben bis acht Meter über dem Boden erreichen konnte. Lange, sich überlappende Rippen, die an der Seite des Halses saßen, verhinderten jedoch Seitwärtsbewegungen – der Hals war relativ steif.
Es wurden Knochen von Camarasaurus entdeckt, die tiefe Abdrücke der charakteristischen Zähne des Allosaurus und Ceratosaurus aufweisen. Es ist jedoch nicht auszuschließen, dass diese Raubtiere nicht Dinosaurier fraßen, die sie selbst getötet hatten, sondern solche, die bereits tot waren.

? Camarasaurus hatte große Nasenöffnungen oben am Schädel. Ihre Größe brachte einige Paläontologen auf den Gedanken, das Tier könnte einen Rüssel wie der heutige Elefant gehabt haben. Andere vertreten die Ansicht, die großen Nasenöffnungen hätten als Kühlvorrichtung für das Gehirn gedient. Eine dritte oder zusätzliche Möglichkeit wird vorgeschlagen: die Funktion als »Schnorchel«. Denn falls sich das Tier vollständig unter der Wasseroberfläche bewegte, hätte es durch die Nasenöffnungen atmen können, obwohl sich der Körper vollständig unter Wasser befand: Wie allgemein bei den Sauropoden befanden sich die Nasenöffnungen an der höchsten Stelle des Kopfes.

Carnotaurus

Veröffentlichung: Huene, 1929 (n.n.).
Länge: bis zu 7,5 m. *Gewicht:* bis zu 1 t. *Nahrung:* Aas, Fleisch.
Zeitliche Verbreitung: Mittlere Kreide, vor 113–91 Ma.
Geographische Verbreitung: Argentinien (Chubut).
Systematik: siehe Stammbaum {44} Abelisauridae (Abb. 80, S. 187).

Carnotaurus (»Fleisch-Stier«) unterscheidet sich bis dato von anderen Theropoden. Außergewöhnlich waren die kurzen, spitzen, flügelähnlichen Hörner oberhalb der Augen, die nur der Carnotaurus besaß – ebenso wie knöcherne Stirnlöcher. Im Gegensatz zu den meisten Theropoden besaß der Carnotaurus vier anstatt drei Finger an jeder Hand. Aber auch die sehr kurzen Arme – über deren Funktion Unklarheit besteht – und die vorstehenden Schuppenreihen auf dem Rücken sowie den Seiten stellen ungewöhnliche Merkmale dar. Die hohe Schnauze könnte darauf hindeuten, dass der Carnotaurus über ein großes Nasenorgan und einen feinen Geruchssinn verfügte. Die scharfen, gebogenen Zähne lassen vermuten, dass der Carnotaurus ein Fleischfresser war.
Obwohl der Carnotaurus mit seinen kurzen Armen und dem übergroßen Schädel einem Tyrannosaurus ähnlich sieht, war der Kopf für eine Jagd größerer Tiere zu schwach, und die Schnauze war trotz seines breiten Schädels sehr schmal – im Gegensatz zu anderen Fleischfressern. In der Regel wird er wohl kleinere Tiere gejagt haben, gegen die er seine Schnelligkeit und sein gutes Sehvermögen einsetzen konnte. Denn seine Augen waren nach vorne gerichtet und erlaubten es, Entfernungen abzuschätzen.
Die Knochenmerkmale des Abelisaurus beweisen, dass er mit dem Carnotaurus verwandt war, obwohl der Abelisaurus keine Hörner, einen größeren

Kopf und eine Hakennase besaß. Ein dritter der gleichen Familie, der Xenotarsosaurus (»Echse mit fremdartigem Knöchel«), wurde 1986 beschrieben. Wissenschaftler untersuchten darauf hin erneut den Genyodectes, einen im Jahre 1901 benannten Dinosaurier, und stellten fest, dass er ein weiterer südamerikanischer Abelisauride war.

? Verteilung der Familienmitglieder Abelisauridae, siehe »Dinosaurier-Paläographie« (S. 64).

Ceratosaurus

Veröffentlichung: Marsh (Foto 26), 1884.
Länge: bis zu 4,5–6 m. *Gewicht:* bis zu 1 t. *Nahrung:* Fleisch, Aas (?).
Zeitliche Verbreitung: Oberjura, vor 156–144 Ma.
Geographische Verbreitung: USA (Colorado, Utah) – Tansania.
Systematik: siehe Stammbaum {44} Ceratosauridae (Abb. 80, S. 187).

Die Skelette von Ceratosaurus und des mit bis zu 12 Metern wesentlich größeren Allosaurus ähneln sich, doch waren beide nicht sehr eng miteinander verwandt. Beispielsweise besaß Ceratosaurus ein kleines Horn auf der Schnauze und vier Finger an jeder Hand, Allosaurus dagegen nur drei.

? Fossilien von Ceratosaurus wurden manchmal neben denen von Allosaurus gefunden. Es ist sehr ungewöhnlich, dass sich zwei große Raubsaurier einen gemeinsamen Lebensraum teilten.
Falls man von Ceratosaurus Bauchrippen findet, erhält er einen tonnenförmigen Körper (Foto 2).

Cetiosaurus

Veröffentlichung: Owen, 1842.
Länge: bis zu 18 m. *Gewicht:* bis zu 24 t. *Nahrung:* Pflanzen.
Zeitliche Verbreitung: Mitteljura, vor 180–170 Ma.
Geographische Verbreitung: England, Schweiz (?), Marokko.
Systematik: siehe Stammbaum {35} Cetiosauridae (Abb. 80, S. 187).

Fossile Knochen von Cetiosaurus (»Walechse«) wurden bereits 1809 in Südengland entdeckt. Die Paläontologen glaubten damals, dass es sich um ein meeresbewohnendes Tier handeln würde, und gaben dem Fossil den Namen »Walechse« in Bezug auf die Größe des Tieres.
Cetiosaurus gehörte zu einer primitiven Familie, die man Cetiosauridae nennt. Zu seinen Merkmalen gehört eine schwere, solide Wirbelsäule im Gegensatz zur leichteren, hohleren Wirbelsäule der meisten späteren Dinosaurier, und der Beckengürtel war nur mit vier Kreuzwirbeln verschmolzen.

? Im Jahre 1979 wurde in Marokko ein Skelett ausgegraben. Der Oberschenkelknochen war über 1,8 Meter lang, und eines der Schulterblätter maß 1,5 Meter. Die Energie, die notwendig war, um solche Gliedmaßen bewegen zu können, erforderte die Aufnahme ungeheurer Nahrungsmengen.

Coelophysis

Veröffentlichung: Cope/Colbert, 1964.
Länge: bis zu 3 m. *Gewicht:* 15–30 kg. *Nahrung:* kleine Wirbeltiere.
Zeitliche Verbreitung: Obertrias, vor 227–223 Ma.
Geographische Verbreitung: USA (New Mexico, Arizona, Connecticut, möglicherweise Utah).
Systematik: siehe Stammbaum {45} Coelophysidae (Abb. 80, S. 187).

Der Coelophysis (»hohle Form«) war ein Fleischfresser mit dem Körperbau eines großen, schlanken Vogels, der in der Obertrias zu Beginn der Dinosaurier-Ära lebte. Die gefürchtetsten Raubtiere waren zu dieser Zeit entfernte Verwandte der Dinosaurier, wie Phytosaurier und Rauisuchier.
Coelophysis besaß einen schmalen, storchenähnlichen Kopf, einen S-förmigen Hals, einen schlanken Körper und lange vogelähnliche Beine. Weitere physische Merkmale waren auch vogelähnlich, wie hohle, dünnwandige Knochen. Andere Merkmale unterschieden ihn deutlich von den Vögeln: Die langen Kiefer waren dicht mit kleinen, messerscharfen Zähnen besetzt, die Haut war wahrscheinlich beschuppt, und die Vorderbeine waren zu Armen umgebildet, deren Hände drei Finger mit kurzen, schmalen Krallen besaßen. Coelophysis hatte auch einen vierten krallenlosen Finger, dessen Funktion nicht bekannt ist. Ein langer Schwanz balancierte den Vorderkörper aus (Foto 42).

G Die Gestalt dieses verhältnismäßig großen Coelurosauriers ist durch mehrere Funde vollständiger Skelette, die im Jahre 1947 bei *Ghost Ranch* (S. 286) in New Mexico gemacht wurden, bekannt. Da man dort viele Tiere unterschiedlicher Größe fand, vermutet man, dass sie in Gruppen lebten und zur selben Zeit umkamen – die Tiere waren offenbar Opfer einer Katastrophe geworden.
Von Coelophysis wurden hunderte Skelette aller Altersstufen entdeckt. Im Bereich des Leibeshöhle zweier erwachsener Tiere lagen die Knochen junger Coelophysiden, die von Jungtieren stammten – nachdem man zuerst geglaubt hatte, dass Coelophysis im Gegensatz zu anderen Reptilien lebende Junge geboren hatte. Des Rätsels Lösung liegt möglicherweise darin, dass Coelophysis sich gelegentlich kannibalisch ernährte.
Coelophysis war der erste Dinosaurier im Weltraum. Ein Schädel wurde im Jahre 1998 an Bord der Raumfähre Endeavour zur Raumstation Mir mitgenommen.

Compsognathus

Veröffentlichung: Wagner, 1852.
Länge: bis zu 60–100 cm. *Gewicht:* 3 kg. *Nahrung:* kleine Tiere, Echsen.
Zeitliche Verbreitung: Oberjura, vor 156–150 Ma.
Geographische Verbreitung: Deutschland, Frankreich.
Systematik: siehe Stammbaum {49} Compsognathidae (Abb. 80, S. 187).

Das auf zwei Beinen gehende, zierliche Raubtier Compsognathus (»eleganter Kiefer«) war einer der kleinsten bekannten Dinosaurier. Die Knochen des weniger als einen Meter großen Tieres waren klein und zerbrechlich, aber auch hohl wie bei den typischen Coelurosauriern.
Da die Hinterbeine lang waren, ist es wahrscheinlich, dass er schnell laufen konnte. Sein Körper dagegen war etwas tonnenförmig. Der Verdauungstrakt und die anderen Organe waren durch Bauchrippen geschützt. Die Vordergliedmaßen trugen nur zwei bekrallte Finger, während an den Hinterfüßen drei Zehen nach vorne und eine winzige vierte Zehe nach hinten gerichtet waren. Compsognathus besaß einen langen, dünnen Schwanz, der waagerecht nach hinten abstand.
Unterkiefer und Kopf von Compsognathus waren recht schmal, die Zähne waren scharf und spitz. Kleine Wirbeltiere wie Echsen und Insekten dürften die *Nahrung*squelle gewesen sein. In der Bauchhöhle eines in Deutschland gefundenen Exemplars entdeckte man die Knochen einer kleinen Echse – ein Hinweis auf die Beweglichkeit dieses kleinen Raubtiers.

? Die Abstammung des Archaeopteryx als Bindeglied zwischen Reptilien und Vögeln wird kontrovers diskutiert. Derzeit wird auch eine mögliche Abstammung von den Theropoda favorisiert. Zu ihnen gehört der Compsognathus, der eine große Ähnlichkeit mit dem Urvogel zeigt.

Corythosaurus

Veröffentlichung: Brown, 1914.
Länge: bis zu 10 m. *Gewicht*: 4–5 t. *Nahrung:* Pflanzen.
Zeitliche Verbreitung: Oberkreide, vor 80–73 Ma.
Geographische Verbreitung: USA (Montana), Kanada (Alberta).
Systematik: siehe Stammbaum {18} Lambeosaurinae (Abb. 79, S. 186).

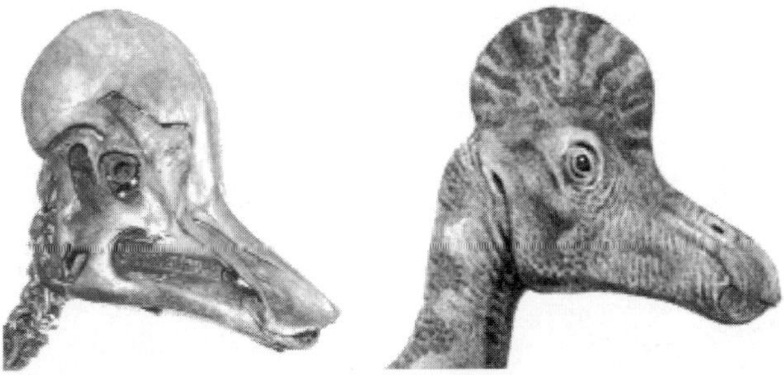

Das auffälligste Merkmal von Corythosaurus (»Helmechse«) ist sein charakteristischer, helmförmiger Knochenkamm auf dem Kopf, der vielleicht als Signalgeber diente und sich von denen anderer Entenschnabelsaurier unterschied. Hohlgänge verliefen im Kamminneren und waren mit der Nase verbunden. Wenn Corythosaurus durch diese Hohlgänge Luft blies, konnte er einen trompetenartigen Laut erzeugen.
Der Kopfkamm, dessen Größe und Gestalt variiert, diente früher zur Identifizierung von mindestens sieben Arten. Interessanterweise hing das Aussehen jedoch von Alter und Geschlecht ab. Deshalb ist nurmehr eine Art anerkannt.
Es wurden einige Skelette von Corythosaurus (Foto 9) zusammen mit fossilen Hautstücken gefunden. Diese Fälle sind sehr selten, da Haut normalerweise verrottet, bevor der Körper eines Tieres versteinert. Die Haut von Corythosaurus enthielt kleine bis zu 5 Zentimeter lange Knochenplatten unterschiedlicher Form und Größe – einige sind kreisrund, andere oval oder pyramidenförmig. Corythosaurus besaß wie andere Entenschnabelsaurier am Rückgrat Sehnen, die zu kleinen Stäbchen verknöcherten (Foto 10). Sie verstärkten das Rückgrat und bewirkten eine steife Schwanzhaltung.
Fossilien von Corythosaurus wurden in der gleichen Gesteinsformation mit anderen Hadrosauriern, wie z. B. Lambeosaurus und Parasaurolophus, gefunden. Die Fundorte liegen im Bereich eines ehemaligen Küstenstreifens zwischen den Rocky Mountains und einem urzeitlichen Binnensee Nordamerikas.

Deinonychus

Veröffentlichung: Ostrom, 1969.
Länge: bis zu 2,5–3,5 m. *Gewicht:* 50–70 kg. *Nahrung:* Fleisch.
Geographische Verbreitung: USA (Montana, Oklahoma, Wyoming, Utah und evtl. Maryland).
Systematik: siehe Stammbaum {56} Dromaeosauridae (Abb. 80, S. 187).

Der im Jahre 1964 in Montana entdeckte Deinonychus (»Schrecken erregende Kralle«) war ein schnelles, wendiges Raubtier mit einer ungewöhnlichen Waffe. Jeweils der zweite Zeh seiner Füße trug eine 13 Zentimeter lange Sichelkralle, die doppelt so lang war wie die anderen Krallen – ähnlich wie bei seinen engen Verwandten wie z. B. Velociraptor.
Man vermutet, dass der Deinonychus in Rudeln umherstreifte. Die Vordergliedmaßen waren relativ lang für einen Theropoden, und die drei langen Finger endeten in je einer scharfen, gekrümmten Kralle. Vielleicht sprang der Deinonychus seine Beute mit ausgestreckten Armen und Beinen an, wobei er mit seinem langen, knöchernen Schwanz das Gleichgewicht hielt. Während er seine Beute mit den Armen festhielt, stießen seine Beine mit ihren dolchartigen Krallen zu.

G Eine der Funde in Montana zeigte fünf vollständige Skelette von Deinonychus neben dem Körper eines ungefähr 7,3 Meter langen, pflanzenfressenden Tenontosaurus. Man schloss auf eine »versteinerte« Jagdszene: Der Tenontosaurus erschlug einige Angreifer mit seinem schweren Schwanz, wurde dann aber vom Rest des Rudels getötet. Wahrscheinlich besteht zwischen den Kadavern jedoch kein direkter Zusammenhang. Sie wurden vermutlich bei einem Hochwasser an die Fundstätte geschwemmt – eine Situation (katastrophisches Massengrab), die sicher auch bei vielen anderen Funden als vernünftige Begründung dienen kann.
Entgegen der in der Abbildung rekonstruierten Form bildete der Schwanz gemeinsam mit dem Rücken eine durchgehende Gerade.

Dilophosaurus

Veröffentlichung: Welles, 1970.
Länge: 6–7 m. *Gewicht:* 500 kg. *Nahrung:* Fleisch.
Zeitliche Verbreitung: Unterjura, vor 206–194 Ma.
Geographische Verbreitung: USA (Arizona) – China (?).
Systematik: siehe Stammbaum {45} Dilophosaurus (Abb. 80, S. 187).

Der leicht gebaute Carnosaurier Dilophosaurus (»Zweikamm-Echse«) ist der früheste große Theropode und jagte wahrscheinlich kleine Pflanzenfresser wie den Ornithischier Scutellosaurus und den Prosauropoden Ammosaurus. Im Gegensatz zu anderen Mitgliedern seiner Familie besaß Dilophosaurus (Foto 1) einen hohen, zerbrechlichen Kamm aus zwei parallelen Knochenwülsten, die in Halbkreisen aus seinem Kopf hervorsprangen und V-förmig nach hinten auseinander liefen – sich zu einem Stachel verjüngend. Welche Aufgabe die Kopfkämme erfüllten, bleibt ungeklärt. Die Zerbrechlichkeit des Kamms lässt einige Forscher vermuten, dass Dilophosaurus nur Aas fraß. Sie nehmen weiterhin an, dass die Kiefer zu schwach waren, um tödliche Bisse auszuführen – eine allerdings umstrittene Ansicht.
Die langen, kräftigen Hinterläufe deuten darauf hin, dass Dilophosaurus schnell laufen konnte. Die Zehen endeten in langen Krallen. Der erste Finger seiner Hand könnte als Daumen benutzt worden sein, sodass er eine Greifhand besessen hätte. Die Kiefer waren mit großen, klingenförmigen Zähnen bewehrt. Der lange Schwanz bildete ein Gegengewicht zum Körper, sodass er sich auf seinen Hinterbeinen fortbewegen konnte.
In China wurde ein dem Dilophosaurus sehr ähnliches Tier entdeckt, das auch die paarweise nach hinten verlaufenden Kämme besaß. Allerdings besitzen beide Dinosaurier unterschiedlich viele und anders geformte Zähne. Auch die Schädelöffnungen haben verschiedene Formen und Ausmaße und befanden sich an anderer Stelle.

Diplodocus

Veröffentlichung: Marsh (Foto 26), 1878.
Länge: 27 bis zu 30 m. *Gewicht:* 10 bis 20 t. *Nahrung:* Pflanzen.
Zeitliche Verbreitung: Oberjura, vor 156–144 Ma.
Geographische Verbreitung: USA (Colorado, Montana, Wyoming, Utah).
Systematik: siehe Stammbaum {37} Diplodocidae (Abb. 80, S. 187).

Der vierbeinige Diplodocus (»Doppelbalken«) besaß einen langen schlangenförmigen Hals und einen kleinen, pferdeähnlichen Kopf mit stiftartigen Zähnen und einem winzigen Gehirn. Die Nasenöffnungen waren zu einer einzigen Öffnung verschmolzen, die sich zwischen den Augen befand und nicht wie bei den meisten anderen Tieren an der Schnauzenspitze. Die Wirbel aller fortschrittlichen Sauropoden besitzen seitliche Luftkammern und eine wabenförmige Struktur aus Balken und Streben zur Gewichtsreduktion. Zusammengenommen erreichten Fuß und Schienbein fast die Größe eines Menschen. Der Fuß des Diplodocus ähnelte in der Struktur dem eines heutigen Elefanten.
Den Schwanz konnte Diplodocus als Waffe einsetzen. Das Schwanzende war sehr dünn und konnte sehr schnell von einer Seite zur anderen geschwungen werden. Mit solchen Schlägen konnte sich Diplodocus verteidigen und möglicherweise peitschenartige Laute erzeugen.
Die dünnen, stiftförmigen Zähne saßen vorne im Maul und bildeten eine Art Rechen. Solche Zähne waren nicht geeignet, harte Pflanzen zu zerkleinern. Die Abnutzung der Zahnspitzen ließ darauf schließen, dass Diplodocus sein Gebiss nicht schließen konnte, um Blätter anzureißen. Deshalb wurde vermutet, dass die Zähne zum Abschälen der Baumrinde benutzt oder mit ihnen Algen aus dem Wasser gefiltert wurden. Man vermutet heute, dass das Gebiss wie ein Rechen gehandhabt wurde, um Blätter oder

Früchte zu sammeln oder Farne abzuweiden. Da dieser Dinosaurier keine Backenzähne zum Kauen besaß, sorgten Gastrolithen (verschluckte »Mahlsteine«) für das Zermahlen der Blätter im Magen.

Euoplocephalus

Veröffentlichung: Lambe, 1910.
Länge: bis zu 7 m. *Gewicht:* 2 t. *Nahrung:* Pflanzen.
Zeitliche Verbreitung: Oberkreide, vor 73 Ma.
Geographische Verbreitung: USA (Montana), Kanada (Alberta).
Systematik: siehe Stammbaum {9} Ankylosaurinae (Abb. 79, S. 186).

Der Euoplocephalus (»gut gepanzerter Kopf«) trug – wie andere Ankylosaurier – eine keulenartige Knochenverdickung an seinem Schwanzende, die über 27 kg wiegen konnte.
Eine knöcherne Panzerung bedeckte wie Pflastersteine nahezu den gesamten Schädel. Augenlider aus Knochen schützten die verwundbaren Augen wie Fensterläden. Hals, Körper und die Schwanzwurzel waren durch Gürtel von knöchernen Zapfen, Dornen und großen Hornplatten verstärkt. Dagegen war der Bauch schlechter geschützt als der Rest des Körpers. Trotz der Panzerung war der Euoplocephalus ziemlich beweglich und schneller als Sauropoden. Mehr als 40 isolierte Funde lassen vermuten, dass der Euoplocephalus ein Einzelgänger war.

Gallimimus

Veröffentlichung: Osmólska/Roniewicz/Barsbold, 1972.
Länge: 4–6 m. *Gewicht:* 250–500 kg. *Nahrung:* kleine Tiere und Pflanzen.
Zeitliche Verbreitung: Oberkreide, vor 75 Ma.
Geographische Verbreitung: Mongolei.
Systematik: siehe Stammbaum {52} Ornithomimidae (Abb. 80, S. 187).

Der Gallimimus (»Hühnernachahmer«) ist der größte bisher bekannte Vertreter der leicht gebauten Ornithomimiden (»Vogelnachahmer«). Von seinen nächsten Verwandten Ornithomimus und Struthiomimus unterschied er sich in zweierlei Hinsicht: Die lange Schnauze endete in einem breiten, flachen Schnabel, und die Vordergliedmaßen eigneten sich kaum dazu, Beutetiere zu packen. Kontrovers wird die Stellung der Hände diskutiert (siehe: *Struthiomimus*, Zeichnung S. 174). Grub er mit den schaufelartigen Händen etwas aus dem Boden?
Gallimimus wurde in der Vergangenheit als pflanzenfressender Dinosaurier betrachtet. Neuere Untersuchungen ergaben, dass er mehr Fleisch- als Pflanzenfresser war, denn seine Greifhände soll er möglicherweise für den Fang von Kleintieren wie Insekten oder kleine Wirbeltiere verwendet haben, die er in einem Stück schlucken konnte.
Fast vollständige Skelette von Gallimimus wurden in der Wüste Gobi gefunden. Er besaß einen zahnlosen Schnabel, schmalen Hals, kurzen Körper, versteiften Schwanz, Hände mit drei Fingern und schlanke Beine. Die großen, nach außen gerichteten Augen waren nicht dazu geeignet, Entfernungen gut abzuschätzen. Allerdings wurde so ein Rundblick nach allen Seiten gewährleistet. Vielleicht erreichte er die Geschwindigkeit eines modernen Straußes.

Hadrosaurus

Veröffentlichung: Leidy, 1858 (n.d.).
Länge: 9–10 m. *Gewicht:* 3,2 t. *Nahrung:* Pflanzen.
Zeitliche Verbreitung: Oberkreide, vor 83 Ma.
Geographische Verbreitung: USA (Montana, New Jersey, New Mexico, South Dakota).
Systematik: siehe Stammbaum {18} Hadrosaurinae (Abb. 79, S. 186).

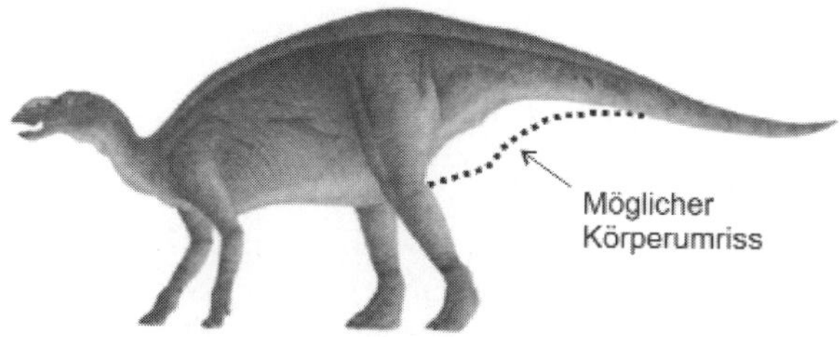

Der Hadrosaurus (»dicke Echse«) war der erste in Nordamerika entdeckte Dinosaurier. Man fand seine Knochen in New Jersey. Der amerikanische Anatomieprofessor Joseph Leidy von der University of Pennsylvania benannte und rekonstruierte das Tier im Jahre 1858. Es wies eine Reihe von Ähnlichkeiten mit dem 1822 in England entdeckten Iguanodon auf. Leidy schloss aus dem Knochenbau von Hadrosaurus, dass dieser sich auf die Hinterbeine erheben konnte.

Im Gegensatz zu den meisten Entenfuß-Dinosauriern besaß der Hadrosaurus wie auch Kritosaurus keinen Kamm auf dem langen, flachen Schädel, stattdessen trug er einen großen Knochenbuckel auf der Schnauze. Der Schnabel war zahnlos, im hinteren Kieferbereich befanden sich jedoch Hunderte von kleinen Zähnen. Hadrosaurus konnte die Kiefer in vertikaler und horizontaler Richtung zueinander bewegen.

Der Hadrosaurus besaß einen schmalen, hohen Schwanz. Deshalb sind einige Wissenschaftler der Ansicht, dass er seinen Schwanz auch zum Schwimmen nutzte.

Herrerasaurus

Veröffentlichung: Reig, 1963.
Länge: 3 m. *Gewicht:* 100 kg. *Nahrung:* Fleisch (Reptilien).
Zeitliche Verbreitung: Obertrias, vor 225–213 Ma.
Geographische Verbreitung: Nordwesten von Argentinien.
Systematik: siehe Stammbaum {41} Herrerasauridae (Abb. 80, S. 187).

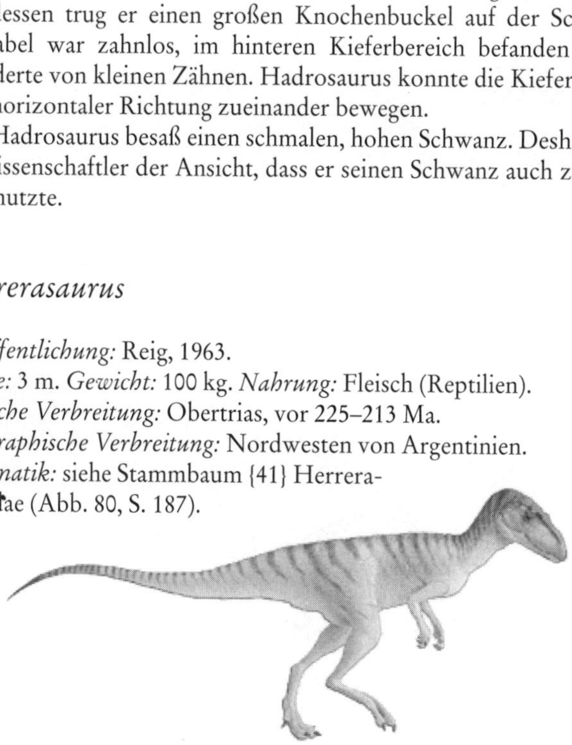

Der Herrerasaurus wurde nach seinem Entdecker Victorino Herrera, einem argentinischen Ziegenhirten, benannt. Herrera stolperte im Jahre 1959 in der Wüstenregion San Juans in Mittelargentinien über die fossilen Knochen eines Dinosauriers. Paul Sereno von der University of Chicago fand im Jahre 1988 ein fast komplettes Herrerasaurus-Skelett mit Schädel.
Herrerasaurus war einer der ersten fleischfressenden Dinosaurier. Die Mischung aus primitiven (Beine und Hüften) und fortschrittlichen Merkmalen wies darauf hin, dass diese Tiere zu keiner der beiden Hauptgruppen der Dinosaurier, den Vogelbecken-Dinosauriern (Ornithischiern) und Echsenbecken-Dinosauriern (Saurischiern) gehören konnte. Neuere Funde lassen darauf schließen, dass Herrerasaurus ein Theropode war.
Wahrscheinlich lief Herrerasaurus auf den Hinterbeinen, die doppelt so lang wie seine Arme waren. Die kräftigen Hände mit ihren drei großen Fingern mündeten in lange, gebogene Greifklauen. Weil sein Unterkiefer zusätzliche Gelenke besaß, konnte er auch größere Beutestücke verschlingen, wie beispielsweise den schweineähnlichen Rhynchosaurier. Überreste von Rhynchosauriern wurden im Bereich des Brustkorbs eines Herrerasaurus-Skeletts gefunden.

Heterodontosaurus

Veröffentlichung: Crompton/Charig, 1962.
Länge: 1,2 m. *Gewicht:* 2,5 kg. *Nahrung:* Pflanzen.
Zeitliche Verbreitung: Unterjura, vor 205 Ma.
Geographische Verbreitung: Lesotho, Südafrika.
Systematik: siehe Stammbaum {11} Heterodontosauridae (Abb. 79, S. 186).
Der truthahngroße Pflanzenfresser Heterodontosaurus (»die Echse mit den unterschiedlichen Zähnen«) ist einer der frühesten und kleinsten Ornithopoden. Er verfügte über drei Arten von Zähnen; scharfe obere Vorder-

zähne, die gegen einen zahnlosen, hornigen Schnabel bissen; lange, hundeartige Fangzähne, die in Vertiefungen im Ober- und Unterkiefer passten; Backenzähne mit hohen Kauflächen. Unbekannt ist die Funktion der Eckzähne, die eigentlich ein Kennzeichen fleischfressender Säugetiere sind. Allerdings besaßen einige der gefundenen Schädel gar keine Eckzähne. Einige Paläontologen vermuten, dass nur das Männchen entsprechende Eckzähne besaß.
Der Heterodontosaurus verwendete seine Hände, die mit fünf Fingern ausgestattet waren, wahrscheinlich zum Graben. Der Schwanz war nicht versteift. Wahrscheinlich wedelte er, während Heterodontosaurus lief. Im Körperbau war das Tier einem Fabrosauriden ähnlich, es war der eines kleinen, leichtgewichtigen Theropoden. Nach herrschender Ansicht lief er vorwiegend auf zwei Füßen.

Hysilophodon

Veröffentlichung: Huxlex, 1869.
Länge: bis zu 2,3 m. *Gewicht:* bis zu 50 kg. *Nahrung:* Pflanzen.
Zeitliche Verbreitung: Unterkreide, vor 125–119 Ma.
Geographische Verbreitung: England, Portugal, Spanien ~ USA (South Dakota).
Systematik: siehe Stammbaum {12} Hysilophodontidae (Abb. 79, S. 186).
Der Hysilophodon (wörtlich übersetzt: »Zahn mit hohen Leisten« oder besser »hoher Rillenzahn«) wurde im Jahre 1849 entdeckt, aber man hielt ihn ursprünglich für ein Iguanodon. Hysilophodon war einer der kleinsten Dinosaurier, ein gazellenartiger Ornithopode (Vogelfuß-Dinosaurier). Die Hinterbeine mit ihren schlanken, leichten Beinknochen waren durch lange Schienbeine und hohe Oberfußknochen gekennzeichnet – Ausstattungs-

merkmale eines Sprinters für Spitzengeschwindigkeiten, ähnlich einer Miniaturausgabe heutiger großer Laufvögel, wie des australischen Emu. Der Kopf war kaum größer als eine Kinderhand. Mit den gerillten, blattförmigen Zähnen konnte er sehr gut Pflanzenteile abbeißen, die er während des Kauens in den fleischigen Backentaschen – die den meisten Echsen fehlen – aufbewahren konnte. Außerdem besaß Hypsilophodon vorne am Maul einen Hornschnabel, der dem von Schildkröten ähnelte.
Im Vergleich zu frühen Verwandten aus dem Oberjura – wie z. B. Dryosaurus – besaß Hypsilophodon gewisse primitive Merkmale. Beispielsweise hatten die Füße vier Zehen. Möglicherweise trug er auch an beiden Seiten der Rückenlinie eine Panzerung aus zwei Reihen dünner Knochenschuppen. In Fachkreisen besteht über dieses Merkmal jedoch keine einhellige Meinung.
Nach ersten Untersuchungen der Fußknochen glaubte man früher an ein Klettertier wie z. B. ein heutiges Baumkänguru. Entsprechend zeigten frühe Rekonstruktionen fast ein Jahrhundert lang Hypsilophodon im Geäst von Bäumen sitzend. Erst 1974 belegten neue Untersuchungen, dass er mit seinen Zehen Äste nicht umklammern konnte. Hysilophodon hielt seinen Körper, der an den Hüften perfekt ausbalanciert war, nahe über dem Boden: eine ideale Haltung zum Drehen und Wenden. Der steife Schwanz diente als »Balancierstange«.

G Allein ungefähr 20 vollkommen erhaltene Skelette von Hypsilophodon fand man an einer Fundstelle auf der Isle of Wight vor der südenglischen Küste. Man vermutet, dass diese nahe beieinander liegenden Tiere Teil einer Herde waren, die in vorgeschichtlichem Treibsand gefangen wurde. Denn alle Tiere wurden allem Anschein nach gemeinsam vom Tod überrascht. Teilweise wird vermutet, dass eine Flutwelle den Wasserspiegel des Meeres hatte unvermittelt ansteigen lassen. Sind die Tiere ertrunken und angeschwemmt worden? Viele der weltweiten Dinosaurier-Fundstätten ähneln regelrechten Massengräber – von angeschwemmten Tieren (?) –, die zudem am Rande urzeitlicher Meere bzw. Ozeane lagen.

Iberomesornis

Veröffentlichung: Sanz/Bonaparte, 1992.
Länge: 10 cm. *Gewicht:* 25 g. *Nahrung:* Insekten?
Zeitliche Verbreitung: Unterkreide, vor 125–119 Ma.
Geographische Verbreitung: Spanien.
Systematik: siehe Stammbaum {59} Enantiornithes (Abb. 80, S. 187).

Ein fast vollständiges Skelett von Iberomesornis – nur Hals und Schädel fehlen – wurde an einem bemerkenswerten fossilienreichen Platz in Zentralspanien, dem außergewöhnlichen Las Hoyas mit seinen Felsen aus der Unterkreide, gefunden. An den Kanten der versteinerten Knochen kann man Spuren von Federn entdecken.
Der Schwanz von Iberomesornis war nicht so lang und verknöchert wie der von Archaeopteryx. Außerdem besaß er eine kürzere Form der Schwanzwurzel, den so genannten Bürzel. Iberomesornis ist der älteste bekannte Vogel, der dieses Merkmal besitzt. Bei heutigen Vögeln wie Tauben weisen drei Fußkrallen nach vorn und eine zeigt nach hinten. Bei Iberomesornis zeigte die Großzehe nach hinten, während die drei anderen nach vorne standen. Er war einer der ersten Vögel, der wie heutige Vögel auf einem Ast sitzen konnte. Das Brustbein, an dem die Flugmuskeln ansetzten, ist sehr gut entwickelt. Dieses Merkmal könnte zeigen, dass Iberomesornis mit aktivem Ruderschlag fliegen konnte.
Da dem gefundenen Iberomesornis neben dem oberen Teil des Halses und dem Vorderfuß auch bisher der Schädel fehlt, kann man nicht sicher feststellen, was seine *Nahrung* war.

Iguanodon

Veröffentlichung: Mantell, 1825.
Länge: 9 m. *Gewicht:* 4–5 t. *Nahrung:* Pflanzen.
Zeitliche Verbreitung: Unterkreide, vor 140–97 Ma.
Geographische Verbreitung: England, Belgien, Deutschland (Nordrhein-Westfalen), Spanien ~ USA (Utah, South Dakota) ~ Mongolei ~ Tunesien ~ Antarktis ~ bisher nur Fußspuren auf Spitzbergen ~ evtl. Südamerika.
Systematik: siehe Stammbaum {16} Iguanodontidae (Abb. 79, S. 186).

Iguanodon (»Leguanzahn«) war der zweite Dinosaurier, der entdeckt wurde, obwohl es zu jener Zeit die Bezeichnung »Dinosaurier« noch gar nicht gab. 1809 fand man in Südengland einen Teil seines großen Schienbeins. 1819 entdeckte man einige Zähne und andere Knochen. Erst Gideon Mantell erkannte, dass es sich hier um ein Reptil handeln musste, und nannte das Tier daher Iguanodon. 1825 veröffentlichte er eine wissenschaftliche Beschreibung. Iguanodon durchstreifte vermutlich in kleinen Gruppen die tropische Kreidelandschaft. Er weidete vor allem Farne und Schachtelhalme im Uferbereich der urzeitlichen Gewässer.
Dieser Dinosaurier verdankt seinen Namen seinen hohen, geriffelten Backenzähnen, die denen des heutigen Leguans ähneln, wenngleich sie viel größer waren. Der Iguanodon knabberte die Vegetation mit seinem Hornschnabel ab und kaute die Pflanzennahrung mit seinen Backenzähnen durch eine ungewöhnliche Gleitbewegung der Kiefer. Die Handgelenke ließen sich drehen, die mit fünf Fingern versehenen Hände waren hochspezialisiert. Drei der fünf Finger waren mit hufartigen Nägeln versehen. Iguanodon lief deshalb als Erwachsener wahrscheinlich auf vier Beinen. Der »kleine Finger« war so beweglich, dass das Tier damit Blätter abrupfen konnte. Der so genannte »Nasendorn« sitzt tatsächlich am Ende des Daumens, der vom Rest der Hand absteht. Die Funktion der stachelähnlichen Daumen ist bisher nicht bekannt. Mantell hatte 1825 nur einen einzigen Dorn gefunden und platzierte ihn fälschlicherweise auf die Schnauze.

Lesothosaurus

Veröffentlichung: Galton, 1978.
Länge: 1 m. *Gewicht:* 10 kg. *Nahrung:* Pflanzen.
Zeitliche Verbreitung: Unterjura, vor 213–200 Ma.
Geographische Verbreitung: Lesotho, Südafrika.
Systematik: siehe Stammbaum {1} Lesothosaurus (Abb. 79, S. 186).
Der 1978 benannte Lesothosaurus (»Lesotho-Echse«) war so groß wie ein Hund und wurde nach seinem Fundort in Afrika benannt. Er war ein leichtgewichtiges, pflanzenfressendes Tier – einer der frühesten Ornithopoden. Mit seinen langen Beinen, dem biegsamen Hals, den kurzen Armen und dem langen, schlanken Schwanz waren bereits alle Merkmale aller späteren Ornithopoden vorhanden. Seine Hüftknochen waren so angeordnet, wie es für Vögel typisch ist – ungeklärt ist das Warum.
Der Schädel von Lesothosaurus war klein, kurz und flach. In den Kiefern saßen Zahnreihen – die denen heutiger Leguane sehr ähnlich sind – mit spitzen Zähnen, die wie kleine Pfeilspitzen geformt waren. Vorne im Maul

saßen scharfe Zähne. Ein Hinweis, dass dieser Pflanzenfresser gelegentlich auch kleinere Tiere fraß?
Es ist durchaus möglich, dass die fossilen Knochen von Lesothosaurus mit denen des Fabrosaurus (»Fabres Echse«) identisch ist. Eine Identifizierung ist sehr schwierig, da von Fabrosaurus bisher nur dürftige Reste gefunden wurden. Sollte es sich um ein und denselben Dinosaurier handeln, erhält dieses Lebewesen den Namen Fabrosaurus, da ihm dieser Name bereits im Jahre 1964 zugeteilt wurde – das zuerst benannte Tier besitzt Priorität vor später gewählten Bezeichnungen.

Lufengosaurus

Veröffentlichung: Young, 1941.
Länge: 6 m. *Gewicht:* unbekannt. *Nahrung:* Pflanzen.
Zeitliche Verbreitung: Unterjura, vor 204 Ma.
Geographische Verbreitung: China.
Systematik: siehe Stammbaum {31} Lufengosaurus (Abb. 80, S. 187).

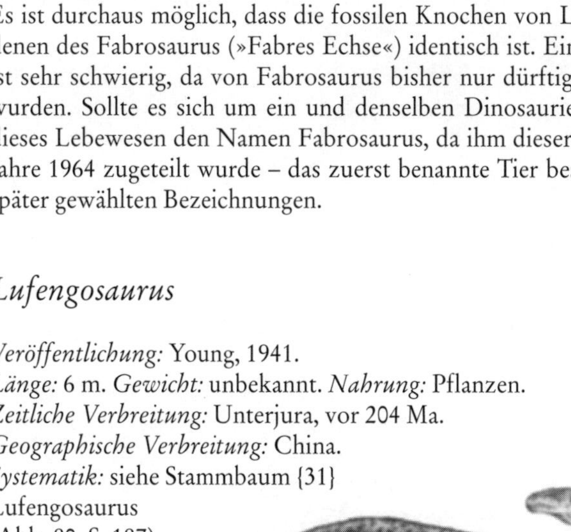

Der mittelgroße Prosauropode Lufengosaurus (»Lufeng-Echse«) wurde im Lufeng-Becken im Südwesten Chinas gefunden. Mit ungefähr der gleichen Größe wie sein naher Verwandter Plateosaurus war der Lufengosaurus ein schwer gebauter Dinosaurier, der sich auf allen vieren fortbewegte.

Maiasaura

Veröffentlichung: Horner/Makela, 1979.
Länge: bis zu 7–9 m. *Gewicht:* 2–3 t. *Nahrung:* Pflanzen (Farne und Palmen).
Zeitliche Verbreitung: Oberkreide, vor 80–73 Ma.
Geographische Verbreitung: USA (Montana).
Systematik: siehe Stammbaum {18} Hadrosaurinae (Abb. 79, S. 186).

Die ersten Fossilien wurden im Jahre 1978 entdeckt: Der außergewöhnliche Fund bestand aus dem Skelett eines erwachsenen Tieres, mehreren Jungtieren (Länge ungefähr 100 cm) und einer Gruppe frisch geschlüpfter Tiere (Länge ungefähr 50 cm) in einem fossilen Nest. In der Nähe befanden sich weitere Nester mit noch intakten Eiern.

G Die inzwischen häufig entdeckten Fossilienfunde – bisher allerdings nur in Montana – lassen auf sehr große Herden schließen, die einige Tausend Tiere umfassen konnten. Die riesigen Maiasaura-Herden zogen über die Küstenebene zwischen den Rocky Mountains und dem vorgeschichtlichen Binnensee Nordamerikas. Viele Fossilien von Maiasaura wurden in regelrechten Knochengräbern entdeckt, das sind fossile Ablagerungen, die Überreste von mehreren hundert Einzeltieren enthielten. Einige Gebiete dieser Massengräber erstrecken sich über viele Kilometer.
Der breite, entenähnliche Schnabel, die mächtigen Kiefer und Batterien von selbstschleifenden Backenzähnen machen Maiasaura (»Maias Echse« – nach der altrömischen Fruchtbarkeitsgöttin *Maia*) zu einem typischen Vertreter

der Entenschnabel- oder Hadrosaurier. Aufgrund des Fehlens eines hohlen Kopfkamms wurde Maiasaura der Familie der Hadrosauridae zugeordnet. Das Tier besaß einen pferdeähnlichen Kopf mit einer massiven Hornwulst über den Augen und dreieckige Ansätze auf den Backenknochen.
Maiasaura brütete in Kolonien. Sie schaufelten Schlammnester mit einem Durchmesser von bis zu 3 Meter und eine Höhe von 1,5 Metern. Der Krater war in der Mitte 2 Meter weit und 0,75 Meter tief. Die Nester, in denen man bis zu 20 fossile, walzenförmige Eier fand, waren ungefähr 7 Meter voneinander entfernt.

Mamenchisaurus

Veröffentlichung: Young, 1954.
Länge: bis zu 25 m. *Gewicht:* bis zu 26 t kg. *Nahrung:* Pflanzen.
Zeitliche Verbreitung: Oberjura, vor 160 Ma.
Geographische Verbreitung: China, Mongolei.
Systematik: siehe Stammbaum {32} Mamenchisauridae (Abb. 80, S. 187).

Der Mamenchisaurus (»Mamenbach-Echse«) ist ein riesiger, in China gefundener Dinosaurier, der mehr Halswirbel und den längsten Hals als irgendein anderer Sauropode besaß. Der Hals bestand aus 19 Wirbeln und könnte eine Länge von 15 Metern erreicht haben. Dennoch war der Hals relativ leicht, da einige Knochen so dünn wie Eierschalen waren. Einige Merkmale der Wirbelsäule erinnern an Diplodocus. Die Rückenwirbel waren nur halb so lang wie die Halswirbel.
Die Halswirbel waren durch schlanke Knochenverstrebungen verstärkt. Beim Gehen musste das Tier seinen steifen Hals fast waagerecht vom Körper wegstrecken. Alle Bewegungen waren nur über das Gelenk zwischen Kopf und Hals möglich. Ansonsten war nur eine schwingende, von den Schultern her ausgehende Bewegung möglich.

Es besteht keine Einigkeit darüber, wie Mamenchisaurus seinen außergewöhnlich langen Hals verwendet haben könnte. Es wurde angenommen, dass sich der Sauropode vorwiegend in Seen aufhielt, wobei sein Hals auf dem Wasser trieb. Mamenchisaurus konnte so seinen Kopf nach links und rechts schwenken, während das Maul weichblättrige Pflanzen fraß. Die meisten Experten nehmen heute von dieser Theorie Abstand und vermuten, dass dieses Tier an Land lebte und seinen Hals erhob, um an höhere Zweige und Äste zu gelangen. Da wegen des notwendigerweise aufrechtzuerhaltenden Blutdrucks Zweifel an einer möglichen Giraffenhaltung von riesigen Sauropoden bestehen, sollte die Theorie über einen an Land lebenden Mamenchisaurus neu überprüft werden.
Man nimmt an, dass Mamenchisaurus zusammen mit anderen langhalsigen Sauropoden – wie Omeisaurus und Euhelopus – zu einer ausschließlich asiatischen Dinosaurier-Familie gehören könnte, die im Oberjura existierte.

Megalosaurus

Veröffentlichung: Ritgen 1826.
Länge: bis zu 10 m. *Gewicht:* bis zu 1,5 t. *Nahrung:* Fleisch.
Zeitliche Verbreitung: Unterjura bis Unterkreide, vor 184–136 Ma.
Geographische Verbreitung: England, Frankreich, Portugal, Ungarn ~ Marokko ~ Argentinien ~ China (?).
Systematik: siehe Stammbaum {47} Torvosauridae (Abb. 80, S. 187).
Der Megalosaurus (»große Echse«) war der erste Dinosaurier, der nachweislich gefunden, als Reptil benannt und im Jahre 1824 durch William Buckland wissenschaftlich beschrieben wurde. Noch viele Jahre nach der ur-

sprünglichen Beschreibung von Buckland wurde die Bezeichnung Megalosaurus auf verschiedene Funde großer Theropoden angewendet, obwohl viele von ihnen nicht derselben Gattung angehörten. Die dadurch hervorgerufene Verwirrung hielt über hundert Jahre lang an.
Megalosaurus war ein gewaltiges Tier mit dem Körperbau eines typischen Carnosauriers. Er war ein großer, schwer gebauter, fleischfressender Theropode. Sein großer Kopf saß auf einem kurzen, starken Hals und seine Kiefer waren mit gebogenen Sägezähnen ausgestattet. Wie andere fleischfressende Dinosaurier entwickelte der Megalosaurus ständig neue Zähne. Die starken Arme und kräftigen Hinterbeine besaßen klauenbewehrte Finger und vier Zehen, drei längere und eine winzige vierte Zehe. Gefundene Spuren in Südengland zeigen, dass er auf zwei Beinen ging. Der lange Schwanz wurde wahrscheinlich zum Ausbalancieren des wuchtigen Körpers verwendet und gerade gehalten.

Minmi

Veröffentlichung: Molnar, 1980.
Länge: bis zu 3 m. *Gewicht:* unbekannt. *Nahrung:* kleinwüchsige Pflanzen.
Zeitliche Verbreitung: Unterkreide, vor 119–113 Ma.
Geographische Verbreitung: Australien.
Systematik: siehe Stammbaum {7} Ankylosauria (Abb. 79, S. 186).

Der Minmi ist bisher der einzige gepanzerte Ornithischier (Vogelbecken-Dinosaurier), der (im Jahre 1964) in Australien, ja sogar in der südlichen Hemisphäre überhaupt, gefunden wurde. Er wurde nach *Minmi Crossing* benannt, einer Ortschaft in Queensland (Australien).

Minmi war ein kleiner, vierbeiniger Pflanzenfresser mit einer Panzerung aus Knochenbuckeln, welche die *ganze Länge* seines Rückens und die oberen Seitenpartien bedeckten. Er weist ungewöhnliche Merkmale auf. Neben jedem Brustwirbel lag eine Knochenplatte, die als »Nebenwirbel« bezeichnet wird. Ein Knochenstab erstreckte sich von dieser Platte aus in ähnlicher Weise wie die knöchernen Sehnen bei den Ornithopoden. Diese Stäbe verstärkten scheinbar die Wirbelsäule und verringerten ihre Belastung. Außerdem besaß er eine unterseitige Panzerung. Ein Mosaik aus kleinen, knapp 6 mm messenden Knochenplatten schützte offenbar den Bauch. Der viereckige Kopf ähnelte wahrscheinlich dem einer heutigen Schildkröte.
Die Stellung des Minmi innerhalb des Systems der Arten ist noch nicht zweifelsfrei geklärt. Zunächst wurde er der Familie der Nodosauriden zugeordnet, einer Gruppe gepanzerter Pflanzenfresser. Es könnte sich jedoch herausstellen, dass er ein primitiver Ankylosaurier ist, also einer anderen Gruppe gepanzerter Pflanzenfresser angehört. Möglicherweise bildet er aber sogar eine dritte, *neue Familie* gepanzerter Dinosaurier.
Als die bisher zwei gefundenen Exemplare von Minmi starben, wurden ihre Körper vermutlich von Flüssen ins Meer getragen, wo sie im Sediment liegen blieben. Ton füllte die Körperhöhlen, und die Kadaver wurden später in harte Sedimente eingebettet. Nachdem das Meer in der Folgezeit zurückgewichen war, traten die Gesteine mit den Fossilien zutage.

? Lange Zeit glaubte man, dass Ankylosauridae nur in der Oberkreide von Asiamerika vorkamen, während die andere Gruppe der Ankylosauria – Nodosauridae – anderseits nur auf Euramerika beschränkt gewesen sein sollen. Minmi war von diesem einheitlichen Verbreitungsgebiet jedoch weit isoliert. Da die Verschiebung der Kontinente in der Unterkreide bereits weit fortgeschritten gewesen sein soll und in der Folge die zwei nördlichen Landmassen Asiamerika und Euramerika von den südlichen (Südamerika, Afrika, Australien, Antarktis) in der Unterkreide vollständig getrennt waren, erscheint der Fund eines gepanzerten Pflanzenfressers in Australien rätselhaft, da er isoliert vom eigentlichen Verbreitungsgebiet seiner Verwandten auf einem anderen Kontinent gefunden wurde.

Ornitholestes

Veröffentlichung: Osborn, 1903.
Länge: 2 m. *Gewicht:* bis zu 13 kg. *Nahrung:* kleine Wirbeltiere.
Zeitliche Verbreitung: Oberjura, vor 150 Ma.
Geographische Verbreitung: USA (Wyoming, Utah) – Mongolei (?).
Systematik: siehe Stammbaum {49} Ornitholestes (Abb. 80, S. 187).

Der Ornitholestes (»Vogelräuber«) besaß einen peitschenförmigen Schwanz, der die Hälfte der Körperlänge ausmachte. Der Schädel war stärker und höher als der anderer wohl bekannter Theropoden: Compsognathus und Coelophysis. Jede Hand scheint mit einem kurzen, scharf bekrallten Daumen und zwei langen bewehrten Fingern ausgestattet gewesen zu sein. Die Vorderhälfte des Kiefers war mit scharfen Zähnen besetzt.

Der Ornitholestes wurde früher in einer trägen Haltung dargestellt, der Schwanz schleifte wie bei einer Echse auf dem Boden. Heute wird das Tier als dynamischer Räuber dargestellt. Um das Gegengewicht zum waagerecht gehaltenen Körper und S-förmig gebogenen Hals bilden zu können, ragte der Schwanz hoch über dem Boden. Neuerdings wird auch vermutet, dass Ornitholestes eine Nasenwulst besaß.

Als Nahrungsquelle dienten wahrscheinlich große Insekten, Echsen, Eidechsen und anderes Kleingetier. Die kurzen Beine, wobei die Oberschenkel länger als die Schienbeine waren, sind ein ungewöhnlicher anatomischer Bau für einen schnell laufenden Dinosaurier. Der Ornitholestes scheint ein kräftiger gebauter Jäger als der ähnlich aussehende Coelophysis aus weit

früheren Entwicklungsreihen zu sein. Deshalb war Ornitholestes vielleicht in der Lage, auch halbwüchsige Ornithopoden wie Camptosaurier anzugreifen. Ähnlich unseren heutigen Schakalen könnte er unter den Augen erfolgreich jagender größerer Raubsaurier sich von den Kadavern der Beutetiere ernährt haben.
Seinen Namen erhielt Ornitholestes, da sich ein Wissenschaftler diesen Theropoden beim Töten und Fressen des Urvogels Archaeopteryx vorstellte. Beide Tiere lebten zur gleichen Zeit, aber ob sie die gleichen Gebiete bewohnten, ist nicht geklärt.

Oviraptor

Veröffentlichung: Osborne, 1924.
Länge: 1,5–2,5 m. *Gewicht:* 25–35 kg. *Nahrung:* Weichtiere, Eier, Pflanzen (?).
Zeitliche Verbreitung: Oberkreide, vor 83–73 Ma.
Geographische Verbreitung: China und Mongolei (Wüste Gobi).
Systematik: siehe Stammbaum {54} Oviraptorosauria (Abb. 80, S. 187).

Der Oviraptor (»Eierdieb«) war ein kleiner Theropode mit kurzem gewölbten Schädel, zahnlosem Schnabel und einem bizarrer Kopfkamm, der den Kopf krönte. Die zwei bekannten Oviraptor-Arten unterscheiden sich durch Form des Kopfkammes. Der *Oviraptor mongoliensis* besaß einen hohen gewölbten Kamm, viel größer als der des *Oviraptor philoceratops*.

Die starken zahnlosen Kiefer mündeten in einen Hornschnabel. Zwei scharfe, knöcherne Zacken ragten vom Gaumendach nach unten. Der Schädel von Oviraptor war äußerst ungewöhnlich und besaß viele Öffnungen und vergrößerte Augenhöhlen. Eine kurze hohe Schnauze mit einem tiefen gekrümmten Kiefer und viel Platz für massive Kaumuskeln deuten darauf hin, dass er einen kräftigen Biss besessen haben muss. Oviraptor ernährte sich vielleicht von kleinen Echsen. Jedoch glauben einige Wissenschaftler, dass er Schalentiere oder Pflanzen fraß.

Er besaß lange, dünne Arme, Hände mit drei krallenbewehrten Fingern. Der Daumen war wesentlich kürzer als die beiden anderen Finger. Ein sichelförmiger Knochen im Handgelenk ermöglichte ihm, die Hand zu drehen. Die Hinterbeine waren lang und schlank, versehen mit drei Zehen. Oviraptor besaß ein Brustbein oder Gabelbein, das dem moderner Vögel glich.

Anfang der 1990er Jahre wurden die Reste mehrerer Nester des Oviraptor in der Wüste Gobi in Asien entdeckt. In einem Nest wurden auch Schädel von sehr jungen Velociraptoren gefunden, die als Nahrung für die eigenen Jungtiere gedient haben könnten. Interessant und mysteriös sind die Fossilien eines anderen Nestes, denn sie zeigen, dass ein Oviraptor auf seinem Nest saß wie ein heutiger Vogel. Es wird angenommen, dass der Oviraptor seine Körpertemperatur zur Erwärmung der Eier verwendet haben könnte. Er hätte jedoch auch die Eier einfach nur bewachen oder sie vor starker Sonneneinstrahlung schützen können. Mysteriös erscheint bei diesem Fund, dass ein Tier in »Brutposition« versteinerte. Bereits das erste, 1924 in der Mongolei entdeckte Exemplar wurde auch in einer quasi versteinerten Aktion bei einem Gelege des Horndinosauriers Protoceratops gefunden. Man hält es möglich, dass der »Eierdieb« von einem Sandsturm überrascht wurde, während er gerade das Nest ausraubte.

? Besaß Oviraptor Federn?
Siehe: *Daunen und Federn* (S. 113).

Pachycephalosaurus

Veröffentlichung: Brown/Schlaikjer, 1943.
Länge: 5 bis zu 8 m. *Gewicht:* 1–2 t. *Nahrung:* Pflanzen.
Zeitliche Verbreitung: Oberkreide, vor 68–65 Ma.
Geographische Verbreitung: Kanada (Alberta), USA (Montana, South Dakota, Wyoming).
Systematik: siehe Stammbaum {22} Pachycephalosaurus (Abb. 79, S. 186).

Der 1940 in Montana entdeckte pflanzenfressende Pachycephalosaurus (»dickköpfige Echse«) war ein Riese unter den Pachycephalosauriern. Er war aber nicht nur der größte, sondern auch das letzte Mitglied der Familie. Die Schädel der »Dickkopfechsen« waren helmartig und verliehen den Tieren ein bizarres Aussehen. Die Schädelkalotten bestanden aus enorm verdickten Knochen. Hinten am Kopf, auf den Seiten oder sogar auf der Schnauze trugen einige Arten knöcherne Halskrausen, Knubbel oder spitze Auswüchse. Die einzelnen Vertreter der Familie Pachycephalosauridae waren durch unterschiedliche Schädelausbildungen gekennzeichnet (siehe Abbildung).
Der Schädel von Pachycephalosaurus besaß viele runde Knochenhöcker am hinteren Kuppelrand und einen spitz zulaufenden Stachelknochen entlang der Schnauze. Die Kuppel des 60 Zentimeter langen Schädels bestand aus einem bis zu 25 Zentimeter dicken, massiven Knochen. Die Zähne waren dagegen relativ klein und nicht in der Lage, Faserpflanzen mit der gleichen Wirksamkeit wie ihre Zeitgenossen, die Entenschnabel- und gehörnten Dinosaurier, zu kauen. Vielleicht ernährte sich Pachycephalosaurus von einer Mischkost aus Samen, Insekten, Blättern und Früchten.
Die meisten Paläontologen vermuten, dass Pachycephalosaurier mit Kuppelschädel zweibeinige Dinosaurier waren, die man mit den heutigen Dickhornschafen vergleichen könnte. Die Schädelkalotte konnte, einem Sturz-

Prenocephale *Stygimoloch* *Homalocephale* *Pachycephalosaurus*

helm gleich, enorme Aufprallenergien absorbieren, beispielsweise wenn zwei Männchen mit hohem Tempo aufeinander prallten. Einige Experten behaupten jedoch, dass Pachycephalosaurus seinen Schädel gar nicht als »Rammbock« benutzen konnte, da der Kuppelknochen dafür nicht stark genug gewesen sei.
Die großen, etwas nach vorn gerichteten Augenhöhlen lassen vermuten, dass Pachycephalosaurus scharfe Augen besaß und beidäugig stereoskopisch sehen konnte. Insgesamt unterschieden sich die Pachycephalosaurier kaum von den übrigen Ornithopoden. Insgesamt waren sie selten. Bisher wurden sie nur in Nordamerika und Zentralasien nachgewiesen – vielleicht mit einer Ausnahme: In Südengland wurde *wahrscheinlich* eine etwas primitivere, ca. 1 Meter große Dickkopfechse (*Yaverlandia*) aus der Unterkreide geborgen.

Parasaurolophus

Veröffentlichung: Parks, 1922.
Länge: bis zu 10 m. *Gewicht:* 5 t. *Nahrung:* Pflanzen.
Zeitliche Verbreitung: Oberkreide, vor 83–65 Ma.
Geographische Verbreitung: USA (New Mexico, Utah, evtl. Alaska), Kanada (Alberta).
Systematik: siehe Stammbaum {18} Lambeosaurinae (Abb. 79, S. 186).
Der Parasaurolophus (»neben Saurolophus«) – ein seltener Entenschnabel- oder Hadrosaurier – besaß einen eindrucksvollen Kopfkamm, der eine Länge von bis zu 1,8 Metern erreichte und nach hinten aus dem Schädel ragte (siehe Abb.). Ein Schädel mit einem sehr viel kürzeren Knochenkamm wurde ursprünglich als besondere Art von Parasaurolophus beschrieben. Inzwischen ist man jedoch der Ansicht, er habe zu einem Weibchen gehört.

Die Paläontologen sind sich über die Funktion des Kamms nicht sicher, da er röhrenförmige, hohle Rohre darstellte. Der Kamm wurde einst als Waffe für die Kämpfe um die Weib-

chen gehalten. Auch wurde die Hypothese aufgestellt, dass er als eine Art Schnorchel diente. Durch ein Loch, das sich an der Spitze befunden haben musste, wurde Luft eingeatmet, während das Tier Pflanzen unter Wasser einsammelte. Allerdings konnte ein solches Loch nie identifiziert werden. Inzwischen geht man davon aus, dass dieser Kamm der Erzeugung charakteristischer, trompetenähnlicher Rufe zur Kommunikation mit anderen Tieren diente.
Außerdem besaß der Parasaurolophus eine Vertiefung im Rücken direkt unterhalb der Schultern. Wenn der Kopf nach hinten geneigt wurde, konnte der Kamm in diese Vertiefung stoßen. Einige Wissenschaftler vermuteten, dass sich zwischen Kamm und Nacken ein segelartiger Hautlappen (grau angelegte Fläche: siehe Abb. S. 161) befand, der leuchtend gefärbt sein soll. Bisher hat man dafür aber keinen Beweis gefunden.
Der Parasaurolophus wurde lange aufrecht auf seinen Hinterbeinen stehend dargestellt, den Kopf hoch haltend und sein Körpergewicht mit dem Schwanz am Boden abstützend. Die riesigen Knochen zeigen jedoch, dass er seinen Rücken waagerecht hielt. Sein schwerer Schwanz schleifte nicht über dem Boden. In dieser waagerechten Haltung lief er wahrscheinlich auf zwei und auch auf vier Beinen.
Die Frage, ob der Parasaurolophus schwimmen konnte, ist noch nicht endgültig geklärt. Man geht heute eher davon aus, dass er auf dem trockenen Land lebte. Der lange, schmale Schwanz könnte jedoch beim Schwimmen gute Dienste geleistet haben, da er außergewöhnlich hochrückig angeordnet war.
Der Autor stellte eine neue Hypothese auf: Wurde der Kopf waagrecht gehalten, sodass der Kamm in die Einkerbung des Rückens ragte, könnte der Parasaurolophus durch die Nasenöffnungen geatmet haben, während sich fast das gesamte Tier unter Wasser befand. Der segelartige Hautlappen hätte unter dieser Voraussetzung eine Strömungslinienfunktion durch Schließen des Zwischenraums von Hals und Rücken erfüllt.

Plateosaurus

Veröffentlichung: von Meyer, 1837.
Länge: bis zu 9 m. *Gewicht:* bis zu 4 t. *Nahrung:* Pflanzen, Fleisch (?).
Zeitliche Verbreitung: Obertrias, vor 221–219 Ma.
Geographische Verbreitung: Deutschland, Frankreich, Schweiz, England, Griechenland, Schweden (?).
Systematik: siehe Stammbaum {30} Plateosauridae (Abb. 80, S. 187).
Plateosaurus (»Platte Echse«) ist der bekannteste unter den Prosauropoden (frühe Echsenfuß-Dinosaurier), die möglicherweise Vorfahren der größten

Dinosaurier (Sauropoden) sind, die je auf der Erde gelebt haben. Im Vergleich zu den riesigen Sauropoden des Juras war er nur ein mittelgroßer Dinosaurier. In der Obertrias war er jedoch der erste große Dinosaurier überhaupt.
In einem Steinbruch in Deutschland – nahe der Stadt Trossingen – wurden im frühen 19. Jahrhundert mehr als hundert Skeletteile und zehn vollständige entdeckt. *Massengräber* dieser Art könnten darauf hindeuten, dass die Tiere in Herden lebten. Der deutsche Wissenschaftler Hermann von Meyer gab im Jahre 1837 dem Tier, von dem die Fossilien stammten, den Namen Plateosaurus. Erst fünf Jahre später wurde der Begriff »Dinosaurier« eingeführt und Plateosaurus den Dinosauriern zugeordnet.

G Zum Massengrab: Lebten die Tiere einzeln oder in kleinen Gruppen in einem bestimmten Gebiet? Nach ihrem Tod – beispielsweise verursacht durch ein Naturkatastrophe – wurden sie von Regen- oder Wasserfluten fortgeschwemmt und am Ende der ausgewaschenen Flussbetten oder am Rand der überfluteten Gebiete abgelagert.

Plateosaurus war ein großes Tier mit einem langen Schwanz, der ungefähr die Hälfte der Körperlänge ausmachte. Heute herrscht die Auffassung, dass der Schwanz des Plateosaurus beim Gehen in der Luft getragen wurde. Er besaß wie andere Prosauropoden einen langen Hals, einen gestreckten, tonnenförmigen Körper und einen kleinen Kopf, der allerdings stärker und höher als bei den meisten anderen Sauropoden war. Im Vergleich zu anderen Dinosauriern hatte Plateosaurus einen sehr gestreckten Brustkorb und Unterleib. Die zahlreichen blattförmigen Zähne und das niedrige Unterkiefergelenk deuten darauf hin, dass sich diese Tiere von Pflanzen ernährten. Plateosaurus wurde deshalb zunächst für einen reinen Pflanzenfresser gehalten. Die großen Krallen an seinen Daumen und an der zweiten Zehe könnten allerdings darauf hindeuten, dass er gelegentlich auch Fleisch fraß. Auch die Zähne zeigen eine Kombination von Merkmalen, die sowohl auf pflanzliche als auch tierische *Nahrung* hinweisen. Mit den Krallen könnte Plateosaurus Wurzeln ausgegraben und auch Aas oder Insektenhügel aufgerissen haben. Die meiste Zeit lief Plateosaurus auf allen vieren, erhob sich möglicherweise aber auf die Hinterbeine, um höher gelegene Pflanzen in drei bis vier Meter Höhe abzuweiden.

Ähnliche pflanzenfressende Dinosaurier lebten auch in anderen Teilen der Welt. In Südchina war es der 6 Meter lange Lufengosaurus und in Südamerika die kleinere, 4 Meter lange Coloradia. Das Auftreten von Dinosauriern mit ähnlichem Körperbau und ähnlicher Lebensweise in weit voneinander entfernten Teilen der Welt ist ein Beweis für die Theorie, dass zu Lebzeiten dieser Tiere in der Oberen Trias vor ungefähr 200 Millionen Jahren alle Kontinente miteinander verbunden waren.

Protoceratops

Veröffentlichung: Granger/Gregory, 1923.
Länge: 1,8–2,4 m. *Gewicht:* 180 kg. *Nahrung:* Faserpflanzen.
Zeitliche Verbreitung: Oberkreide, vor 85–73 Ma.
Geographische Verbreitung: China und Mongolei.
Systematik: siehe Stammbaum {25} Protoceratopsidae (Abb. 79, S. 186).

Der Protoceratops (»erstes gehörntes Gesicht«) zählt zu den ersten bekannten Hornsauriern. Der Name ist etwas irreführend, weil er kein Horn auf dem Schädel trägt, sondern nur kleine, eher einem Kamm ähnelnde Knochenhöcker auf der Nase und an den Wangen. Die zahlreichen Skelette gehörten zu vierbeinigen Pflanzenfressern mit übergroßen Köpfen, knöchernen, mit dem Alter wachsende Halskrausen sowie scharfen, scherenartigen Schneidezähnen und papageienähnlichen Schnäbeln.
Bereits in den 1920er Jahren entdeckte eine amerikanische Expedition in der Mongolei die ersten Protoceratops und entsprechende Nester. Sie enthielten bis zu 18 wurstförmige Eier mit einer Länge von ungefähr 20 cm. Die Eiab-

lage erfolgte sorgfältig in dreischichtigen Spiralen. Seltsamerweise waren einige Eier noch unbeschädigt, als man sie entdeckte – sie überdauerten den lange andauernden (?) Versteinerungsvorgang.

Psittacosaurus

Veröffentlichung: Osborne, 1923.
Länge: bis zu 2 m. *Gewicht:* bis zu 25 kg. *Nahrung:* Faserpflanzen.
Zeitliche Verbreitung: Unterkreide, vor 125–97 Ma.
Geographische Verbreitung: China, Mongolei, Sibirien (Zentralrussland), Thailand.
Systematik: siehe Stammbaum {23} Psittacosauridae (Abb. 79, S. 186).

Der seit 1923 bekannte Psittacosaurus (»Papageiensaurier«) war ein zweibeiniger Pflanzenfresser. Er sah dem Ornithopoden Hypsilophodon ähnlich, besaß aber einen höheren und längeren Schwanz, eine kürzere Schnauze, längere Arme und Greifhände mit vier Fingern. Der vierte Finger sowie die erste der vier Zehen waren sehr kurz. Das außergewöhnlichste Merkmal des Psittacosaurus war sein viereckiger Schädel mit einem papageienähnlichen Schnabel, der mit einer scharfen Hornscheide bedeckt und somit ideal geeignet war, Stängel und Blätter abzuschneiden.
Es wird angenommen, dass die direkten Vorläufer der Hornsaurier (Triceratops, Styracosaurus) unter den Psittacosauriden zu suchen sind. Da dieses Tier an jeder Hand nur vier Finger hatte, während es bei den Hornsauriern jeweils fünf waren, dürften es sich bei Vorfahren kaum um Psittacosaurus selbst handeln. Während die frühen Ceratopsia im Oberkiefer noch Zähne besaßen, hatte Psittacosaurus auch keine Zähne mehr in seinem Hornschnabel.

Saltasaurus

Veröffentlichung: Bonaparte/Powell, 1980.
Länge: bis zu 12 m. *Gewicht:* 25 t. *Nahrung:* Pflanzen.
Zeitliche Verbreitung: Oberkreide, vor 73–65 Ma.
Geographische Verbreitung: Argentinien, Uruguay.
Systematik: siehe Stammbaum {40} Titanosauria (Abb. 80, S. 187).

Der in der argentinischen Provinz Salta im Jahre 1980 gefundene Saltasaurus (»Echse aus Salta«) war ein vierbeiniger Pflanzenfresser mit einem extrem langen Schwanz, der in eine peitschenähnliche Spitze auslief, und einem langen Hals, auf dem ein kleiner Kopf saß. Saltasaurus war für einen Sauropoden (Echsenfuß-Dinosaurier) nicht sehr groß und wog nur die Hälfte eines Apatosaurus (früher Brontosaurus). Für einen Sauropoden ungewöhnlich ist die *Panzerung*. Sie bestand aus ovalen Knochenplatten von etwa 20 Zentimeter Durchmesser und einer Anzahl kleiner, erbsengroßer Knochenhöcker, die den Rücken und die Flanken schützte.
Saltasaurus gehörte zur Sauropoden-Familie der Titanosauriden wie fast alle Sauropoden der Oberkreide. Die Überreste der Titanosauriden sind nur bruchstückhaft vorhanden. Von den meisten Titanosauriden-Arten waren bisher meist nur ein oder zwei teilweise erhaltene Skelette gefunden worden. Erst im Jahre 1999 fand man in Argentinien den ersten Schädel eines Titanosauriers überhaupt. Auch andere Sauropoden – wie Apatosaurus – werden meistens ohne Kopf ausgegraben. Saltasaurus fand man bisher nur in Südamerika. Andere Titanosauriden wurden auch in Indien, Malawi (Afrika), Europa und Nordamerika gefunden, neuerdings im Jahre 1999 auch auf Madagaskar. Mysteriös erscheint, dass Madagaskar nach der Theorie der Plattentektonik schon weit vor dem Beginn der Oberkreide, also zu Lebzeiten der Titanosaurier, bereits eine Insel gewesen sein soll.

Sauropelta

Veröffentlichung: Ostrom, 1970.
Länge: 7,6 m. *Gewicht:* 3 t. *Nahrung:* kleinwüchsige Pflanzen.
Zeitliche Verbreitung: Unterkreide, vor 114–97 Ma.
Geographische Verbreitung: USA (Montana, Wyoming, Utah).
Systematik: siehe Stammbaum {8} Nodosauridae (Abb. 79, S. 186).

Der Sauropelta (»Schildechse«) war der größte, aber auch der früheste und primitivste der Nodosauriden – eine Gruppe gepanzerter Pflanzenfresser, die im heutigen westlichen Nordamerika lebten. Weiterentwickelte Nodosauriden, wie der Edmontonia, besaßen große, knöcherne Schulterplatten. Im Vergleich dazu war die Panzerung des Sauropelta primitiv. Sie bestand aus Kettenpanzer und Stacheln auf beiden Seiten des Halses. Schultern, Rücken und Schwanz des Sauropelta waren mit hornüberzogenen Knochenkegeln zwischen Reihen kleinerer Knochenzapfen bedeckt.

Der schwerfällige, vierbeinige Sauropelta bewegte sich normalerweise nicht schneller als ein Mensch beim Gehen, obwohl er vielleicht auch in Trab verfallen konnte. Die einzige Verteidigungsmöglichkeit bestand wohl darin, an Ort und Stelle zu verharren und sich auf seine Panzerung zu verlassen.

Scelidosaurus

Veröffentlichung: Owen, 1868.
Länge: bis zu 4 m. *Gewicht:* bis zu 250 kg. *Nahrung:* kleinwüchsige Pflanzen.
Zeitliche Verbreitung: Unterkreide, vor 140–131 Ma.
Geographische Verbreitung: England ~ USA (Arizona), Tibet.
Systematik: siehe Stammbaum {3} Scelidosaurus (Abb. 79, S. 186).

Der Scelidosaurus (»Gliederechse«) war ein vierbeiniger, leicht gepanzerter Pflanzenfresser. Er ist einer der frühen Ornithischier und eines der frühesten Mitglieder einer Gruppe, zu der auch die mit Platten bedeckten Stegosaurier und die gepanzerten Ankylosaurier gehören. Versteinerte Hautabdrücke zeigen kleine, sechseckige Schuppen, die zwischen den Panzerplatten saßen. Scelidosaurus besaß auf Hals, Rücken und Schwanz viele Reihen wulstiger Knochenplatten und -zapfen.
Da die Vorderbeine viel kürzer als die Hinterbeine waren, bewegte er sich wahrscheinlich gemächlich auf vier Beinen durch die Landschaft. Der Körperbau spricht für diese Gangart, da sich die Hüften am höchsten Punkt des Körpers befanden. Sie lagen jedoch nicht hoch genug, um eine Drehung des steifen Schwanzes sowie des kurzen Halses und des Kopfes zu ermöglichen. Scelidosaurus wies eine weniger komplexe Bezahnung und Kiefer als die späteren Ornithischier auf und führte deshalb wohl nur einfache auf- und abwärtsgerichtete Kaubewegungen aus. Scelidosaurus besaß einen kleinen Kopf und seine Kiefer waren vorne mit einem Hornschnabel versehen. Seine kleinen Zähne waren blattförmig und wiesen einige große sägeförmige Zacken an jeder Kante auf.
Einige Knochen von Scelidosaurus wurden in Meeresablagerungen gefunden. Aufgrund dieser Tatsache wurde vermutet, dass dieses Tier amphibisch war. Man glaubt jedoch heute, dass Scelidosaurus an den Flussufern lebte und einzelne Exemplare bei Überschwemmungen umkamen und ins Meer getragen wurden.

? Das Auftreten von Scelidosaurus in Europa und Nordamerika weist darauf hin, dass zu Lebzeiten dieser Tiere in der Unterkreide beide Kontinente noch eine Landverbindung gehabt haben müssen, die es nach aktuellen geophysikalischen Modellen zu Lebzeiten dieser Tiere nicht mehr gegeben haben soll – der tiefe Atlantik war schon gebildet (siehe Abb. 6, S. 57). Der Fund in Tibet zeigt neuerdings die weite Verbreitung dieses Tieres. Dies wäre erstaunlich, da in der Unterkreide Europa von Asien durch einen Meeresarm getrennt gewesen sein soll, bevor sich in der Oberkreide Euramerika und Asiamerika bildeten. Gegebenenfalls bestand aber zwischen dem westlichen Nordamerika und Zentralasien eine Verbindung.

Segnosaurus

Veröffentlichung: Perle, 1979.
Länge: 6 m. *Gewicht:* unbekannt. *Nahrung:* wahrscheinlich Pflanzen, vielleicht Fische.
Zeitliche Verbreitung: Oberkreide, vor 91 Ma.
Geographische Verbreitung: Mongolei.
Systematik: siehe Stammbaum {51} Therizinosauridae (Abb. 80, S. 187).

Der Segnosaurus (»langsame Echse«) war ein zweibeiniger Therizinosaurier und wies große Ähnlichkeiten mit den Prosauropoden (frühen Echsenfuß-Dinosauriern) und Ornithischiern (Vogelbecken-Dinosauriern) auf. Viele Knochen gleichen denen des Erlikosaurus, der in derselben Gegend im Gestein gleichen geologischen Alters gefunden wurde. Man nimmt an, dass Segnosaurus einen schmalen, zahnlosen Schnabel und mit Kauleisten versehene, relativ scharfe Zähne besaß. Die drei Finger seiner Hände waren wahrscheinlich mit riesigen, gebogenen Krallen bewehrt.

Segnosaurus bereitet den Wissenschaftlern viel Kopfzerbrechen bei dem Versuch, sich ein genaues Bild von der Lebensweise zu machen. Eigentümlich waren die kurzen, vielleicht mit *Schwimmhäuten* ausgestatteten Füße, deren vier Zehen Krallen trugen. Es gibt verschiedene Vermutungen. Es könnte sein, dass die mächtigen Arme vielleicht verwendet wurden, um Termitenhügel aufzuscharren. Einige Wissenschaftler nehmen an, dass der Segnosaurus in Seen oder Flüssen schwamm, um Fische zu fangen. Diese Annahme stützt sich auf die Entdeckung einer Reihe versteinerter Fußspuren in der Nähe eines Fundes von Segnosaurus-Knochen. Diese Fußspuren zeigen deutlich *vier Zehen und Schwimmhäute*. Das Maul des Segnosaurus erscheint jedoch zum Ergreifen schlüpfriger Wassertiere wenig geeignet. Der Beckenaufbau deutet ebenfalls darauf hin, dass er ein Pflanzenfresser (Herbivore) war. Die rückwärts gerichteten Hüftknochen ließen Platz für große Eingeweide, die für das Verdauen größerer Mengen pflanzlichen Materials geringer Qualität notwendig waren. Sollte diese Annahme zutreffen, wäre der *Segnosaurus als pflanzenfressender Theropode eine Kuriosität* unter den Dinosauriern gewesen, da kein anderer Theropode diese Merkmale teilte. Im Gegensatz zu anderen Theropoden wäre der Segnosaurus nicht in der Lage gewesen, schnell genug zu laufen, um Beute aktiv zu fangen – seine Oberschenkel waren länger als die Schienbeine.

Spinosaurus

Veröffentlichung: Stromer, 1915.
Länge: 12–15? m. *Gewicht:* 3–6? t. *Nahrung:* Fische, Dinosaurier.
Zeitliche Verbreitung: Oberkreide, vor 95 Ma.
Geographische Verbreitung: Ägypten, Niger.
Systematik: siehe Stammbaum {47} Spinosauridae (Abb. 80, S. 187).
Der Spinosaurus (»Dornenechse«) ist der spektakulärste Vertreter der Familie Spinosauridae. Er war nicht nur einer der größten Carnosaurier, sondern trug auf dem Rücken auch ein üppiges Hautsegel, das höher war als ein Mensch. Es wurde durch zwei keulenförmige, bis zu zwei Meter lange Fortsätze gehalten, die den Rückenwirbeln entsprangen. Diese Ausbildung erinnert an das Rückensegel des Pelycosauriers Dimetrodon, der vor den Dinosauriern (Unterperm) lebte. Ungefähr zur selben Zeit wie Spinosaurus lebte in Westafrika der große pflanzenfressende Dinosaurier Ouranosaurus, der sich auf zwei Beinen bewegt haben soll und auf dem Rücken auch ein Segel trug.

? Die Funktion des Segels wird nach wie vor diskutiert. War der Spinosaurus ein Kaltblüter (siehe Seite 23 und 112), hatte das Segel vielleicht die Wirkung eines Solarkollektors. Die durch die große Oberfläche

des Segels aufgenommene Wärme wurde von den Blutgefäßen im ganzen Körper verteilt. Der Spinosaurus wurde am frühen Morgen bereits erwärmt und konnte auf Jagd gehen, während andere kaltblütige Dinosaurier noch relativ unbeweglich waren. Einer anderen Theorie zufolge war das Segel lebhaft gefärbt und wurde für Imponiergehabe oder Drohgebärden genutzt. Vielleicht diente es auch Männchen dazu, die Aufmerksamkeit des Weibchens auf sich zu lenken. Gegen diese Ansicht spricht die statische Haltung des Segels. Ein Imponiergehabe sollte dagegen eher dynamische Aktionen beinhalten, wie beispielsweise das Auffalten des Segels.

Ungeklärt ist, ob der Baryonyx und der Spinosaurus zu ein und derselben Gruppe von Raubsauriern gehörten. Obgleich sie einige Ähnlichkeiten aufweisen, gab es Unterschiede. So hatte beispielsweise der Spinosaurus wesentlich weniger Zähne, die auch gerade anstatt gekrümmt waren.

Möglicherweise lief der Spinosaurus auch auf allen vieren – eine ungewöhnliche Fortbewegungsart unter den ansonsten »zweibeinigen« Carnosauriern.

Über die Gestalt des Spinosaurus-Kopfes wurde lange Zeit diskutiert. Einer Hypothese zufolge besaß er einen langen, niedrigen Kopf mit krokodilähnlichen Zähnen, die zum Fressen von Fischen, nicht aber für das Töten anderer Dinosaurier geeignet waren.

Stegosaurus

Veröffentlichung: Marsh (Foto 26), 1877.
Länge: bis zu 9 m. *Gewicht:* bis zu 2 t. *Nahrung:* kleinwüchsige Pflanzen.
Zeitliche Verbreitung: Oberjura, vor 156–144 Ma.
Geographische Verbreitung: USA (Colorado, Oklahoma, Wyoming, Utah).
Systematik: siehe Stammbaum {6} Stegosaurinae (Abb. 79, S. 186).

Der vierbeinige, pflanzenfressende Stegosaurus (»Dachechse«) – als bekanntestes Mitglied seiner Familie – wurde in Anlehnung an die nach oben herausragenden doppelreihig angeordneten Knochenplatten auf seinem Hals, Rücken und seiner Schwanzwurzel benannt. Sie konnten bis zu 1 Meter hoch werden. Die Stachelpaare am Schwanz erreichten bis zu 60 Zentimetern. Stegosaurus war der größte bekannte plattenbewehrte Dinosaurier und ging auf elefantenartigen Beinen. Ein besonderes Merkmal stellen die kurzen, gespreizten Vorderbeine und die viel längeren Hinterbeine dar. Eines der schönsten Skelette kann im *Denver Museum of Natural History* besichtigt werden.
Sein kleiner, nur 40 Zentimeter langer Kopf endete in einen zahnlosen Hornschnabel mit einer Unzahl von Zähnen. Da Stegosaurus mit seinen Zähnen und dem kleinen Schnabel pflanzliche Nahrung nicht gut zerkauen konnte, haben sich die Vorstellungen über das Fressverhalten des Stegosaurus gewandelt. Man glaubt jetzt, dass er hohe Selektivität beim Fressen zeigte und Leckerbissen wie fleischige Blüten bevorzugte. Anderseits müsste er einen enormen Verdauungstrakt besessen haben, da die *Nahrung* längere Zeit im Darm verdaut werden musste, um die Nährstoffe freizusetzen. Außerdem verschluckte Stegosaurus wahrscheinlich, wie viele andere pflanzenfressende Dinosaurier, Steine (Gastrolithe) und behielt sie in seinem Magen.

Die wahrscheinlich eher wechselseitig angeordneten Platten waren groß, aber auch dünn und stumpf. Sie boten daher wenig Schutz gegen Angriffe großer Raubsaurier. Der merkwürdig gekrümmte Rücken, die schweren Beine und die enorme Größe lassen vermuten, dass dieser Pflanzenfresser nicht schnell entfliehen konnte. So war sein stachelbewehrter Schwanz die einzige Waffe – er konnte damit seitlich ausschlagen. Im Gegensatz zu den steifen Schwänzen der meisten Ornithischier war sein Schwanz wahrscheinlich geschmeidig. Neue Rekonstruktionen zeigen Stegosaurier mit steifem Schwanz und nicht als Schwanzschleifer (Foto 31).

? Unklar ist bis heute die Funktion der Platten:
siehe Seite 112 (Fotos 5–7).

Struthiomimus

Veröffentlichung: Osborn, 1917.
Länge: 4 m. *Gewicht:* 150 kg. *Nahrung:* kleine Tiere und Pflanzen.
Zeitliche Verbreitung: Oberkreide, vor 76–70 Ma.
Geographische Verbreitung: Kanada (Alberta), USA ~ enge Verwandte in der Mongolei und China.
Systematik: siehe Stammbaum {52} Ornithomimidae (Abb. 80, S. 187).
Nach der Entdeckung im Jahr 1914 hielt man Struthiomimus und Ornithomimus für identisch. Erst im Jahr 1972 ergaben eingehende Untersuchungen, dass Struthiomimus längere Arme und stärkere, gekrümmte Krallen an

den Fingern hatte. Außerdem wird er zeitlich etwas früher in der Oberkreide angesiedelt als Ornithomimus.
Der Struthiomimus (»Strauß-Nachahmer«) ist der bekannteste Vertreter unter den Dinosauriern, die man als Ornithomimiden (Vogelnachahmer) bezeichnet, da sie Laufvögeln ähneln. Mit den langen Hinterläufen konnte Struthiomimus große Schritte machen und sehr schnell laufen. Der fleisch- und pflanzenfressende Struthiomimus ähnelte mit seinem schmalen Hals und den beiden langen Laufbeinen verblüffend einem modernen Strauß, wie ein fast vollständiges Skelett aus Alberta zeigt. Beide besitzen einen kleinen Kopf, papierdünne Schädelknochen, große Augenhöhlen, einen zahnlosen Schnabel, einen langen Hals, einen kurzen Rücken, lange Beine und drei große, nach vorn gerichtete krallenartige Zehen. Im Gegensatz zum Strauß besaß Struthiomimus jedoch Arme mit drei krallenbewehrten Fingern an den Händen sowie einen langen, am Ende versteiften Schwanz.

? Kontrovers wird die Stellung der Hände diskutiert. Einige Wissenschaftler glauben, dass Struthiomimus und andere Ornithomimiden ihre Hände nach rückwärts zusammengerollt hielten, um besser in der Erde graben zu können. Neue Untersuchungen der Handknochen lassen jedoch eher darauf schließen, dass Ornithomimiden die Hände so hielten, dass die Handflächen gegenüber lagen (siehe obere Abb.).

Styracosaurus

Veröffentlichung: Lambe, 1913.
Länge: 5,50 m. *Gewicht:* 2–3 t. *Nahrung:* faserreiche Pflanzen.
Zeitliche Verbreitung: Oberkreide, vor 80–73 Ma.
Geographische Verbreitung: Kanada (Alberta), USA (Montana).
Systematik: siehe Stammbaum {27} Centrosaurine (Abb. 79, S. 186).

Einer der spektakulärsten Vertreter der Hornsaurier (Ceratopsiern) war der wohlgepanzerte Styracosaurus (Foto 55). Der vierfüßige Pflanzenfresser erhielt seinen Namen aufgrund der sechs langen Knochenstacheln, die fächerförmig aus der Rückseite seiner Halskrause ragten. Er trug auf der Schnauze ein gewaltiges Horn, das so lang wie die längsten Knochenstacheln war – so lang wie der Arm eines Menschen. Wie bei verwandten Arten befanden sich im Nackenschild zwei große, hautbedeckte Fenster, die das Gewicht des großen knöchernen Gebildes verringerten.
Weitere Panzerungen besaß der Styracosaurus nicht. Er konnte sich jedoch gut verteidigen. Es erscheint möglich, dass die Halskrause mit den Stacheln auch für das Imponiergehabe bei der Paarungszeit diente. Ob die Halskrause überhaupt gefärbt war, ist nicht bekannt, da es keine Beweise gibt. Aber manche Wissenschaftler vermuten, dass Styracosaurus die Farbe wechseln konnte, wie ein Chamäleon seine Hautfarbe wechselt.

? Obwohl die Halskrausenstacheln des Styracosaurus wohl sehr ausgeprägt waren, sind einige Paläontologen der Ansicht, dass Styracosaurus, Centrosaurus und Monoclonius eng verwandt waren. Es erscheint möglich, dass sich Merkmale wie die Größe und Anzahl der Hörner mit dem Alter, dem Geschlecht und vielleicht der Art veränderten. Eine 1990 veröffentlichte Rekonstruktion verkompliziert die Situation, da es demzufolge eine Styracosaurus-Art gegeben haben kann, die nur zwei Halskrausenstacheln und ein bemerkenswertes Horn auf der Nase aufwies, das den Schnabel überragte (siehe Diskussion: Wärmetauscher, S. 112 f.).

Triceratops

Veröffentlichung: Marsh (Foto 26), 1889.
Länge: 8–9 m. *Gewicht:* 5–6 t. *Nahrung:* faserreiche Pflanzen.
Zeitliche Verbreitung: Oberkreide, vor 68–65 Ma.
Geographische Verbreitung: Kanada (Alberta, Saskatchewan), USA (Montana, Wyoming, South Dakota, Colorado).
Systematik: siehe Stammbaum {27} Ceratopsinae (Abb. 79, S. 186).

Der vierbeinige, pflanzenfressende Triceratops (»Dreihorngesicht«) ist der bekannteste Horndinosaurier (Ceratopsier). Er war der größte und schwerste seiner prächtigen Gruppe. Die Entdeckung Hunderter von Schädeln zeigt, dass er einer der verbreitetsten Dinosaurier jener Zeit war.
Allein der imponierende Kopf maß 1,5 Meter im Durchmesser und war somit einer der größten Schädel aller Landtiere. Eine breite, knochige Krause ragte aus der Rückseite seines Schädels heraus, der vorne in einen langen Schnabel auslief. Das Nackenschild bestand aus soliden Knochen ohne Fenster. Aus dem Schädel von Triceratops ragten drei Hörner: ein kurzes, dickes Nasenhorn und zwei über einen Meter lange Hörner oberhalb der Augen. Bei einigen Arten reichten diese Hörner sogar über die Schnauzenspitze hinaus. Heute werden aufgrund ihres unterschiedlichen Schädelbaus mehr als 15 Triceratops-Arten unterschieden, bei denen es sich wahrscheinlich in einigen Fällen lediglich um verschiedene Geschlechter oder Wachstumsstadien handelt. Die tatsächliche Artenzahl dürfte deshalb wesentlich geringer sein.
Triceratops hatte einen korpulenten Körper mit sehr kräftigen Hinterbeinen. Deshalb konnte er wahrscheinlich nicht sehr schnell laufen. Er ähnelte

einem Nashorn, lebte ähnlich und verbrachte die meiste Zeit mit der Nahrungssuche. Triceratops hatte wie die Entenschnabel-Saurier auf seinem Kiefer dicht gepackte Zahnreihen. Er konnte die Kiefer scherenartig bewegen und harte Pflanzen auch seitlich abreißen und zerkleinern.
Möglich erscheint, dass die Halskrause dem Imponiergehabe während der Paarungszeit diente. Viele Wissenschaftler glauben, dass die Halskrause den Hals von Triceratops vor Angriffen der großen Raubsaurier wie Tyrannosaurus schützen sollte. Die meisten Schädel, Hörner und Nackenschilde, die man fand, waren in irgendeiner Form beschädigt. Man führt die Schäden auf Kämpfe zurück, die untereinander ausgetragen wurden. Manche Halskrausen waren durchlöchert oder wiesen sogar Bissspuren auf.

? Die Halskrause diente wahrscheinlich als Wärmetauscher (Fotos 5–7). Dadurch wurde überflüssige Wärme nach Bedarf abgegeben oder aufgenommen (S. 112 f.).

Troodon (= Stenonychosaurus)

Veröffentlichung: Leidy, 1856.
Länge: 2–3,5 m. *Gewicht:* 50 kg. *Nahrung:* Kleintiere.
Zeitliche Verbreitung: Oberkreide, vor 76–70 Ma.
Geographische Verbreitung: Kanada (Alberta), USA (Montana, Wyoming, vermutlich Alaska).
Systematik: siehe Stammbaum {56} Troodontidae (Abb. 80, S. 187).
Der Troodon (»verwundender Zahn«) erhielt im Jahre 1856 seinen Namen nach einem kleinen scharfen Zahn. Zuerst wurde angenommen, dass es sich um eine Echse handelt, dann um einen knochenköpfigen Dinosaurier. Erst in den 1980er Jahren wurden dem Zahn des Troodon entsprechende Knochen zugewiesen.

Troodon war ein intelligenter, vogelähnlicher Theropode. Im Vergleich zur Körpergröße hatte er ein größeres Gehirn als fast jeder anderer Dinosaurier – im Verhältnis ungefähr so intelligent wie ein Papagei. Dank seines leichten Körpers und seiner langen Beine konnte er sehr schnell laufen. Ein flexibles Handgelenk und ein Daumen, den er unabhängig von den anderen beiden langen Klauen bewegen konnte, bildeten eine starke Greifhand. Seine extrem langen, schlanken Beine endeten in verlängerten Füßen mit drei Zehen, wobei eine lange, gebogene Kralle am jedem zweiten Zeh ein wenig wie die des Deinonychus aussieht.
Troodon besaß sehr große Augen, die teilweise nach vorn gerichtet waren, ähnlich wie die des Menschen, und ein räumliches Sehen ermöglichten. Dadurch war dieser Jäger gut zur Fokussierung auf kleine bewegliche Tiere geeignet, die nicht größer als eine Ratte waren. Wenn die Netzhaut seiner Augen gut mit schwach lichtempfindlichen Stäbchen ausgestattet gewesen wäre, hätte Troodon die Beute selbst nachts sehen können.

Über die möglichen Beutetiere des Troodon wird unter Experten heftig diskutiert. War er auf mittelgroße Beutetiere spezialisiert, die er mit dem schrecklichen Biss seiner rau gezähnten Kiefer erledigte? Oder war er aufgrund seiner Schnelligkeit dazu in der Lage, auch größere Tiere mit seinen scharfen Klauen an seinen Händen und Füßen niederzureißen? Allerdings waren die scharfen Klauen an seinem zweiten Zeh nicht zum Austeilen kräftiger Schläge geeignet.

Tyrannosaurus

Veröffentlichung: Osborn, 1905.
Länge: 10–14 m. *Gewicht:* 4,5–7 t. *Nahrung:* Fleisch.
Zeitliche Verbreitung: Oberkreide, vor 76–70 Ma.
Geographische Verbreitung: Kanada (Alberta, Saskatchewan), USA (Montana, Wyoming, Colorado, Montana, North Dakota, South Dakota, Texas, vermutlich Alaska), früher in Asien (China, Mongolei) gefunden: heute als Tarbosaurus klassifiziert.
Systematik: siehe Stammbaum {53} Tyrannosauroidea (Abb. 80, S. 187).
Der zweibeinige Tyrannosaurus (»Tyrannenechse«) ist wohl der bekannteste Dinosaurier (Foto 41). Bereits 1902 wurde ein fast vollständiges Skelett freigelegt. Fast einhundert Jahre lang galt Tyrannosaurus als das größte fleischfressende Tier aller Zeiten. Doch in Südamerika und Afrika wurden vor kurzer Zeit noch größere Raubsaurier entdeckt. Der Kopf des im Mittel 12 Meter langen Tyrannosaurus war bis zu 1,50 Meter lang und besaß große, 20 Zentimeter lange, spitze Zähne – scharf wie ein Rasiermesser.

Mit diesen Zähnen hätte er kleinere Dinosaurier *direkt* erstechen können. Nur die Zähne vorne im Maul waren kleiner. Der Biss eines Tyrannosaurus war allerdings viermal schwächer als der eines Alligators (S. 88). Die schweren Beine liefen in drei breiträumigen Zehen aus, an deren Spitzen scharfe Klauen prangten.

? Im Vergleich zu seinen massiven Beinen wirken die kleinen Hände mit zwei Fingern und Arme, die nicht länger als die des Menschen sind, absurd klein. Es besteht ein sehr großer Kontrast zwischen dem riesigen Körper und seinen winzigen Händen. Obwohl die Arme scharfe Krallen trugen, ist ihre Funktion unklar, denn sie sind zu kurz, um *Nahrung* zum Maul zu bringen. Man konnte Bissspuren von Tyrannosaurus an fossilen Knochen von pflanzenfressenden Dinosauriern erkennen, denn die Zähne der verschiedenen Dinosaurier sehen ganz unterschiedlich aus. Die Zähne von Tyrannosaurus sind keine Schneidewerkzeuge, sondern eher große Stachel. Mithilfe der kräftigen Nackenmuskeln war er in der Lage, große Fleischstücke aus dem Beutetier zu reißen. Entsprechende Bisswunden entdeckte man an den Knochen eines Edmontosaurus.

? Weit verbreitet ist die Ansicht, dass Tyrannosaurus der schrecklichste Räuber der Kreidezeit gewesen sei. Bereits in den Sechzigerjahren wurde diese These aufgrund eingehender Untersuchungen des Beckengürtels und der Beine infrage gestellt. Heutzutage geht man eher davon aus, dass Tyrannosaurus vielleicht nichts anderes als ein langsamer Aasfresser war, der sich nur mit relativ kleinen Schritten fortbewegen konnte. Er war demzufolge allenfalls imstande, von anderen Räubern getötete Kadaver für sich zu beanspruchen. Auch diese Theorie ist umstritten, denn es ist nicht auszuschließen, dass Tyrannosaurus zum räumlichen Sehen befähigt war und große Gehirnpartien besaß, die dem Gesichts- und Geruchssinn zugeordnet waren. Siehe: *Aasfresser Tyrannosaurus Rex*, S. 88 f.

Velociraptor

Veröffentlichung: Osborn, 1924.
Länge: 1,8 m. *Gewicht:* 15 kg. *Nahrung:* Fleisch, auch große Dinosaurier.
Zeitliche Verbreitung: Oberkreide, vor 80–73 Ma.
Geographische Verbreitung: Mongolei, China, Kasachstan.
Systematik: siehe Stammbaum {56} Dromaeosauridae (Abb. 80, S. 187).

Der Velociraptor (»schneller Räuber«) wurde 1923 in der Wüste Gobi in Asien entdeckt. Er war ein Furcht erregender, Fleisch fressender (karnivorer) Theropode (Raubtierfuß-Dinosaurier) mit einem relativ großen Gehirn, mächtigen Kiefern, sägeförmigen Zähnen, großen Reißzähnen und einem starren, durch dünne Knochenplatten versteiften Schwanz. Velociraptor ist eng verwandt mit dem Deinonychus. Er unterschied sich von den anderen Mitgliedern der Familie durch seinen sehr langen, flachen Schädel mit schlanken Kiefern.
Wie alle Mitglieder der Familie Dromaeosauridae (»laufende Echsen«), war er mit einer Furcht erregenden, rückziehbaren sichelförmigen Klaue an der zweiten Zehe ausgestattet. Beim Laufen hielt Velociraptor die Krallen so, dass sie nicht den Boden berührten und stumpf wurden. Bei einer Angriffs-

aktion schnellte die Kralle nach vorne. So funktionierte diese fürchterliche Waffe wie ein Schnappmesser, um den Bauch des Opfers aufzuschlitzen. Man glaubt, dass die flinken Velociraptoren auch große Beutetiere im Rudel jagten (vergleiche Foto 48).

Ein überraschender Fund wurde in den 1970er Jahren in der Mongolei gemacht. Dieser präsentierte das blutrünstige Raubtier in Aktion: Zwischen den Vorderbeinen eines fast vollständigen Skeletts befand sich der Schädel eines Protoceratops.

7 A–Z der Dinosaurier und fliegenden Reptilien

Um die Vielfalt der Dinosaurier überblicken zu können, benötigt man ein System. Verschiedene Verwandtschaftskreise lassen sich voneinander trennen. Es gibt zwei Gruppen (Ordnungen) von Dinosauriern, die sich in der Ausbildung ihrer Becken unterscheiden: Ornithischia (Vogelbecken-Dinosaurier) und Saurischia (Echsenbecken-Dinosaurier).
Im System ist z. B. der Tyrannosaurus Rex klassifiziert: Ordnung: Saurischia, Unterordnung: Theropoda, Zwischenordnung: Carnosauria, Familie: Tyrannosauridae, Gattung: Tyrannosaurus (Tyrannenechsen), Art (Spezies): Tyrannosaurus Rex.
Im A–Z, dem »Who's Who« der Dinosaurier, sind die Arten der Dinosaurier und Flugsaurier einzeln aufgeführt und kurz beschrieben. Zur Übersichtlichkeit wird jeweils auch eine Gliederungszahl angegeben, mit der man in den beiden Stammbäumen (Ornithischia und Saurischia: siehe Abbildungen auf den Seiten 186 und 187) die Position und damit die Systematik des betreffenden Tieres (nach Paul C. Sereno, University of Chicago, 1999) leicht bestimmen kann.

Erläuterungen zur Abb. 78

1 Dinosaurier- oder Flugsaurierart.
2 Jahreszahl der wissenschaftlichen Veröffentlichung (nicht Fundjahr) oder (unv.) = Fund offiziell veröffentlicht.
3 (n.n.) = nicht veröffentlichter Name, ohne genaue wissenschaftliche Beschreibung (nomen nudum).
4 Pflanzenfresser (P), Fleischfresser (F) oder Allesfresser (O). Hinweis auf äußere Merkmale: gepanzert (g), plattenbewehrt (p) oder Horndinosaurier (h).

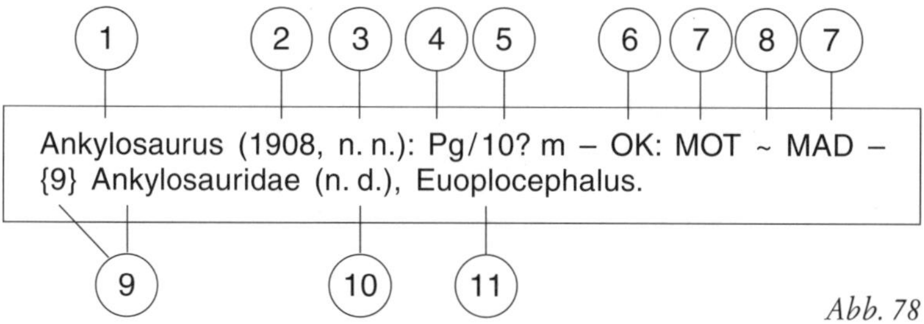

Abb. 78

5 Länge des Tieres.
6 Siehe Erläuterung: System (Epoche).
7 Fundort (Kontinent oder Land, in Nordamerika: Bundesstaat): siehe Erläuterung Länderabkürzungen.
8 Hinweis auf Fundorte gleicher Dinosaurier auf mehreren Kontinenten.
9 Hinweis zur Systematik mit Gliederungszahl zur Einstufung in den Stammbaum (siehe Abb. 79 und 80, S. 186 und 187), sowie zeitliche Entwicklung: siehe Abb. 81 und 82, S. 188 und 189).
10 Zweifelhafter Name (nomen dubium).
11 Verwandt mit anderer Dinosaurierart (siehe dort).

System (Epoche)

Zeitangaben in Millionen Jahren (Ma)
T = Trias (250–210 Ma), UT = Untertrias (250–243 Ma),
MT = Mitteltrias (243–230 Ma), OT = Obertrias (230–210 Ma).
J = Jura (210–140 Ma), UJ = Unterjura (210–184 Ma),
MJ = Mitteljura (184–160 Ma), OJ = Oberjura (160–140 Ma).
K = Kreide (140–65 Ma), UK = Unterkreide (140–97 Ma),
OK = Oberkreide (97–65 Ma).
OJ bis OK = Beispiel für gesamte zeitliche Verbreitung über mehrere geologische Systeme (Zeitepochen) hinweg.
UK/OK = Beispiel für eine zeitliche Verbreitung im Grenzbereich zweier geologischer Systeme.

Länderabkürzungen

AEG = Ägypten, ALA = Alabama (USA), ALB = Alberta (Kanada), ALG = Algerien, ALS = Alaska (USA), AN = Antarktis, ARI = Arizona (USA), ARG = Argentinien, ARK = Arkansas (USA), AS = Asien,

AU = Australien, BEL = Belgien, BRA = Brasilien, CAN = Kanada, CHI = China, CIL = Chile, CON = Connecticut (USA), CUB = Kuba, DEU = Deutschland, DOC = Washington D.C. (USA), ENG = England, EUR = Europa, FRA = Frankreich, GEO = Georgia (USA), HEL = Schweiz, IND = Indien, ITA = Italien, JAP = Japan, JOR = Jordanien, KAN = Kansas (USA), KAZ = Kasachstan (Mittelasien), KRO = Kroatien, LAO = Laos, LES = Lesotho, LYB = Libyen, MAD = Madagaskar, MAL = Maryland (USA), MAW = Malawi, MEX = Mexiko, MIP = Mississippi (USA), MIR = Missouri (USA), MOG = Mongolei, MOT = Montana (USA), MRO = Marokko, NA = Nordamerika, NAM = Namibia, NCA = North Carolina (USA), NDA = North Dakota (USA), NEB = Nebraska (USA), NIE = Niederlande, NIG = Niger, NJE = New Jersey (USA), NKO = Nordkorea, NME = New Mexico (USA), OKL = Oklahoma (USA), ÖST = Österreich, PEN = Pennsylvania (USA), POR = Portugal, ROM = Rumänien, RUS = Russland, SA = Südamerika, SAF = Südafrika, SAS = Saskatchewan (Kanada), SCT = Schottland, SDA = South Dakota (USA), SKO = Südkorea, SPA = Spanien, SWE = Schweden, TAD = Tadschikistan (Südosten Mittelasiens), TAN = Tansania, TEX = Texas (USA), THA = Thailand, TRA = Transbaikalien (Landschaft östlich vom Baikalsee), TSR = Tschechien, TUN = Tunesien, UNG = Ungarn, UTA = Utah (USA), URU = Uruguay, UZB = Usbekistan, USA = USA, WAL = Wales, WYO = Wyoming (USA), ZIM = Zimbabwe.

Abkürzungen

Ma	Millionen Jahre.
unv.	offiziell unveröffentlicht (ähnlich n.n.).
urspr.	ursprünglich.
n.d.	zweifelhafter Name (nomen dubium).
n.n.	nicht veröffentlichter Name, ohne genaue wissenschaftliche Beschreibung (nomen nudum).
VR	früher Vogel bzw. vogelähnliches Reptil.
FR	fliegendes Reptil (Flugsaurier).
?	nicht gesicherte Erkenntnis.
S	andere Spezies (Art).
Fl	Flügelspannweite.
k.D.	kein Dinosaurier.

Abb. 79: Stammbaum Ornithischia. *Die stammgeschichtliche Entwicklung (Phylogenie) bzw. der Verwandtschaftsgrad der Vogelbecken-Dinosaurier (Ordnung Ornithischia – Ordnung Saurischia siehe Abb. 80) ist mit Kennziffern 1–27 (Ordnung, Unterordnung, Zwischenordnung, Familie, Gattung) zur schnellen Einordnung und Bestimmung der Systematik der Dinosaurierarten versehen (nach Sereno):*
Ornithischia 1; Genasauria 2; Thyreophora 3; Eurypoda 4; Stegosauria 5; Stegosauridae 6; Ankylosauria 7; Nodosauridae 8; Ankylosauridae 9; Neornithischia 10; Ornithopoda 11; Euornithopoda 12; Iguanodontia 13; Ankylopollexia 14; Styracosterna 15; Hadrosauriformes 16; Hadrosauroidea 17; Hadrosauridae 18; Marginocephalia 19; Pachycephalosauria 20; Pachycephalosauridae 21; Pachycephalosaurinae 22; Ceratopsia 23; Neoceratopsia 24; Coronosauria 25; Ceratopsoidea 26; Ceratopsidae 27.

Abb. 80: Stammbaum Saurischia. *Die stammgeschichtliche Entwicklung (Phylogenie) bzw. der Verwandtschaftsgrad der Echsenbecken-Dinosaurier (Ordnung Saurischia – Ordnung Ornithischia siehe Abb. 79) ist mit Kennziffern 28–59 (Ordnung, Unterordnung, Zwischenordnung, Familie, Gattung) zur schnellen Einordnung und Bestimmung der Systematik der Dinosaurierarten versehen (nach Sereno):*
Saurischia 28; Sauropodomorpha 29; Prosauropoda 30; Plateosauria 31; Massospondylidae 32; Plateosauridae 33; Sauropoda 34; Eusauropoda 35; Neosauropoda 36; Diplodocoidea 37; Macronaria 38; Titanosauriformes 39; Somphospondyli 40; Theropoda 41; Neotheropoda 42; Ceratosauria 43; Ceratosauroidea 44; Coelophysoidea 45; Tetanurae 46; Spinosauroidea 47; Neotetanurae 48; Coelurosauria 49; Maniraptoriformes 50; Ornithomimosauria 51; Ornithomimoidea 52; Tyrannoraptora 53; Maniraptora 54; Paraves 55; Deinonychosauria 56; Aves 57; Ornithurae 58; Ornithothoraces 59.

Abb. 81 und 82: Zeitliche Entwicklung. *Der zeitliche Ablauf der stammgeschichtlichen Entwicklung (Phylogenie) der Vogelbecken-Dinosaurier (Ordnung Ornithischia = linke Seite und Saurischia = rechte Seite) im Erdmittelalter. Die nachgewiesene zeitlich kalibrierte Dauer der Entwicklung ist durch schwarz ausgezogene Balken, die nicht nachgewiesene durch licht ausgezogene Balken und die durch fragmentarische Funde oder wissenschaftlich nicht beschriebene Funde durch weiß ausgezogene Balken mit gestrichelten Linien dargestellt. Kennziffern: vergleiche Stammbäume Abb. 79 und 80.*

Stammbaum der Dinosaurier nach Paul C. Sereno (1999)

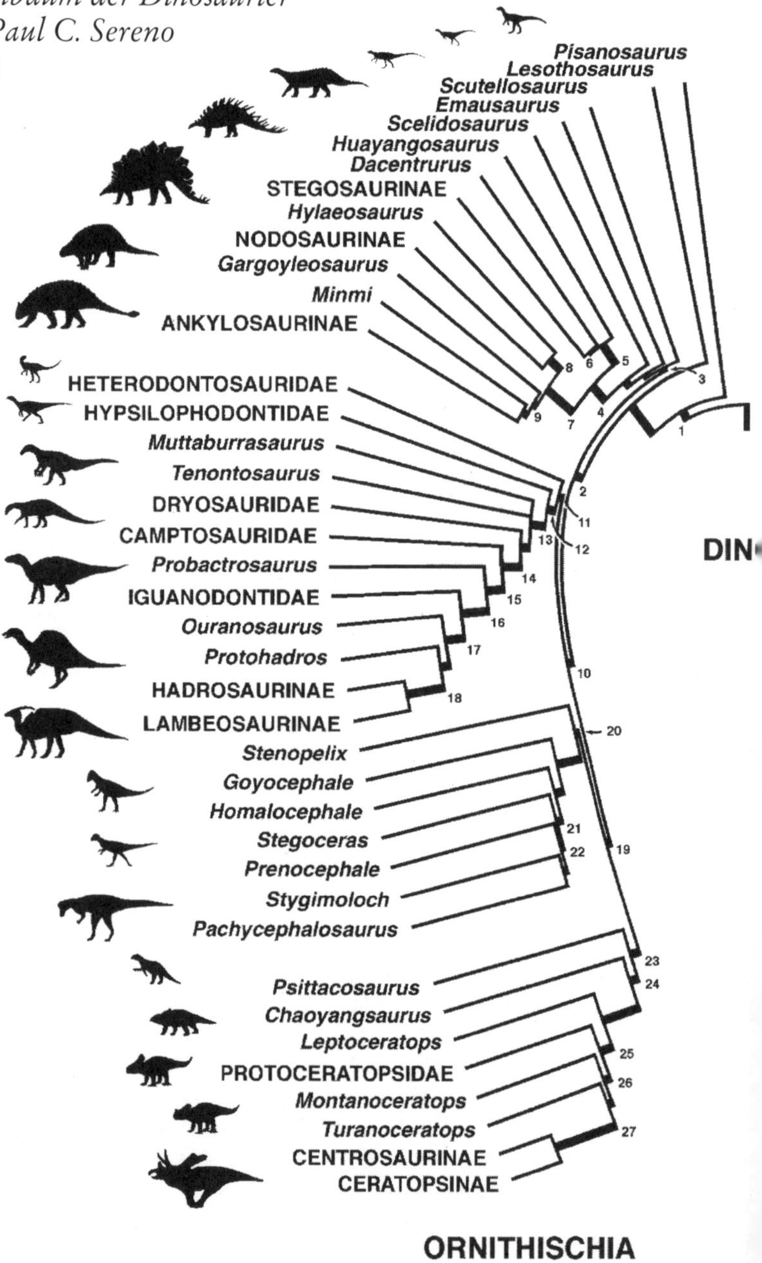

Abb. 79

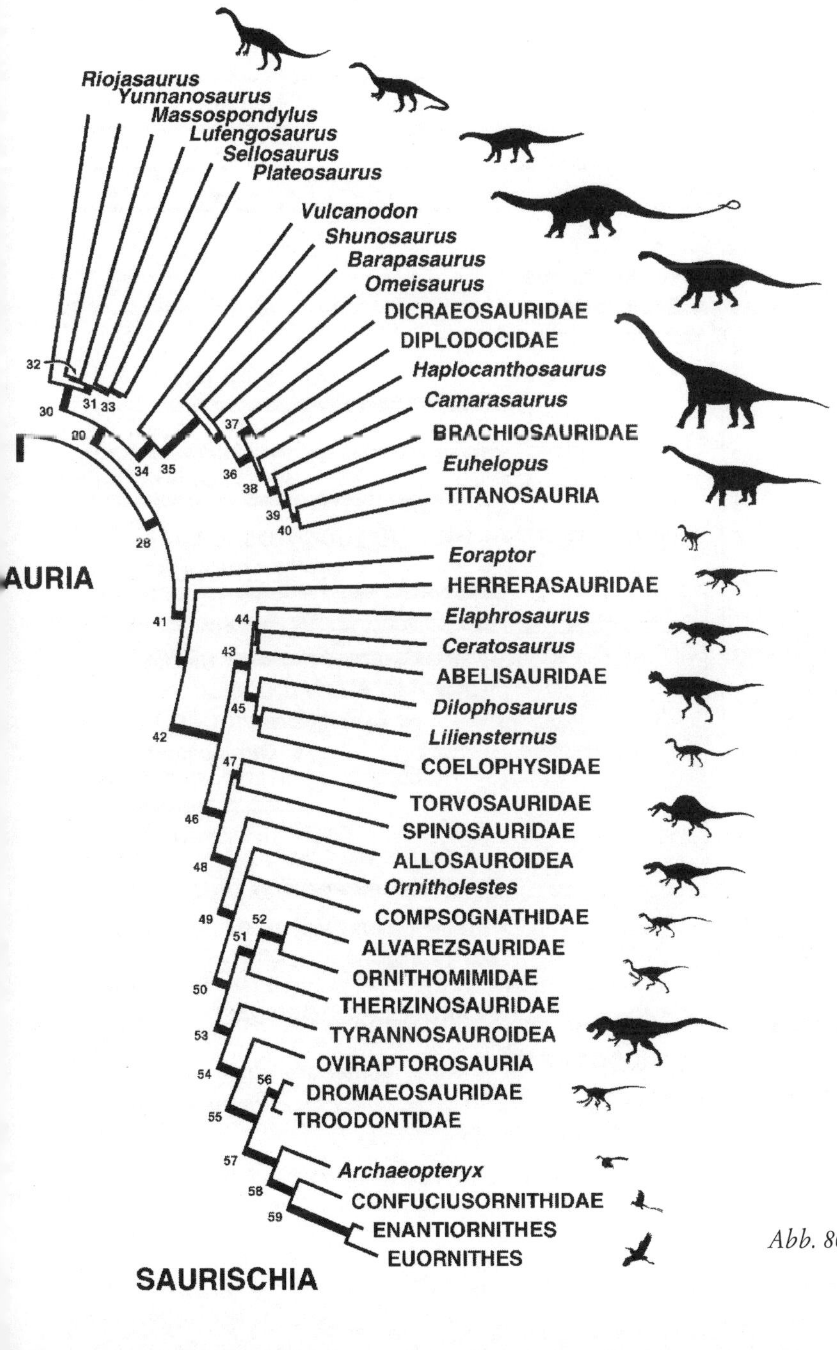

Riojasaurus
Yunnanosaurus
Massospondylus
Lufengosaurus
Sellosaurus
Plateosaurus
Vulcanodon
Shunosaurus
Barapasaurus
Omeisaurus
DICRAEOSAURIDAE
DIPLODOCIDAE
Haplocanthosaurus
Camarasaurus
BRACHIOSAURIDAE
Euhelopus
TITANOSAURIA
Eoraptor
HERRERASAURIDAE
Elaphrosaurus
Ceratosaurus
ABELISAURIDAE
Dilophosaurus
Liliensternus
COELOPHYSIDAE
TORVOSAURIDAE
SPINOSAURIDAE
ALLOSAUROIDEA
Ornitholestes
COMPSOGNATHIDAE
ALVAREZSAURIDAE
ORNITHOMIMIDAE
THERIZINOSAURIDAE
TYRANNOSAUROIDEA
OVIRAPTOROSAURIA
DROMAEOSAURIDAE
TROODONTIDAE
Archaeopteryx
CONFUCIUSORNITHIDAE
ENANTIORNITHES
EUORNITHES
AURIA
SAURISCHIA

Abb. 80

Abb. 81: Phylogenie der Ornithischia (s. Seite 186), nach Paul C. Sereno

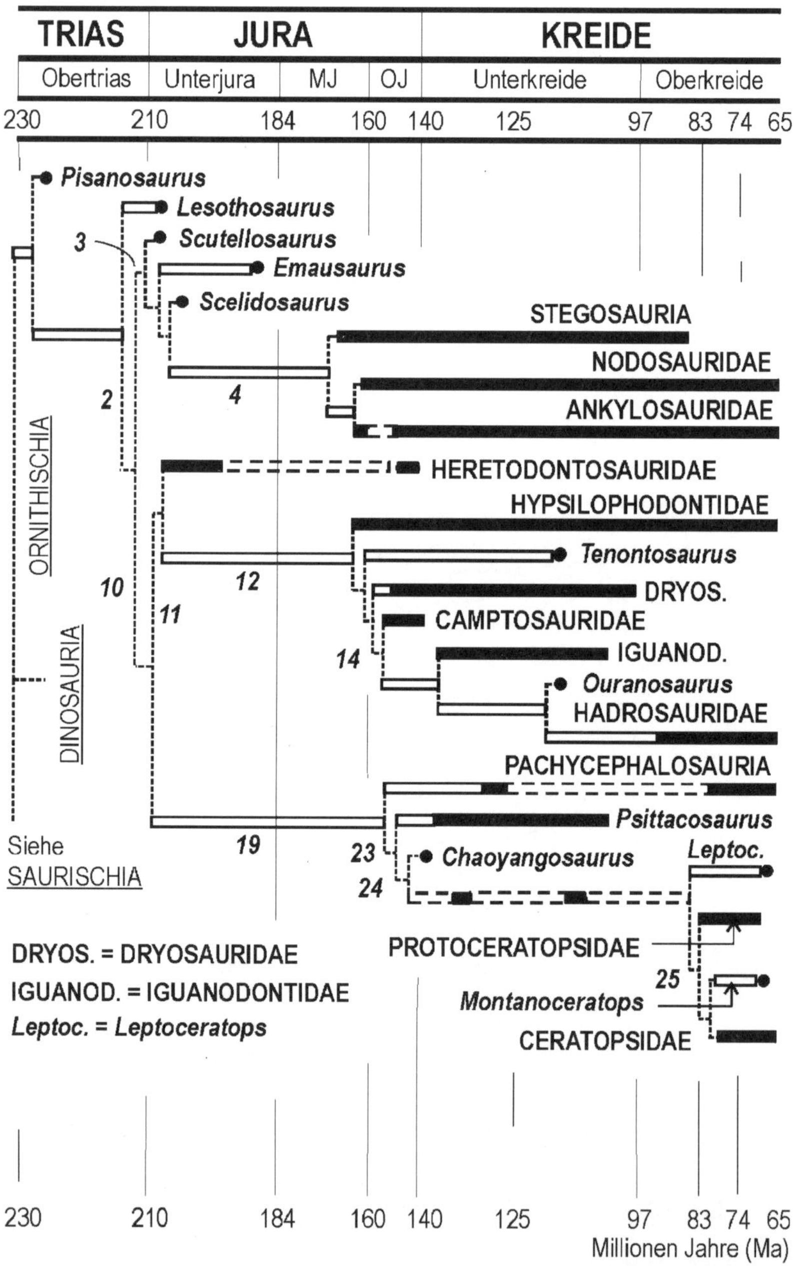

Abb. 82: Phylogenie der Saurischia (s. Seite 187), nach Paul C. Sereno

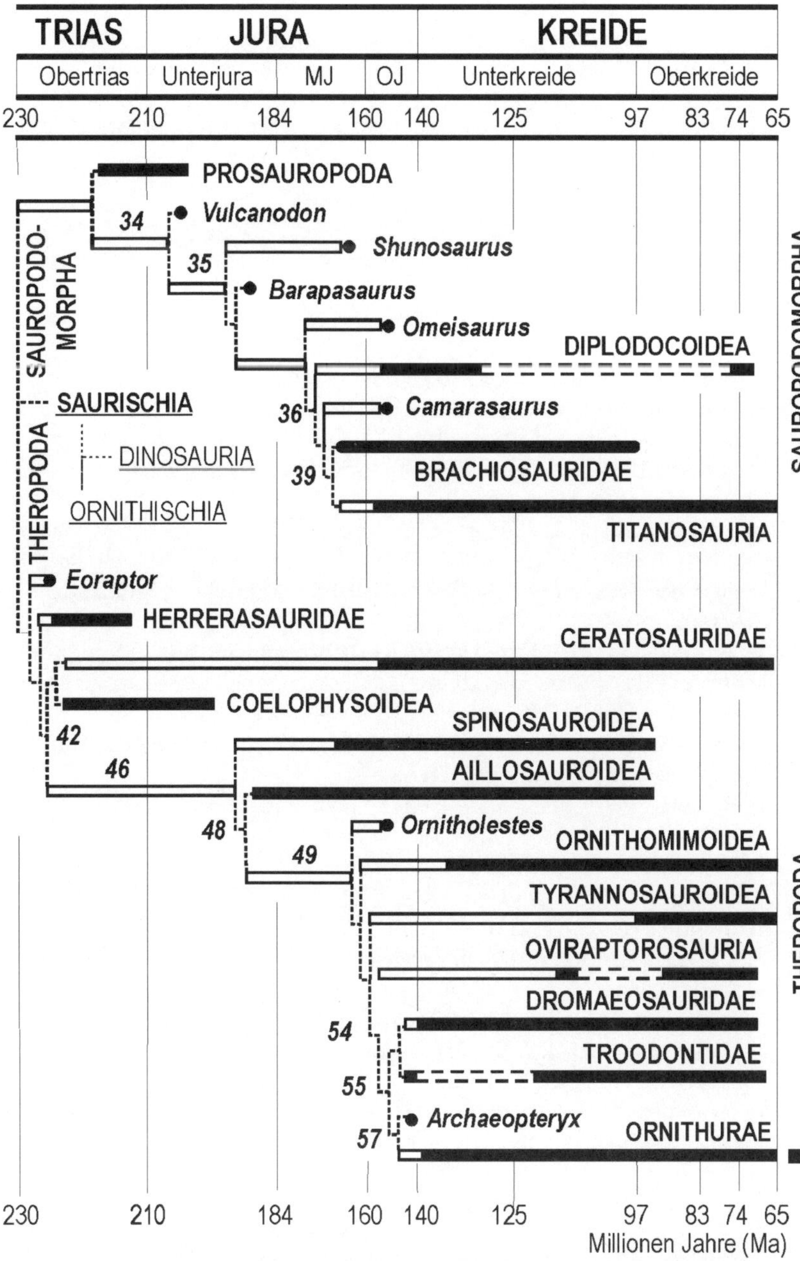

Genus-Index und Klassifikation

Aachenosaurus: 1888 (?) wahrscheinlich ein Stück versteinertes Holz.
Abavornis: VR: ? m – OK: UZB – {58} Confuciusornithidae?
Abelisaurus (1985): F/6,5–9? m – OK: ARG – {44} Abelisauridae.
Abrictosaurus (1975): P/1,2 m – UJ: LES, SAF – {11} Heterodontosauridae, Heterodontosaurus.
Abrosaurus (1999): P/? m – MJ: CHI – {38} Macronaria.
Acanthopholis (1867): Pg/5,5 m – UK/OK: ENG – {9} Ankylosauridae (n.d.), Edmontonia.
Achelousaurus (1995): Ph/6 m – OK: MOT – {27} Centrosaurinae.
Achillobator (1999): F/5 m – OK: MOG – {56} Deinonychosauria, Deinonychus (S. 140).
Acracanthus (1995) = Acrocanthosaurus.
Acrocanthosaurus (1950): F/12 m – UK: OKL, TEX, UTA, MAL (?) – {48} Allosauroidea – Allosauridae, Allosaurus (S. 123), siehe Foto 27.
Adasaurus (1983): F/2 m – OK: MOG – {56} Deinonychosauria, Deinonychus (S. 140).
Aegyptosaurus (1932): P/15 m – OK: AEG – {40} Titanosauria, Saltasaurus (S. 166).
Aeolosaurus (1987): P/16 m – OK: ARG – {40} Titanosauria, Saltasaurus (S. 166).
Aepisaurus (1853): P/15 m – UK: FRA – {40} Titanosauria (n.d.).
Aetonyx (1911) = Massospondylus.
Afrovenator (1994): F/8–9 m – UK: NIG – {46} Tetanurae.
Agathaumas (1872): Ph/? m – OK: WYO – {27} Ceratopsidae (n.d.), möglicherweise Triceratops (S. 176).
Agilisaurus (1992): P/1,2 m – MJ: CHI – {1} Ornithischia, Hypsilophodon (?).
Agrosaurus: 1891 (n.d.) = Thecodontosaurus.
Agustinia (1999): P/? m – UK: ARG – {36} Neosauropoda.
Alamosaurus (1922): P/21 m – OK: NME, TEX, UTA – {40} Titanosauria (n.d.?), Saltasaurus (S. 166); der einzige Sauropode in Nordamerika in der Oberkreide.
Albertosaurus (1905): F/8 m – OK: ALB, ALS, MOT, WYO, GEO (?) – {53} Tyrannosauroidea, Tyrannosaurus (S. 178).
Albisaurus (1905): OK: TSR – {?} (n.d.).
Alectrosaurus (1933): F/6 m – OK: CHI, MOG – {53} Tyrannosauroidea.
Aletopelta (2001): Pg/? m – UK: UTA – {9} Ankylosauridae.
Alexornis (1976): OK: MEX – {49} Enantiornithes.

Algoasaurus (1904): P/9 m – UK: SAF – {40} Titanosauria (n.d.).
Alioramus (1976): F/5–6 m – OK: MOG – {53} Tyrannosauroidea, Tyrannosaurus (S. 178).
Aliwalia (1985): F/12? m – OT: SAF – {41} Theropoda, Herrerasaurus.
Allosaurus: siehe Seite 123 und Foto 2.
Alocodon (1973): P/1? m – OJ (?): POR – {1} Ornithischia (n.d.).
Altirhinus (1998): P/8 m – UK: MOG – {17} Hadrosauroidae, urspr. Iguanodon.
Altispinax (1923): F/? m – UK: ENG, BEL, DEU (?) – {41} Theropoda (n.d.), Herrerasaurus (?) – unsichere Klassifizierung.
Alvarezsaurus (1991): F/2 m – OK: ARG – {52} Alvarezsauridae, ähnlich Struthiomimus (S. 173).
Alwalkeria [urspr. Walkeri] (1994): F/? m – OT: IND – {41} Theropoda (n.d.), Herrerasaurus (?) – unsichere Klassifizierung.
Alxasaurus (1995): F/4 m – UK: MOG – {50} Therizinosauria, ähnlich Segnosaurus.
Amargasaurus (1991): P/12 m – UK: ARG – {37} Dicraeosauridae, lange Fortsätze an Halswirbeln – für zwei (?) Segel.
Ambiortus (1982): VR/? m – UK: MOG – {59} Euornithes.
Amblydectes (1914) = Criorhynchus.
Ammosaurus (1891): P/2,4 m – UJ: CON, ARI – {30} Prosauropoda, Anchisaurus?
Ampelosaurus (1995): P/15 m – OK: FRA – {40} Titanosauria, Saltasaurus (S. 166).
Amphicoelias (1877): P/20–45? m – OJ: COL – {36} Diplodocimorpha (n.d.), Diplodocus.
Amphisaurus (1865) = Anchisaurus.
Amtosaurus (1978): P/7 m – OK: MOG – {9} Ankylosauridae (n.d.) – möglicherweise Hadrosauriformes.
Amurosaurus (1991): P/? m – OK: RUS – {18} Lambeosaurinae, Lambeosaurus.
Amygdalodon (1947): P/12–15? m – MJ: ARG – {35} Eusauropoda, Cetiosaurus.
Anabisetia (1999, n.n.): P/? m – OK: ARG – {13} Iguanodontia.
Anamantarx (1998, n.n.) = Animantarx.
Anasazisaurus (1993) = Kritosaurus.
Anatosaurus (1942) = Edmontosaurus – S: Anatotitan.
Anatotitan (1990): P/10–13 m – OK: MOT, SDA – {18} Hadrosaurinae, Edmontosaurus.
Anchiceratops (1914): Ph/6 m – OK: ALB – {27} Ceratopsinae, Triceratops.
Anchisaurus: siehe Seite 124.

Andesaurus (1991): P/40? m – UK/OK?: ARG – {40} Titanosauria, Saltasaurus (S. 166).
Angaturama (1996): P/6 m – UK: BRA – {47} Spinosauridae, Spinosaurus, möglicherweise = Irritator.
Angelinornis (1972) = Ichthyornis.
Angustinaripterus (1983): FR/? m – MJ: CHI – {–} Pterosauria.
Anhanguera (1985): FR/4 m – UK: BRA – {–} Pterosauria.
Aniksosaurus (unv.): OK: ARG – {49} Coelurosauria.
Animantarx [urspr. Anamantarx] (1999): Pg/? m – OK: UTA – {7} Ankylosauria, Edmontonia.
Ankistrodon (1865) = Epicampodon.
Ankylosaurus (1908): Pg/7,5–10? m – OK: MOT, WYO, ALB – {9} Ankylosauridae, Euoplocephalus (S. 143).
Anodontosaurus (1929) = Euoplocephalus?
Anoplosaurus (1878): Pg/? m – UK?/OK: ENG – {9} Ankylosauridae (n.d.) – urspr. Iguanodontia.
Anserimimus (1988): F oder O/3 m – OK: MOG – {52} Ornithomimidae, Gallimimus (S. 143).
Antarctosaurus (1929): P/40? m – OK: ARG, CIL, URU, BRA – {40} Titanosauria, Saltasaurus (S. 166).
Anthodon (1876) = Paranthodon.
Antrodemus (1870): F/10? m – OJ: NA – {48} Allosauroidea (n.d.), möglicherweise = Allosaurus (S. 123).
Anurognathus (1923): FR/0,5 m – OJ: DEU – {–} Pterosauria.
Apatodon (1877) = Allosaurus? (n.d.).
Apatornis (1873): VR/? m – OK: KAN – {58} Ornithurae.
Apatosaurus [urspr. Brontosaurus]: siehe Seite 125 und Foto 41.
Apsaravis (2001): VR/? m – OK: MOG – {58} Ornithurae.
Aragosaurus (1987): P/18 m – UK: SPA – {38} Macronaria, Camarasaurus (S. 132).
Aralosaurus (1968): P/6–8 m – OK: KAZ – {18} Hadrosaurinae – möglicherweise Lambeosaurinae.
Arambourgiania [urpr. Titanopteryx] (1989): FR/? m – OK: JOR – {–} Pterosauria.
Araripedactylus (1977): FR/5 m – UK: BRA – {–} Pterosauria.
Araripesaurus (1971): FR/7 m – UK: BRA – {–} Pterosauria.
Araucanoraptor (1997, n.n.): F/2,5 m – OK: ARG – {56} Troodontidae, Troodon (S. 177).
Archaeoceratops (1997): Ph/? m – UK: CHI – {24} Neoceratopsia.
Archaeopteryx: siehe Seite 126 und Foto 47.
Archaeornis (1917) = Archaeopteryx.

29

29 Der in der Oberjurazeit lebende Mamenchisaurus (s. S. 153) besaß einen sehr langen Hals, aber nur einen relativ kleinen Kopf (American Museum of Natural History, New York).

30

30 Vor dem Utah Field House of Natural History State Park in Vernal (Utah) sind drei lebensgroße Dinosaurier-Modelle von Millard F. Malin aus Beton aufgebaut: Stegosaurus, Ceratosaurus und Camarasaurus.

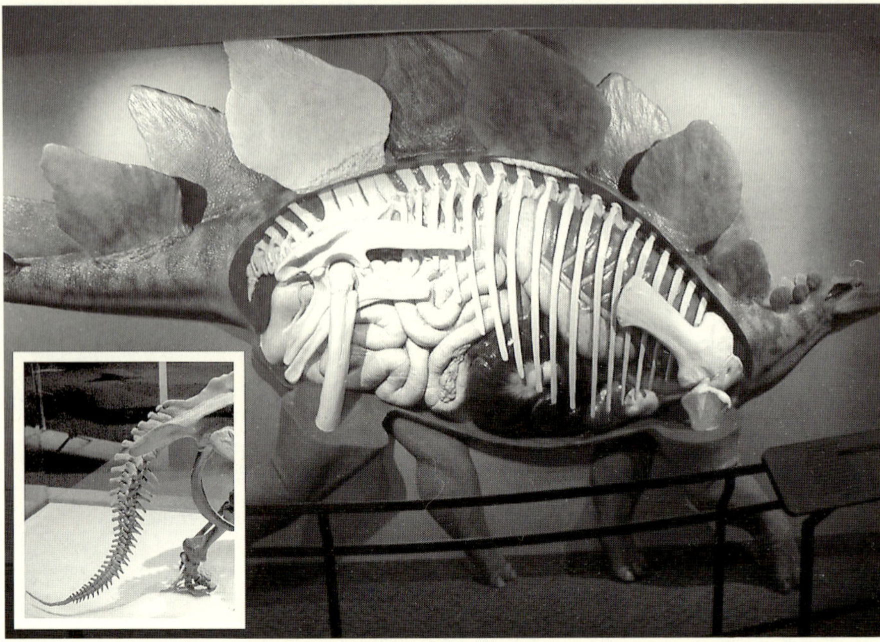

31

31 Das Innere von Dinosauriern wird mangels fossiler Funde nach dem Vorbild heute lebender Tiere rekonstruiert. Die großen Körper könnten bei Pflanzenfressern jedoch teilweise hohl gewesen sein und als »Gärungsfass« gedient haben. Neue Rekonstruktionen zeigen Stegosaurier mit steifem Schwanz und nicht als Schwanzschleifer (siehe Insert).

32 Das Skelett eines argentinischen Giganotosaurus beherrscht die Eingangshalle der Academy of Natural Sciences (Philadelphia). Mit einer Körperöffnung vor und nicht hinter dem Sitzbein erhält Giganotosaurus einen höheren Schwanz (schwarze Linie im Insert).

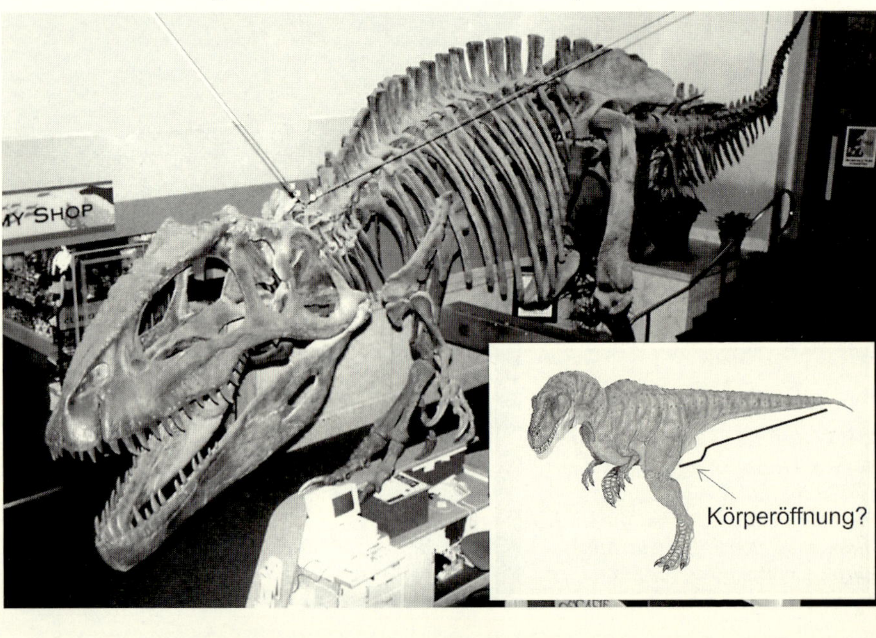

32

33 In wildromantischer Gegend am Rande des Connecticut River kann man in der Nähe von Holyoke (Massachusetts) Trittsiegel und versteinerten Meeresboden in Form von Rippelmarken entdecken, die 190 Ma alt sein sollen.

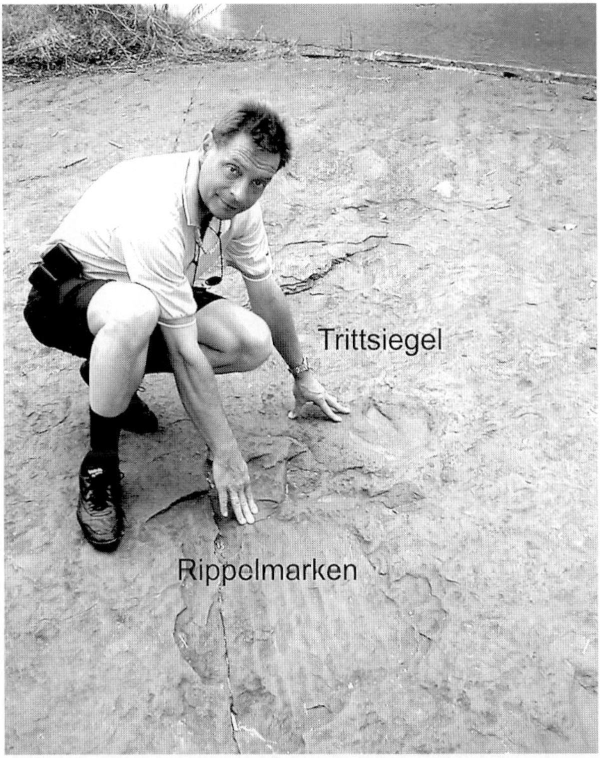

33

34 Am Dinosaur Ridge nahe Morrison (Colorado) sind 100 Ma alte, im Fels eingeschlossene Dinosaurier-Fossilien und unterschiedliche Trittsiegel zu sehen. Außergewöhnlich sind die neben den versteinerten Trittsiegeln von Dinosauriern liegenden großen vogelartigen Spuren (siehe Insert).

34

35

35 Zu Beginn der Unterjurazeit lebte Dilophosaurus (s. Fotos 1 und 47) in einer sumpfigen Landschaft mit urzeitlichen Seen und hinterließ Spuren im Schlamm, von denen 500 im Dinosaur State Park in Rocky Hill (Connecticut) original besichtigt werden können.

36

36 Im American Museum of Natural History (New York) fotografierte der Autor einen ganz seltenen Fund, der 1912 am Red Deer River in Alberta (Kanada) entdeckt wurde: den Kadaver eines Dinosauriers. Dieser 67 Ma alte Hadrosaurier aus der Oberkreide ist mit der hornigen Schnauze sowie Rücken-, Rippen und Beinbereichen fossil erhalten. An den Schwanzwirbeln sind Hautabdrücke zu erkennen, die man abtasten darf. Der leere, wie aufgeplatzt erscheinende fossile Bauchraum (Bild unten links) wirkt sehr voluminös, fast rund wie ein Fass. Sah der Bauchraum auch zu Lebzeiten des Dinosauriers so aus? Die Zeichnung stellt einen jugendlichen Entenschnabelsaurier (Edmontosaurus) nach aktueller Ansicht zum Vergleich dar.

37, 38 In der Wüste Gobi in Asien wurden mehrere Nester mit versteinerten Eiern gefunden, auf denen ein Oviraptor in Brutstellung versteinert war. Das Nest mit dem brütenden Tier muss schnell verschüttet worden sein. Die vollständig erhaltenen Eier sind unverrottet und müssen daher luftdicht eingeschlossen gewesen sein, da sonst der Verwesungsprozess begonnen hätte.

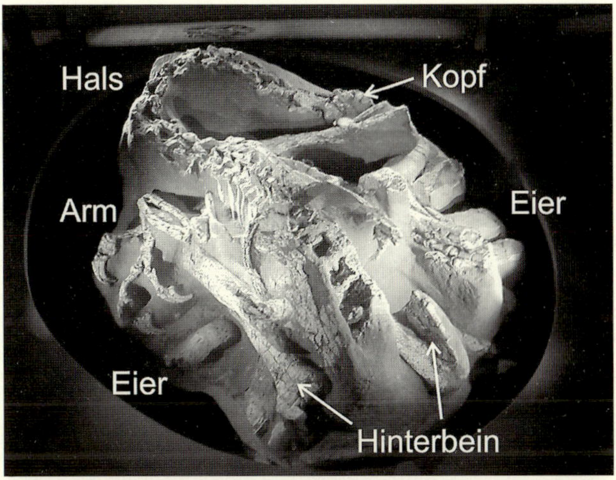

37

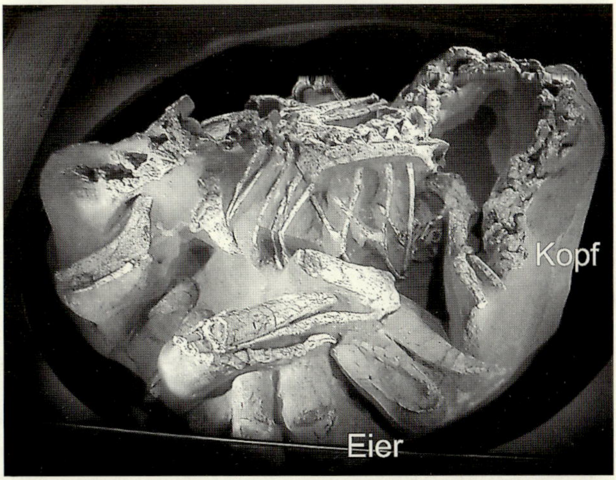

38

39 Zwei noch nicht klassifizierte oviraptoride Dinosaurier wurden in einem sehr guten Erhaltungszustand 1995 in der Mongolei gefunden. Der Fund lässt auf eine plötzliche Verschüttung in lebendem Zustand schließen. Das Genick der Tiere ist gebrochen.

39

40

40 Ein Fortsatz, wie man ihn dem legendären Einhorn zuschreibt, stand auf der Kopfoberseite des in der Oberkreidezeit lebenden chinesischen Hadrosauriers Tsintaosaurus (oberes Bild). Eng verwandt mit ihm ist der Lambeosaurus (unteres Bild), der zwei Knochenstrukturen auf dem Kopf trug: einen rechteckigen, hohlen Kamm auf der Stirn und einen festen, nach hinten ragenden Knochenzapfen.

41 Tyrannosaurus Rex in Angriffsposition.

41

Archaeornithoides (1992): F/1? m – OK: MOG – {50} Maniraptoriformes – (?) Deinonychosauria.
Archaeornithomimus (1972): F oder O/3,5 m – UK/OK?: CHI – {51} Ornithomimosauria, Gallimimus (S. 143).
Arctosaurus (1875): F/3? m – OT: CAN – {41?} Theropoda? (n.d.).
Argentinosaurus: siehe Seite 128.
Argyrosaurus (1893): P/20–40? m – OK: ARG, URU – {40} Titanosauria, Saltasaurus (S. 166).
Aristosaurus (1920) = Massospondylus.
Aristosuchus (1887): F/2? m – UK: ENG, ROM – {49} Coelurosauria (n.d.), möglicherweise = Calamosaurus.
Arkansaurus (1983, n.n.): F/2,5 m – UK: ARK – {50} Maniraptoriformes (n.d.), = Archaeornithomimus?
Arrhinoceratops (1925): Ph/6–8 m – OK: ALB – {27} Ceratopsinae, Triceratops (S. 176).
Arstanosaurus (1982): P/15? m – OK: KAZ, MOG – {18} Lambeosaurinae (n.d.).
Arthurdactylus (1994): FR/4,5 m – UK: BRA – {–} Pterosauria.
Asiaceratops (1989): P/1–2 m – UK: UZB, MOG, CHI – {24} Neoceratopsia, Protoceratops (S. 164).
Asiahesperornis (1991): VR/? m – OK: KAZ – {58} Ornithurae.
Asiatosaurus (1924): P/? m – UK: CHI, MOG – {34} Sauropoda (n.d.).
Astrodon (1859): P/? m – UK: MAL ~ ENG ~ SAF – {39} Titanosauriformes (n.d.), = Pleurocoelus?, Brachiosaurus (S. 131).
Astrodonius (1961) = Astrodon – S: Dacentrurus.
Atlantosaurus (1877) = Apatosaurus (n.d.) – S: Lourinhasaurus und Haplocanthosaurus (n.d.).
Atlasaurus (1999): P/13–14 m – MJ: MRO – {39} Titanosauriformes, Brachiosaurus (S. 131).
Atlascopcosaurus (1989): P/2–3 m – UK: AU – {11} Ornithopoda, Hypsilophodon (S. 147).
Aublysodon (1868): F/5? m – OK: CHI? ~ ALB, MOT, COL, WYO, NME – {53} Tyrannosauroidea (n.d.), möglicherweise Jungtier anderer Spezies.
Aucasaurus (2001, n.n.): F/? m – OK: ARG – {44} Abelisauridae – Carnotaurinae, kleiner als Carnotaurus (S. 134).
Austroraptor (unv). = Ozraptor.
Austrosaurus (1933): P/15 m – UK/OK: AU – {39} Titanosauriformes (n.d.), möglicherweise Brachiosaurus (S. 131).
Avaceratops (1986): Ph/2,5? m – OK: MOT – {27} Centrosaurinae, möglicherweise Jungtier einer anderen Gattung.

Avalonia (1889) = Camelotia.
Avalonianus (1961) = Camelotia?
Avimimus: siehe Seite 128.
Avipes (1932): F/1 m – MT: DEU – {41?} Theropoda (n.d.), möglicherweise Ornithodira.
Avisaurus (1985): OK: NA – {59} Enantiornithes.
Azendohsaurus (1972): P/2 m – OT: MRO – {29} Sauropodomorpha (n.d.).
Azhdarcho (1984): FR/? m – OK: UZB – {–} Pterosauria.

Bactrosaurus (1933): P/4–6 m – OK: CHI, MOG – {18} Lambeosaurinae.
Bagaceratops (1975): Ph/1 m – OK: MOG – {25} Coronosauria, Protoceratops (S. 164).
Bagaraatan (1996): F/3 m – OK: MOG – {49} Coelurosauria.
Bahariasaurus (1934): F/6–12? m – OK: AEG, NIG? – {48} Allosauroidea (n.d.?), Allosaurus (S. 123).
Bambiraptor (2000): F/1? m – OK: MOT – {56} Deinonychosauria, Deinonychus (S. 140) – siehe: www.bambiraptor.com.
Baptornis: siehe Seite 129.
Barapasaurus (1975): P/18 m – UJ: IND – {35} Barapasaurus.
Barosaurus: siehe Seite 130.
Barsboldia (1981): P/10? m – OK: MOG – {18} Lambeosaurinae (n.d.?), Corythosaurus (S. 139).
Baryonyx: siehe Seite 130.
Bashunosaurus (1996/1999, n.n.): P/? m – ?: CHI – {38} Macronaria.
Basutodon (1932) = Euskelosaurus.
Batrachognathus (1948): FR/0,5 m – OJ: KAZ – {–} Pterosauria.
Becklespinax (1991): F/5–8? m – UK: ENG – {46} Tetanurae.
Beelemodon (1997, n.n.): O?/? m – OJ: COL – {49} Coelurosauria.
Beipiaosaurus (1999): O/2,2 m – UK: CHI – {50} Therizinosauria.
Bellusaurus (1990): P/5 m – MJ/OJ: CHI – {38} Macronaria, möglicherweise ein junger Klamelisaurus.
Bennettazhia (1991): FR/? m – UK: NA – {–} Pterosauria (n.d.).
Betasuchus (1932): F/4? m – OK: NIE – {44} Abelisauridae.
Bienosaurus (2001): P?/klein – UJ: CHI – {3} Thyreophora.
Bihariosaurus (1989): P/3 m – OK: ROM – {13} Iguanodontia, Iguanodon (S. 149)?
Bilbeyhallorum (1999, n.n.): Pg/10 m – UK: UTA – {9} Ankylosauridae.
Blikanasaurus (1985): P/3–5 m – OT: LES – {30} Prosauropoda.
Bogolubovia (1989): FR/? m – OK: EUR – {–} Pterosauria (n.d.).
Boluochia (1995): VR/? m – UK: CHI – {59} Enantiornithes.

Borogovia (1987): F/2? m – OK: MOG – {56} Troodontidae, Troodon (S. 177).
Bothriospondylus (1875): P/15–20 m – OJ: ENG, FRA – MAD {39} Titanosauriformes (n.d.?), Brachiosaurus (S. 131).
Brachiosaurus: siehe Seite 131 und Foto 40.
Brachyceratops (1914): Ph/1,8? m – OK: MOT – {27} Centrosaurinae – möglicherweise Jungtier anderer Gattung.
Brachylophosaurus (1953): P/7 m – OK: ALB, MOT – {18} Hadrosaurinae, Maiasaura (S. 152).
Brachypodosaurus (1934): P/? m – OK: IND – {3} Thyreophora (n.d.), da zu wenig Funde: möglicherweise Ankylosaurier oder Stegosaurier.
Brachyrophus (1878, n.d.) = Camptosaurus.
Bradycneme (1975, n.d.) = Elopteryx?
Brasileodactylus (1984): FR/? m – UK: BRA – {–} Pterosauria.
Breviceratops (1990): Ph/2 m – OK: MOG – {25} Coronosauria.
Brontoraptor (1995, n.n.): F/? m – OJ: WYO – {46} Tetanurae (n.d.).
Brontosaurus (1879) = Apatosaurus.
Bruhathkayosaurus (1989): P/40? m – OK: IND – {40} Titanosauria, Saltasaurus (S. 166).
Bugenasaura (1995): P/? m – OK: SDA – {11} Ornithopoda.
Byronosaurus (2000): F/1,5 m – OK: MOG – {56} Troodontidae, Troodon (S. 177).

Caenagnathasia (1995): F?/1? m – OK: UZB – {54} Oviraptorosauria.
Caenagnathus (1940) = Chirostenotes.
Calamosaurus (1891): F/2? m – UK: ENG – {49} Coelurosauria (n.d), möglicherweise Ornitholestes (S. 156).
Calamospondylus (1866): F/? m – UK: ENG – {42} Neotheropoda (n.d.).
Callovosaurus (1988) = Camptosaurus.
Camarasaurus: siehe Seite 132.
Camelotia (1985): P/9? m – OT: ENG – {30} Prosauropoda, Riojasaurus.
Camposaurus (1988): F/? m – OT: ARI – {45} Coelophysoidea, möglicherweise Synonym für Coelophysis (S. 136).
Camptonotus (1879/1864) = Camptosaurus und Allosaurus.
Camptosaurus (1885): P/3,5–7 m – OJ bis UK: USA ~ ENG, POR – {14} Camptosauridae.
Campylodon (1929/1832) = Campylodoniscus.
Campylodoniscus (1961): P/20? m – OK: ARG – {40} Titanosauria, möglicherweise Saltasaurus (S. 166).
Campylognathoides (1928): FR/6 m – UJ: DEU ~ IND – {–} Pterosauria.
Campylognathus (1895/1890) = Campylognathoides.

Capitalsaurus (1998, n.n.): F/? m – ?: DOC – {42} Neotheropoda (n.d.).
Carcharodontosaurus (1931): F/8–14 m – UK/OK: AEG, MRO, TUN, ALG, LYB, NIG – {48} Allosauroidea – Allosauridae, einer der größten Raubsaurier aller Zeiten.
Cardiodon (1841): P/? m – {34} Sauropoda (n.d.) = Cetiosaurus (S. 136)?
Carnosaurus (1929, n.n.): {41} Theropoda.
Carnotaurus: siehe Seite 134.
Caseosaurus (1998): F/? m – OT: TEX – {41} Herrerasauridae, urspr. Chindesaurus.
Catenoleimus (1998): VR/? m – OK: UZB – {57} Aves.
Cathayornis (1995): VR/? m – UK: CHI – {59} Enantiornithes, möglicherweise = Sinornis.
Cathetosaurus (1988) = Camarasaurus.
Caudipteryx (1998): F/0,9 m – UK: CHI – {54} Maniraptora.
Caudocoelus (1932, n.d.) = Teinurosaurus.
Caulodon (1877, n.d.) = Camarasaurus (S. 132).
Cearadactylus (1983): FR/? m – UK: BRA – {–} Pterosauria.
Cedarosaurus (1999): P/? m – UK: UTA – {39} Brachiosauridae.
Centrosaurus (1904): Ph/6 m – OK: ALB – {27} Centrosaurinae.
Ceratops (1888): Ph/8? m – OK: MOT – {27} Ceratopsinae (n.d.), möglicherweise = Chasmosaurus.
Ceratosaurus: siehe Seite 135.
Cetiosauriscus (1927): P/15 m – MJ bis OJ: ENG, HEL – {36} Neosauropoda, Diplodocus?
Cetiosaurus: siehe Seite 136.
Changchengornis (1999): VR/? m – UK: CHI – {58} Confuciusornithidae.
Changtusaurus (1983): Pp/15 m – OJ: CHI – {5} Stegosauria (n.d.), Tuojiangosaurus.
Chaoyangia (1993): VR/? m – UK: CHI – {59} Euornithes.
Chaoyangsaurus (1999): P/15 m – MJ?/OJ: CHI – {24} Chaoyangsaurus.
Charonosaurus (2000): P/13 m – OK: CHI – {18} Lambeosaurinae, Parasaurolophus (S. 161).
Chasmosaurus (1914): Ph/5–9 m – OK: ALB, TEX – {27} Ceratopsinae, Triceratops (S. 176).
Chassternbergia (1988) = Edmontonia?
Cheneosaurus (1917) = Hypacrosaurus.
Chialingosaurus (1959): Pp/4 m – MJ: CHI – {6} Stegosauridae, Tuojiangosaurus.
Chiayusaurus [Chiayasaurus] (1953, n.d.) = Asiatosaurus.
Chienkosaurus (1942) = Szechuanosaurus.

Chihuahuasaurus (1997, n.n.)= Sonorasaurus.
Chilantaisaurus (1964): F/13? m – UK bis OK: CHI, MOG – {46} Tetanurae, Allosaurus (S. 123)?
Chindesaurus (1985): F/2 m – OT: ARI, NME – {41} Herrerasauridae, ähnlich Herrerasaurus (S. 145).
Chingkankousaurus (1958): F/? m – OK: CHI – {53} Tyrannosauroidea.
Chinshakiangosaurus (1975, n.n.): P/13? m – UJ?/OJ: CHI – {30} Prosauropoda, Riojasaurus, möglicherweise größter Prosauropode.
Chirostenotes (1924): F/2 m – OK: ALB – {54} Oviraptorosauria, Elmisaurus.
Chondrosteosaurus (1876): P/18? m – UK: ENG – {38} Macronaria (n.d.?), möglicherweise ähnlich Camarasaurus (S. 132).
Chondrosteus (1876/1844) = Chondrosteosaurus.
Chuandongocoelurus (1984): F/klein – OJ: CHI – {42} Neotheropoda (n.d.?), möglicherweise Ornitholestes.
Chuanjiesaurus (2000): P/? m – MJ: CHI – {35} Eusauropoda.
Chubutisaurus (1974): P/23? m – UK/OK: ARG – {40} Titanosauria, möglicherweise Brachiosaurus (S. 131).
Chungkingosaurus (1983): Pp/3–4 m – OJ: CHI – {6} Stegosauridae, Tuojiangosaurus.
Cimoliornis (1846) = Ornithocheirus.
Cionodon (1874) = Thespesius? (n.d.) – S: Bactrosaurus.
Citipati (2001): F/2? m – OK: MOG – {54} Oviraptorosauria, Fossilien wurden früher *Oviraptor philoceratops* zugeordnet (S. 158).
Cladeiodon (1841, n.n.) = Teratosaurus.
Claorhynchus (1892): Ph/2 m – OK: MOT – {27?} Ceratopsidae (n.d.), = Triceratops (S. 176)?
Claosaurus (1890): P/3,5 m – OK: KAN – {18} Hadrosauridae.
Clasmodosaurus (1899): Ph/? m – OK: ARG – {40} Titanosauria (n.d.), Saltasaurus (S. 166).
Clepsysaurus (1851) = Anchisaurus.
Clevelanotyrannus (1987, n.n.) = Nanotyrannus.
Coelophysis: siehe Seite 136 und Foto 43.
Coelosaurus (1865/1854, n.d.) = Ornithomimus.
Coeluroides (1932): F/2 m – OK: IND, KAZ – {42} Neotheropoda (n.d.), möglicherweise Ornitholestes (S. 156).
Coelurosaurus (1914): {41} Theropoda (n.d.).
Coelurus (1879): Ph/2 m – OJ: WYO – {49} Coelurosauria, möglicherweise Ornitholestes (S. 156).
Coloborhynchus (1874) = Criorhynchus.
Colonosaurus (1872) = Ichthyornis.

Coloradia (1978/1863) = Coloradisaurus.
Coloradisaurus (1983): P/4? m – OT: ARG – {32} Massospondylidae, möglicherweise erwachsene Version von Mussasaurus.
Colossosaurus (2000, n.n.) = Pelorosaurus.
Comodactylus (1981): FR/? m – OJ: WYO – {–} Pterosauria.
Compsognathus: siehe Seite 138.
Compsosuchus (1932): F/2? m – OK: IND – {44} Abelisauroidea (n.d.).
Conchoraptor (1986): F/1,7 m – OK: MOG – {54} Oviraptorosauria, Oviraptor (S. 158).
Concornis (1992): VR/? m – UK: SPA – {59} Enantiornithes.
Confuciusornis (1995): VR/? m – UK: CHI – {58} Confuciusornithadae.
Coniornis (1893): VR/? m – OK: MOT – {58} Ornithurae.
Corythosaurus: siehe Seite 139 und Foto 8 und 9.
Craspedodon (1883): P/? m – OK: BEL – {16} Hadrosauriformes (n.d.), Iguanodon (S. 149).
Crataeomus (1881, n.d.) = Struthiomimus.
Craterosaurus (1874): Pp/4 m – UK: ENG – {5} Stegosauria (n.d.) – möglicherweise Huayangosauridae.
Creosaurus (1878) = Dryptosaurus?, Allosaurus?
Cretornis (1881) = Ornithocheirus.
Criorhynchus (1914): FR/? m – OK: ENG – {–} Pterosauria.
Cristatusaurus (1998): F/2? m – UK: MRO – {47} Spinosauridae (n.d.?), möglicherweise = Baryonyx oder Suchomimus.
Cryolophosaurus (1994): F/6 m – UJ: AN – {48} Allosauroidea (Carnosauria) – Sinraptoridae?, der älteste bekannte Carnosaurier und einzige Theropode der Antarktis.
Cryptodraco (1889) = Cryptosaurus.
Cryptosaurus (1869): Pg/? m – OJ: ENG – {7} Ankylosauria (n.d.), wurde zwischenzeitlich umbenannt zu Cryptodraco.
Ctenochasma (1852): FR/1,2 m – OJ: DEU, FRA – {–} Pterosauria.
Cumnoria (1888) = Camptosaurus.
Cuspirostrisornis (1997): VR/? m – UK: CHI – {59} Enantiornithes.
Cycnorhamphus (1870): FR/1,4 m – OJ: DEU, FRA – {–} Pterosauria.
Cylindricodon (1979/1828) = Hylaeosaurus.

Dacentrurus (1902): Pp/10? m – OJ: ENG, FRA, POR – {6} Dacentrurus, ähnlich Kentrosaurus.
Dachongosaurus (1985, n.n.): P/? m – UJ?: CHI – {35} Eusauropoda, ähnlich Cetiosaurus (S. 136).
Damalasaurus (1985, n.n.): P/? m – MJ: CHI – {39} Titanosauriformes, möglicherweise Brachiosaurier.

Dandakosaurus (1982): F/? m – UJ/MJ: IND – {44} Ceratosauroidea (n.d.).
Danubiosaurus (1871, n.d.) = Struthiosaurus.
Daptosaurus (1989, n.n.) = Deinonychus, siehe Seite 140.
Daspletosaurus (1970): F/9 m – OK: ALB, MOT – {53} Tyrannosauroidea, ähnlich Tyrannosaurus.
Dasygnathoides (1961) = Ornithosuchus.
Dasygnathus (1877/1819) = Dasygnathoides.
Datousaurus (1984): P/14 m – MJ: CHI – {35} Eusauropoda, Cetiosaurus (S. 136).
Deinocheirus (1970): F/12? m – OK: MOG – {52} Ornithomimidae, möglicherweise ähnlich riesiger Gallimimus.
Deinodon (1856, n.d.) = Albertosaurus oder Gorgosaurus?
Deinonychus: siehe Seite 140.
Deltadromeus (1996): F/8 m – OK: MRO – {49} Coelurosauria.
Dendrorhynchoides (1999): FR/? m – UK: CHI – {–} Pterosauria.
Dendrorhynchus (1999) = Dendrorhynchoides.
Denversaurus (1988) = Edmontonia.
Dermodactylus (1881): FR/1 m – OJ: WYO – {–} Pterosauria (n.d.).
Dianchungosaurus (1982): P/? m – UJ: CHI – {11} Heterodontosauridae (n.d.), möglicherweise Heterodontosaurus (S. 146).
Diceratops (1905): Ph/9 m – OK: WYO – {27} Ceratopsinae, galt lange Zeit als ein Triceratops (S. 176), siehe Foto 37.
Diclonius (1876, n.d.) = Thespesius – S: Trachodon.
Dicraeosaurus (1914): P/13–20 m – OJ: TAN – {37} Dicraeosauridae.
Didanodon (1902) = Lambeosaurus?
Dilophosaurus: siehe Seite 141 und Foto 1.
Dimodosaurus (1862) = Plateosaurus (S. 162).
Dimorphodon (1859): FR/1,4 m – MJ: ENG – {–} Pterosauria.
Dinheirosaurus (1999): P/? m – OJ: POR – {37} Diplodocidae.
Dinodocus (1884) = Pelorosaurus.
Dinosaurus (1856) = Plateosaurus (S. 162).
Dinotyrannus: 1995 = Tyrannosaurus (S. 178)?
Diopocephalus (1885): FR/1,4 m – OJ: DEU – {–} Pterosauria.
Diplodocus: siehe Seite 142.
Diplotomodon (1868): F/? m – OK: NJE – {50} Maniraptoriformes (n.d.), sehr ähnlich Dryptosaurus.
Diracodon (1881, n.d.) = Stegosaurus (S. 172).
Dolichosuchus (1932): F/? m – OT: DEU – {45} Coelophysiodea (n.d.).
Doratorhynchus (1875): FR/? m – OJ/UK: ENG – {–} Pterosauria.
Dorygnathus (1860): FR/1 m – UJ: DEU – {–} Pterosauria.
Doryphorosaurus: 1916 = Kentrosaurus.

Draconyx (2001): P/? m – OJ: POR – {14} Camptosauridae.
Dracopelta (1980): Pg/2 m – OJ: POR – {8} Nodosauridae, Sauropelta (S. 167).
Dravidosaurus (1979): Pp/3 m – OK: IND – {5} Stegosauria (n.d.), nach neuer Ansicht = Plesiosaur.
Drinker (1990): P/2 m – OJ: WYO – {11} Ornithopoda, möglicherweise Hypsilophodon (S. 147).
Dromaeosaurus (1922): F/1,8 m – OK: ALB, MOT – {56} Dromaeosauridae, ähnlich Deinonychus (S. 140).
Dromiceiomimus (1972): F/3,5 m – OK: ALB – {52} Ornithomimidae, Struthiomimus (S. 173).
Dromicosaurus (1920) = Massospondylus.
Dryosaurus (1894): P/4 m – OJ: COL, UTA, WYO ~ TAN – {13} Dryosauridae.
Dryptosauroides (1932): F/6? m – OK: IND – {44} Abelisauroidea (n.d.).
Dryptosaurus (1877): F/6 m – OK: NJE – {50} Dryptosauridae.
Dsungaripterus (1964): FR/3,5 m – OJ bis UK: CHI ~ TAN – {–} Pterosauria.
Dynamosaurus (1905) = Tyrannosaurus (S. 178).
Dyoplosaurus (1924) = Euoplocephalus (S. 143).
Dysalotosaurus (1919/1977) = Dryosaurus.
Dysganus (1876): Ph/? m – OK: MOT – {27} Ceratopsidae (n.d.).
Dyslocosaurus (1992): P/18 m – OJ?: WYO – {37} Diplodocidae.
Dystrophaeus (1877): P/? m – OJ: UTA – {37} Diplodocidae (n.d.?).
Dystylosaurus (1985): P/? m – OJ: COL – {37} Diplodocidae, Brachiosaurus (S. 131).

Echinodon (1861): P/4 0,6 m – OJ: ENG – {1} Ornithischia, möglicherweise Scutellosaurus oder Heterodontosaurus (S. 146).
Edmarka (1992): F/11 m – OJ: WYO – {47} Torvosauridae, möglicherweise Torvosaurus.
Edmontonia (1928): Pg/7 m – OK: ALB, ALS, MOT, SDA, TEX – {8} Nodosauridae.
Edmontosaurus (1917): P/13 m – OK: ALB, SAS, ALS, COL, NDA, SDA, WYO – {18} Hadrosaurinae.
Efraasia (1973) = Sellosaurus.
Einiosaurus (1995): Ph/6 m – OK: MOT – {27} Centrosaurinae, besitzt ein nach vorn gebogenes Nasenhorn.
Elaphrosaurus (1920): F oder O?/6 m – OJ: TAN ~ COL – {44} Elaphrosaurus.
Elmisaurus (1981): F/2 m – OK: MOG – {54} Oviraptorosauria.

Elopteryx (1913): F/11 m – OK: ROM – {50} Maniraptoriformes (n.d.) – Deinonychosauria oder Troodontidae?
Elosaurus (1902) = Apatosaurus (S. 125).
Elvisaurus (1993, n.n.) = Crylophosaurus.
Emausaurus (1990): Pg/2 m – UJ: DEU – {3} Emausaurus, möglicherweise ähnlich Scelidosaurus.
Embasaurus (1931): F/? m – UK: RUS – {42} Neotheropoda (n.d.).
Enaliornis (1876): VR/? m – UK: EUR – {58} Ornithurae.
Enantiornis (1981): VR/1 m – OK: SA ~ AS – {59} Enantiornithes.
Enigmosaurus (1983): F/6–7,5 m – OK: MOG – {51} Therizinosauridae, Segnosaurus (S. 169).
Eoalulavis (1996): VR/0,17 m – UK: SPA – {59} Enantiornithes.
Eobrontosaurus (1998): P/? m – OJ?: WYO – {37} Diplodocidae, Apatosaurus (S. 125).
Eoceratops (1902) = Chasmosaurus.
Eoenantiornis (1999): VR/? m – UK: CHI – {59} Enantiornithes (n.d.)
Eohadrosaurus (1997, n.n.) = Eolambia.
Eolambia (1998): P/? m – UK/OK: UTA – {15} Styracosterna (n.d.).
Eoraptor (1993): F/1 m – OT: ARG – {41} Eoraptor.
Eosipterus (1997): FR/1,2 m – UK: CHI – {–} Pterosauria.
Eotyrannus (2001): F/4,5 m – UK: ENG – {53} Tyrannosauroidea.
Epachthosaurus (1990): P/15–20 m – OK: ARG – {40} Titanosauria, Saltasaurus (S. 166).
Epanterias (1878, n.d.?) = Allosaurus (S. 123).
Erectopus (1923): F/? m – UK: FRA, POR ~ AEG – {46} Tetanurae, Carnotaurus (S. 134).
Erlikosaurus (1980): P oder F/5–6 m – OK: MOG – {50} Therizinosauridae.
Eshanosaurus (2001): F/? m – UJ: CHI – {51} Therizinosauroidea.
Euacanthus (1987, n.n.) = Polacanthus.
Eucamerotus (1882): P/? m – UK: ENG – {39} Titanosauriformes (n.d.), möglicherweise = Chondrosteosaurus.
Eucentrosaurus (1989) = Centrosaurus.
Eucercosaurus (1879) = Anoplosaurus.
Eucnemesaurus (1920, n.d.) = Euskelosaurus.
Eucoelophysis (1999): F/2,5–3 m – OT: NME – {45} Coelophysidae (n.d.), Coelophysis (S. 136).
Eudimorphodon (1973): FR/1 m – OT: ITA – {–} Pterosauria.
Euhelopus (1956): P/10–15 m – OJ: CHI – {40} Euhelopus, Mamenchisaurus (S. 153).
Euoplocephalus (1910): Pg/6 m – OK: MOT, ALB – {9} Ankylosaurinae, Ankylosaurus.

Eureodon (1991, n.n.) = Tenontosaurus.
Euronychodon (1991): F/2? m – OK: POR ~ UZB – {50} Maniraptoriformes, möglicherweise Deinonychus (S. 140).
Euskelosaurus (1866): P/9–12 m – OT: LES, SAF, ZIM – {30} Prosauropoda, Plateosaurus (S. 162).
Eustreptospondylus (1964): F/7–9? m – OJ: ENG – {46} Tetanurae?
Explorornis (1998): VR/? m – OK: UZB – {57} Aves.

Fabrosaurus (1964): P/1? m – UJ –: LES – {1} Ornithischia (n.d.), möglicherweise = Lesothosaurus (S. 150).
Fenestrosaurus (1924, n.d.) = Oviraptor (S. 158).
Frenguellisaurus (1986) = Herrerasaurus (S. 145).
Fukuiraptor (2000): F/5? m – UK: JAP – {48} Allosauroidea (Carnosauria).
Fukuisaurus (1990, n.n.): P/5 m – UK: JAP – {15} Styracosterna, möglicherweise ähnlich Iguanodon (S. 149).
Fulengia (1977) = Lufengosaurus (S. 151).
Fulgurotherium (1932): P/2 m – UK: AU – {11} Ornithopoda (n.d.), ähnlich Hypsilophodon (S. 147)?
Futabasaurus (1990, n.n.): F/? m – OK: JAP – {53} Tyrannosauroidea.

Gadolosaurus (1979, n.n.): P/? m – OK: MOG – {18} Lambeosaurinae, möglicherweise ein jugendlicher Arstanosaurus.
Gallimimus: siehe Seite 143.
Gallodactylus (1974) = Cycnorhamphus.
Galtonia (1994): P/1–2 m – OT: PEN – {1} Ornithischia, Lesothosauria?
Gansus (1984): VR/? m – UK: CHI – {59} Euornithes.
Gargantuavis: VR/? m – K: FRA – {59} Euornithes, möglicherweise Patagopteryx.
Gargoyleosaurus (1998): Pg/? m – OJ: WYO – {9} Gargoyleosaurus, möglicherweise = Mymoorapelta.
Garudimimus (1981): F oder O?/3,5–4 m – OK: MOG – {52} Ornithomimidae, möglicherweise = Archaeornithomimus, von dem bisher kein Kopf gefunden wurde.
Gasosaurus (1985): F/3,5 m – MJ: CHI – {48} Allosauroidea.
Gasparinisaura (1996): P/1? m – OK: ARG – {13} Iguanodontia.
Gastonia (1998): Pg/4–5 m – UK: UTA – {9} Ankylosauridae.
Genusaurus (1995): F/2–4 m – UK: FRA – {44} Ceratosauroidea.
Genyodectes (1901): F/? m – OK: ARG – {44} Abelisauroidea.
Geosternbergia (1978) = Pteranodon.
Geranosaurus (1911): P/? m – UJ: SAF – {11} Heterodontosauridae (n.d.), ähnlich Heterodontosarus (S. 146).

Germanodactylus (1964): FR/1 m – OJ: DEU – {–} Pterosauria.
Giganotosaurus (1995): F/14 m – UK: ARG – {48} Allosauroidea – Allosauridae, siehe Foto 32.
Gigantosaurus (1908/1869, n.d.) = Barosaurus – S: Malawisaurus und Janenschia.
Gigantoscelus (1916, n.d.) = Euskelosaurus.
Gigantspinosaurus (1993, n.n.): Pp/? m – J: CHI – {5} Stegosauria.
Gilmoreosaurus (1979): P/8? m – OK: CHI – {18} Hadrosauridae.
Ginnareemimus (2000, n.n.): F/? m – UK: THA – {50} Maniraptoriformes.
Giraffatitan (1991): P/22–30 m – OJ: TAN – {39} Titanosauriformes.
Glyptodontopelta (2000): Pg/? m – OK?: NME – {9} Ankylosauridae.
Gnathosaurus (1833): FR/1,7 m – OJ: DEU – {–} Pterosauria.
Gobipteryx (1974): VR/? m – OK: MOG – {59} Enantiornithes.
Gobisaurus (2001, n.n.): Pg/? m – UK: CHI – {9} Ankylosauridae.
Gojirasaurus (1997): F/5,5 m – OT: NME – {45} Coelophysoidea.
Gondwanatitan (1999): P/? m – OK: BRA – {40} Titanosauria.
Gongbusaurus (1983): P/1 m – OJ: CHI – {1} Ornithischia (n.d.).
Gongxianosaurus (1998): P/? m – UJ: CHI – {34} Sauropoda.
Gorgosaurus (1914): F/8–9 m – OK: ALB, MOT, NME? – {53} Tyrannosauroidea.
Goyocephale (1982): P/2 m – OK: MOG – {20} Goyocephale, flacherer Schädel als Pachycephalosaurus.
Graciliceratops (2000): Ph/2 m – OK: MOG – {24} Neoceratopsia, urspr. Microceratops.
Gravisaurus (1988/1989, n.n.) = Lurdusaurus.
Gravitholus (1979): P/3 m – OK: ALB – {22} Pachycephalosaurinae, Pachycephalosaurus (S. 159).
Gresslyosaurus (1857, n.d.) = Plateosaurus – S: Newtonsaurus und Megalosaurus.
Griphornis (1862) = Archaeopteryx.
Griphosaurus (1862) = Archaeopteryx.
Gryponyx (1911) = Massospondylus.
Gryposaurus (1914): P/? m – OK: ALB – {18} Hadrosaurinae, Maiasaura (S. 152).
Guaibasaurus (1999): F/2 m – OT: BRA – {41} Guaibasauridae?
Gurilynia (1999): VR/? m – OK: MOG – {59} Enantiornithes.
Gyposaurus (1911) = Massospondylus.

Hadrosauravus (1990, n.n.) = Gryposaurus.
Hadrosaurus: siehe Seite 144 und Foto 42.

Halticosaurus (1908): F/3–6 m – OT: DEU, FRA? – {45} Coelophysoidea (n.d.?).
Haopterus (2001): FR/? m – UK: CHI – {–} Pterosauria, Pterodactyloidea.
Haplocanthosaurus (1903): P/20–22 m – OJ: COL, WYO – {38} Haplocanthosaurus, Cetiosaurus (S. 136).
Haplocanthus (1903/1844) = Haplocanthosaurus.
Hargeria (1903) = Hesperornis.
Harpymimus (1984): F oder O?/2 m – UK: MOG – {50} Maniraptoriformes, Gallimimus (S. 143).
Hecatosaurus [Hecatasaurus] (1910) = Telmatosaurus.
Heishansaurus (1953): Pg/? m – OK: CHI – {7} Ankylosauria (n.d.), urspr. Pachycephalosauria.
Helopus (1929/1832) = Euhelopus.
Heptasteornis (1975): F/? m – OK: ROM – {50} Maniraptoriformes (n.d.) – eventuell {56} Deinonychosauria, möglicherweise Elopteryx.
Herbstosaurus (1974): FR/? m – OJ: ARG – {–} Pterosauria.
Herrerasaurus: siehe Seite 145.
Hesperornis (1872): VR/? m – UK: KAN – {58} Ornithurae.
Hesperosaurus (unv.): Pp/? m – OJ: WYO – {5} Stegosauria.
Heterodontosaurus: siehe Seite 146.
Heterosaurus (1850) = Iguanodon (S. 149).
Hierosaurus (1909) = Nodosaurus – S: Niobrarasaurus.
Hikanodon (1834) = Iguanodon (S. 149).
Hironosaurus (1988, n.n.): P/? m – OK: JAP – {18} Hadrosauridae.
Hisanohamasaurus (1990, n.n.): P/? m – OK: JAP – {36} Diplodocimorpha, möglicherweise ähnlich Diplodocus (S. 142).
Histriasaurus (1998): P/? m – UK: KRO – {36} Diplodocimorpha.
Holbotia (1982, n.n.): möglicherweise = Ambiortus.
Homalocephale (1974): P/3 m – OK: MOG – {20} Homalocephale, flacherer Schädel als Pachycephalosaurus (S. 160).
Honghesaurus (1881, n.n.) = Yandusaurus.
Hoplitosaurus (1902): Pg/? m – UK: SDA – {9} Ankylosauridae, möglicherweise = Polacanthus (ENG).
Hoplosaurus (1881, n.d.) = Struthiosaurus.
Horezmavis (1983): VR/? m – UK: UZB – {59} Enantiornithes.
Hortalotarsus (1894, n.d.) = Massospondylus.
Huabeisaurus (2000, n.n): P/? m – OK: CHI, LAO? – {40} Titanosauria.
Huanhepterus (1982): FR/2,5 m – OJ: CHI – {–} Pterosauria.
Huayangosaurus (1982): Pp/4,6 m – MJ: CHI – {5} Huayangosaurus.
Hudiesaurus (1997, n.n.): P/30 m – MJ?/OJ: CHI – {35} Mamenchisauridae?

Hulsanpes (1982): VR/? m – OK: MOG – {57} Aves.
Hunhosaurus (1983, n.n.) = Yandusaurus.
Hylaeosaurus (1833): Pg/4–6 m – UK: ENG, FRA – {8} Hylaeosaurus, Sauropelta (S. 167).
Hylosaurus (1843) = Hylaeosaurus.
Hypacrosaurus (1913): P/9 m – OK: ALB, MOT – {18} Lambeosaurinae, ähnlich Corythosaurus (S. 139).
Hypselosaurus (1869): P/12 m – OK: FRA, SPA – {40} Titanosauria, Saltasaurus (S. 166).
Hypsibema (1869): P/4–6 m – OK: NCA, MIR – {18} Hadrosauridae (n.d.).
Hypsilophodon: siehe Seite 147 und Foto 42.
Hypsirophus (1878, n.d.) = Allosaurus – S: Stegosaurus.

Iberomesornis (1992): VR/10 cm – UK: SPA – {59} Enantiornithes.
Ichthyornis (1872): VR/? m – OK: NA – {58} Ichthyornithiformes.
Iguanodon: siehe Seite 149.
Iguanosaurus (1824, n.n.) = Iguanodon (S. 149).
Iliosuchus (1932): F/? m – MJ: ENG – {53} Tyrannosauroidea, möglicherweise Megalosaurus (S. 154).
Ilokelesia (2000): F/? m – OK: ARG – {44} Abelisauroidea.
Incolornis (1998): VR/? m – OK: UZB – {57} Aves.
Indosaurus (1932): F/? m – OK: IND – {44} Abelisauridae.
Indosuchus (1923): F/6 m – OK: IND – {44} Abelisauridae.
Ingenia (1981): F oder O?/1,8 m – OK: MOG – {54} Oviraptorosauria.
Inosaurus (1960): F/2 m – UK: NIG – {42} Neotheropoda (n.d.).
Irritator (1996): F/8 m – UK: BRA – {47} Spinosauridae.
Isanosaurus (2000): P/6,5? m – OT: THA – {34} Sauropoda, der bisher älteste bekannte Sauropode.
Ischisaurus (1963) = Herrerasaurus (S. 145).
Ischyrosauru (1869/1888): P/25? m – OJ: ENG – {39} Titanosauriformes (n.d.), möglicherweise = Pelorosaurus.
Istiodactylus (2001): FR/5 m – UK: ENG – {–} Pterosauria.
Itemirus (1976): F/1,5 m – OK: UZB – {53} Tyrannosauroidea – möglicherweise {56} Dromaeosauridae.
Iuticosaurus (1993): P/10–20 m – UK: ENG – {40} Titanosauria (n.d.).

Jainosaurus (1995): P/18 m – OK: IND – {40} Titanosauria.
Janenschia (1991): P/groß – OJ: TAN – {40} Titanosauria, der älteste bekannte Titanosaurier.
Jaxartosaurus (1934): P/9 m – OK: KAZ – {18} Lambeosaurinae, Corythosaurus (S. 139).

Jeholosaurus (2000): P/? m – OK: CHI – {2} Genasauria.
Jenghizkhan (1995) = Tarbosaurus.
Jensenosaurus (1996, n.n.) = Ultrasauros.
Jiangjunmiaosaurus (1987, n.n.) = Monolophosaurus?
Jibeinia (2000): VR/? m – UK: CHI – {57} Aves.
Jingshanosaurus (1995) = möglicherweise Yunnanosaurus.
Jinzhousaurus (2001): P/? m – UK: CHI – {13} Iguanodontia.
Jobaria (1999): P/21 m – UK: NIG – {35} Eusauropoda, http://www.jobaria.org.
Jubbulpuria (1932): F/1–2 m – OK: IND – {44} Abelisauroidea (n.d.).
Judinornis (1983): VR/? m – OK: MOG – {58} Ornithurae.
Jurapteryx (1985) = Archaeopteryx.
Jurassosaurus (1992, n.n.) = Tianchisaurus.

Kagasaurus (1988, n.n.): F/? m – UK: JAP – {42} Neotheropoda, möglicherweise Megalosaurus (S. 154).
Kaijiangosaurus (1984): F/? m – MJ: CHI – {46} Tetanurae.
Kakuru (1980): F/2,5 m – UK: AU – {50} Maniraptoriformes – der einzige bekannte Dinosaurier, der zu *Opal* versteinerte.
Kangnasaurus (1915): P/klein – UK: SAF – {13} Dryosauridae? (n.d.).
Katsuyamakensaurus (unv.): Pp/? m – UK: JAP – {5} Stegosauria.
Katsuyamasaurus (1990, n.n.): F/groß – UK: JAP – {42} Neotheropoda.
Kelmayisaurus (1973): F/22? m – UK: CHI – {42} Neotheropoda? (n.d.).
Kentrosaurus (1915): Pp/2,5–5 m – OJ: TAN – {6} Stegosauridae.
Kentrurosaurus (1916) = Kentrosaurus.
Kepodactylus (1996): FR/? m – OJ: COL – {–} Pterosauria.
Khaan (2001): F/1,2 m – OK: MOG – {54} Oviraptorosauria.
Kitadanisaurus (1990, n.n.) = Fukuiraptor.
Kizylkumavis (1984): VR/? m – OK: KAZ – {59} Enantiornithes.
Klamelisaurus (1993): P/17 m – OJ: CHI – {35} Eusauropoda, möglicherweise erwachsener Bellusaurus.
Koparion (1994): F/0,5 m – OJ: UTA – {56} Troodontidae.
Koreanosaurus (1979, n.n.): F/klein – OK: NKO – {56} Deinonychosauria.
Kotasaurus (1988): P/9 m – UJ/MJ?: IND – {34} Sauropoda.
Kritosaurus (1910): P/10 m – OK: ARG ~ NME, TEX – {18} Hadrosaurinae, Maiasaura (S. 152).
Kulceratops (1995): Ph/? m – UK: AS – {23} Ceratopsia (n.d.?).
Kunmingosaurus (1985, n.n.): P/groß – UJ: CHI – {34} Sauropoda.
Kuszholia (1992): VR/4–6 m – OK: UZB – {59} Ornithothoraces.

Labocania (1974): F/6 m – OK: MEX – {50} Maniraptoriformes (n.d.?), möglicherweise Tyrannosaurus (S. 178).
Labrosaurus (1879) = Allosaurus – S: Dryptosaurus (n.d.) und Ceratosaurus (n.d.).
Laelops (1866/1839) = Dryptosaurus – S: Dromaeosaurus (n.d.), Aublysodon, Deinodon (n.d.), Albertosaurus (n.d.), Ornithomimus (n.d.) und Allosaurus (n.d.).
Laevisuchus (1932): F/2 m – OK: IND – {44} Abelisauroidea.
Lambeosaurus (1923): P/9–15 m – OK: ALB, MOT, MEX – {18} Lambeosaurinae.
Lametasaurus (1923) = Indosuchus.
Lanasaurus (1975): P/1,2 m – UJ: SAF – {11} Heterodontosauridae, möglicherweise = Lycorhinus.
Lancangosaurus (1983, n.n.) = Datousaurus.
Lancanjiangosaurus (1985, n.n.): P/groß – MJ: AS – {35} Eusauropoda, möglicherweise Cetiosaurus (S. 136).
Laopteryx (1881): FR/? m – OJ: WYO – {–} Pterosauria (n.d.).
Laosaurus (1878) = Othnielia, Dryosaurus und Orodromeus (n.d.).
Laplatasaurus (1929): P/18 m – OK: MAD ~ ARG, URU – {40} Titanosauria, = Titanosaurus?
Lapparentosaurus (1986): P/groß – MJ: MAD – {35} Eusauropoda.
Largirostrisornis (1997): VR/groß – UK: CHI – {59} Enantiornithes.
Leaellynasaura (1989): P/2–3 m – UK: AU – {11} Ornithopoda.
Lectavis (1993): VR/? m – OK: ARG – {59} Enantiornithes.
Leipsanosaurus (1918) = Struthiosaurus (n.d.).
Lenesornis (1996): VR/? m – OK: UZB – {59} Enantiornithes.
Leptoceratops (1914): Ph/1,5–3 m – OK: ALB, WYO – {24} Leptoceratops.
Leptospondylus (1854) = Massospondylus (n.d.).
Lesothosaurus: siehe Seite 150.
Lessemsaurus (1999): P/? m – OT: ARG – {30} Prosauropoda.
Lestornis (1876) = Hesperornis.
Lexovisaurus (1957): Pp/5 m – OJ: ENG, FRA – {6} Stegosaurinae, ähnlich Kentrosaurus.
Liaoningornis (1997): VR/? m – UK: CHI – {59} Euornithes.
Liaoningosaurus (2001): Pp/? m – UK: CHI – {8} Nodosauridae.
Liaoxiornis (1999): VR/6 cm – UK: CHI – {59} Enantiornithes.
Liassaurus (1995, n.n.): F/? m – UJ: EUR – {42} Neotheropoda.
Ligabueino (1995): P/0,7 m – UK: ARG – {44} Abelisauria.
Liliensternus (1984): F/7? m – OT: DEU, FRA – {45} Liliensternus.
Limaysaurus (1997, n.n.): P/? m – UK: ARG – {36} Rebbachisauridae, möglicherweise = Rebbachisaurus.

Limenavis (2001): VR/? m – OK: ARG – {58} Ornithurae.
Limnosaurus (1899/1872) = Telmatosaurus.
Lingyuanornis (1999) = Liaoxiornis.
Lirainosaurus (1999): P/? m – OK: SPA – {40} Titanosauria.
Lonchodectes (1914) = Ornithocheirus.
Loncosaurus (1899): P/2 m – OK: ARG – {13} Iguanodontia (n.d.).
Longchengornis (1997): VR/? m – UK: CHI – {59} Enantiornithes.
Longipteryx (2001): VR/? m – UK: CHI – {57} Aves.
Longisquama (1970) ➛ Diapsida.
Longosaurus (1984) = möglicherweise Coelophysis.
Lophorhothon (1960): P/15 m – OK: ALA, NCA, MIP – {13} Iguanodontia, möglicherweise = Prosaurolophus?
Loricosaurus (1929) = Neuquensaurus.
Losillasaurus (2001): P/5 m – OJ?/UK: SPA – {36} Diplodocimorpha.
Lourinhanosaurus (1998): F/4,5 m – OJ: POR – {48} Allosauroidea.
Lourinhasaurus (1998): P/17 m – OJ: POR – {38} Camarasauridae?
Luanpingosaurus (1996, n.n.): ?/? m – OJ: CHI – {–} Dinosauria.
Lucianosaurus (1994): P/? m – OT: NME – {1} Lesothosauria?
Lufengocephalus (1974) = Tawasaurus.
Lufengosaurus: siehe Seite 151.
Lurdusaurus (1999): P/9 m – UK: NIG – {15} Styracosterna, urspr. Gravisaurus.
Lusitanosaurus (1957): Pg/? m – UJ: POR – {3} Thyreophora (n.d.).
Lycorhinus (1924): P/1,2 m – UJ: SAF – {11} Heterodontosauridae.

Macrophalangia (1932) = Chirostenotes und Elmisaurus.
Macrurosaurus (1896): P/12 m – UK: ENG – {40} Titanosauria, möglicherweise Saltasaurus (S. 166).
Madsenius (1990, n.n.) = Allosaurus.
Magnosaurus (1932): F/? m – MJ: ENG – {42} Neotheropoda, möglicherweise = Megalosaurus (S. 154).
Magulodon (1996): Ph/? m – UK: MAL – {24} Neoceratopsia (n.d.).
Magyarosaurus (1932): P/5–6 m – OK: ROM – {40} Titanosauria.
Maiasaura: siehe Seite 152.
Majungasaurus (1896): F/? m – OK: MAD ~ AEG ~ IND? – {44} Abelisauridae (n.d.) – möglicherweise = Majungatholus.
Majungatholus (1979): F/7–9 m – OK: MAD ~ AEG? ~ IND? – {44} Abelisauridae, siehe Abb. 8 (S. 61).
Malawisaurus (1993): P/10 m – UK: MAW – {40} Titanosauria.
Maleevosaurus (1894/1992) = Tarbosaurus?
Maleevus (1987): Pg/groß – OK: MOG – {9} Ankylosaurinae.

Mamenchisaurus: siehe Seite 153.
Mandschurosaurus (1930): P/8 m – OK: CHI – {18} Hadrosauridae.
Manospondylus (1982) = Tyrannosaurus und Aublysodon.
Marmarospondylus (1875) = Bothriospondylus.
Marshosaurus (1976): F/5 m – OJ: UTA, COL – {48} Neotetanurae, siehe Foto 54.
Masiakasaurus (2001): F/2 m – OK: MAD – {44} Abelisauria.
Massospondylus (1854): P/4 m – UJ: LES, NAM, SAF, ZIM ~ ARI? – {32} Massospondylus.
Megacervixosaurus (1983, n.n.): P/? m – OK: CHI – {36} Diplodocimorpha, Diplodocus (S. 142).
Megadactylus (1865/1843) = Anchisaurus.
Megadontosaurus (1970, n.n.) = Microvenator = Deinonychus.
Megalosaurus: siehe Seite 154.
Megaraptor (1998): F/6–8 m – OK: ARG – {56] Deinonychosauria?, größer als Utahraptor – möglicherweise = erwachsene Version von Unenlagia.
Melanorosaurus (1924): P/10–15 m – OT: SAF – {30} Melanorosauridae, Riojasaurus.
Merosaurus (1995, n.n.): F/? m – UJ: ENG – {42} Neotheropoda, urspr. Scelidosaurus zugerechnet.
Mesadactylus (1989): FR/10 m – OJ: COL – {–} Pterosauria.
Metriacanthosaurus (1964): F/8 m – OJ: ENG – {46} Tetanurae?
Microcephale (1997, n.n.): P/? m – OK: ALB – {22} Pachycephalosaurinae.
Microceratops (1953): Ph/0,8? m – OK: CHI, MOG – {24} Neoceratopsia (n.d.), Protoceratops (S. 164).
Microcoelus [Microsaurus] (1893) = Neuquensaurus.
Microdontosaurus (1985, n.n.) – P/groß – MJ: CHI – {29} Sauropodomorpha.
Microhadrosaurus (1979): P/2,4 m – OK: CHI – {18} Hadrosaurinae (n.d.).
Micropachycephalosaurus (1978): P/0,5 m – OK: CHI – {20} Pachycephalosauria, der Dinosaurier mit dem längsten Namen.
Microraptor (2000): F/0,5 m – UK: CHI – {55} Paraves, trug eine Art Federn.
Microsaurops (1963) = Microcoelus.
Microvenator (1970, n.n.): F/1,2? m – UK: MOT – {54} Maniraptora.
Mifunesaurus (1985, n.n.): F/groß – OK: JAP – {42} Neotheropoda.
Minmi: siehe Seite 155.
Mochlodon (1881) = Rhabdodon.
Mongolosaurus (1933): P/groß – UK: CHI – {36} Diplodocimorpha (n.d.).

Monkonosaurus (1990): Pp/5 m – OJ: CHI – {6} Stegosauridae, möglicherweise Tuojiangosaurus.
Monoclonius (1876): Ph/5–6 m – OK: ALB; MOT – {27} Centrosaurinae (n.d.), möglicherweise = halb erwachsene Version eines anderen ausgewachsenen Familienmitglieds.
Monolophosaurus (1994): F/5 m – OJ: CHI – {48} Allosauroidea (Carnosauria).
Mononychus (1993/1824) = Mononykus.
Mononykus (1993): P/1 m – OK: MOG – {52} Alvarezsauridae.
Montanazhdarcho (1995): FR/? m – OK: MOT – {–} Pterosauria.
Montanoceratops (1951): Ph/3 m – OK: MOT – {26} Montanoceratops, ähnlich Protoceratops (S. 164).
Morinosaurus (1874, n.d.) = Ischyrosaurus.
Morosaurus (1878) = Camarasaurus – S: Pelorosaurus und Megalosaurus – wahrscheinlich neue Einteilung (Gattungsname) für *Morosaurus agilis* (verwandt mit Cetiosaurus).
Moshisaurus (1985, n.n.) = Mamenchisaurus (S. 153).
Mussasaurus (1979): P/3 m – OT: ARG – {30} Prosauropoda, Plateosaurus (S. 162) – Coloradisaurus ist möglicherweise die erwachsene Version von Mussasaurus.
Muttaburrasaurus (1981): P/7 m – UK: AU – {13} Muttaburrasaurus.
Mymoorapelta (1994): Pg/2,7 m – OJ: COL – {9} Polacanthinae.

Naashoibitosaurus (1993) = Kritosaurus.
Nanantius (1986): VR: wie Singvogel – UK: AU ~ AS – {59} Enantiornithes.
Nanosaurus (1877): P/1,5 m – OJ: COL, UTA – {11} Ornithopoda (n.d.), möglicherweise ähnlich Hysilophodon (S. 147).
Nanotyrannus: 1988 = Tyrannosaurus?
Nanshiungosaurus (1979): F evtl. P?/4 m – UK?, OK: CHI – {51} Therizinosauridae, möglicherweise Therizinosaurus und Segnosaurus (S. 169).
Nanyangosaurus (2000): P/4,5 m – UK: CHI – {17} Hadrosauroidea.
Nectosaurus (1910/1905) = Kritosaurus.
Nedcolbertia (1998): F/? m – UK: UTA – {50} Maniraptoriformes.
Neimenggusaurus (unv.): F/? m – OK: CHI – {50} Therizinosauria.
Nemegtosaurus (1971): P/12 m – OK: MOG – {40} Titanosauria.
Neosaurus (1945/1923, n.d.) = Hypsibema.
Neosodon (1885) = Pelorosaurus.
Neovenator (1996): F/6–10 m – UK: ENG – {48} Allosauroidea.
Nesodactylus (1969): FR/? m – OJ: CUB – {–} Pterosauria.
Neuquenornis (1994): VR/? m – OK: ARG – {59} Enantiornithes.

Neuquensaurus (1992): P/10–15 m – OK: ARG – {40} Titanosauria, Saltasaurus (S. 166).
Newtonsaurus (1995/1999, n.n.): F/? m – OJ: WAL – {42} Neotheropoda.
Ngexisaurus (1982, n.n.): F/klein – MJ: CHI – {42} Neotheropoda.
Nigersaurus (1999): P/15 m – UK: NIG – {36} Diplodocimorpha.
Ninghsiasaurus (1965) = Pinacosaurus.
Niobrarasaurus (1995): Pg/5 m – OK: KAN – {8} Nodosauridae.
Nipponosaurus (1936): P/klein – OK: RUS – {18} Lambeosaurinae, Corythosaurus (S. 139).
Noasaurus (1980): F/3 m – OK: ARG – {44} Abelisauria – Noasauridae.
Nodocephalosaurus (1999): Pg/? m – OK: NME – {9} Ankylosaurinae.
Nodosaurus (1889): Pg/4–6 m – UK/OK: WYO, KAN – {8} Nodosauridae.
Noguerornis (1989): VR/? m – UK: SPA – {57} Aves.
Nomingia (2000): F/? m – OK: MOG – {54} Oviraptorosauria.
Noripterus (1973): FR/2,1 m Fl – UK: CHI – {–} Pterosauria.
Normannognathus (1998): FR/10 cm – OJ: FRA – {–} Pterosauria.
Nothronychus (2001): F/4,5–6 m – OK: NME – {51} Therizinosauridae.
Notoceratops (1918): P/? m – OK: ARG – {2} Genasauria (n.d.).
Notohypsilophodon (1998): P/? m – OK: ARG – {11} Ornithopoda, möglicherweise Dryosauridae {13}.
Nqwebasaurus (2000): F/? m – UK: SAF – {50} Maniraptoriformes.
Nurosaurus (1992, n.n.): P/26 m – UK: CHI – {35} Eusauropoda, Mamenchisaurus (S. 153).
Nuthetes (1854): F/? m – UK: ENG – {56} Deinonychosauria (n.d.).
Nyasasaurus (1967, n.n.): P/5 m – MT: TAN – {6} Sauropodomorpha, möglicherweise ähnlich Anchisaurus (S. 124).
Nyctodactylus (1881) = Nyctosaurus.
Nyctosaurus (1876): FR/3 m – OK: BRA ~ KAN – {–} Pterosauria.

Occidentalia (1872) = Pteranodon.
Odontorhynchus (1936/1868): FR/? m – OJ: DEU – {–} Pterosauria.
Ohmdenosaurus (1978): P/4 m – UJ: DEU – {34} Vulcanodontidae.
Oligosaurus (1881, n.d.)= Rhabdodon.
Omeisaurus (1939): P/10–20? m – OJ: CHI – {35} Omeisaurus.
Omosaurus (1875/1856) = Dacentrurus – S: Lexovisaurus.
Onychosaurus (1902, n.d.) = Struthiosaurus.
Opisthocoelicaudia (1977): P/12 m – OK: MOG – {40} Titanosauria, möglicherweise der Körper eines Nemegtosaurus – urspr. Camarasaurus.
Oplosaurus (1852) = Pelorosaurus.
Orcomimus (1997, n.n.): F/? m – OK: SDA – {52} Ornithomimidae.

Orinosaurus (1889) = Euskelosaurus.
Ornatotholus (1983) = Stegoceras.
Ornithocephalus (1812) = Pterodactylus.
Ornithocheirus (1869): FR/? m – K: TSR, ÖST, ENG, DEU, FRA – {–} Pterosauria.
Ornithodesmus (1987): F/klein – UK: ENG – {56} Deinonychosauria (n.d.), urspr. ähnlich Troodon.
Ornithoides (1924, n.n.) = Saurornithoides.
Ornitholestes: siehe Seite 156.
Ornithomerus (1881, n.d.) = Rhabdodon.
Ornithomimidorum (n.n.) = Ornithomimus = Betasuchus – fehlerhafte Bestimmung zweier separater Tiere: soll Ornithomimidae zugeordnet werden.
Ornithomimoides (1932): F/2 m – OK: IND – {44} Abelisauroidea (n.d.).
Ornithomimus (1890): F/3 m – OK: ALB, NJE, UTA – {52} Ornithomimidae.
Ornithopsis (1870): P/groß – UK: ENG ~ UTA? – {34} Titanosauriformes (n.d.), = Pelorosaurus?
Ornithopterus (1838) = Rhamphorhynchus.
Ornithostoma (1871): FR/? m – OK: ENG, RUS – {–} Pterosauria.
Ornithotarsus [Ornithosaurus] (1869, n.d.) = Hadrosaurus.
Orodromeus (1988): P/2,5 m – OK: MOT – {11} Zephyrosauridae, ähnlich Hysilophodon (S. 147).
Orosaurus (1869/1862) = Euskelosaurus.
Orthogoniosaurus (1931, n.d.) = Indosuchus.
Orthomerus (1883): P/groß – OK: NIE, SPA? – {18} Hadrosauridae (n.d.).
Oshanosaurus (1983, n.n.): P/groß – UJ: CHI – {35} Eusauropoda.
Othnielia (1977): P/1,4–4? m – OJ: COL, UTA, WYO – {11} Othnieliidae, Hysilophodon (S. 147).
Otogornis (1994): VR/? m – UK: CHI – {59} Euornithes, urspr. Enantiornithes.
Ouranosaurus (1976): P/7 m – UK: NIG – {17} Ouranosaurus, mit einem Rückensegel ähnlich Spinosaurus (S. 170).
Oviraptor: siehe Seite 158.
Ovoraptor (1924, n.n.) = Velociraptor.
Ozraptor (1998): F/3 m – MJ: AU – {49} Coelurosauria, urspr. Schildkröte.

Pachycephalosaurus: siehe Seite 159 und Foto 12.
Pachyrhinosaurus (1950): Ph/5,5–7 m – OK: ALB, ALS – {27} Centrosaurinae – Pachyrhinosaurini.
Pachysauriscus (1959) = Plateosaurus (S. 162).

Pachysaurops (1961) = Pachysaurus.
Pachysaurus (1908/1843, n.d.) = Plateosaurus (S. 162).
Pachyspondylus (1954, n.d.) = Massospondylus.
Palaeoctonus (1877) = Clepsysaurus.
Palaeopteryx (1981): F/klein – OJ: COL – {54} Maniraptora (n.d.), möglicherweise Deinonychosauria (ähnlich Troodon?) – urspr. ähnlich Archaeopteryx.
Palaeornis (1844) = Ornithocheirus.
Palaeosauriscus (1959) = Sellosaurus – S: Anchisaurus (n.d.).
Palaeosaurus (1878/1833, n.d.) = Anchisaurus (S. 124).
Palaeoscincus (1856): Pg/groß – OK: MOT – {8} Nodosauridae (n.d.).
Panoplosaurus (1919): Pg/7 m – OK: MOT, ALB – {8} Nodosauridae.
Parahesperornis (1984): VR/? m – OK: NA – {58} Ornithurae.
Paraiguanodon (1991, n.n.) = Bactrosaurus.
Paralititan (2001): P/24–30 m – UK/OK: AEG – {40} Titanosauria.
Paranthodon (1929): Pp/5 m – OJ/UK: SAF – {6} Stegosaurinae, Kentrosaurus.
Parapsicepahlus (1918): P/? m – UJ: ENG – {–} Pterosauria.
Pararhabdodon (1993): P/5 m – OK: SPA, FRA – {14} Ankylopollexia – möglicherweise Lambeosaurinae.
Parasaurolophus: siehe Seite 161.
Parascaniornis (1933): P/? m – OK: SWE – {58} Ornithurae (n.d.).
Parksosaurus (1937): P/2,4 m – OK: ALB – {12} Euornithopoda.
Paronychodon (1876): F/2 m – OK: MOT, NME, WYO – {50} Maniraptoriformes (n.d.) – ähnlich. Deinonychus (S. 140)?
Parrosaurus (1945, n.d.) = Hypsibema.
Parvicursor (1996): F/1 m – OK: MOG – {52} Alvarezsauridae.
Pasquiaornis (1997): VR/? m – OK: SAS – {58} Ornithurae.
Patagonykus (1996): F/2 m – OK: ARG – {52} Alvarezsauridae.
Patagopteryx (1992): VR/0,75 m – OK: ARG – {59} Euornithes.
Patagosaurus (1979): P/18 m – MJ: ARG – {35} Eusauropoda, Cetiosaurus (S. 136).
Pawpawsaurus (1996): Pg/4 m – UK: TEX, UTA? – {8} Nodosauridae.
Pectinodon (1982) = Troodon.
Peishansaurus (1953): Pg/? m – OK: CHI – {7} Ankylosauria (n.d.).
Pekinosaurus (1994): P/? m – OT: NCA – {1} Lesothosauria?
Pelagornis (1867/1857) = Enaliornis.
Pelecanimimus (1994): F/2 m – UK: SPA 51 Ornithomimosauria.
Pellegrinisaurus (1996): P/20–25 m – OK: ARG – {40} Titanosauria.
Pelorosaurus (1850): P/24 m – UK: ENG, POR? – {39} Titanosauriformes (n.d.), möglicherweise Brachiosaurus (S. 131).

Peltosaurus (1989/1873, n.n.) = Sauropelta.
Pentaceratops (1923): Ph/5–8 m – OK: NME, COL – {27} Ceratopsinae, Triceratops (S. 176).
Peteinosaurus (1978): FR/0,6 m – OT: ITA – {–} Pterosauria.
Phaedrolosaurus (1973): F/? m – UK: CHI – {50} Maniraptoriformes (n.d.), möglicherweise ähnlich Deinonychus (S. 140).
Phobetor (1986/1844): FR/1,5 m – UK: MOG – {–} Pterosauria.
Phuwiangosaurus (1994): P/25–30 m – UK: THA – {40} Titanosauria.
Phyllodon (1973): P/0,9 m – OJ: POR – {11} Ornithopoda (n.d.), möglicherweise Hysilophodon (S. 147).
Piatnitzkysaurus (1979): F/6 m – MJ/OJ: ARG – {46} Tetanurae, möglicherweise Allosasurus (S. 123).
Picrodon (1898) = Avalonianus?
Pinacosaurus (1933): Pg/5,5 m – OK: CHI, MOG – {9} Ankylosaurinae.
Pisanosaurus (1967): P/1 m – OT: ARG – {1} Pisanosaurus.
Piveteausaurus (1977): F/11 m – MJ: FRA – {49} Coelurosauria, möglicherweise Megalosaurus (S. 154).
Planicoxa (2001): P/? m – UK: UTA – {15} Styracosterna.
Plataleorhynchus (1995): FR/? m – OJ: ENG – {–} Pterosauria.
Platanavis (1992): VR/? m – OK: UZB – {59} Ornithothoraces.
Plateosauravus (1932) = Euskelosaurus.
Plateosaurus: siehe Seite 162.
Plegadornis (1962/1855) = Ichthyornis.
Pleurocoelus (1888): P/groß – UK: MAL, TEX – {39} Titanosauriformes. Brachiosaurus (S. 131), siehe Fotos 27 und 29.
Pleuropeltus (1881, n.d.) = Struthiosaurus.
Podokesaurus (1911): F/1 m – UJ: CON – {45} Coelophysidae, möglicherweise Coelophysis (S. 136).
Podopteryx (1971/1871) = Sharovipteryx.
Poekilopleuron (1838): F/9 m – MJ: FRA – {47} Torvosauridae.
Polacanthoides (1928) = Hylaeosaurus, teilweise = Polacanthus.
Polacanthus (1881): Pg/4 m – UK: ENG ~ SDA – {9} Polacanthinae.
Polyodontosaurus (1932) = Troodon (S. 177).
Polyonax (1983): Ph/7 m – OK: COL – {27} Ceratopsinae (n.d.), möglicherweise = Triceratops.
Prenocephale (1974): P/2,5 m – OK: ALB?, MOT? ~ MOG – {22} Prenocephale (S. 160).
Preondactylus (1983): FR/1,5 m Flügelspannweite – OT: ITA – {–} Pterosauria.
Priconodon (1888): Pg/groß – UK: MAL – {7} Ankylosauria (n.d.).

Priodontognathus (1875): Pg/? m – OJ: ENG – {7} Ankylosauria (n.d.), ähnlich Sauropelta (S. 167)?
Probactrosaurus (1966): P/6 m – UK: CHI – {15} Probactrosaurus.
Proceratops (1906) = *Ceratops montanus.*
Proceratosaurus (1926): F/3 m – MJ: ENG – {50} Maniraotoriformes.
Procerosaurus (1902) = Tanystropheus und Ponerosteus.
Procheneosaurus (1920) = Lambeosaurus – S: Jaxartosaurus und Corythosaurus.
Procompsognathus (1913): F/1,2 m – OT: DEU – {45} Coelophydsidae.
Prodeinodon (1924): F/groß – UK: CHI, MOG – {42} Neotheropoda (n.d.).
Proiguanodon (1900, n.n.) = Iguanodon (S. 149).
Proornis (1996, n.n.): VR/? m – UK: NKO – {58} Confuciusornithidae.
Prosaurolophus (1916): P/8–9 m – OK: ALB, MOT – {18} Hadrosaurinae, Edmontosaurus.
Protarchaeopteryx (1997): VR?/? m – UK: CHI – {54} Maniraptora – obwohl primitiver, lebte er nach Archaeopteryx und konnte nicht fliegen.
Protiguanodon (1923) = Psittacosaurus (S. 165).
Protoavis (1991): F/VR?/FR?/? m – OT: TEX – {41} Theropoda – unsichere Abstammung.
Protoceratops: siehe Seite 164.
Protognathosaurus (1991): P/groß – MJ: CHI – {35} Eusauropoda.
Protognathus (1988) = Protognathosaurus.
Protohadros (1998): P/? m – OK: TEX – {17} Protohadros, der primitivste Hadrosaurier.
Protopteryx (2000): VR/? m – UK: CHI – {58} Confuciusornithidae.
Protorosaurus (1914/1830) = urspr. Chasmosaurus = Archosaur?
Protrachodon (1923, n.n.) = Orthomerus?
Psittacosaurus: siehe Seite 165.
Ptenodactylus (1869/1845) = Ornithocheirus.
Ptenodracon (1888) = Pterodactylus.
Pteranodon (1876): FR/7–9,2 m Fl – UK bis OK: SDA, KAN – {–} Pterosauria.
Pterodactylus (1809/1815): FR/1 m Fl – OJ: DEU, FRA, ENG ~ TAN – {–} Pterosauria.
Pterodaustro (1969): FR/1,3 m – UK: ARG, CHI ~ FRA – {–} Pterosauria.
Pteropelyx (1889): P/groß – OK: MOT – {18} Lambeosaurinae (n.d.), möglicherweise = Corythosaurus oder Hypacrosaurus.
Pterospondylus (1914): F/2 m – OT: DEU – {45} Coelophysoidea (n.d.).
Puntanipterus (1974): FR/? m – UK: ARG – {–} Pterosauria.
Pyroraptor (2000): F/? m – OK: FRA – {56} Deinonychosauria, möglicherweise = Variraptor.

Qantassaurus (1999): P/? m – UK: AU – {11} Ornithopoda.
Qinlingosaurus (1996): P/? m – OK: CHI – {42} Neosauropoda.
Quaesitosaurus (1983): P/23? m – OK: MOG – {40} Titanosauria, möglicherweise = Nemegtosaurus.
Quetzalcoatlus (1975): FR/5,5–11 m Flügelspannweite – OK: ALB, TEX – {–} Pterosauria, Pterodactyloidea.
Quilmesaurus (2001): F/? m – OK: ARG – {42} Neotheropoda.

Rahona (1998/1975) = Rahonavis.
Rahonavis (1998): F/? m – OK: MAD – {55} Paraves, trug Federn.
Rapator (1932): F/10? m – UK: AU – {52} Alvarezsauria (n.d.?).
Rapetosaurus (2001): P/15? m – OK: MAD – {40} Titanosauria.
Rayososaurus (1995): P/? m – UK: ARG – {36} Rebbachisauridae (n.d.).
Rebbachisaurus (1954): P/20 m – UK/OK: ALG, MRO, NIG, TUN ~ ARG – {36} Rebbachisauridae.
Regnosaurus (1848): Pp/4 m – UK: ENG – {5} Stegosauria (n.d.), möglicherweise = Craterosaurus.
Revueltosaurus (1989): P/3 m – OT: NME, ARI – {1} Ornithischia, ähnlich Lesothosaurus?
Rhabdodon (1869): P/4,5 m – OK: ÖST, FRA, ROM, SPA – {13} Iguanodontia.
Rhadinosaurus (1881): Pg/? m – {7} Ankylosauria (n.d.), zweifelhafte Klassifizierung: möglicherweise = Crocodylomorpha.
Rhamphinion (1984): FR/? m – UJ: ARI – {–} Pterosauria.
Rhamphocephalus: FR/? m – MJ: ENG – {–} Pterosauria.
Rhamphorhynchus (1847): FR/1,7 m – OJ: DEU, ENG, POR ~ TAN – {–} Pterosauria.
Rhodanosaurus (1929, n.d.) = Struthiosaurus.
Rhoetosaurus (1925): P/12 m – MJ: AU – {35} Eusauropoda, Cetiosaurus (S. 136).
Ricardoestesia (1990): F/2 m – OK: ALB, SAS, MOT, WYO? – {50} Maniraptoriformes, unsichere Klassifizierung: zu wenig Funde (Zähne, Gebiss).
Rileya (1902/1888) = Thecodontosaurus.
Rileyasuchus (1961) = Thecodontosaurus.
Rinchenia (1997, n.n.) = Oviraptor (S. 158).
Rioarribasaurus (1991) = Coelophysis (S. 136).
Riojasaurus (1969): P/6–11 m – OT: ARG – {30} Riojasaurus.
Rocasaurus (2000): P/8–9 m – OK: ARG – {40} Titanosauria.
Roccosaurus (1978, n.n.) = Melanorosaurus.
Ruehleia (2001): P/? m – OT: DEU – {30} Prosauropoda.

Saichania (1977): Pg/7 m – OK: MOG – {9} Ankylosaurinae, ähnlich Euoplocephalus.
Saltasaurus: siehe Seite 166.
Saltriosaurus (2000, n.n.): F/? m – UJ: ITA – {46} Tetanurae.
Sanchusaurus (1985): F oder O?/? m – OK: JAP – {52} Ornithomimidae, ähnlich Gallimimus (S. 143).
Sangonghesaurus (1983, n.n.) = Tianchisaurus.
Sanpasaurus (1944): P/? m – OJ: CHI – {11} Ornithopoda (n.d.) – Name für Mixtur: einige Knochen gehören zu Sauropoda.
Santanadactylus (1980): FR/3 m – UK: BRA – {–} Pterosauria.
Santanaraptor (1999): F/? m – UK: BRA – {50} Maniraptoriformes.
Sarcolestes (1893): Pg/3 m – MJ: ENG – {8} Nodosauridae.
Sarcosaurus (1921): F/3,5 m – UJ: ENG – {44} Ceratosauroidea.
Saturnalia (1999): P/1,5 m – OT: BRA – {29} Sauropodomorpha.
Sauraechinodon [Saurechinodon] (1861) = Echinodon.
Saurolophus (1912): P/9–12 m – OK: ALB ~ MOG – {18} Hadrosaurinae.
Sauropelta (1970): Pg/7–8 m – UK/OK: MOT, UTA, WYO – {8} Nodosauridae.
Saurophaganax (1995) = Allosaurus (S. 123) und Foto 47.
Saurophagus (1941/1831) = Allosaurus (S. 123).
Sauroplites (1953): Pg/6 m – UK: CHI – {9} Ankylosaurinae (n.d.).
Sauroposeidon (2000): P/30? m – UK: OKL – {39} Brachiosauridae, ähnlich Brachiosaurus (S. 131).
Saurornithoides (1924): F/2–3,5 m – OK: MOG, TAD – {56} Troodontidae.
Saurornitholestes (1978): F/2 m – OK: ALB – {56} Dromaeosauridae.
Sazavis (1989): VR/? m – OK: UZB – {59} Enantiornithes.
Scaphognathus (1861): FR/1 m Flügelspannweite – OJ: DEU – {–} Pterosauria.
Scelidosaurus: siehe Seite 168.
Scipionyx (1998): F/3? m – UK: ITA – {50} Maniraptoriformes.
Scolosaurus (1928) = Euoplocephalus.
Scrotum (1783) = Megalosaurus.
Scutellosaurus (1981): P/1,2 m – UJ: ARI – {3} Scutellosaurus.
Secernosaurus (1979): P/3 m – OK: ARG – {18} Hadrosauridae – primitiver Hadrosaurier.
Segisaurus (1936): F/1? m – UJ: ARI – {45} Coelophysidae.
Segnosaurus: siehe Seite 169.
Seismosaurus (1991): P/40–50? m – OJ: NME – {37} Diplodocidae, Diplodocus (S. 142) – eines der größten Landtiere aller Zeiten.

Sellosaurus (1908): P/6,5 m – OT: DEU – {33} Sellosaurus, Plateosaurus (S. 162).
Shamosaurus (1983): Pg/7 m – UK: MOG – {9} Shamosaurinae, ähnlich Euoplocephalus.
Shanshanosaurus (1977): F/2–3 m – OK: CHI – {53} Tyrannosauroidea (n.d.), möglicherweise ein jugendlicher Tarbosaurus.
Shantungosaurus (1973): P/12–15 m – OK: CHI – {18} Hadrosaurinae, möglicherweise der größte Ornithopode.
Shanxia (1998): Pg/3,5 m – OK: CHI – {9} Ankylosaurinae.
Shanyangosaurus (1996): F/2,5 m – OK: CHI – {54} Maniraptora.
Shunosaurus (1983): P/9–14? m – MJ: CHI – {35} Shunosaurus – der einzige Sauropode mit einer Keule am Schwanzende.
Shuosaurus (1979, n.n.) = Shunosaurus.
Shuvosaurus (1993): F/? m – OT: TEX – {45} Coelophysoidea.
Shuvuuia (199): F/1 m – OK: MOG – {52} Alvarezsauridae.
Siamosaurus (1986): F/? m – UK: THA – {47} Spinosauria, ähnlich Spinosaurus (S. 170)?
Siamotyrannus (1996): F/6,5 m – UK: THA – {53} Tyrannosauroidea.
Sidormimus (unv.): F/? m – UK: NIG – {42} Neotheropoda.
Sigilmassasaurus (1996): F/? m – UK: MRO – {42} Neotheropoda (n.d.), möglicherweise = Carcharodontosaurus.
Siluosaurus (1997): P/? m – UK: CHI – {11} Ornithopoda.
Silvisaurus (1960): Pg/4 m – UK/OK: KAN – {8} Panoplosaurinae.
Sinocoelurus (1942): F/? m – OJ: CHI – {42} Neotheropoda (n.d.) – nur durch einen Zahn bekannt.
Sinornis (1992): VR/? m – UK: CHI – {59} Enantiornithes.
Sinornithoides (1994): F/1,1 m – UK: CHI – {56} Troodontidae, ähnlich Troodon (S. 177).
Sinornithosaurus (1999): F/1? m – UK: CHI – {55} Paraves.
Sinosauropteryx (1996): F/1,3 m – UK: CHI – {50} Maniraptoriformes.
Sinosaurus (1948): F/2–3 m – OT/UJ: CHI – {41} Theropoda (n.d.), ähnlich Herrerasaurus (S. 145)?
Sinraptor (1994): F/7 m – OJ: CHI – {48} Allosauroidea.
Siroccopteryx (1999): FR/? m – UK/OK: MRO – {–} Pterosauria.
Smilodon (1846/1842, n.d.) = Plateosaurus (S. 162).
Songlingornis (1996): VR/wie Spatz – UK: CHI – {59} Euornithes.
Sonorasaurus (1998): P/14–17 m – UK: ARI – {39} Titanosauriformes.
Sordes (1971): FR/0,6 m – OJ: KAZ – {–} Pterosauria.
Soroavisaurus (1993): VR/? m – OK: ARG – {59} Enantiornithes.
Sphenospondylus (1882) = Iguanodon (S. 149).

Spinosaurus: siehe Seite 170.
Spinosuchus (1932): F/? m – OT: TEX – {41} Theropoda, ähnlich Herrerasaurus (S. 145)?
Staurikosaurus (1970): F/2 m – OT: BRA – {41} Herrerasauridae.
Stegoceras (1902): P/2,5 m – OK: ALB, MOT – {21} Stegoceras, siehe Foto 11.
Stegopelta (1905): Pg/? m – OK: WYO – {7} Ankylosauroidea, urspr. Nodosaurus.
Stegosaurides (1953): Pg/? m – OK: CHI – {7} Ankylosauria (n.d.).
Stegosaurus: siehe Seite 172 und Foto 28.
Steneodactylus (unv.) = Chirostenotes.
Stenonychosaurus (1932) = Troodon (S. 177).
Stenopelix (1857): P/1,5 m – UK: DEU – {20} Stenopelix.
Stenotholus (1988) = Stygimoloch (S. 160).
Stephanosaurus (1914) = Kritosaurus? – S: Corythosaurus.
Stereocephalus (1902) = Euoplocephalus.
Sternbergia (1972/1925) = Pteranodon.
Sterrholophus (1891) = Triceratops (S. 176).
Stokesosaurus (1974): F/4 m – OJ: UTA – {53} Tyrannosauroidea, ähnlich Iliosuchus.
Strenusaurus (1969) = Riojasaurus.
Streptospondylus (1832): F/? m – MJ: ENG – {46} Tetanurae – unsichere Klassifizierung: möglicherweise = Crocodylomorpha.
Struthiomimus: siehe Seite 173.
Struthiosaurus (1871): Pg/4 m – OK: ÖST, FRA, UNG, SPA? – {8} Nodosauridae (früher Theropoda), möglicherweise Sauropelta.
Stygimoloch (1983): P/3 m – OK: MOT, WYO – {22} Stygimoloch (S. 160).
Stygivenator (1995) = Tyrannosaurus? – S: Aublysodon.
Styracosaurus (1913): Ph/5,5 m – OK: ALB, MOT – {27} Centrosaurinae, Foto 55.
Suchomimus (1998): F/11? m – UK: NIG – {47} Baryonychinae, möglicherweise = Baryonyx (S. 130).
Suchoprion (1877) = Clepsysaurus.
Sugiyamasaurus (1990, n.n.): P/groß – OK: JAP – {38} Macronaria – nur von drei Zahnfunden bekannt.
Supersaurus (1985): P/30 m – OJ: COL – {37} Diplodocidae – eines der größten Landtiere mit einem 12 m langen Hals.
Symphyrophus (1878, n.d.) = Camptosaurus.
Syngonosaurus (1879) = Acanthopholis.
Syntarsus (1969): F/2 m – UJ: ZIM, SAF ~ ARI – {45} Coelophysidae, Coelophysis (S. 136).

Syrmosaurus (1952) = Pinacosaurus – S: Maleevus.
Szechuanosaurus (1942): F/4 m – OJ: CHI – {48} Allosauroidea (n.d.).

Talarurus (1952): Pg/6 m – OK: MOG – {9} Ankylosaurinae, ähnlich Euoplocephalus (S. 143).
Tangvayosaurus (1999): P/? m – UK: LAO – {40} Titanosauria, möglicherweise = Titanosaurus.
Tanius (1929): P/? m – OK: CHI – {18} Hadrosaurinae.
Tanystropheus (1855) = (n.d.) – S: Halticosaurus und Coelophysis.
Tanystrosuchus (1963) = Halticosaurus?
Tapejara (1989): FR/? m – UK: BRA – {–} Pterosauria, Pterodactyloidea.
Tarascosaurus (1991): F/? m – OK: FRA – {44} Abelisauridae, Carnotaurus (S. 134).
Tarbosaurus (1955): F/7–12 m – OK: CHI, MOG – {53} Tyrannosauroidea – größter Raubsaurier Asiens – urspr. Tyrannosaurus.
Tarchia (1977): Pg/8,5 m – OK: MOG – {9} Ankylosaurinae, Euoplocephalus (S. 143).
Tatisaurus (1965): Pg/2? m – UJ: CHI – {3} Thyreophora, möglicherweise = Scelidosaurus (S. 168).
Taveirosaurus (1991): P/? m – OK: POR – {2} Genasauria (n.d.) – nur von einem Zahnfund bekannt – urspr. Homalocephalidae.
Tawasaurus (1982) = Lufengosaurus (S. 151).
Technosaurus (1984): P/1–2 m – OT: TEX – {1} Ornithischia (n.d.) – nur von einem Gebissfund bekannt.
Tecovasaurus (1994): P/? m – OJ: ARI. TEX ~ FRA? – {1} Lesothosauria? – nur von einem Zahnfund bekannt.
Tehuelchesaurus (1999): P/15? m – MJ: ARG – {35} Eusauropoda.
Teinurosaurus (1928/1929): F/? m – OJ: FRA – {42} Neotheropoda (n.d.), unsichere Klassifikation.
Telmatosaurus (1903): P/5 m – OK: ROM, FRA, SPA – {18} Hadrosauridae.
Tenantosaurus (1989, n.n.) = Tenontosaurus.
Tendaguria (2000): P/? m – OJ: TAN – {34} Tendaguriidae.
Tenontosaurus (1970): P/6,5 m – UK: MOT, OKL, TEX, UTA, WYO – {13} Tenontosaurus – extrem langer Schwanz, siehe Foto 35.
Teratosaurus (1861) = k.D. – S: Sellosaurus und Plateosaurus.
Tetragonosaurus (1931) = Lambeosaurus – S: Corythosaurus.
Texasetes (1995): Pg/2,5–3 m – UK: TEX – {8} Edmontoniinae.
Teyuwasu (1999): ?/? m – OT: BRA – {–} Dinosauria.
Thecocoelurus (1923): {41} Coelurosauria? (n.d.), möglicherweise Calamospondylus.

Thecodontosaurus (1843): P/1–2,5 m – OT: ENG, WAL – {30} Thecodontosauridae.
Thecospondylus (1882): P?/? m – UK: ENG – {2} Genasauria (n.d.), unsichere Klassifizierung: urspr. als Sauropode klassifiziert.
Therizinosaurus (1954): O/P?/F?/11? m – OK: MOG, KAZ, CHI – {51} Therizinosauridae, mit 60 cm langen Krallen an einem 2,50 m langen Arm – spärliche Funde: ursprünglich als Überreste einer großen Schildkröte eingestuft.
Therosaurus (1843) = Iguanodon (S. 149).
Thescelosaurus (1913): P/3–4 m – OK: Alb, SAS, COL, MOT, SDA, WYO – {11} Ornithopoda, ähnlich Hysilophodon (S. 147)?
Thespesius (1856): P/? m – OK: NEB – {18} Hadrosaurinae (n.d.), möglicherweise Edmontosaurus.
Thotobolosaurus (1972, n.n.): P/groß – OT: LES – {30} Prosauropoda, möglicherweise Riojasaurus.
Tianchisaurus (1993): Pg/3 m – MJ: CHI – {9} Ankylosauridae.
Tianzhenosaurus (1998): Pg/? m – OK: CHI – {7} Ankylosauria.
Tichosteus (1877): P/groß – OJ: COL – {11} Ornithopoda (n.d.) – möglicherweise Iguanodontia.
Tienshanosaurus (1937): P/10–12 m – OJ: CHI – {35} Eusauropoda.
Timimus (1994): F/3 m – UK: AU – {50} Ornithomimosauria?
Titanopteryx (1959/1935) = Arambourgiania.
Titanosaurus (1877): P/12–20 m – OK: IND ~ LAO? ~ MAD ~ FRA, SPA – {8} Titanosauria, Saltasaurus (S. 166).
Tochisaurus (1991): F/? m – OK: MOG – {56} Troodontidae, Troodon (S. 177)
Tomodon (1865/1853, n.d.) = Diplotomodon.
Tonouchisaurus (1994, n.n.): F/1 m – UK: MOG – {53} Tyrannosauroidea.
Tornieria (1911) = Barosaurus? – S: Malawisaurus und Janenschia.
Torosaurus (1891): Ph/6–8 m – OK: WYO, MOT, SDA, COL, UTA, NME, TEX, SAS – {27} Ceratopsinae.
Torvosaurus (1979): F/10–12 m – OJ: COL – {47} Torvosauridae.
Trachodon (1856): P/groß – OK: MOT – {23} Ceratopsia (n.d.).
Triceratops: siehe Seite 176 und Foto 5 und 7.
Trimucrodon (1973): P/klein – OJ: POR – {1} Ornithischia (n.d.).
Troodon: siehe Seite 177.
Tropeognathus (1987): FR/? m – UK: BRA – {–} Pterosauria.
Tsagantegia (1993): Pg/? m – OK: MOG – {9} Ankylosaurinae.
Tsintaosaurus (1958): P/10 m – OK: CHI – {18} Lambeosaurinae.
Tsuchikurasaurus (unv.): ? – JAP – {42} Neotheropoda.

Tugulusaurus (1973): F/3 m – UK: CHI – {48} Neotetanurae (n.d.).
Tuojiangosaurus (1973): P/7 m – OJ: CHI – {6} Stegosaurinae.
Tupuxuara (1988): FR/5,5 m – UK: BRA – {–} Pterosauria.
Turanoceratops (1989): Ph/? m – OK: KAZ – {26} Turanoceratops.
Tylocephale (1974): P/2,5 m – OK: MOG – {22} Pachycephalosaurinae, Pachycephalosaurus (S. 159).
Tylosteus (1872) = Pachycephalosaurus (S. 159).
Tyrannosaurus: siehe Seite 178 und Fotos 3, 30 und 41.
Tyreophorus (1929, n.n.): {7} Ankylosauria.

Udanoceratops (1992): Ph/4,5 m – OK: MOG – {24} Neoceratopsia.
Ugrosaurus (1986): Ph/? m – OK: MOT – {27} Ceratopsinae (n.d.), möglicherweise = Triceratops.
Uintasaurus (1919) = Camarasaurus (S. 132).
Ultrasauros (1991) – Bezeichnung wird nicht mehr verwendet, da diese Spezies aus Knochen von Supersaurus und Brachiosaurus bestand, siehe Ultrasaurus (1985).
Ultrasaurus (1983): P/? m – UK: SKO – {34} Sauropoda (n.d.) – kleiner als ursprünglich gedacht: kompletter Name *Ultrasaurus tabriensis* nicht zu verwechseln mit *Ultrasaurus macintoshi* (1985), der nordamerikanischen Spezies, die zu dieser Zeit leider noch nicht beschrieben war – siehe Ultrasaurus (1985).
Ultrasaurus (1985) – der Name Ultrasaurus war bereits 1983 an eine in Südkorea gefundene (kleinere) Spezies vergeben, deshalb wurde die amerikanische Spezies 1991 umbenannt in (siehe) Ultrasauros.
Umarsaurus (1992, n.n.) = Barsboldia.
Unenlagia (1997): F/2–3 m – OK: ARG – {55} Paraves.
Unquillosaurus (1979): F/2?–4? m – OK: ARG – {8} Tetanurae – ursprünglich vermutete Länge von 11 m, möglicherweise = Unenlagia.
Utahraptor (1993): F/5–7 m – UK: UTA – {56} Deinonychosauria, Deinonychus (S. 140).

Valdoraptor (1991): F/5? m – UK: ENG – {46} Tetanurae, ähnlich Allosaurus (S. 123)?
Valdosaurus (1977): P/3 m – UK: ENG, ROM ~ NIG – {13} Dryosauridae.
Variraptor (1998): F/3 m – OK: FRA – {56} Deinonychosauria (n.d.), Deinonychus (S. 140).
Vectensia (1982, n.n.) = Polacanthus.
Vectisaurus (1879) = Iguanodon (S. 149).

Velocipes (1932): F/klein – OT: DEU – {41} Theropoda (n.d.) – bekannt nur durch den Teil eines Knochens.
Velociraptor (1924): F/2 m – OK: CHI, MOG, RUS? – {56} Dromaeosauridae, Deinonychus (S. 140).
Velocisaurus (1991): F/1–1,5 m – OK: ARG – {44} Abelisauria.
Venenosaurus (200): P/? m – UK: UTA – {39} Titanosauriformes.
Volkheimeria (1979): P/9 m – MJ: ARG – {35} Eusauropoda, möglicherweise Brachiosaurus (S. 131).
Vorona (1996): VR/? m – OK: MAD – {59} Ornithothoraces.
Vulcanodon (1972): P/6,5 m – UJ: ZIM – {34} Vulcanodon.

Wakinosaurus (1992): F/? m – UK: JAP – {42} Neotheropoda (n.d.), ähnlich Allosaurus (S. 123)?
Walgettosuchus (1932): F/? m – UK: AU – {42} Neotheropoda (n.d.).
Walkeria (1987/1823) = Alwalkeria.
Walkersaurus (1995, n.n): F/? m – ?: ENG – {46} Tetanurae.
Wannanosaurus (1977): P/0,6 m – OK: CHI – {20} Pachycephalosauria, Goyocephale.
Wuerhosaurus (1973): Pp/4,5–6 m – UK: CHI – {6} Stegosaurinae, Stegosaurus (S. 172).
Wyleyia (1973): VR?/F?/1? m – UK: ENG – {55} Paraves (n.d.).
Wyomingopteryx (1994, n.n.): FR/? m – OJ: WYO – {–} Pterosauria.
Wyomingraptor (1997, n.n.): F/? m – OJ: WYO – {48} Allosauroidea – Allosauridae.

Xenotarsosaurus (1986): F/? m – OK: ARG – {44} Abelisauridae.
Xiaosaurus (1983): F/1 m – MJ: CHI – {1} Ornithischia – Ornithopoda? (n.d.), möglicherweise Hysilophodon (S. 147).
Xuanhanosaurus (1984): F/6 m – MJ: CHI – {48} Allosauroidea (Carnosauria), unsichere Klassifizierung.
Xuanhuasaurus (1986, n.n.): P/klein – UK: CHI – {19} Marginocephalia, möglicherweise Chaoyangsaurus.

Yaleosaurus (1932) = Anchisaurus (S. 124).
Yandangornis (1999): VR?/0,6 m – OK: CHI – {57} Aves.
Yandusaurus (1979): P/2 m – MJ: CHI – {11} Ornithopoda, möglicherweise Hysilophodon (S. 147).
Yangchuanosaurus (1978): F/10–11 m – OJ: CHI – {48} Allosauroidea.
Yanornis (2001): VR/? m – UK: CHI – {59} Euornithes.
Yaverlandia (1971): P/1 m – UK: ENG – {20} Pachycephalosauria.

Yimenosurus (1990): P/? m – UJ: CHI – {30} Prosauropoda.
Yingshanosaurus (1984, n.n.): Pp/? m – OJ: CHI – {6} Stegosauridae, möglicherweise Tuojiangosaurus.
Yixianornis (2001): VR/? m – UK: CHI – {59} Euornithes.
Yubasaurus (1975, n.n.) = Yandusaurus.
Yungavolucris (1993): VR/? m – OK: ARG – {59} Enantiornithes.
Yunnanosaurus (1942): P/7 m – UJ: CHI – {32} Yunnanosaurus.

Zanclodon (1846) = Plateosaurus – S: Newtonsaurus.
Zapsalis (1876) = Paronychodon.
Zephyrosaurus (1980): F/1,8 m – UK: MOT – {11} Zephyrosauridae, Hysilophodon (S. 147).
Zhejiangopterus (1994): FR/5 m – K: CHI – {–} Pterosauria.
Zhyraornis (1984): VR/? m – OK: UZB – {58} Confuciusornithidae.
Zigongosaurus (1976) = Mamenchisaurus (S. 153).
Zizhongosaurus (1983): P/9 m – UJ: CHI – {34} Sauropoda, ähnlich Vulcanodon?
Zuniceratops (1998): Ph/3,5 m – OK: NME – {26} Ceratopsoidea.
Zupaysaurus (unv.): F/? m – OT: ARG – {46} Tetanurae.

Teil III

Reiseführer: Fundstätten und Museen

8 Fundstätten und Museen in Europa

Erläuterungen und Hinweise

Eintritt

Für Erwachsene: kein = kein Eintritt, Spende = Spende erwünscht, € = bis Euro 2,50; €€ = Euro 2,50 bis 5,00; €€€ = über Euro 5,00.

Wochentage

Mo = Montag, Di = Dienstag, Mi = Mittwoch, Do = Donnerstag, Fr = Freitag, Sa = Samstag, So = Sonntag.

Symbole

Bewertung von Fossilienstätten durch den Autor mit 1–6 Dinosauriern

Fossilienfundstätte in der Natur

Museum mit Dinosaurier-Ausstellung

Nationalpark

Möglichkeit zur Ausgrabungsteilnahme

Vergnügungspark mit Dinosaurier-Thematik

T Insidertipp

? Mysteriöse Funde, ungeklärte Phänomene oder offene Fragen

G Fundstätte eines Massengrabs

BELGIEN

Royal Belgian Institute of Natural Sciences, Brüssel

Dieses Museum beherbergt drei Abteilungen, die für Dinosaurier-Fans interessant sind, darunter eine weltweit einzigartige Präsentation in der Iguanodon-Halle (The Iguanodon Hall). Einige der 1878 in einer Kohlenmine (Mons Basin) in Bernissart (Belgien) gefundenen 30 fossilierten Skelette von Iguanodon sind hier in einem Glaskasten ausgestellt. Sie befanden sich in 322 Meter Tiefe und stammen mit einem Alter von 135 Millionen Jahren aus der semitropischen Unterkreide. Ursprünglich hielt man diese Fossilien für versteinertes Holz. Das Sensationelle dieses Fundes besteht darin, dass zehn Skelette dieser Iguanodons völlig intakt sind und zusammen mit 20 anderen Teilskeletten genauso ausgestellt sind, wie sie gefunden wurden: in aufrechter Position zwischen Hunderten von Fischen, einigen Schildkröten, Krokodilen, einem Salamander und einem Insekt. Man glaubt, dass diese Tiere in einem Sumpf- oder Wasserloch versanken und stehend im Schlamm steckten, bis die Knochen langsam versteinerten.
Weitere ausgestellte Dinosaurier-Fossilien: Allosaurus (Schädel, Maßstab 1 : 2), Altispinax, Anatotitan (Schädel, Replikat), Ankylosaurus (Schädel, Replikat), Archaeopteryx, Brachiosaurus, Camarasaurus, Camptosaurus (Schädel, Replikat), Chasmosaurus (Schädel, Replikat), Megalosaurus (Skelett, Replikat), Pachycephalosaurus (Schädel, Replikat), Tyrannosaurus (Schädel, Replikat), Stegosaurus (Schädel, Maßstab 1 : 2). Außerdem Fußabdrücke von Iguanodon und ein »Nest« mit Eiern von Maiasaura.
Eine weitere Attraktion stellt das lebensgroße Robotermodell eines Tyrannosaurus dar. Andere Robotermodelle und halb lebensgroße Modelle verschiedener Dinosaurier-Spezies vervollständigen diese Ausstellung.
Ein spezieller Raum ist dem Meer in der Jura- und Kreidezeit gewidmet. Ausgestellt sind verschiedene meeresbewohnende Reptilien, die vor allem in Belgien gefunden wurden, wie z. B. ein 12 Meter langer Mosasaur, der größte jemals entdeckte. Auch Ichthyosaur und Plesiosaur sind ausgestellt.
Besichtigungsdauer: mindestens 60 Minuten. **Öffnungszeiten:** Di–Fr 9.30 bis 16.45 Uhr, Sa–So 10–18 Uhr, geschlossen während der Herbstferien, 24. und 25. Dezember, Neujahr, Weihnachten, Karneval und Osterwochenende. **Eintritt:** €. **Einrichtungen:** Toiletten, Souvenirshop. **Anschrift:** Royal Belgian Institute of Natural Sciences, Vautierstraat 29 Rue Vautier, B-1000 Brüssel. **Telefon:** 00 32 (0)26 27 41 11.
Internet: http://www.naturalsciences.be/

Anfahrtsbeschreibung: Da beim Museum kein Parkplatz vorhanden ist, empfiehlt es sich, mit öffentlichen Verkehrsmitteln anzureisen: U-Bahn Linie 1 (»Maelbeek«, 10 Minuten Gehweg) oder Linie 2 (Trône, 10 Minuten Gehweg); Bus Linie 34 oder 80 (»Wavenberg«), Zug Station »Luxembourg« (früher »Quartier Léopold«).

G Eine Herde von Dinosauriern versteinerte zusammen mit im Sumpf bzw. Wasser lebenden Tieren. Bei vielen Massengräbern soll es sich um ein ehemaliges Wasserloch als »Tierfalle« gehandelt haben. In diesem Fall versteinerten einige Tiere in sogar in aufrechter Position. Die Funde von Fischen und anderen Tieren bestätigen, das es sich bei diesem »Wasserloch« nicht um einen Sumpf, sondern um einen lehmigen Untergrund (Wealdian Clay) handelte.

DEUTSCHLAND

Chirotherium-Fährte, Külsheim

In Sanden weiter, flacher Flussbetten und an den Ufern von Gewässern des Germanischen Beckens wurden Fährten hinterlassen, die in den Sedimenten des späteren Buntsandsteins fossilierten. Damals bestand Mittel- und Süddeutschland aus einem halb wüstenähnlichen Flachland, durchzogen von Flüssen, die, aus einem Gebirge im Süden kommend, ihre sandige Fracht in einem mitteleuropäischen Trog ablagerten. Dieser Trog ist das Germanische Becken. In ihm und an seinen Rändern lebte eine artenarme und individuenreiche Flora und Fauna.
Auf Gesteinsblöcken von Buntsandstein bei Külsheim sind Fußabdrücke von Tieren versteinert erhalten geblieben. Lange Zeit ist der Fährtenerzeuger anonym geblieben, da keine Skelettreste gefunden wurden. Wegen der Ähnlichkeit der Fußabdrücke mit einer menschlichen Hand wurden sie Chirotherium- oder Handtierfährten genannt. Sie stammen von so genannten Scheinkrokodilen, vierfüßig oder auch zweibeinig auf den Hintergliedmaßen laufenden, landlebenden Reptilien – Vorfahren der Dinosaurier. Es waren räuberisch lebende Tiere von etwa 3 bis 4 Meter Körpergröße. Die Fährtenplatte an der Bronnbacher Straße zeigt mehrere sich überkreuzende Fährten als Lebensspuren dieser Saurier, die damals in dieser Gegend vorkamen.
Die ausgestellte Fährtenplatte steht an einem geologischen Lehrpfad mit einer Gesamtlänge von ca. 5,5 Kilometern. Entlang des Weges an Wegegabelungen wurden große Buntsandsteine aufgestellt, auf denen der Fußabdruck eines Sauriers den Wegeverlauf markiert.

Internet: http://www.saurierwanderweg.de/
Anfahrtsbeschreibung: Külsheim befindet sich westlich von Würzburg zwischen Tauberbischofsheim und Wertheim. Die A 81 an der Ausfahrt Tauberbischofsheim verlassen, nördlich nach Eiersheim und schließlich links in westlicher Richtung über Uissigheim nach Külsheim fahren. Die Spuren befinden sich in Külsheim an der Bronnbacher Straße.

Dinosaurier-Freilichtmuseum Münchehagen

Genau an dem Ort, wo vor 130 Millionen Jahren riesige Dinosaurierherden lebten, kann man heute auf einem über 2,5 Kilometer langen Rundweg mehr als 120 Dinosauriermodelle in Originalgröße erleben. Zusätzlich sind Fossilien ausgestellt: Allosaurus (Skelett, Replikat), Camarasaurus (Schädel und Fuß, Replikat), Diplodocus (Wirbelsäule, Original und hinterer Fuß, Replikat). In einer neuen Halle werden komplette Skelette vom Stegosaurus und Allosaurus in Originalgröße montiert. Weiter wird das Erdmittelalter durch die Präsentation versteinerter Knochen bis zum beweglichen computergesteuerten Dinosaurier neu zum Leben erweckt. In einem großen Diorama wird ein Dinosaurier-Eigelege mit Muttertier und Babys gezeigt. Faszination und Wissenschaft, mit dem im deutschen Sprachraum einzigartigen, originalen Dinosaurier-Embryo.

Eine besondere und für Europa – im Gegensatz zu Amerika – seltene Attraktion bilden die Dinosaurier-Abdrücke in situ. Die Saurierfährten von Münchehagen stehen in mehrfacher Hinsicht einzigartig dar. Saurierfährten sind zwar insbesondere aus Nordamerika schon häufiger bekannt geworden. Aus der Zeit der Unterkreide – wie in Münchehagen – sind jedoch weltweit nur sehr wenige Spuren überliefert. Von den gleichaltrigen Spuren unterscheiden sich die Dinosaurier-Fußeindrücke von Münchehagen durch ihre große Anzahl, wobei sich die Eindrücke außerdem zu mehreren Fährten ordnen. Und schließlich kennt man weltweit nur äußerst wenige Lokalitäten, an denen die Fährten von pflanzenfressenden und räuberischen Dinosauriern am gleichen Ort zu finden sind. Diese drei Merkmale weisen den Fährten von Münchehagen international einen besonderen Rang zu und haben dazu geführt, sie als Naturdenkmal unter Schutz zu stellen.

Vor 130 Millionen Jahren war das nördliche Niedersachsen von einem Binnensee bedeckt, an dessen Rändern Flüsse einmündeten und Deltas bildeten. Zu einer solchen Deltalandschaft gehörte auch die Gegend um Münchehagen. Man kann sich vorstellen, dass das Landschaftsbild hier vor ca.

130 Millionen Jahren durch fortwährend ihren Lauf verändernde Deltaarme eines großen Flusses sowie durch stehende, flachere Gewässer bestimmt wurde. In der Vegetation traten Nadelbäume, Schachtelhalme und Farne hervor, das Klima dürfte feuchtwarm gewesen sein. Durch diese Landschaft sind Saurier – einzeln oder in Herden – gezogen und haben ihre Fußabdrücke auf dem Grund von flachen Tümpeln oder im noch feuchten Sand, der später zu Sandstein verfestigt wurde, hinterlassen. Die Saurierfährten stammen von Sauropoden (Apatosaurus, früher Brontosaurus) und einem dreizehigen Raubsaurier, der aufrecht auf seinen Hinterbeinen lief.
Besichtigungsdauer: mindestens 3 Stunden. **Öffnungszeiten:** vom 10. Januar bis 30. November täglich von 10–18 Uhr. **Eintritt:** €€€. **Einrichtungen:** Toiletten, Souvenirshop, Imbissmöglichkeit. **Anschrift:** Dinosaurier-Freilichtmuseum Münchehagen GmbH & Co, Alte Zollstraße 5, 31547 Rehburg-Loccum. **Telefon:** (0 50 37) 20 73. **Fax:** (0 50 37) 57 39.
Internet: http://www.dino-park.de/
Anfahrtsbeschreibung: Der Dinosaurier-Park Münchehagen liegt direkt an der Bundesstraße 441. Diese kreuzt die A 2 an der Ausfahrt Wunstorf-Luthe.
Auch von der Ausfahrt Wunstorf-Kolenfeld erreichen Sie den Park über Wunstorf. In Wunstorf führt der Weg praktisch direkt auf die B 441.
Von Norden erreicht man den Park über die A 7. Über die A 352 zur A 2 oder ab der Ausfahrt Schwarmstedt über die B 214 nach Steimbke und dann über Linsburg / Rehburg nach Münchehagen.
Hinweis: Kinderspielplätze (Dino-Baby-Zoo), kostenfreie große Parkplätze und Picknickmöglichkeiten vorhanden.

T Es werden viele Mitmachaktivitäten angeboten:

• Wie die meisten Kinder es aus Büchern kennen, können sie hier wie an einem echten Fundort vorsichtig ein komplettes Dinosaurierskelett (27 Meter lang) freilegen und anschließend mit einem vereinfachten Bestimmungsschlüssel feststellen, welchen Saurier sie ausgegraben haben.
• Oder mit Memory zurück in die Zeit der Dinosaurier: 35 verschiedene Bilder geben einen interessanten Einblick in die faszinierende Welt der Saurier. Bei der spannenden Suche nach passenden Dino-Bildpaaren sind Konzentration und gutes Gedächtnis gefragt.
• An der Dino-Tastwand können die Kinder zwölf verschiedene Dinosaurier tastend erforschen und erkennen. Für jeden der zwölf Dinosaurier gibt es drei Alternativen für die richtige Antwort. Die Schüler können selbstständig kontrollieren, ob sie die richtige Antwort gegeben haben.
• Im Freilichtmuseum werden täglich verschiedene Videos vorgeführt, abgestimmt auf die verschiedenen Altersgruppen. Für Kindergartenkinder werden Dinosaurier-Zeichentrickfilme gezeigt. Die älteren Schüler haben

die Möglichkeit, mehr anspruchsvolle Unterhaltungsfilme mit verschiedenen Thematiken anzuschauen.

• Weitere Möglichkeiten: Fossilien suchen im Schiefergestein, einen Dino aus Ton gestalten, gemeinsam ein Riesenpuzzle spielen, im Sand nach fossilen Schätzen suchen oder einen Zeichentrickfilm ansehen.

• Außerdem werden unterschiedliche Führungen für Gruppen (Schulklassen) gegen zusätzliche Kosten angeboten: eine Reise durch die Zeit, die Eier der Dinosaurier oder Vögel, die letzten Dinosaurier.

Heimatmuseum Langenzenn

In dem Heimatmuseum sind mehrere Sandsteinplatten, auf denen sich Zehenabdrücke diverser kleinerer Saurier befinden, ausgestellt. Die Spuren stammen aus einer ca. 220 Millionen Jahre alten Gesteinsschicht und wurden alle am nördlichen Rand Langenzenns in einer Tongrube gefunden.
Besichtigungsdauer: mindestens 10 Minuten. **Öffnungszeiten:** jeder 1. Sonntag im Monat von 14–16 Uhr und nach Vereinbarung. **Anschrift:** Martin-Luther-Platz 4, 90579 Langenzenn.

Jura-Museum Eichstätt

Das Museum ist ein regionales Naturkunde-Museum. Es ist im historischen Gebäude der Willibaldsburg untergebracht, die den Eichstätter Fürstbischöfen von 1355 bis zum 18. Jahrhundert als Residenz diente. Schon im 17. Jahrhundert wurde die Burg eine Stätte der Naturliebe: Bischof Johann-Konrad von Gemmingen (1593–1612), der auch der Erbauer des von Elias Holl geplanten Haupttraktes der Burg ist, ließ auf dem terrassierten Gelände der Burg einen botanischen Garten anlegen.
Das Jura-Museum stützt sich auf die bedeutsamen naturwissenschaftlichen Sammlungen des Bischöflichen Seminars und wird von der Generaldirektion der Staatlichen Naturwissenschaftlichen Sammlungen Bayerns betreut. Die Ausstellung zeigt die erdgeschichtliche Entwicklung und die heutigen Besonderheiten der Südlichen Frankenalb.
Dinosaurier werden in diesem Museum nicht ausgestellt, dafür aber seltene Flugsaurier und, als kostbarstes Ausstellungsstück, das Eichstätter Exemplar des Urvogels Archaeopteryx.
Besichtigungsdauer: mindestens 40 Minuten. **Öffnungszeiten:** 1. April bis 30. September 9–18 Uhr, 1. Oktober bis 31. März 10–16 Uhr, geschlossen montags sowie am 1. 1., Faschingsdienstag, 24. 12., 25. 12. und 31. 12. **Einrichtungen:** Toiletten, Souvenirshop. **Anschrift:** Jura-Museum, Burg-

straße 19, 85072 Eichstätt. **Telefon:** (0 84 21) 29 56 (Sekretariat), 47 30 (Kasse, Burgverwaltung).
Internet: http://www.jura-museum.de/
Anfahrtsbeschreibung: Auf der Autobahn 9 von Nürnberg aus die Ausfahrt Altmühltal nehmen und nach Eichstätt fahren. Von München aus über die Ausfahrt Ingoldstadt Nord nach Ingoldstadt fahren und nördlich auf der B 13 nach Eichstätt weiter. Von der B 13 führt eine Straße zum Parkplatz an der Willibaldsburg.
Anfahrt mit der Bundesbahn bis Eichstätt Stadt, danach ca. 10 Minuten zu Fuß zur Willibaldsburg.

T Jeweils Ende Oktober sollen die erstmals im Jahre 2000 veranstalteten Eichstätter Drachentage wiederholt werden. Bei dieser ersten Aktion wurden zunächst nur traditionelle Papierdrachen gebaut, auf die dann Flugsaurier nach verschiedenen Vorlagen aufgemalt wurden. In den kommenden Jahren sollen die Aktion wiederholt werden, wobei dann außer traditionellen Drachen mit aufgemaltem Bild auch Drachen mit der Form von Flugsauriern zum Wettbewerb antreten sollen.
Museums- und Steinbruchführungen sowie landschaftskundliche Exkursionen nach Voranmeldung. Jeweils um 10.15 Uhr und 14.30 Uhr beginnt außerdem eine Multivisionsschau.

Museum Alexander Koenig, Bonn (derzeit geschlossen)

Der Arkadenrundgang im ersten Stock bietet eine Einführung in die Biologie der Vögel. Er beginnt mit der spannenden Stammesgeschichte der Vögel, die »direkte« Nachfahren der Dinosaurier sind. Die erste Feder des Urvogels Archaeopteryx wurde zwei Jahre nach der Geburt Alexander Koenigs gefunden. Der erste Skelettfund 1861 sorgte in der Diskussion um die Evolutionstheorie Charles Darwins für Schlagzeilen.
Das Museum Koenig ist aufgrund umfangreicher Renovierungsarbeiten derzeit bis Anfang 2003 geschlossen. Deshalb erfolgte keine Bewertung. Geöffnet nur nach Vereinbarung für Sonderveranstaltungen am Wochenende.
Anschrift: Zoologisches Forschungsinstitut und Museum Alexander Koenig, Adenauerallee 160, 53113 Bonn. **Telefon:** (02 28) 91 22-0, (02 28) 91 22-2 11 (automatische Besucherinformation). **Fax:** (02 28) 21 69 79.
Internet: http://www.uni-bonn.de/museumkoenig/
Anfahrtsbeschreibung: Mit öffentlichen Verkehrsmitteln: ab Bonn Hbf mit der U-Bahn in Richtung Bad Godesberg (Linie 16, 63) oder Richtung Bad Honnef (Linie 66) bis Haltestelle Museum Koenig.
Mit dem Pkw: A 565, Abfahrt »Bonn-Poppelsdorf«, Ausschilderung »Museumsmeile« folgen, von der Reuterbrücke über Busch- und Schedestraße in

die Adenauerallee und rechts zum Parkplatz hinter dem Haus (Lageplan siehe Homepage).

Museum am Löwentor, Stuttgart

Das Stuttgarter Naturkundemuseum verfügt über zwei Ausstellungsgebäude. Beide liegen im Rosensteinpark. Ein Spazierweg von etwa 15 Minuten verbindet sie. Das Museum Schloss Rosenstein beherbergt die biologische Ausstellung. Das Museum am Löwentor zeigt Fossilfunde aus der Urzeit Baden-Württembergs, einschließlich der Dinosaurier.
Dieses Land hat wie kaum ein anderes Gebiet der Erde eine Vielzahl überragender und zum Teil einzigartige Dokumente des Lebens aus unterschiedlichen Erdzeitaltern geliefert. Von ihnen wird eine Auswahl, fast ausnahmslos im Original, gezeigt. Auch Saurierspuren (aus ➛ Külsheim) sind ausgestellt.
Der Ausstellungsraum ist bis zu elf Meter hoch. Die Ausstellungsfläche beträgt über 3 500 m². In der Eingangsebene befinden sich der Informationsstand und die wechselnden Sonderausstellungen. Von hier führen einige Stufen nach oben in das Bernsteinkabinett. Sein thematischer Zusammenhang mit der Hauptausstellung ist nur lose. Vom Eingang führt eine breite und kurze Treppe auf ein Zwischengeschoss.
Hier ist zunächst die Einführung in die Hauptausstellung mit einer Übersicht über die Lebensentwicklung der letzten 600 Millionen Jahre und eine Darstellung der wichtigsten Fossilgruppen zu sehen. Danach folgen diejenigen Erdzeitalter, die in Baden-Württemberg bedeutende Funde hinterlassen haben: Trias, Jura, Tertiär und Quartär.
Dieser Teil der Ausstellung mit den Fossilien Baden-Württembergs ist als Rundweg konzipiert. Man kann ihm vom Ältesten (der Triaszeit) zum Jüngsten folgen oder vom Bekannten (den Tieren des Quartärs) in die Vergangenheit vorstoßen.
Besichtigungsdauer: mindestens 70 Minuten. **Öffnungszeiten:** Di–Fr 9–17 Uhr, Sa–So 10–18 Uhr. **Eintritt:** €. **Einrichtungen:** Toiletten, Souvenirshop, Imbissmöglichkeit (Café Fossil). **Anschrift:** Staatliches Museum für Naturkunde, Rosenstein 1, 70191 Stuttgart. **Telefon:** (07 11) 89 36-0. **Fax:** (07 11) 89 36-100.
Internet: http://www.naturkundemuseum-bw.de/stuttgart/
Anfahrtsbeschreibung: Das Museum am Löwentor liegt mitten in der Stadt im Rosenstein-Park, Ecke Nordbahnhofstraße und B 10 Pragstraße. Anfahrt mit öffentliche Verkehrsmitteln: S-Bahn-Linien 4, 5, 6, Halt »Nordbahnhof«; Straßenbahnlinie 15, Halt »Nordbahnhof«; Straßenbahnlinie 13, Halt »Löwentor«.

Es werden viele unterschiedliche Führungen angeboten. Für Dinosaurier-Fans sind interessant: »Dinosaurier aus aller Welt« (für Klassen 3, 4), »Saurier zu Wasser, zu Land und in der Luft« (für Klassen 3, 4), »Die Tiere des Jurameeres« (für Klassen 5, 6), »Fossilisation und Präparation« (für Klassen 9–13), »Amphibien und Reptilien des Erdmittelalters« (für Klassen 6), »Ausgestorbene Wirbeltiere in ihren Lebensräumen: ein Gang durch die Erdgeschichte« (für Klasse 6, 7).

Museum für Naturkunde, Berlin

Das Museumsgebäude ist 1889 fertig gestellt worden. Es ist Teil eines architekturhistorischen Ensembles, das von 1875 bis 1889 im damaligen Norden Berlins errichtet worden war. Ihre Architektur steht in Nachfolge des berühmten deutschen Architekten K. F. Schinkel (1781–1841). Das Museum beherbergt die Institute für Mineralogie, Zoologie und Paläontologie.
In der Saurierhalle sind mit mehr als 30 Saurierskeletten alle bedeutenden Sauriergruppen vertreten: Dinosaurier, Meeresreptilien, Pterosaurier und säugetierähnliche Reptilien. Besonders erwähnt werden muss das Berliner Exemplar des Archaeopteryx – ein angebliches Bindeglied zwischen den Kriechtieren und den Vögeln.
Die 100 000 Stücke umfassende Ausstellung über Wirbeltiere ist systematisch geordnet und zeigt u. a. Bradysaurus, Brachiosaurus, Dicraeosaurus, Plateosaurus, Ichthyosaurier, Plesiosaurier (Plesiosaurus), Pterosaurier (Dorygnathus, Pterodactylus), Krokodile und Schildkröten. Mehrere aufgebaute Skelette vervollständigen die Sammlung: Neben einem 1880 in Eichstätt (Bayern) gefundenen weltbekannten Archaeopteryx lithographica (Abguss) aus dem oberen Jura stellt der 150 Millionen Jahre alte Brachiosaurus den Stolz des Museums dar. Es ist mit 22,25 Meter Länge und 11,72 Meter Höhe das größte in einem Museum aufgestellte Saurierskelett der Welt.
Besichtigungsdauer: mindestens 3 Stunden. **Öffnungszeiten:** Di–So 9.30–17 Uhr. **Eintritt:** €€, Familienkarte. **Einrichtungen:** Toiletten, Souvenirshop. **Anschrift:** Naturhistorisches Forschungsinstitut, Museum für Naturkunde, Zentralinstitut der Humboldt-Universität zu Berlin, Invalidenstraße 43, D-10115 Berlin. **Anschrift** für die Zustellung von Postsendungen: Humboldt-Universität zu Berlin, Museum für Naturkunde, 10099 Berlin. **Telefon:** (0 30) 20 93 85 91. **Fax:** (0 30) 20 93 85 91.
Internet: http://www.museum.hu-berlin.de/
Anfahrtsbeschreibung: Das Museum liegt im nördlichen Teil der historischen City der Hauptstadt Berlin an der Invalidenstraße in der Nähe des U-Bahnhofs Zinnowitzer Straße (Linie U6), Kreuzung Chausseestraße. Das

Museum ist sehr gut mit den Linien des Nahverkehrs zu erreichen: Bus Linie 157, 245 und 3409, U-Bahn (Linie U6), Tram (Linien 6, 8, 13, 50), S-Bahn (Linie 1, 2, 3, 5, 7, 9,75).

Naturkunde-Museum, Siegsdorf

Das Siegsdorfer Naturkundemuseum verdankt seine Entstehung in erster Linie einem der größten und vollständigsten Mammutfunde. Das Museum vermittelt auf über 650 m² Ausstellungsfläche 250 Millionen Jahre Entwicklungsgeschichte Südostbayerns. Anschauliche Grundlagen zur Geologie, die Vielfalt der Versteinerungen und die Giganten der Eiszeit geben einen guten Überblick. Fast alle Gesteine des tieferen Untergrundes Südostbayerns sind versteinerte Meeresböden mit den darin enthaltenen Resten ehemaliger Meerespflanzen und -tiere. Die Fossilienabteilung erweckt die einzelnen Organismengruppen wieder zum Leben. Für Dino-Fans sind die Knochen des ersten Dinosauriers – Entenschnabeldinosaurier – aus den Bayerischen Alpen interessant.
Besichtigungsdauer: mindestens 10 Minuten. **Öffnungszeiten:** Ostern bis Allerheiligen: 10–18 Uhr, Weihnachten bis Ostern: Mi, Sa, So 10–17 Uhr, Di–So 9–17 Uhr, geschlossen 24., 25. und 31. Dezember sowie Neujahr. **Einrichtungen:** Toiletten. **Anschrift:** Naturkundemuseum Siegsdorf, Auenstraße 2 (Ortsmitte, an der Traunbrücke), 83313 Siegsdorf. **Telefon** und **Fax:** (0 86 62) 1 33 16.
Internet: http://museum-siegsdorf.de/index.html

Naturmuseum Senckenberg, Frankfurt

Neben vielen anderen naturkundlichen Themengebieten beherbergt das Senckenbergmuseum auch einige Skelette und Skelettteile von Dinosauriern: Brachiosaurus (Bein und Rippe), Compsognathus (Skelett, Replikat und Modell), Diplodocus (Skelett, Original), Edmontosaurus (»Mumie«, fast vollständiges Skelett mit Hautabdrücken und horniger Schnauze, siehe Foto 36), Anatosaurus, Euoplocephalus, Iguanodon Skelett, Replikat), Plateosaurus (Teilskelett, Original aus Halberstadt in Deutschland), Stegosaurus (Skelett, Replikat), Protoceratops (Teilskelett, Replikat), Supersaurus (Bein, Replikat), Triceratops (komplettes Skelett), Triceratops (Schädel original), Tyrannosaurus Rex (Skelett, Replikat), Dinosaurier-Eier aus der Mongolei (Provinz Henan, China) und eine Originalrippe vom Brachiosaurus zum Berühren.

Im nördlichen Seitensaal des Lichthofes sind wasserbewohnende Wirbeltiere ausgestellt. In der unteren Etage befinden sich neben einem Meereskrokodil (Metriorhynchus, Steneosaurus in der Eingangshalle) schwimmende Reptilien des Erdmittelalters: Mosasaurier, Plesiosaurier, Ichthyosaurier – u. a. Skelett mit ungeborenem Jungen –, Nothosauria (Zwitterechsen), Flossenechsen (Sauropterygia) und Pflasterzahnechsen (Placodontia).
Eine Sonderausstellung bietet Einblick in Leben und Überlieferung der Urvögel. Die Entwicklungsgeschichte der Vögel und des Vogelfluges wird anhand der Abgüsse aller bekannten Skelettfunde dargestellt.
Es sind weitere interessante Ausstellungen vorhanden, die auch die geologischen und geophysikalischen Verhältnisse im Erdmittelalter erläutern.
Besichtigungsdauer: mindestens 2 Stunden. **Öffnungszeiten:** Täglich von 9–17 Uhr, Mi bis 20 Uhr, Sa, So und Feiertage bis 18 Uhr, Fastnachtsdienstag und Wäldchestag (= Dienstag nach Pfingsten) nur 9–13 Uhr. Geschlossen: Karfreitag, 24. und 31. Dezember, 1. Januar. **Eintritt:** €€. **Einrichtungen:** Toiletten, Souvenirshop. **Anschrift:** Naturmuseum Senckenberg, Senckenberganlage 25, 60325 Frankfurt am Main. **Telefon:** (0 69) 74 52-0. **Fax:** (0 69) 74 62 38.
Internet: http://www.senckenberg.uni-frankfurt.de/
Anfahrtsbeschreibung: *Mit dem Auto von Süden und Osten kommend:* Über das Frankfurter Kreuz bis zum Westkreuz Frankfurt, dann über die A 648 (Richtung »Stadtmitte« – B 8/44) bis zur Messe, dort im Kreisverkehr links (Richtung »Ginnheim/Eschersheim« – B 8/40). Das Museum befindet sich nach ca. 500 Metern auf der linken Seite. *Mit dem Auto von Norden und Westen kommend:* über das Nordwestkreuz Frankfurt auf der A 66 (Richtung »F-Miquelallee/Stadtmitte«), vor dem Autobahnende nach rechts (Richtung »Hauptbahnhof / Messe« – B8/40), und folgen Sie dem Verlauf der Vorfahrtsstraße »Zeppelinallee«). Das Museum befindet sich nach ca. 2 Kilometer auf der rechten Seite.
Mit öffentlichen Verkehrsmitteln: S-Bahn: S3, S4, S5 und S6 – Bahnhof »Westbahnhof«, 10 Minuten Fußweg; U-Bahn: U6 und U7 – U-Bahnhof »Bockenheimer Warte«, 3 Minuten Fußweg; U4 – U-Bahnhof »Bockenheimer Warte«, 2 Minuten Fußweg; Bus: Linie 32 – Haltestelle »Senckenbergmuseum«; Straßenbahn: Linie 16 – Haltestelle »Bockenheimer Warte«, 5 Minuten Fußweg; vom Hauptbahnhof: mit der U4 bis zum U-Bahnhof »Bockenheimer Warte«, Ausgang: Senckenbergmuseum.

T Mittwochabends werden um 18 Uhr Führungen veranstaltet, die einen Einblick in ein spezielles, ausgewähltes Thema aus der Biologie oder Geologie geben und überdies die Möglichkeit zur Diskussion bieten. Individuelle Führungen mit vorheriger Anmeldung: Telefon (0 69) 75 42-3 57.

Paläontologisches Museum München

Das Paläontologische Museum München ist eng verbunden mit der Bayerischen Staatssammlung für Paläontologie und Geologie – Funktionseinheit Paläontologie. Im Lichthof des Gebäudes zeigt die Paläontologische Staatssammlung im Paläontologischen Museum eine Reihe von Ausstellungsstücken: Skelette von Sauriern und Säugetieren der Vorzeit, darunter ein Urelefantenskelett aus der Tertiärzeit von Südbayern, den Stamm einer vorzeitlichen Sumpfkiefer, Juraversteinerungen aus Süddeutschland, so auch Flugsaurier und Urvögel von Solnhofen, sowie Ausstellungen zur Erdgeschichte Münchens und vieles mehr.

Besichtigungsdauer: mindestens 20 Minuten. **Öffnungszeiten:** Mo–Do 8–16 Uhr, Fr 8–14 Uhr, 1. So im Monat 10–16 Uhr. **Eintritt:** frei. **Einrichtungen:** Toiletten, Souvenirshop, Imbissmöglichkeit. **Anschrift:** Richard-Wagner-Straße 10, 80333 München. **Telefon:** (0 89) 21 80-66 30. **Fax:** (0 89) 21 80-65 14.

Internet: http://141.84.51.10/palaeo_de/pmm/PMM_Home.htm

Anfahrtsbeschreibung: mit der U-Bahn: U2 bis »Königsplatz«, U1 bis »Stiglmaierplatz«.

Dia-Schau jeden 1. Sonntag im Monat. Anfrage wegen Führungen: Telefon (0 89) 2 38 05-1 92.

Saurierspuren Barkhausen, bei Bad Essen

Die Nachbildung eines Megalosauriers ist seit neuestem unübersehbarer Wegweiser zu den Saurierspuren bei Bad Essen im Osnabrücker Land. Die etwa 65 versteinerten Spuren sind 150 Millionen Jahre alt und im ehemaligen Steinbruch des Bad Essener Ortsteils Barkhausen an einer Steilwand als bis zu 20 Zentimeter tiefe Fährten erhalten. Die runden Abdrücke stammen von mehreren vierbeinigen Sauriern. Aus der Schrittlänge von fast anderthalb Metern schlossen die Forscher, dass die Barkhausener Saurier etwa 25 Meter lang waren. Vermutlich handelte es sich um amphibische Dinosaurier, die sich sowohl im Meer als auch an Land aufhielten.

Deutlich sind zwei verschiedene Fußabdrücke zu unterscheiden. Die elefantenförmigen Abdrücke gehören zu einem pflanzenfressenden Saurier. Diese Saurier gingen auf vier Beinen und setzten die Hinterfüße in etwa in die Abdrücke der Vorderfüße. Die dreizehigen Abdrücke gehören zu einem auf zwei Beinen gehenden Raubsaurier. Die Dreizeher gingen von NO nach SW. Die elefantenfüßigen Saurier gingen von SW nach NO. Entstanden sind die Abdrücke zur Zeit des Oberen Juras vor ca. 160 bis 150 Millionen Jah-

ren. Barkhausen lag zu dieser Zeit an der Nordküste eines Festlandes. Die Saurier sanken in den recht weichen Untergrund ein. Durch die hohen Temperaturen zu dieser Zeit trocknete der Ton sehr schnell, sodass die Trittsiegel der nächsten Überflutung bereits fest genug waren, um standzuhalten.
Besichtigungsdauer: mindestens 15 Minuten. **Öffnungszeiten:** immer offen. **Eintritt:** frei. **Einrichtungen:** keine. **Auskünfte:** Tourist-Information Bad Essen, Lindenstraße 39, 49152 Bad Essen. **Telefon:** (0 54 72) 9 49 20. **Fax:** (0 54 72) 94 92 85.
Anfahrtsbeschreibung: Der Steinbruch liegt unmittelbar außerhalb von Barkhausen, einem Stadtteil von Bad Essen, östlich von Osnabrück gelegen. Eine lebensgroße Nachbildung eines Megalosauriers weist den Weg zu den beeindruckenden Saurierspuren. *Neu:* ein zweites Saurier-Modell.

T Da es in diesem kleinen Talkessel recht dunkel ist, sollte man tagsüber anreisen. Fotoapparat mit *Blitzlicht* nicht vergessen!

Urweltmuseum Aalen

Das Urweltmuseum stellt allgemein Fossilien, Riesenammoniten, Saurier, Nattheimer Korallen, Fossilien und Gesteine der Schwäbischen Alb aus.
Interessant ist eine Wandverkleidung aus Liasschiefer mit einem Ichtyosaurus, ein Fischsaurier mit spitzem Kiefer und deutlichem Augenkranz. Der Leichnam wurde durch die Verwesung gesprengt. Rechts daneben eine Seelilie, eine Verwandte der Seesterne. Sie driftete an einem Treibholz durch das Meer, mit dem Kopf nach unten hängend.
Besichtigungsdauer: mindestens 30 Minuten. **Öffnungszeiten:** Di–So 10–12 Uhr und 14–17 Uhr. **Eintritt:** €. **Einrichtungen:** Toiletten, Souvenirshop, Imbissmöglichkeit. **Anschrift:** Urweltmuseum Aalen, Reichsstädter Straße 1, 73430 Aalen. **Telefon:** (0 73 61) 65 56. **Fax:** (0 73 61) 96 18 39.
Internet: http://www.urweltmuseum-aalen.de/
Anfahrtsbeschreibung: Das Urweltmuseum liegt direkt am Marktplatz im historischen Rathaus mit dem Spionenturm. Die Zubringerstrasse B 29 führt von Stuttgart in östlicher Richtung durch das Remstal über Schorndorf, Schwäbisch Gmünd, Essingen nach Aalen, dem Mittelpunkt der Region Ostalb. Die Strecke von Stuttgart nach Aalen beträgt 75 Kilometer und ist mit dem Auto in 1,5, mit dem Zug in 1 Stunde zu erreichen.
Hinweis: Der Museumsshop besitzt ein umfangreiches Angebot an schönen Mineralien der Schwäbischen Alb, außerdem Kristalle, Heilsteine, Fachliteratur und Kinderspielzeug.

T Es werden verschiedene Projekte angeboten: Führungen, Exkursionen zum Fossiliensammeln, Kindergeburtstag im Museum, praktische Arbeiten im Museum sowie spezielle Angebote für Gruppe und Schulklassen auf Anfrage.

Urwelt-Museum Hauff, Holzmaden

Im Urwelt-Museum Hauff sind Versteinerungen der Fossilfundstätte Holzmaden zu sehen. Sie stammen aus der Jurazeit vor 180 Millionen Jahren, als ganz Europa von einem tropischen Meer überflutet war. Dieses Meer war der Lebensraum verschiedener Saurier. Ihre Skelette blieben als einzigartige Zeugen der Urwelt im Schiefergestein erhalten – nirgendwo auf der Welt so zahlreich und so gut wie hier am Fuße der Schwäbischen Alb.
Zu den bekanntesten Ausstellungsstücken gehört dieser fast vier Meter lange Ichthyosaurier – ein Muttertier mit einem bereits geborenen Jungen und fünf Embryonen im Leib.
Das 1993 neu gestaltete Museum Hauff ist mit 1 000 m^2 Ausstellungsfläche Deutschlands größtes privates Naturkundemuseum. Hier sind Ichthyosaurier, Plesiosaurier, Krokodilsaurier, Flugsaurier, Fische, Seelilien, Ammoniten und Belemniten zu sehen – die besten Fossilien, die in den vergangenen hundert Jahren in den Schieferbrüchen rund um Holzmaden gefunden wurden.
Lebensgroße Modelle von Sauriern, Dioramen, Schautafeln, Videofilme und Animationen geben Aufschluss über das Leben im Jurameer. Und auch darüber, wie die toten Saurier im Schlammgrund dieses Meeres eingebettet und zu Fossilien geworden sind, wie man diese im Schieferbruch findet und sie schließlich in der Museumswerkstatt präpariert.
Alle Versteinerungen des Museums stammen aus der Werkstatt der Paläontologen- und Präparatoren-Familie Hauff. In bereits drei Generationen wurde die Präparationstechnik immer weiter perfektioniert.
Selbst feinste fossile Strukturen können heutzutage aus dem Schiefergestein freigelegt werden. Ihre Präparate sind in den Museen der ganzen Welt zu sehen. Und jedes neue Stück ist ein weiterer Puzzlestein zum Verständnis der Urwelt.
In der Werkstatt des Museums Hauff arbeiten drei Präparatoren unter wissenschaftlicher Anleitung. Je nach Größe der Versteinerung kann es mehrere Monate dauern, um die Fossilien freizulegen. Das Ergebnis ist ein exklusiver und dekorativer Gruß aus der Urwelt – ein Geschenk, das man guten Freunden oder sich selbst machen kann.

Auf dem Freigelände des Museums Hauff entstand im Jahr 2000 ein Dinopark mit lebensgroßen Modellen von Dinosauriern. Erster Ankömmling war ein 27 Meter langer Diplodocus. Weitere Artgenossen wurden im Dinopark angesiedelt: Stegosaurier, Iguanodon, Deinonychus, Plateosau-

rus und Allosaurus. Der »Urweltzoo« ist komplett: Im Museum sind die Meerestiere der Jurazeit vor 180 Millionen Jahren zu sehen, draußen die Landbewohner. Der Park ist vom Museumsgebäude aus zugänglich.
Besichtigungsdauer: mindestens 140 Minuten. **Öffnungszeiten:** Di–So 9–17 Uhr, geschlossen 24., 25. und 31. Dezember sowie Neujahr. **Eintritt:** €€. **Einrichtungen:** Toiletten, Souvenirshop, Imbissmöglichkeit. **Anschrift:** Urwelt-Museum Hauff, Aichelberger Straße 90, 73271 Holzmaden. **Telefon:** (0 70 23) 28 73. **Fax:** (0 70 23) 46 18.
Internet: http://www.urweltmuseum.de
Anfahrtsbeschreibung: Das Museum Hauff liegt etwa 40 Kilometer südöstlich von Stuttgart direkt an der A 8 Stuttgart–Ulm. Man erreicht es entweder über die Ausfahrt Kirchheim/Teck Ost oder die Ausfahrt Aichelberg. Folgen Sie einfach den Museums-Wegweisern.

Gleich im Eingangsbereich ist der Museumsshop zu finden. Dort findet man alles zu den Themen »Urwelt«, »Fossilien« oder »Saurier«, also zum Beispiel Bücher, Modelle, Spiele oder Videos.
Für Kindergeburtstage wird ein spannendes Saurierprogramm veranstaltet, bei dem gebastelt, gemalt, spielerisch gelernt und ein Videofilm angeschaut werden kann. Die Kinder werden angeleitet und betreut. Alter: 8 bis 13 Jahre, Gruppengröße maximal 12 Kinder, Dauer: ca. 1,5 Stunden im Museum.
Interessant ist der Besuch eines Schieferbruchs als ideale Ergänzung zum Museumsbesuch. Information unter Telefon (0 70 23) 47 03. Hinweis: Hammer und Meißel nicht vergessen!

Urwelt-Museum Oberfranken, Bayreuth

Saurier der Trias in Oberfranken, Erdgeschichte, Mineralien, begehbares Goldkristallgitter, Bayreuth vor 200 Millionen Jahren bilden die Themen des Urwelt-Museum, Oberfranken. Die meisten Funde von Muschelkalksauriern stammen aus dem Bindlach-Lainecker Höhenzug. Sie wurden im 19. Jahrhundert von Graf Georg zu Münster zusammengetragen. Mit einem ausgestellten Skelett wurde zum ersten Mal ein meeresbewohnender Nothosaurier im Muschelkalkmeer beschrieben. Seit Sommer 2000 ist »Tanja« im Museum, ein 5 Meter langer Giraffenhalssaurier. Auch Wirbel und Schädel eines Pistosaurus (meeresbewohnendes Reptil), der ein Übergangsstadium zwischen Nothosauriern und Plesiosauriern darstellt – sowie das Skelett eines Pflasterzahnsauriers sind zu sehen.
Eine große Sandsteinplatte mit Saurierspuren bildet das Hauptexponat der Buntsandstein-Ausstellung (Trias). Im untersten Jura (Lias alpha 1–2) existierte in der Region um Bayreuth – Kulmbach ein Flussdelta mit tropischem Dschungel, worüber zahlreiche versteinerte Pflanzen Zeugnis ablegen. In

der Sammlung »Hauptmann« ist der Artenreichtum des Lias-Dschungels dokumentiert, u. a. fossile und rezente Pflanzenwedel.
Im Urwelt-Museum können sich Kinder (und Erwachsene) an verschiedenen Installationen spielerisch mit der Erdgeschichte von Oberfranken beschäftigen.
Besichtigungsdauer: mindestens 30 Minuten. **Öffnungszeiten:** Di–So 10–17 Uhr, zur Festspielzeit auch am Montag geöffnet, geschlossen an den Feiertagen.
Eintritt: €. **Einrichtungen:** Toiletten, Souvenirshop, Imbissmöglichkeit.
Anschrift: Urwelt-Museum Oberfranken, Kanzleistraße 1 (Fußgängerzone), 95444 Bayreuth. **Telefon:** (09 21) 5 11-2 11. **Fax:** (09 21) 5 11-5 12.
Internet: http://www.urwelt-museum.de
Anfahrtsbeschreibung: Das Museum befindet sich in der Fußgängerzone in der Innenstadt.

T Führungen auf Anfrage gegen eine geringe Gebühr, Sonderausstellungen beachten.

Westfälisches Museum für Naturkunde, Münster

Mit Rekonstruktionen, Skeletten und Bildern versucht die Dinosaurierausstellung im Naturkundemuseum Münster einen Überblick über die Zeit der Dinosaurier zu geben. Einmalig in Europa sind lebensechte Rekonstruktionen des Sichelkrallendinosauriers Deinonychus und des großen Raubsauriers Allosaurus. Der bekannteste Dinosaurier ist der Tyrannosaurus Rex. Das Skelett eines 12 Meter langen und 6 Meter hohen Exemplars wurde neu in die Ausstellung integriert.
Ausgestellt sind: Abelisaurus (Schädel, Replikat), Albertosaurus (Schädel, Replikat), Allosaurus (Skelett, Replikat), Camarasaurus (Skelett, Replikat), Camarasaurus (Schädel, Replikat), Carnotaurus (Schädel, Replikat), Diplodocus (Schädel, Replikat), Edmontosaurus (Schädel, Replikat), Gallimimus sp. (Schädel, Replikat), Iguanodon (Skelett, Replikat), Lexovisaurus (?) (Wirbelsäule, Original), Prenocephale (Schädel, Replikat), Sauropoda (Oberschenkelknochen, Original), Saichania (Skelett wie gefunden, Replikat), Stegosaurus (Skelett, Replikat), Tarbosaurus (Skelett, komplett), Triceratops (Schädel, Replikat), Tyrannosaurus Rex (Skelett, Replikat).
Besichtigungsdauer: mindestens 2 Stunden. **Öffnungszeiten:** Di–So 9–18 Uhr. **Eintritt:** €€. **Einrichtungen:** Toiletten, Souvenirshop. **Anschrift:** Sentruper Straße 285, 48161 Münster. **Telefon:** (02 51) 5 91-05. **Fax:** (02 51) 5 91-60 98.

Internet: http://www.lwl.org/naturkundemuseum/index.htm
Anfahrtsbeschreibung: Die A 43 von Wuppertal kommend bis zum Ende durchfahren. Auf der A 1 von Osnabrรผck kommend an der Ausfahrt Steinfurter StraรŸe Richtung Innenstadt fahren oder aus Richtung Dortmund auf die A 43 Richtung Innenstadt fahren. Jeweils den Hinweisschildern zum Zoo folgen.

Es werden Fรผhrungen und museumspรคdagogische Programme gegen eine zusรคtzliche Gebรผhr angeboten. Information und Reservierungen unter **Telefon** (02 51) 5 91-60 50.

ENGLAND

British Museum of Natural History, London

Dieses sehenswerte Museum umfasst neben diversen Ausstellungen eine umfangreiche Prรคsentation von Dinosauriern. Ausgestellt sind: Allosaurus (Skelett, Replikat), Altispinax (Krallenfragment, Original), Apatosaurus (Oberschenkelknochen, Replikat), Archaeopteryx, Baryonyx (Skeletthรคlfte, Replikat), Camarasaurus (Skelett, Replikat), Centrosaurus (Schรคdel, Original), Ceratosaurus (Zahn, Original), Coelophysis (Skelett, Replikat), Dacentrurus (Teile des Schรคdels, Original), Daspletosaurus (Zahn, Original), Deinonychus (Vorderbeine, Replikat), Diplodocus (Skelett und Schรคdel, Replikat), Dromaeosaurus (drei Skeletten Replikate), Edmontosaurus (fast vollstรคndiges Skelett, Original), Edmontonia (Teil der Panzerung, Original), Euoplocephalus (Schwanzkeule, Replikat und Teilskelett, Original), Gallimimus (Skelett, Replikat), Gorgosaurus (Skelett, Replikat), Hysilophodon (zwei fast komplette Skelette, Originale), Iguanodon (u. a. zwei Skelette, Replikate), Massospondylus (Skelett, Replikat), Megalosaurus (Unterkiefer, Original), Pachycephalosaurus (Schรคdeldecke, Replikat), Polacanthus (Fragmente, Original), Torvosaurus (Klaue, Replikat), Triceratops (u. a. Schรคdel, Original und Skelett, Replikat), Tuojiangosaurus (Skelett, Replikat), Tyrannosaurus (Schรคdel, Replikat). Weitere Exponate wie Gastrolithe, Eier von Protoceratops und ein Hautabdruck von Edmontosaurus ergรคnzen die Ausstellung. Kinder werden sicherlich SpaรŸ bei der Ausgrabung von fossilierten Knochen, Zรคhnen und Eiern haben.
Besichtigungsdauer: mindestens 3 Stunden. **ร–ffnungszeiten:** Moโ€“Sa 10โ€“17.50 Uhr, So 11โ€“17.50 Uhr. **Eintritt:** โ‚ฌ. **Einrichtungen:** Toiletten, Souvenirshop, Imbissmรถglichkeit. **Anschrift:** Dept. of Palaeontology, The

Natural History Museum (London), Cromwell Road, London SW7 5BD.
Telefon: 0044 (0)20 7942–5011 und 5519. **Fax:** 0044 (0)20 7942-5546.
Internet: http://www.nhm.ac.uk/info/index.html
Anfahrtsbeschreibung: Das Museum liegt an der südlichen Seite des Hyde Park nur einen kurzen Fußweg von der Untergrundstation »South Kensington« (Circle, District und Picadilly Lines) entfernt. Mit dem Auto von der Kensington Gore in die Exhibition Road abbiegen. Das Museum liegt hinter der Royal Albert Hall auf der rechten Seite.

Eine aktuelle Attraktion: Seit Februar 2001 ist ein lebensecht aussehendes Robotermodell von Tyrannosaurus Rex aufgebaut, das mindestens zwei Jahre aufgestellt bleiben wird.
Freier Eintritt Mo–Fr nach 16.30 Uhr und Sa nach 17 Uhr sowie generell für Kinder bis 16 Jahre.

Dinosaur Isle Museum, Isle of Wight

Das ursprüngliche *Museum of Isle of Wight Geology* wurde geschlossen und die Kollektion wurde am 10. August 2001 in das in unmittelbarer Nähe liegende neu eröffnete *Dinosaur Isle Museum* überführt. Die große Dinosaurier-Galerie beherbergt originale Fossilien, Skelett-Rekonstruktionen, lebensgroße Modelle als auch animierte Dinosaurier-Roboter.
Die Insel Wight ist bekannt durch ihren Fossilienreichtum. Im September 1996 wurden Überreste eines neuen fleischfressenden Dinosauriers im Kliff der südwestlichen Ecke der Insel Wight in betonähnlichem Kalkstein entdeckt. Bisher legte man 40 Prozent des 4 Meter langen Skeletts zusammen mit einigen Überresten eines Valdosaurus frei. Geschätztes Alter: ungefähr 120 Millionen Jahre. Die Wissenschaftler sind sicher, dass es sich um eine neu entdeckte Dinosaurier-Spezies handelt, vielleicht ähnlich Velociraptor.
1978 wurden erste Überreste eines 6–8 Meter langen Neovenator auf der Insel of Wight entdeckt. Inzwischen wurden 70 Prozent des Skeletts ausgegraben. Die Knochen waren vermischt mit denen eines Iguanodon. Auch Zähne eines Krokodils wurden gefunden. Da die Knochen des Neovenator 120 Millionen Jahre in weichem Schlamm lagerten, konnten die Überreste leicht geborgen und durch Abwaschen gereinigt werden. Ein komplettes Skelett ist im Museum als Replikat zu sehen.
Außerdem entdeckte man Schädelfragmente eines 5–6 Meter langen Polacanthus. An der Südwestküste fand man 1849 Überreste von Hypsilophodon. Seither wurden mehrere Skelette dieser Spezies entdeckt. Im Museum

ist ein Modell mit einigen echten Knochen aufgebaut. Bisher fand man kaum Fossilien von Sauropoden auf der Insel. Kürzlich wurde jedoch ein Exemplar der Familie Brachiosauridae entdeckt. Außerdem gibt es auch mehrere Überreste von fliegenden Reptilien (Pterosaur).
Besichtigungsdauer: mindestens 75 Minuten. **Einrichtungen:** Toiletten, Souvenirshop, **Anschrift:** Dinosaur Isle, Culver Parade, Sandown, Isle of Wight UK. **Telefon:** 0044 (0)1983-404344. **Fax:** 0044 (0)1983-402748.
Internet: http://www.miwg.freeserve.co.uk

Das Museum hält Informationsmaterial für das Sammeln von Fossilien an der Küste bereit und ist auch bei der Identifizierung der Funde behilflich. Im Sommer nach Ausgrabungsaktivitäten fragen, bei denen man eventuell teilnehmen kann.
Weitere Ziele: siehe »Dinosaur Farm« und die Küste (Kliffe mit Fossilien).

Dinosaurier Farm, Isle of Wight

Im Jahre 1992 entdeckte Steve Hutt, Kurator des *Museum of Isle of Wight Geology*, beim Spazieren gehen Knochenfragmente in den schlammigen Schichten der Steilküste im Südwesten der Insel. Die Ausgrabungen eines 120 Millionen Jahre alten Brachiosaurus, dem größten Dinosaurier der Insel, dauern bis heute an. Seither ist diese Stelle die zweite Dinosaurier-Attraktion der Insel nach dem ➤ *Dinosaur Isle Museum*. Besucher können bei den Ausgrabungen und dem Reinigen der Knochen zusehen.
Öffnungszeiten: Do–So 10–17 Uhr, Di und Fr im Juli und August. **Eintritt:** €. **Kontakt:** 0044 (0)7970-626456.
Weitere Ziele: siehe *Dinosaur Isle Museum* und Küste (Kliffe mit Fossilien).

Oxford University Museum of Natural History, Oxford

Neben mehreren Kollektionen (Entomologie, Mineralogie und Zoologie) beinhaltet die geologische Kollektion mit 500 000 Stücken eine sehenswerte Dinosaurier-Ausstellung und Sammlung von Fossilien.
Allein vier Dinosaurier-Spezies aus der Gegend von Oxford sind ausgestellt. Der Stolz des Museums sind zwei praktisch vollständige Skelette, und zwar eines Eustreptospondylus (ausgegraben 1871) und eines Camptosaurus (entdeckt 1879 nur 5 Kilometer südwestlich des Museums) – normalerweise findet man nur unvollständige Skelette. Der 3,50 Meter lange Camptosaurus ist

das besterhaltene und kompletteste Skelett seiner Art in der Alten Welt. Außerdem werden Knochen eines von William Buckland gesammelten Megalosaurus aus Stonesfield (9 Meilen nordwestlich von Oxford) und eines 15 Meter langen Cetiosaurus präsentiert, der 9 Kilometer nördlich von Oxford nahe Bletchingdon Station Anfang des 18. Jahrhunderts entdeckt wurde.
In der Ausstellung befinden sich neben 30 Dinosaurier-Eiern aus China auch Dinosaurier aus anderen Gegenden, wie Iguanodon, Bambiraptor, Edmontosaurus, Hysilophodon, Ornithomimus, Struthiomimus oder ein 13,50 Meter langer Tyrannosaurus Rex. Der Schädel eines Triceratops sowie lebensgroße Modelle von Archaeopteryx oder Utahraptor ergänzen die Ausstellung neben einzelnen Exponaten von Compsognathus, Eustreptospondylus (original) und Lexovisaurus (original). Metriacanthosaurus (original) und Pachycephalosaurus (Schädel, Replikat).
Die neue Attraktion des Museums befindet sich auf dem Rasen vor dem Museum: eine 60 Meter lange Rekonstruktion eines Pfades mit Fußspuren von Megalosaurus. Der Original-Pfad wurde 1997 entdeckt und ist mit insgesamt 200 Metern der längste von Großbritannien, wahrscheinlich sogar von Europa. Er befindet sich 20 Kilometer nordöstlich von Oxford in einer *dünnen* 168 Millionen Jahre alten Kalksteinschicht in einem Steinbruch in der Nähe von Ardley. Insgesamt befinden sich hier zwei verschiedene Pfade, die zum einen von einem Megalosaurus und zum anderen von einem Cetiosaurus stammen.
Besichtigungsdauer: mindestens 2 Stunden. **Öffnungszeiten:** jeden Tag von 12–17 Uhr außer an Ostern und Weihnachten. **Eintritt:** frei. **Einrichtungen:** Toiletten, Souvenirshop. **Anschrift:** Parks Road, Oxford, OX1 3PW. **Telefon:** 0044 (01865) 272950. **Fax:** 0044 (01865) 272970.
Internet: http://www.oum.ox.ac.uk/
Anfahrtsbeschreibung: Da es keinen Parkplatz am Museum gibt, wird die Anfahrt mit öffentlichen Verkehrsmitteln empfohlen. Das Museum liegt im Nordosten von Oxford, südlich des University Park.

FRANKREICH

Musée National d'Histoire Naturelle, Paris

Die sehenswerte Sammlung besteht aus: Allosaurus (Skelett, Replikat), Bothriospondylus, Compsognathus (Skelett, Replikat), Cristatusaurus, Deinonychus, Diplodocus (Skelett, Replikat), Dromaeosaurus,

Gallimimus, Iguanodon (Skelett, Replikat), Lesothosaurus, Lexovisaurus, Lurdusaurus, Majungatholus, Megalosaurus, Ouranosaurus (Skelett), Piveteausaurus (Schädel, Original), Plateosaurus (Original), Protoceratops (Schädel, Replikat), Rebbachisaurus (Original), Rhabdodon, Spinosaurus, Stygimoloch, Tarbosaurus (Replikat), Triceratops (Schädel, Replikat), Tyrannosaurus Rex (Schädel, Replikat), Valdosaurus und ergänzende Schaustücke.

Besichtigungsdauer: mindestens 2 Stunden. **Öffnungszeiten:** Mi–Mo 10–17 Uhr, von April bis Oktober bis 18 Uhr, geschlossen Di und 1. Mai. **Eintritt:** €€. **Einrichtungen:** Toiletten, Souvenirshop, Imbissmöglichkeit. **Anschrift:** 2, rue Buffon, F-75005 Paris: Jardin de Plantes.

Internet: http://www.mnhn.fr/

Anfahrtsbeschreibung: Das Museum liegt südlich der Seine und östlich von Notre Dame an der Métrostation »Gare d'Austerlitz«; mit *SNCF* und *RER* (Linie C): »Gare d'Austerlitz«; *Métro*: »Gare d'Austerlitz, Jussieu, Monge, Censier; Bus: Linie 24, 57, 61, 63, 65, 67, 89 und 91.

T Ein ausgezeichnetes Museum mit vielen interessanten Ausstellungen, die einen ganzen Tag füllen.

Le Musée Des Dinosaures D'Esperaza, Esperaza

Die Kollektion des 1992 gegründeten Museums umfasst ungefähr 10 000 Exponate, hauptsächlich Relikte (Originale und Replikate) von 50 verschiedenen Dinosaurier-Spezies. Die meisten Fossilien wurden von Mitarbeitern des Museums im Süden Frankreichs (Aude, Hérault, Bouches-du-Rhône, Var, Ariège, Haute-Garonne, Dordogne), in Nordafrika und in Thailand geborgen. Viele dieser Funde wurden gegen andere Exponate anderer Museen und Institutionen getauscht.

Neben Dinosaurier-Nestern mit 9 bis 10 Eiern aus Südfrankreich, versteinerten Fußspuren (Frankreich, England und Thailand), lebensechten Dinosaurier-Rekonstruktionen und einem Video kann man auch durch ein großes Fenster in das Laboratorium sehen und Wissenschaftler beim Präparieren von Fossilien zusehen.

Als Originale sind ausgestellt: Aegyptosaurus, Ampelosaurus (u. a. Skelett und Modell), Carcharodontosaurus, Diplodocus, Monoclonius, Pararhabdodon, Psittacosaurus, Rebbachisaurus (Wirbelsäule), Rhabdodon, Spinosaurus, Struthiosaurus und Variraptor (Rekonstruktion).

Als Replikate sind ausgestellt: Allosaurus, Bagaceratops, Baryonyx, Camarasaurus (Schädel), Compsognathus, Craspedodon, Deinonychus, Dromaeo-

saurus, Gasparinisaura, Iguanodon (Schädel und Rekonstruktion), Lirainasaurus, Magyarosaurus, Megalosaurus, Neosodon, Orthomerus, Phuwiangosaurus, Polacanthus, Siamotyrannus, Tarascosaurus (Rekonstruktion), Triceratops, Troodon, Tyrannosaurus (Schädel) und Velociraptor.
Die Kollektion umfasst neben einem Gastornis, Archaeopteryx (Rekonstruktion) sowie Pterosaur (Gargantuavis) auch Krokodile: Asiatosuchus, Ischyrochampsa, Hamadasuchus.

Von Juli bis August werden Führungen zur Ausgrabungsstätte angeboten, die ungefähr 3 Kilometer von Esperaza entfernt liegt. In dieser fossilienreichen Fundstätte, in der man bisher über 1 500 Fossilien geborgen hat, befinden sich u. a. Relikte von Amelosaurus, Rhabdodon und Struthiosaurus.

Besichtigungsdauer: mindestens 3 Stunden. **Öffnungszeiten:** September bis Juni täglich 10–12 und 14–18 Uhr, im Juli und August täglich von 10–19 Uhr. **Eintritt:** €€. **Einrichtungen:** Toiletten, Souvenirshop. **Anschrift:** Musée des Dinosaures, F-11260 Esperaza. **Telefon:** 0033 (0)4 68 74 26 88, 0033 (0)4 68 74 02 08. **Fax:** 0033 (0)4 68 74 05 75.
Internet: http://perso.wanadoo.fr/musee.dinosaures/
Anfahrtsbeschreibung: Espéraza liegt ungefähr 50 Kilometer südlich von Carcassonne ganz im Süden Frankreichs, westlich von Perpignan.

Es ist möglich, bei den Ausgrabungen als Helfer aktiv mitzuarbeiten. Das Museum versendet vierteljährlich einen Informationsbrief an Mitglieder des Museums.

ITALIEN

Museo di Geologia e Palaeontologia Giovanni Cappellini, Bologna

In dem 1881 eröffneten bedeutenden paläontologischen Museum befinden sich 500 000 Exponate in 15 Hallen. Das Highlight für Dinosaurier-Fans ist das komplette Skelett (Replikat) eines 25 Meter langen und 4 Meter hohen Diplodocus, dem einzigen in Italien.

Besichtigungsdauer: mindestens 30 Minuten. **Öffnungszeiten:** Mo–Fr 9–12.30 Uhr. **Eintritt:** frei. **Einrichtungen:** Toiletten, Souvenirshop. **Anschrift:** Dipartimento di Scienze della Terra e Geologico-Ambientali, via Zamboni, 63, I-40127 Bologna. **Telefon:** 0039 (0) 51 354555 oder Museum Information Office 0039 (0) 51 259023. **Fax:** 0039 (0) 51 259600.

Museo Civico di Storia Naturale, Milano

Neben einem Hautabdruck (Hadrosauridae), Dinosaurier-Eiern (u. a. Oviraptor), versteinerten Fußabdrücke und Koprolithen (versteinerte Kothaufen) sind Dinosaurier-Fossilien ausgestellt von Agilisaurus (Schädel, Replikat), Albertosaurus, Allosaurus (Skelett, Replikat und 20 Prozent original), Apatosaurus, Archaeopteryx, Camarasaurus, Camptosaurus (Skelett, Replikat), Carcharodontosaurus, Coelophysis (Skelett, komplett), Coelurosauria, Compsognathus (Skelett, Replikat), Diplodocus (Schädel, Replikat), Dromaeosaurus (Skelett, Schädel), Gryposaurus (80 Prozent Skelett, Original), Hypsilophodon (Skelett, Replikat), Iguanodontidae, Lapparentosaurus, Majungatholus, Massospondylus (Schädel, Replikat), Ouranosaurus, Plateosaurus (Skelett und Schädel, Replikat), Prosaurolophus (Schädel, Replikat), Protoceratops, Psittacosaurus (Skelett und Schädel, Replikat), Scipionyx (Skelett, Replikat), Spinosauridae, Stegosaurus (Skelett und Schädel, Replikat), Tarbosaurus, Triceratops, Tyrannosaurus Rex (Skelett, Replikat), Velociraptor, u. a. das Modell eines Pteranodon.
Besichtigungsdauer: mindestens 140 Minuten. **Öffnungszeiten:** Mo–Fr 9.00–18.00 Uhr, sowie Samstags, Sonntags und an Feiertagen 9.00–18.30. **Einrichtungen:** Toiletten, Bar. **Anschrift:** Corso Venezia, 55, I-20121 Milano. **Telefon:** 0039-02-88463280. **Fax:** 0039-02-76022287.
Internet: http://www.rcs.it/mimu/musei/storianaturale/info.htm

NIEDERLANDE

Museon Den Haag

Im Jahre 1999 erwarb das Museum das 155 bis 148 Millionen Jahre alte Skelett eines 8 Meter langen Allosaurus aus dem Oberjura, das vollständig aufgebaut ist. Ausgestellt ist auch der Schädel (Replikat) eines Tyrannosaurus Rex.
Besichtigungsdauer: mindestens 15 Minuten. **Öffnungszeiten:** Di–So 11–17 Uhr, teilweise auch montags. **Eintritt:** €€€; **Einrichtungen:** Toiletten. **Anschrift:** Stadhouderslaan 41, Den Haag. **Telefon:** 0031 (0)70-33 81 33 8.
Internet: http://www.museon.nl/
Anfahrtsbeschreibung: Mit der Straßenbahn Linie 10 ab Den Haag HS; Bus Linie 4 oder Straßenbahn Linie 7 ab Den Haag Central Station.

NORWEGEN

Paleontological Museum University of Oslo

Eine polnisch-mongolische Expedition hat im Jahre 1970 in der Wüste Gobi (Mongolei) Überreste eines Tarbosaurus gefunden, von dem die komplette rechte Seite fehlt. Tarbosaurus galt bis vor kurzer Zeit als Tyrannosaurus. Tarbosaurus und Tyrannosaurus sind sich sehr ähnlich und eng verwandt, lebten aber auf zwei verschiedenen Kontinenten, die zu deren Lebzeiten in der Oberkreide durch einen Ozean getrennt waren. Auch auf der Insel Madagaskar wurde ein Tyrannosaurus gefunden. Ausgestellt sind Replikate des Fundes in der Mongolei: Unterkiefer und Schädel.
Weitere Exponate: Apatosaurus (15 Schwanzwirbel, Originale und Gastrolithe), Archaeopteryx (Modell), Bagaceratops (Schädel, Replikat), Carcharodontosaurus (Zahn, Original), Caudipteryx (komplett, Replikat), Compsognathus (komplett, Replikat), Deinocheirus (komplett, Duplikat), Diplodocus (Oberschenkelknochen, Original), Gallimimus (Schädel und Teilskelett, Replikate), Hadrosaurus (Rückenwirbel, Original), Homalocephale (Schädel, Replikat), Iguanodon (Skelett, Replikat), Opisthocoelicaudia (linke Körperhälfte und Schwanz, Replikat), Parasaurolophus (linke Skelettseite, Replikat), Prenocephale (Schädel, Replikat), Protoceratops (Schädel, Replikat), Saichania (Schädel, Replikat), Saurolophus (Schädel, Replikat), Tarbosaurus (Schädel, Original), Tyrannosaurus (Schädel, Replikat), Velociraptor (Schädel, Replikat).
In einer separaten Abteilung sind meeresbewohnende Reptilien ausgestellt, u. a. Ichthyosaurus und ein Plesiosaurus (Spitzbergen).
Sehr interessant sind Fußspuren von Iguanodon und Megalosaurus von Spitzbergen, einer Insel in der Arktis. Auch Dinosaurier-Eier aus der Wüste Gobi sind ausgestellt.
Besichtigungsdauer: mindestens 90 Minuten. **Öffnungszeiten:** Di–So 11–16 Uhr, Mi 11–20 Uhr. **Eintritt:** frei. **Einrichtungen:** Toiletten, Souvenirshop. **Anschrift:** Sars gate 1, N-0562 Oslo **Telefon:** (0047) 22851670. **Fax:** (0047) 22851810.
Internet: http://www.toyen.uio.no/palmus/english.htm

Dinosaurierfunde in Spitzbergen, wo es monatelang dunkel ist und heutzutage arktisches Klima herrscht. Man fand in Spitzbergen auch versteinerte Korallen, die nur bei mindestens 20 Grad Celsius Wassertemperatur gedeihen.

Tromsø University Museum, Tromsø

Dieses interessante Museum (Forschungen über die Veränderungen des Meeresspiegel seit der Eiszeit) stellt Fußspuren von Iguanodon aus, die in Spitzbergen gefunden wurden – heutzutage in arktischen Breiten gelegen.
Besichtigungsdauer: mindestens 10 Minuten. **Öffnungszeiten:** Juni und August: täglich von 9–20 Uhr, September bis Mai: Mo–Fr 8.30–15.30 Uhr, Sa 12–15 Uhr, So 11–16 Uhr. **Einrichtungen:** Toiletten, Souvenirshop, Imbissmöglichkeit. **Anschrift:** Tromsø Museum-Universitetsmuseet, N-9037 Tromsø. **Telefon:** (0047) 776 45000. **Fax:** (0047) 776 45520.

Dinosaurierfunde in Spitzbergen, wo es Monate lang dunkel ist und heutzutage arktisches Klima herrscht. Man fand in Spitzbergen auch versteinerte Korallen, die nur bei mindestens 20 Grad Celsius Wassertemperatur gedeihen.

ÖSTERREICH

Kleinstes Sauriermuseum der Welt, Muthmannsdorf

1859 untersuchten der Geologe Ferdinand Stolicka und der Paläontologe Eduard Suess das Kohlenbergwerk »Gute Hoffnung«. Nach dem Fund eines Reptilienzahnes stieß man auf Österreichs einzigen Saurier, den *Struthiosaurus austriacus*. Abgüsse der Funde werden seit 1994 in einem Schaukasten in Muthmannsdorf präsentiert.
Öffnungszeiten: immer. **Eintritt:** frei. **Anschrift:** A-2723 Muthmannsdorf, Hauptstraße. **Telefon:** 0043 (0)26 38 88 12, Hans Puntigam.
Internet: http://www.volkskulturnoe.at/museen/0238.htm
Anfahrtsbeschreibung: A 2, Abfahrt Wöllersdorf.

Naturhistorisches Museum, Wien

Das Naturhistorische Hofmuseum, das am 10. August 1889 feierlich eröffnet wurde, beherbergte eine große Schausammlung im Stil des 19. Jahrhunderts. Die ursprüngliche Anordnung der Schausäle, von den Architekten Karl von Hasenauer und Gottfried Semper nach streng systematischen Kriterien geplant, wurde bis heute im Wesentlichen beibehalten.

Ausgestellt sind: Allosaurus aus Utah (Skelett, Replikat), Diplodocus aus Wyoming (21 Meter langes Skelett, Replikat), Iguanodon aus Bernissart in Belgien (Skelett, Replikat), Dorygnathus aus Holzmaden in Deutschland (Skelett), Pterodactylus aus Solnhofen in Deutschland (Skelett), Tyrannosaurus Rex aus South Dakota (Schädel, Replikat), und ein originales Oviraptornest (vermutlich) mit 14 Eiern aus China.
Ausgestellt sind auch drei Skelette von Stenopterygius (Ichthyosauria) aus Holzmaden (Deutschland). Eines der Tiere trägt noch ein Embryo im Brustkorb.
In der *Mesozoic Hall* ist ein in Österreich gefundener Ornithocheirus (Rekonstruktion) aufgehängt – ein Pterosaurier, der vor ungefähr 80 Millionen Jahren lebte.
Das Museum umfasst weitere Abteilungen, u. a. Ökologie, Botanik, Zoologie, Mineralogie, archäologische Biologie und Anthropologie.
Besichtigungsdauer: mindestens 30 Minuten. **Öffnungszeiten:** Mi 9–21 Uhr, Do–Mo 9–18.30 Uhr. **Eintritt:** €€. **Einrichtungen:** Toiletten, Souvenirshop. **Anschrift:** Naturhistorisches Museum Wien, Burgring 7, A-1014 Wien. **Telefon:** 0043 (0)1-52 177. **Fax:** 0043 (0)1-52 35 254.
Internet: http://www.nhm-wien.ac.at/
Anfahrtsbeschreibung: U-Bahn: U2 und U3, Station Volkstheater; Straßenbahn: D, J, 1, 2, Station Dr.-Karl-Renner-Ring; 46 und 49, Station Bellariastraße; Autobus: 2A Station, Burgring; 48A, Station Bellariastraße.

PORTUGAL

GEAL – Museu da Lourinhã

In diesem kleinen Museum gibt es auch eine Ausstellung über Dinosaurier. Es werden einige Fossilien ausgestellt: Allosaurus (u. a. Schädel, Replikat), Ceratosaurus (Original), Dacentrurus (Wirbelsäule und Gliedmaßen, Original), Dinheirosaurus (Wirbelsäule, Original), Edmontosaurus (Oberkiefer, Replikat), Lourinhanosaurus (Wirbelsäule und Gliedmaßen, Original), Spinosaurus (Zahn, Original), Torvosaurus (Schienbein, Original).
Das Museum gräbt in Zusammenarbeit mit dem *College of Sciences and Technology Lourinhã* einen 150 Millionen Jahre alten Sauropoden aus. Die Ausgrabungsstätte kann besichtigt werden.
Information: Dr. Octávio Mateus. **Anschrift:** Rua João Luís de Moura 2530 Lourinhã. **Telefon** und **Fax:** (00351) 261 413 995.

SCHWEIZ

Muséum d'histoire naturelle, Neuchâtel

Von Dinosauriern ist nur ein Vorderbein mit Becken (Original von der Howe Ranch in Wyoming) eines Diplodocus ausgestellt, weiterhin das Skelett eines Plesiosaurus (Replikat) und ein Ichtyosaurus. Ergänzt wird diese kleine Sammlung durch zwei originale Dinosaurier-Eier aus China.

Besichtigungsdauer: mindestens 10 Minuten. **Öffnungszeiten:** Di–So 10–18 Uhr. **Eintritt:** €€€. **Einrichtungen:** Toiletten, Souvenirshop, Imbissmöglichkeit. **Anschrift:** Muséum d'histoire naturelle, 14, rue des Terreaux, CH-2000 Neuchâtel. **Telefon:** 0041 (0)32-717-7960. **Fax:** 0041 (0)32 717-796914.

Internet: http://www.ne.ch/neuchatel/mhn/

Anfahrtsbeschreibung: Das Museum liegt mitten in der Innenstadt. Vom Parking du Port sind es 5 Minuten bis zum Museum. Bus 6, 7, 8, 9, Haltestelle »des Terreaux«.

T Die Cafeteria besuchen und unter einem großen fossilen Skelett sitzen.

Naturmuseum Solothurn, Solothurn

Die Attraktion für Dinosaurier-Fans sind »Elefantentritte«, die Arbeiter im Steinbruch in der Kalksteinwand gesehen und (gar nicht so falsch!) so bezeichnet haben. Erst ein Geologe des Museums erkannte den wahren Ursprung der Tritte und löste damit einen wahren Boom aus. Ganze Familien kletterten auf schwankenden Steinblöcken herum und gefährdeten ungewollt ihr Leben. Daraufhin wurde eine Aussichtsplattform mit erklärenden Tafeln gebaut. Der Steinbruch selbst ist wegen akuter Steinschlaggefahr gesperrt!

Im Museum gibt es eine zu den Spuren passende Ausstellung. Dort können sich kleine und große Kinder auch mal in einen Abdruck aus der Spurenwand setzen.

Nachdem 1987 im Steinbruch von Lommiswil/Oberdorf Fährten von großen Dinosauriern gefunden wurden, richtete man eine permanente Dinosaurier-Ausstellung im Museum ein. Das Naturmuseum Solothurn ist ein modernes und attraktives Familien-Museum, das für seine gut verständlichen Ausstellungen bekannt ist. Es zeigt Ausstellungen über Tiere, Pflanzen, Fossilien, Gesteine und Minerale der Region.

Besichtigungsdauer: mindestens 30 Minuten. **Öffnungszeiten:** Di-Sa 14-17 Uhr, So 10-17 Uhr. **Eintritt:** frei. **Einrichtungen:** Toiletten, Souvenir-

shop, Imbissmöglichkeit. **Anschrift:** Naturmuseum, Klosterplatz 2, 4500 Solothurn. **Telefon:** 0041 (0)32-6227021. **Fax:** 0041 (0)32-6227052.
Internet: http://www.naturmuseum-so.ch/
Anfahrtsbeschreibung: *Mit dem Auto*: Blau markierte Straße von der Autobahn beim Bahnhof nach rechts – von Biel her über die Transit-Umfahrung – ins »Parkhaus Baseltor«. Die Treppe hinter der Kathedrale führt direkt auf den Klosterplatz, oder um die Kathedrale herumgehen. Auf dem Klosterplatz vor dem Museum gibt es eine beschränkte Anzahl von Parkplätzen. *Mit Bahn, Bus oder Schiff:* Solothurn liegt an einer Hauptachse der SBB mit Halt aller Züge und ist direkt durch Regiobahnen von Bern, Burgdorf, Langenthal und Moutier erreichbar. Von Herzogenbuchsee, Büren a. A. und den meisten Regiogemeinden fahren Busse. Im Sommer fahren von Biel her sogar Aareschiffe nach Solothurn. Wenn Sie die »Solothurn-Moutier-Bahn« benützen, müssen Sie übrigens keinen Meter weiter zu Fuß gehen. Die Fahrt von Solothurn dauert ganze 13 Minuten. *Zu Fuß*: Das Naturmuseum ist vom Hauptbahnhof bequem in 5 Minuten zu erreichen. Eine kleine Wanderung von 20 Minuten ohne große Steigung führt von der Talstation der Sesselbahn zum Steinbruch (nur zu Fuß zu erreichen!)

T Weil die Fußeindrücke nur gut bei schräg einfallendem Licht zu sehen sind, sollte für den Besuch der Morgen oder der spätere Nachmittag gewählt werden.

Sauriermuseum Aathal, Aathal

In diesem Museum sind teilweise fossile Funde ausgestellt, die Mitarbeiter bei eigenen Grabungen gefunden haben, u. a. ein Allosaurus-Skelett (siehe Abbildung) und Relikte eines Camarasaurus.
Am 15. April 2001 wurde die neue Spezialausstellung »DinoDorado« eröffnet. Sie stellt die Resultate von zehn Jahren Saurierausgrabung in Wyoming dar.
Das größte Exponat des Sauriermuseums ist ein Brachiosaurus.
Zu sehen sind: Allosaurus (Skelett, Original), Archaeopteryx (Skelett, Replikat), Avimimus (Schädel, Replikat), Brachiosaurus (Skelett, Replikat), Camarasaurus (Schädel, Original), Carnosaurus (Skelett, Replikat), Compsognathus (Skelett, Replikat), Deinonychus (Schädel, Replikat), Diplodocus (Skelett, Replikat), Diplodocus (Schädel und Nacken, Original), Edmontosaurus (Schädel, Bein und Schwanz, Originale), Eoraptor (Schädel, Replikat), Herrerasaurus (Schädel, Replikat), Othinielia (Hinterbein, Original), Pachycephalosaurus (Schädel, Replikat), Plateosaurus (Skelett, Original), Stegoceras (Schädel, Replikat).
Besichtigungsdauer: mindestens 90 Minuten. **Öffnungszeiten:** Di–Sa

10–17 Uhr, So 10–18 Uhr, geschlossen 24. und 25. Dezember, 1. Januar. **Eintritt:** €€€, Familienkarte. **Einrichtungen:** Toiletten, Souvenirshop, Imbissmöglichkeit (Stella's Dino Café). **Anschrift:** Sauriermuseum Aathal, Zürichstrasse 202, CH-8607 Aathal. **Telefon:** 0041 (0)1-932 1418 (Sekretariat) und 041 (0)1-932 1468 (Infoband). **Fax:** 0041 (0)1-93258.
Internet: http://www.sauriermuseum.ch/index_p.htm
Anfahrtsbeschreibung: *Auto:* Das Sauriermuseum Aathal liegt nur 1 Kilometer vom Autobahnende Uster in Richtung Wetzikon. Beim Autobahnende Uster links (Richtung Wetzikon, Hinwil) abbiegen, dann können Sie das Sauriermuseum auf der rechten Seite nicht übersehen. PKW- und Bus-Parkplätze sind genügend vorhanden.
Eisenbahn: Aathal ist bequem mit der S 14 zu erreichen. Sie fährt jede halbe Stunde ab Zürich Hbf, jeweils :08 und :38. Fahrzeit: 30 Minuten. In Aathal folgen Sie einfach der Beschilderung, welche Sie nach 600 Meter zum Museum bringt.

Bücher, Modelle, Videos und diverse Spielsachen, aber auch echte versteinerte Dinosaurierknochen, Mineralien und Fossilien finden Sie in dem großen Shop in der Empfangshalle des Sauriermuseums.

Sauriermuseum Frick, Frick

In diesem Museum ist das vollständige Skelett eines 220 Millionen Jahre alten Plateosaurus ausgestellt. Die Funde von Fossilien und Mineralien waren Anlass zu dieser Ausstellung. Außerdem gibt es Infotafeln, eine Video-Schau und ein Wandrelief aus fossilen Knochen.
Besichtigungsdauer: mindestens 15 Minuten. **Öffnungszeiten:** jeden 1. und 3. Sonntag im Monat von 14–17 Uhr. **Eintritt:** €€. **Einrichtungen:** Toiletten, Souvenirshop. **Anschrift:** Sauriermuseum Frick, Im Schulhaus 1912, Schulstrasse 22, CH-5070 Frick. **Postanschrift:** Sauriermuseum, z. H. Monica Rümbeli, Mattenweg 5, CH-5070 Frick. **Telefon:** 0041 (0)62-865 28 06.
Internet: http://www.sauriermuseum-frick.ch/
Anfahrtsbeschreibung: Von Basel oder Zürich auf der Nationalstraße A3 nach Frick fahren. Von der Hauptstraße in südlicher Richtung in die Schulstrasse und dann hinter der Maschinenfabrik Müller rechts abbiegen. Das Sauriermuseum befindet sich auf der rechten Seite im Schulhaus 1912 (im Untergeschoss).

Führungen von Gruppen (mindestens 8 Personen) nach Absprache mit Monica Rümbeli, Tel. 0041 (0)62-871 53 83, Dauer zirka 1 Stunde. Es wurden neue Saurierfunde in Frick entdeckt.

SPANIEN

Museo Nacional de Ciencias Naturales, Madrid

Ausgestellt sind komplette Skelette als Replikate von Baryonyx, Carnotaurus und Diplodocus – außerdem Fußspuren aus der Gegend von La Rioja (Spanien).
Öffnungszeiten: Di–Fr 10–18 Uhr, Sa 10–20 Uhr, So 10–14.30 Uhr. **Eintritt:** €€. **Einrichtungen:** Toiletten, Souvenirshop, Imbissmöglichkeit. **Anschrift:** Museo Nacional de Ciencias Naturales, José Gutiérrez Abascal, 2, E-28006 Madrid. **Telefon:** 0034 (0)91-411 13 28. **Fax:** 0034 (0)91-564 50 78.
Internet: http://www.mncn.csic.es/
Anfahrtsbeschreibung: Das Museum liegt in der Nähe der Kreuzung Plaza S. Juan de la Cruz, Vitruvio und Paseo de la Castellana an der José Guitiérrez Abascal, Metro: Gregorio Marañón, Nuevos Ministerios, Ríos Rosas.

Museu de la Conca Dellà und Cretaceous Park, Isona (Pallars Jussà)

In diesem speziellen, modernen Dinosaurier-Museum sind nicht nur einige Fossilien von Dinosauriern als Originale ausgestellt, die in dieser Gegend lebten, u. a. Hypselosaurus, Orthomerus, Pararhabdodon.
Der besondere Reiz liegt in der Möglichkeit der Besichtigung von Fußspuren im Flussbett des La Posa oder die Eiernester von Basturs.
Eintritt: €. **Anschrift:** Museu de la Conca Dellà, Plaça de l'Assumpcio n° 2–3, E-25650 Isona. **Telefon:** 00 34 (0) 973 66 50 62. **Fax:** 00 34 (0) 973 66 42 28.
Internet: http://www.parc-cretaci.com
Anfahrtsbeschreibung: Isona liegt nordwestlich von Barcelona.

Museo Paleontologico, Igea (La Rioja)

Es sind diverse Fossilien ausgestellt. Im Museum Informationen über die Zugänglichkeit der in der Umgebung liegenden Fundstätten von Trittsiegeln und nach einem Lageplan fragen.
Öffnungszeiten: Di–Fr 11–13 und 17–19 Uhr, Sa 11–13 und 16–19 Uhr, So 11–13 Uhr. **Eintritt:** €€. **Einrichtungen:** Toiletten. **Anschrift:** La Casa

Consistorial de la Villa, C/ Mayor n° 10, Igea. **Telefon:** (0034) 678989577 und (0034) 678983556.
Internet: http://wwwa021.infonegocio.com/666/portada.htm
Anfahrtsbeschreibung: Igea befindet sich im Gebiet La Rioja im Norden Zentralspaniens.

Diese Gebiet ist bekannt für sehr gut erhaltene Gebiete mit vielen Trittsiegeln. Es gibt mehrere Fundorte in der Umgebung von Igea (Abb. 22). Im Museum fragen.

UNGARN

Geological Institut of Hungary, Budapest

Das 100 Jahre alte Gebäude beherbergt eine kleine Sammlung mit Dinosaurier-Originalrelikten aus Rumänien: Rhabdodon, Struthiosaurus und Telmatosaurus.
Anschrift: H-1143 Budapest, Stefánia út 14. **Telefon:** 0036 (01)-251 0999, 0036 1-251 0489, 1-251 0689. **Fax:** 0036 1-251 0703.
Internet: http://www.mafi.hu/

Hungarian Natural History Museum, Budapest

Das neue Museumsgebäude beherbergt über 100 000 Fossilien vom prähistorischen Reptil bis zu einem primitiven Elefantenschädel. Zu sehen sind ein Protoceratops (Skelett, Replik), Dinosaurier-Eier und versteinerte Fußspuren. Die Ausstellung soll demnächst neu eröffnet werden.
Besichtigungsdauer: mindestens 15 Minuten. **Öffnungszeiten:** vom 1. Oktober bis 31. März 10–17 Uhr, vom 1. April bis 30. September 10–18 Uhr, geschlossen Di. **Eintritt:** €. **Einrichtungen:** Toiletten, Souvenirshop, Imbissmöglichkeit. **Anschrift:** 1083 Budapest, Ludovika tér 6. **Telefon:** 0034 (0)1-210-1085.
Internet: http://www.nhmus.hu/e_index.html
Anfahrtsbeschreibung: U-Bahn Linie 3 (blau), Haltestelle Klinikák oder Nagyvárad tér; Straßenbahn Nr. 24, Haltestelle Nagyvárad tér

42

42 Der in der Oberjurazeit in Tansania (Afrika) lebende Kentrosaurus war nicht so groß wie seine amerikanischen Verwandten (Stegosaurier), aber mindestens ebenso gut gepanzert. Zu beiden Seiten der Rückenlinie stand eine doppelte Reihe schmaler, dreieckiger Knochenplatten. Dahinter folgten paarweise scharfe Dornen (s. S. 112), die eine Länge von bis zu 60 Zentimeter erreichen konnten.

43 Der in der Oberkreidezeit in Kanada lebende Dromiceiomimus hatte wie alle Ornithomimiden sehr lange, schlanke Beine, deren Schienbein jeweils um ein Fünftel länger war als der Oberschenkel – Kennzeichen eines »Sprinters«. Die Größe der Augenhöhlen könnte zeigen, dass Dromiceiomimus erst nach Einbruch der Dämmerung seiner Beute nachspürte, die wahrscheinlich aus kleinen Säugern und Echsen bestand.

43

44

44 Besucher können im Dinosaur National Monument in Utah den Wissenschaftlern bei der Arbeit zusehen, wie sie an einer riesigen Sandsteinwand fossile Dinosaurier-Knochen aus dem harten Fels stemmen, die zu Hunderten in einem wildem Knochen-Wirrwarr wie in einer »Ölsardinenbüchse« dicht an dicht gelagert sind.

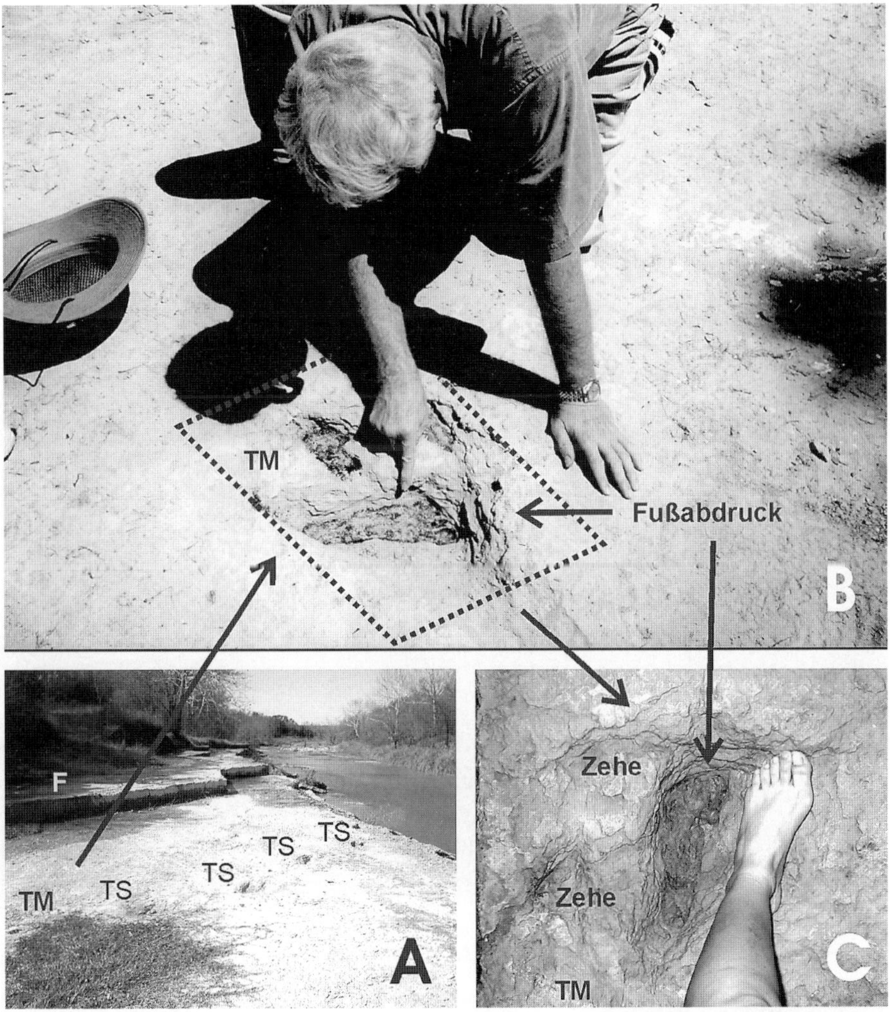

45

45 An anscheinend kuriosen Ausgrabungen kann man in Texas teilnehmen (siehe: Creation Evidence Museum, Glen Rose, Texas). Seit 1908 werden in der Nähe von Glen Rose versteinerte Spuren von Menschen und Dinosauriern freigelegt. Im Jahre 1999 wurde ein Pfad mit Trittsiegeln von einem Dinosaurier (TS) unter einer Felsschicht (F) freigelegt (Bild A). In einem Trittsiegel (TM) befand sich ein versteinerter menschlicher Fußabdruck (Bild B und C). Der Fuß von Larissa Zillmer, der Tochter des Autors, dient als Größenvergleich (Bild C). TM kann als Original im Museum besichtigt werden.

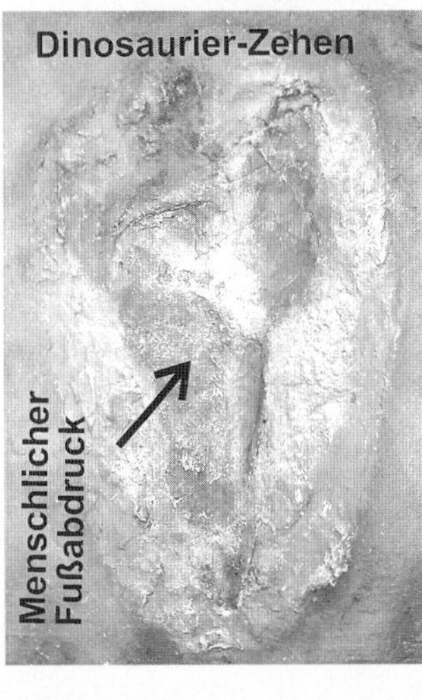

46

46 Ein anderer menschlicher Fußabdruck in einem dreizehigen Trittsiegel eines Acrocanthosaurus im Flussbett des Paluxy River. Er wurde inzwischen von Unbekannten zerstört. Ausführlich wird dieses Thema in »Darwins Irrtum« behandelt.

47 

47 Der in der Unterjurazeit lebende Dilophosaurus (s. S. 141 sowie Fotos 1 und 35) auf Beutesuche (Dinosaur State Park in Rocky Hill, Connecticut).

48 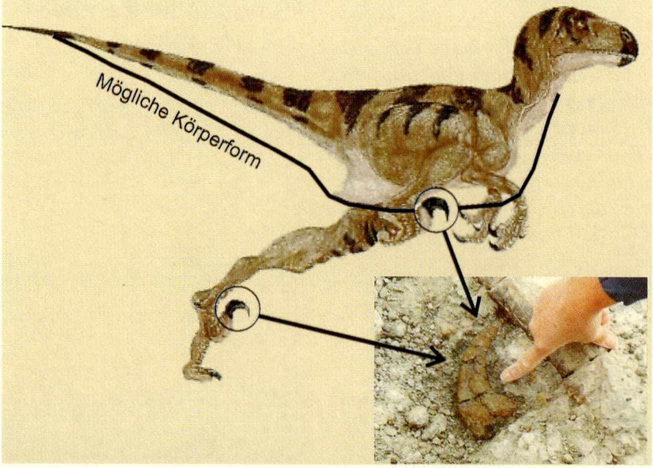

48 Die bewegliche Sichelkralle von Utahraptor wurde im Dalton Wells Dinosaur Quarry (Utah) gefunden.

49 Auf dem Weg zum Mill Canyon Dinosaur Trail (Utah) durch wildromantische Landschaft nördlich von Moab in Utah.

49

50

50 Viele Wege führen auf ungeteerten Straßen zu den Steinbrüchen mit Dinosaurier-Relikten im Westen Amerikas, hier zum Cleveland-Lloyd Dinosaur Quarry nahe Price (Utah).

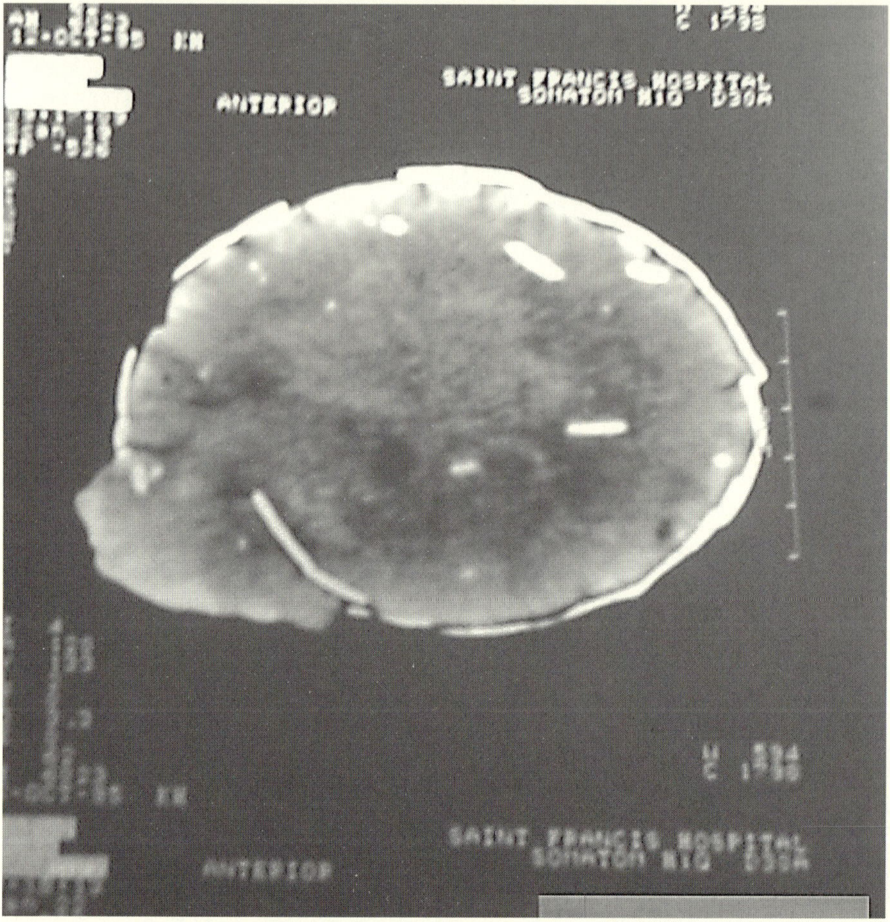

51

52

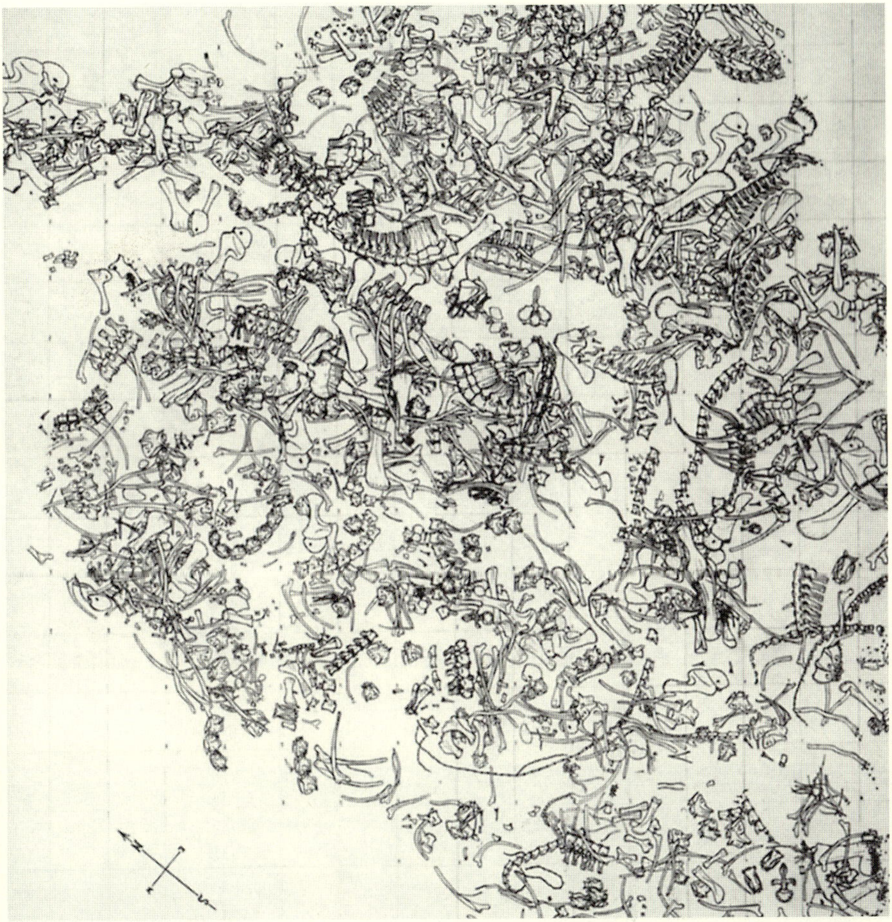

53

51 Ganze Nester mit unversehrten Eiern, manchmal zu Hunderten, werden in bestimmten Gebieten gefunden. Durch eine Computertomographie wurde das Innere eines versteinerten Dinosaurier-Eies sichtbar gemacht – ausgestellt im Dinosaur State Park (Rocky Hill, Connecticut). Der Embryo ist noch fossil erhalten. Es handelt sich demnach um das Original-Ei und nicht um eine Konkretion, also nachträgliche Ausfüllung eines durch die Verrottung des Eies geschaffenen Hohlraums in einer geologischen Formation. Kontrovers: Entsprechende Versteinerungsvorgänge müssten unter Luftabschluss erfolgt sein, da das Ei mit dem Embryo ansonsten sehr schnell verrottet wäre, auch wenn es sich etliche Meter tief im Boden befunden hätte.

52 Ein Dinosaurier-Nest. Die Eier sind konzentrisch angeordnet und versteinerten aufrecht in Originallage.

53 Der vom American Museum of Natural History vor der Bergung der Knochen erstellte Lageplan des Howe Quarry. Hier liegen Skelettreste von zwanzig Sauropoden. Die Tiere starben angeblich in einem Wasserloch (siehe Foto 40), als dieses austrocknete. Auch die Massengräber im Cleveland-Lloyd Dinosaur Quarry (nahe Price, Utah) und an anderen Fundorten sollen durch ein ähnliches Szenario entstanden sein.

54

54, 55 Liebe- und phantasievoll kolorierte Nachbildungen von Dinosauriern im George S. Eccles Dinosaur Park in Odgen (Utah): Marshosaurus (Foto 54) und Styracosaurus (Foto 55).

55

9 Fundstätten und Museeen in Nordamerika

Erläuterungen und Hinweise

Eintritt

Für Erwachsene: kein = kein Eintritt, Spende = Spende erwünscht, € = bis Euro 2,50; €€ = Euro 2,50 bis 5,00; €€€ = über Euro 5,00.

Wochentage

Mo = Montag, Di = Dienstag, Mi = Mittwoch, Do = Donnerstag, Fr = Freitag, Sa = Samstag, So = Sonntag.

Feiertage in den USA

1. Januar: New Year's Day (Neujahr); 3. Montag im Januar: Martin Luther King Day; 12. Februar: Abraham Lincoln's Birthday; 3. Montag im Februar: George Washington's Birthday; Good Friday (Karfreitag); letzter Montag im Mai: Memorial Day (Heldengedenktag); 4. Juli: Independence Day (Unabhängigkeitstag); 1. Montag im September: Labor Day (Tag der Arbeit); 2. Montag im Oktober: Columbus Day; 4. Montag im Oktober oder 11. November: Veterans' Day (Soldatengedenktag); 4. Donnerstag im November: Thanksgiving Day (Erntedankfest); 25. Dezember: Christmas (Weihnachten).
Hinweis: Feiertage in den USA werden immer gefeiert, d.h. wenn ein Feiertag auf ein Wochenende fällt, wird dieser am Montag nachgeholt. Folgende Feiertage gibt es nicht: Ostermontag, 2. Weihnachtsfeiertag und Silvester.

Telefonvorwahl

Für USA und Kanada: 001

Feiertage in Kanada

1. Januar: Neujahr; Karfreitag und Ostermontag; 1. Montag vor dem 25. Mai: Victoria Day; 1. Juli: Canada Day; 1. Montag im September: Labor Day; 2. Montag im Oktober: Thanksgiving; 11. November:

Remembrance Day; 25. Dezember: Christmas Day; 26. Dezember: Boxing Day.

Unterscheidung der Bundesländer in den USA und in Kanada im Reiseführerteil

Ländernamen ohne Angabe sind US-Bundesstaaten (z. B. Alabama), mit Angabe (Kanada) liegen in Kanada.

Symbole

 Bewertung von Fossilienstätten durch den Autor mit 1–6 Dinosauriern

 Fossilienfundstätte in der Natur

 Museum mit Dinosaurier-Ausstellung

 Nationalpark

 Möglichkeit zur Ausgrabungsteilnahme

 Vergnügungspark mit Dinosaurier-Thematik

T Insidertipp

? Mysteriöse Funde, ungeklärte Phänomene oder offene Fragen

G Fundstätte eines Massengrabs

ALASKA

University of Alaska Museum, Fairbanks

Tiere des Eiszeitalters: ein gefrorenes Mammut mit erhaltenem Gewebe und der Haut sowie ein fast komplett mumifizierter Büffel. Die hier ausgestellten neuen Funde von Dinosauriern in arktischen Breiten (»Alaskan North Slope«) in der Nähe Colville River veränderten das Bild vom Verbreitungsgebiet der Dinosaurier dramatisch. Über 30 000 Ausstellungsstücke, u. a. von Pachyrhinosaurus und Edmontosaurus. Umfangreiche geologische und kulturgeschichtliche Ausstellungen.
Besichtigungsdauer: mindestens 45 Minuten. **Öffnungszeiten:** Juli und August 9–19 Uhr, Mai und September 9–17 Uhr, Oktober bis April: wochentags 9–17 Uhr, am Wochenendende 12–17 Uhr. **Eintritt:** €€€. **Einrichtungen:** Museumsladen, Toiletten, Essmöglichkeit. **Anschrift:** 907 Yukon Drive, Fairbanks, AK 99775, P.O. Box 756960, Fairbanks AK 99775-6960. **Telefon:** (907) 474-7505. **Fax:** (907) 474-5469.
Internet: http://zorba.uafadm.alaska.edu/museum/
Anfahrtsbeschreibung: Von Fairbanks aus folgt man dem Airport Way bis zur University Avenue, auf der man bis zu Farmers Loop fährt. Links in das Universitätsgelände abbiegen und auf der Bergkuppe rechts abbiegen. Das Museum liegt am Yukon Drive, dem man ungefähr 800 Meter folgt.

Funde von Dinosauriern wurden seit 1985 überraschenderweise hier so weit nördlich entdeckt. In arktischen Breiten, in Spitzbergen und in der Antarktis fand man fossile Relikte von Dinosauriern. Im Erdmittelalter, der Ära der Echsen, gab es keine Eiszeiten.

ALBERTA (KANADA)

Calgary Zoo, Botanical Gardens and Prehistoric Park

Obwohl es sich um einen Zoo handelt, sind neben anderen prähistorischen Tieren eine Anzahl von lebensgroßen Dinosaurier-Modellen aus Beton im Prehistoric Park ausgestellt: Tyrannosaurus Rex, Triceratops, Eucentrosaurus, Ankylosaurus, Styracosaurus, Edmontosaurus, Iguanodon, Corythosaurus, Struthiosaurus, Ornitholestes, Elasmosaurus, Nothosaurus, Tanystropheus, Tylosaurus, Pteranodon, Stegosaurus, Apatosaurus, Archaeopteryx u. a.

Besichtigungsdauer: mindestens 2 Stunden. **Öffnungszeiten:** täglich von 9–17 Uhr, ganzjährig. **Eintritt:** €€€. **Einrichtungen:** Toiletten, Souvenirshop, Imbissmöglichkeit. **Anschrift:** Calgary's Zoo's Prehistoric Park, P.O. Box 3036, Station B, Calgary, Alberta, Canada T2M 4R8. **Telefon:** (403) 232-9372 oder 9300. **Fax:** (403) 237-7582.
Internet: http://www.calgaryzoo.ab.ca/
Anfahrtsbeschreibung: Der Calgary Zoo liegt auf einer Insel im Bow River am südlichen Ende von Calgary. Den Highway 2 (*Deerfoot Trail*) an der Ausfahrt Memorial Drive in westlicher Richtung verlassen. Der Zoo liegt linker Hand und der Parkplatz rechter Hand. Ein Tunnel führt vom Parkplatz unter der Straße und dem Fluss hindurch zum Museum.

Dinosaur Provincial Park, nahe Patricia

Der Dinosaur Provincial Park wurde zum Weltkulturerbe erklärt. Hier befindet sich wahrscheinlich die fossilienreichste Ausgrabungsstätte der Welt. In dem Park kann man campen und dann früh am nächsten Morgen auf Erkundungstour gehen.
Aufgebaut sind: Chasmosaurus, Albertosaurus und andere Entenschnabel-Dinosaurier. Auch das Modell eines Styracosaurus ist vorhanden. Interessant ist auch ein Laboratorium, wo man beim Präparieren der Fossilien zusehen kann.
Entenschnabel-Dinosaurier (Corythosaurus) und andere Saurier der Familie Ceratopsidae sind in situ (original an Ort und Stelle) im Park zu finden. Es werden verschiedene Besichtigungsrouten angeboten, u. a. der Prairie-Trail, der Coulee Viewpoint Trail, der Badlands Trail, der Cottonwood Flats Trail und der Trail of the Fossil Hunters. Informationen und Karten für Bustouren beim Museum: Telefon (403) 378-4344.
Besichtigungsdauer: zwischen 3 Stunden und mehr als einem Tag, siehe Insidertipp. **Öffnungszeiten:** Von Mitte Mai bis Anfang September täglich von 8.30–16 Uhr, von Anfang September bis Mitte Mai täglich von 9–16 Uhr, geschlossen am Wochenende und an Feiertagen. **Eintritt:** €. **Einrichtungen:** Toiletten, Souvenirshop. **Anschrift:** Dinosaur Provincial Park-World Heritage Center, P.O. Box 60, Patricia, Alberta, Canada T0J 2K0. **Telefon:** (403) 378-4342. **Fax:** (403) 378-4247.
Internet: http://www.gov.ab.ca/env/parks/prov_parks/dinosaur/
Anfahrtsbeschreibung: Der Park liegt 100 Meilen östlich von Calgary. Vom Highway 1 oder 884 auf den Highway 544 nach Patricia fahren. In der Stadt nordöstlich fahren und den Hinweisschildern folgen.

Weitere Ziele: *Royal Tyrrell Museum of Palaeontology, Drumheller Prehistoric Park.*

Da es sehr viel zu sehen gibt, sollten Dinosaurier-Fans für den Besuch des *Dinosaurier Provincial Park*, der Stadt Drumheller und dem *Royal Tyrrell Museum of Palaeontology* mindestens zwei bis drei Tage einplanen. Auch die *John Ware Historic Cabin* lohnt einen Besuch.

The Royal Tyrrell Museum, nahe Drumheller

Die paläontologische Kollektion des Royal Tyrrell Museum gehört zu den besten und umfangreichsten der ganzen Welt und wird sehr ansprechend präsentiert. In der Umgebung des Museum – den Badlands entlang dem Red Deer River – wurden und werden immer noch sehr viele Fossilien gefunden.

Insgesamt sind 35 komplett aufgebaute Dinosaurier-Skelette ausgestellt, u. a. Tyrannosaurus Rex, Triceratops, Albertosaurus, Centrosaurus, Eucentrosaurus, Coelophysis, Corythosaurus, Dromaeosaurus, Hadrosaurus, Hypacrosaurus, Lambeosaurus, Ornitholestes, Saurornitholestes, Dilophosaurus, Camarasaurus, Stegosaurus, Camptosaurus. Außerdem: Dimetrodon, Ichthysaurus, Plesiosaurus, Mosasaurus.

Displays über Evolution, Fossilation und Biomechanik, aber auch interaktive Computerprogramme und Wandgemälde erläutern die Lebensverhältnisse im Erdmittelalter. Über 110 verschiedene Pflanzen sind im »Indoor Garden« ausgestellt. Das Museum besitzt eine Außenstelle im *Dinosaur Provincial Park.*

In den Sommermonaten kann man von Juni bis September an bestimmten Termin an Ausgrabungen im *Dinosaur Provincial Park* in der Nähe des Museums teilnehmen, die im Juni und Juli sogar täglich durchgeführt werden. Die Aktivitäten dauern ungefähr von 9.00 bis 16.00 Uhr. Die Kapazität ist auf zwölf Teilnehmer täglich begrenzt. Deshalb sind die Termine oft ausgebucht. Wer Zeit hat, kann sich allerdings auch längerfristig als Helfer verpflichten. Kinder unter zehn Jahren dürfen nicht teilnehmen. An dieser Stätte wurden bereits 350 Fossilien aus der Kreidezeit gefunden, insbesondere Hadrosaurier und Albertosaurus.

In Drumheller wurde der größte Tyrannosaurus Rex im Oktober 2000 errichtet. Man kann in dem Sauriermodell bis in das Maul hinauf steigen und von der Aussichtsplattform das »Tal der Dinosaurier« überblicken.

Besichtigungsdauer: mindestens 5 Stunden. **Öffnungszeiten:** 9. Oktober bis 18. Mai: Di–Sa 10–17 Uhr, vom 19. Mai bis 3. September: Mo–Sa 9–19 Uhr, vom 4. September bis 8. Oktober: Mo–Sa 10–17 Uhr, generell geschlossen an den Feiertagen. **Eintritt:** €€€, Familienkarte. **Einrichtungen:** Toiletten, Souvenirshop, Imbissmöglichkeit. **Anschrift:** Box 7500, Drumheller, Alberta, Canada TOJ OYO. **Telefon:** (403) 823-7707. **Fax:** (403) 823-7131.
Internet: http://www.tyrrellmuseum.com/
Anfahrtsbeschreibung: Drumheller liegt ungefähr 144 Kilometer nordöstlich von Calgary. Den Highway 1 bis zum Highway 9 North fahren, der nach Drumheller führt. Das Museum liegt am Dinosaur Trail (Highway 838) ungefähr 4 Meilen nordwestlich von Drumheller nahe Munson, nördlich vom Red Deer River.
Weitere Ziele: *Dinosaur Provincial Park*, Drumheller (*Atlas Coal Mine*).

Das Royal Tyrrell Museum ist an Ausgrabungen in Argentinien beteiligt. Für dieses Abenteuer werden Helfer gesucht. Nähere Informationen erteilt das Museum. Die Ausgrabungen finden in der Nähe der ersten Funde von Giganotosaurus und Argentinosaurus statt. Man hofft, neue Dinosaurier-Spezies zu entdecken.

Auch diese Ausgrabungsstätte wird wie die meisten anderen Dinosaurier-Fundstätten als Friedhof (Massengrab?) bezeichnet.

ARIZONA

Dinosaur Tracksite, Tuba City

Versteinerte jurassische Dinosaurier-Spuren. Es gibt zwei Größen von dreizehigen Abdrücken. Von vielen Besuchern unerkannt liegen viele Koprolithen (Dinosaurier-Kot) lose auf der Erdoberfläche (!) – teilweise zerbrochen – neben den Dinosaurier-Spuren. Zu sehen sind auch fossile Knochen, die neben Trittsiegeln und Koprolithen in der massiven Felsplatte eingeschweißt sind (siehe Abb.).
Besichtigungsdauer: mindestens 25 Minuten. **Öffnungszeiten:** immer offen. **Eintritt:** frei, eventuell Trinkgeld für Navajo-Führer. **Einrichtungen:** keine.
Anfahrtsbeschreibung: Ungefähr 65 Meilen nördlich von Flagstaff liegt Tuba City. Die Spuren befinden sich 5 Meilen westlich an der Nordseite des Highway 160. Ein Hinweisschild weist auf den nur wenige Meter neben der Straße liegenden Fundort hin.

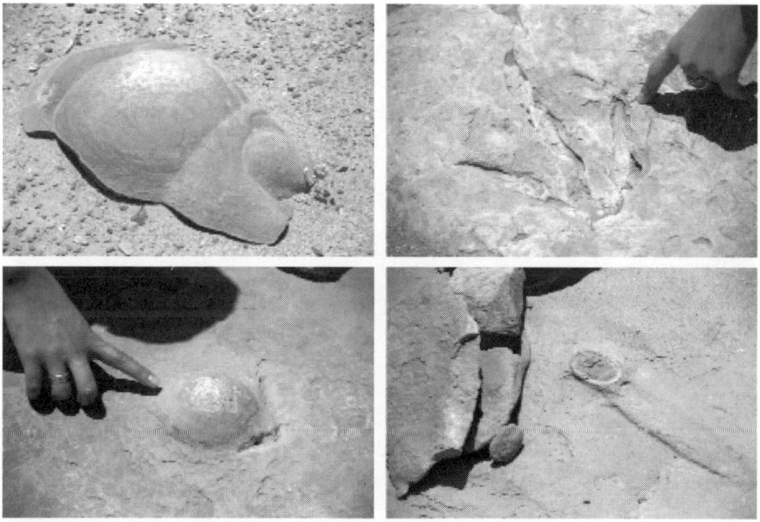

Einen einheimischen Führer nehmen, denn dieses Land gehört den Navajos. In der Nähe befinden sich weitere Fundorte von Spuren, die nur die Einheimischen kennen.

Den Navajo-Führer fragen, ob Navajos und Dinosaurier gemeinsam, gleichzeitig lebten.

Mesa Southwest Museum, Mesa

Am 27. Mai 2000 wurde eine neue große Ausstellung mit über 3 500 m^2 eröffnet. Die Attraktion ist ein in der Eingangshalle eindrucksvoll aufgebautes Skelett eines Tyrannosaurus Rex. Seit der Erweiterung des Museums ist der Besuch Pflicht für jeden Dinosaurier-Fan, der nach Arizona kommt. Interessant ist auch die Ausstellung über Meteoriten und Mineralien. Zu sehen sind auch versteinerte Fußabdrücke und animierte Dinosauriermodelle. Neue Attraktionen sind auch ein 15 Meter hoher Wasserfall, der drei Stockwerke hohe *Dinosaur Mountain* (Dinosaurier-Berg) sowie die neuesten Funde aus Arizona.

Besichtigungsdauer: mindestens 80 Minuten. **Öffnungszeiten:** Di–Sa 10–17 Uhr, So 13–17 Uhr, montags geschlossen. **Eintritt:** €€€. **Einrichtungen:** Toiletten, Souvenirshop. **Anschrift:** 53 N. MacDonald Street, Mesa, AZ 85201. **Telefon:** (780) 644-2230.
Internet: http://www.ci.mesa.az.us/parksrec/msm/msmdefault.htm

Anfahrtsbeschreibung: Mesa liegt im südwestlichen Bereich von Phoenix. Von der I-10 aus (Abfahrt »Superstition Freeway«) ostwärts fahren. Vom Freeway die Abfahrt Country Club nehmen und links abbiegen. Der Main Street folgen und rechts abbiegen. Schließlich links in die MacDonald Street abbiegen und parken. Das Museum befindet sich einen Block entfernt.

Informativ sind die Modelle der Fossilienfundstätten in Arizona.

Beachtenswert sind die Korallenfunde, denn deren Existenz setzt eine Mindestwassertemperatur von 20 Grad Celsius voraus.

Museum of Northern Arizona, Flagstaff

In der kürzlich umgebauten geologischen Abteilung sind bevorzugt Funde von Dinosauriern, Reptilien und Amphibien ausgestellt, die im Südwesten der USA gefunden wurden: Coelophysis (Schädel, Becken), Desmatosuchus (Dornfortsatz der Schulter), Metopsaurus (Schädel), Phytosaurier (Schädel), Dilophosaurus (Replikat), Scutellosaurus, Ornithomimus (Fuß), Pentaceratops, Kritosaurus.
Außerdem ist eine umfangreiche Fossiliensammlung vom Ende der Erdfrühzeit bis zur Erdneuzeit vorhanden. In der geologischen Dauerausstellung wird die vulkanische Vergangenheit des Colorado-Plateaus durch die vergangenen Jahrmillionen der Erdgeschichte dokumentiert. Flagstaffs schöne San Francisco Peaks sind in Wirklichkeit schlafende Vulkane.
Besichtigungsdauer: mindestens 50 Minuten. **Öffnungszeiten:** täglich 9–17 Uhr, geschlossen: Ostern, Thanksgiving, 24. Dezember und Neujahr. **Eintritt:** €€€. **Einrichtungen:** Toiletten, Souvenirshop. **Anschrift:** 3101 N. Fort Valley Rd., Flagstaff, AZ 86001. **Telefon:** (520) 774-5213. **Fax:** (520) 779-1527.
Internet: http://www.musnaz.org
Anfahrtsbeschreibung: Das Museum befindet sich 3 Meilen nördlich der Stadtmitte von Flagstaff an der U.S. 180 (Fort Valley Road).

Man beachte den Abdruck einer Palmwedel aus der Kreidezeit. Zu Lebzeiten der Dinosaurier war das heutige Wüstengebiet eine blühende tropische Landschaft mit viel Wasser, Seen und Sümpfen. Die vielfältige Tierwelt im Erdmittelalter könnte unter den heutzutage hier herrschenden Bedingungen nicht gelebt haben.

Die anthropologische Ausstellung wurde für die umfassende Dokumentation der Urbevölkerung des Colorado Plateaus (u. a. Hopi, Navajo, Zuni) der vergangenen 12 000 Jahre ausgezeichnet.

COLORADO

Denver Museum of Natural History, Denver

Am 21. Oktober 1995 wurde die 7,7 Millionen US-Dollar teure neue Ausstellung *Prehistoric Journey* auf über 1 500 m^2 eröffnet. Insgesamt wird ein umfassender prähistorischer Überblick seit dem Beginn des Lebens vermittelt. Diese Zeitreise gibt einen Überblick über Fossilien, die in Colorado, den Rocky Mountains und anderen Teilen der Welt gefunden wurden. Mehrere Dinosaurier-Skelette sind aufgebaut, u. a. Tyrannosaurus Rex, Diplodocus, Stegosaurus, Coelophysis und Edmontosaurus. Außerdem sind zwei Plesiosaurier und ein Mosasaurier zu bewundern. Im Jahre 1999 entdeckte ein Museumsteam unter Leitung von D. Keneth Carpenter einen neue Dinosaurier-Spezies nördlich des *Arches National Monument*: *Cedarosaurus weiskopfae*.
Museumsbesucher können den Präparatoren bei der Arbeit im Labor durch eine Fensterscheibe zusehen. Eine spezielle Videokamera überträgt auch feinste Details der in Präparation befindlichen Fossilien auf einen Bildschirm. Die Präparatoren wirken bei der filigranen Arbeit oft wie bewegungslose Puppen.

Praktisch Interessierte können sich als freiwillige Helfer für das Präparieren von Fossilien bewerben oder auch bei den vom Museum veranstalteten Ausgrabungen (*Cedar Mountain Dinosaur Projekt*) mitarbeiten.

Besichtigungsdauer: mindestens 3 Stunden. **Öffnungszeiten:** Winter (Labor Day bis zum Tag vor Memorial Day): täglich 9–17 Uhr, geschlossen 24. und 25. 12, Sommer (Memorial Day bis Labor Day): Mo–Di 9–19 Uhr, Mi–So 9–17 Uhr. **Eintritt:** €€€. **Einrichtungen:** Toiletten, Museumsladen, Buchladen. **Anschrift:** 2001 Colorado Boulevard, Denver, Colorado 80205. **Telefon:** (303) 322-7009 und 800-925-2250.
Internet: http://www.dmnh.org
Anfahrtsbeschreibung: Von der I-70 in den Colorado Boulevard Richtung Süden und nach der 22nd Street in die Montview nach rechts abbiegen. Oder von der I-25 den Colorado Boulevard in nördlicher Richtung folgen und nach der 19th Street in die Montview abbiegen. Das Museum befindet sich westlich des Colorado Boulevard nahe der 21st Street.

Das besuchenswerte Planetarium (*Space Science*) des Museums mit vielen Attraktionen wird Anfang 2002 neu gestaltet und erweitert. Empfehlenswert ist auch ein Besuch des IMAX-Filmtheaters.

Dinosaur Hill, nahe Grand Junction

Ein eine Meile langer Rundweg führt entlang der früheren Ausgrabungsstätten. Hier wurden 1901 fossile Relikte eines Apatosaurus – vormals Brontosaurus genannt – von Elmer S. Riggs vom Field Museum in Chicago gefunden. Man kann auch den Abdruck des Oberschenkelknochens eines Diplodocus sehen.

Besichtigungsdauer: mindestens 45 Minuten. **Öffnungszeiten:** immer offen. **Eintritt:** frei. **Einrichtungen:** keine. **Anschrift:** über *Dinosaur Valley Museum.*

Internet: http://www.mwc.mus.co.us/dinosaurs/dinohill.htm

Anfahrtsbeschreibung: *Dinosaur Hill* liegt fünf Meilen westlich von Grand Junction entfernt. Von der I-70 (Ausfahrt 19, Fruita) fährt man vorbei am *Colorado Welcome Center* – mit Informationen über Colorado – auf der Route 340. Nachdem man den Colorado River überquert hat, liegt *Dinosaur Hill* auf der rechten – östlichen – Seite.

T Es gibt Informationsmaterial und Markierungen, siehe Kasten am Parkplatz. Im Sommer ist es sehr heiß.

Weitere Ziele: *Riggs Hill, Rabbit Valley, Devils Canyn* und *Dinosaur Valley Museum.*

Dinosaur Ridge, nahe Morrison

Direkt neben der Straße liegt dieser hervorragend ausgeschilderte *Dinosaur-Freeway* mit geologischen und prähistorischen Highlights. Neben zwei authentischen, 100 Millionen Jahre alten, unterschiedlichen Dinosaurierspuren als plastische Form sind fossile Knochen im massiven Sandstein (Dakota Group) eingeschlossen. Eindrucksvoll ist eine große Felsplatte mit vielen unterschiedlichen Pfaden verschiedener Dinosaurier-Abdrücken, die besonders gut im Morgenlicht zu sehen sind. Bemerkenswert sind die großen vogelartigen Trittsiegel (siehe Foto 34). Sehr eindrucksvoll ist eine Konkretion – eine natürlich entstandene Kugel aus Sandstein – mitten in massivem Sandstein.

Besichtigungsdauer: mindestens 30 Minuten. **Öffnungszeiten:** immer zugänglich. **Eintritt:** frei. **Einrichtungen:** keine. **Anschrift:** Friends of Dinosaur Ridge, Morrison Natural History Museum, P.O. Box 564, Morrison, CO 80465. **Telefon:** (303) 697-1873.

Anfahrtsbeschreibung: Dinosaur Ridge liegt 2 Meilen nördlich von Morrison und 2,5 Meilen südlich von Golden. Auf der I-70 die Ausfahrt Hog Back-Vernon State Route 26 in südlicher Richtung (Morrison) nehmen. Nach einer Meile befindet sich Dinosaur Ridge auf der linken Seite.

Weiteres Ziel: *Denver Museum of Natural History.*

Dieser Dinosaur Freeway verläuft um den Berg herum, besteht also aus zwei getrennten Bereichen. Die Dinosaurier-Spuren auf der Felsplatte im hinteren Teil sind besonders gut morgens zu fotografieren, der vordere Teil des Dinosaur Ridge besser am späten Nachmittag.

Diese Dinosaurier-Spuren befinden sich am Rande eines prähistorischen Sees. Die Abdrücke wurden im damals weichen Matsch, heute solider Sandstein, hinterlassen. Wie schnell erhärtete der damalige Matsch zu solidem Fels, die nicht erodierten Spuren beinhaltend?

Dinosaur Valley Museum, Grand Junction

Dieses Museum ist mehr ein paläontologisches Laboratorium in Betrieb, das wichtige Fossilien aus dem westlichen Teil Colorados und östlichem Bereich Utahs ausstellt. Man kann Dinosaurier-Skelette in *Todespose* studieren, so wie sie gefunden wurden. Ausgestellt sind aufgebaute Skelette eines Allosaurus und Camptosaurus. Außerdem: Armknochen und Schädel eines halb erwachsenen Camarasaurus, der Schädel eines Ceratopsian, rekonstruierte Teile eines Tyrannosaurus Rex (Kopf und Bein) in Lebensgröße mit Muskeln und Haut, so wie man sich Dinosaurier heutzutage vorstellt, und versteinerte Spuren. Verschiedene animierte Dinosaurier-Roboter (Triceratops, Stegosaurus, Apatosaurus, Iguanodon und Pachycephalosaurus) in halber Originalgröße veranschaulichen den Stand der Dinosaurierforschung. Das Museum soll demnächst erweitert werden bzw. ein neues Gebäude kommen.
Im *Kids Quarry* kann man in einer Ecke des Museums *echte* Dinosaurier-Knochen eines Sauropoden ausgraben.

Von Juni bis Ende August bietet das Museum dienstags und donnerstags die Möglichkeit an, an einer eintägigen Exkursion teilzunehmen. Vormittags wird eine aktuelle Ausgrabungsstätte besichtigt, bei der man selbst Hand anlegen kann. Nachmittags wird das Museum besucht. Dabei erfährt man bei einer Tour hinter die Kulissen des Museums etwas über die Art und Weise des Präparierens von Fossilien. Kinder unter 16 Jahren können nur in Begleitung der Eltern teilnehmen.

Es gibt auch die Möglichkeit eines intensiveren Studiums der Ausgrabungsmethoden. Bei einer fünftägigen Expedition lebt man zusammen mit den Ausgräbern in einem Zelt an der Ausgrabungsstätte und hilft bei allen anfallenden Arbeiten. Achtung: Morgens ist es auf dem Colorado Plateau kühl (Jacke) und tagsüber sehr heiß. Anmeldungen gebührenfrei in

Amerika unter 1-888-488-DINO oder 970-241-0971 ext. 222. Bezahlung mit Kreditkarte (MasterCard oder Visa) möglich. Mehr Informationen im **Internet:** www.dinodig.org

Besichtigungsdauer: mindestens 80 Minuten. **Öffnungszeiten:** von April bis September: Mo–Sa 9–17 Uhr, So 9–16 Uhr, von Oktober bis März: Di–Sa 10–16 Uhr, So–Mo geschlossen. **Eintritt:** €€€, Familienkarte. **Einrichtungen:** Toiletten, Museumsladen. **Anschrift:** Dinosaur 362 Main Street, Grand Junction, Colorado 81501. **Telefon:** (970) 245-7695.

Internet: http://www.mwc.mus.co.us/dinosaurs/

Anfahrtsbeschreibung: Auf der I-70 aus östlicher Richtung kommend nimmt man die Ausfahrt 31, aus westliche Richtung Ausfahrt 26. Das Museum befindet sich mitten in der Stadt an der Hauptstraße Ecke 4th Street.

Weitere Ziele: Besuch der in der Nähe liegenden Ausgrabungsstätten *Dinosaur Hill*, *Riggs Hill* und *Rabbit Valley*.

Die ausgestellte Versteinerung eines Palmwedels bezeugt, dass es zu Lebzeiten der Dinosaurier in dieser heute kargen, wüstenhaften Gegend genügend Wasser bei tropischem Klima gab. Die Ausstellung *The Green River Formation* gibt Informationen über urzeitliche Seen im östlichen Utah und südwestlichen Wyoming. Es wird u. a. ein Sandsteinblock ausgestellt, indem 520 Frischwasser-Heringe mit Haut, Augen und Flossen versteinert sind, dicht an dicht wie Ölsardinen in einer Büchse.

Rabbit Valley Research Natural Area and Trail Through Time, nahe Grand Junction

Der *Rabbit Valley Trail Through Time* besteht aus einem 1,5 Meilen langen bergigen Rundwanderweg. Verschiedene Punkte sind durch Hinweisschilder markiert und erklärt, u. a. naturbelassene Knochen eines Camarasaurus und Diplodocus in massivem Sandstein. Im Sommer ist es sehr heiß. Deshalb sollte man genügend Trinkwasser mitnehmen.

Besichtigungsdauer: mindestens 70 Minuten. **Öffnungszeiten:** immer. **Eintritt:** frei. **Einrichtungen:** keine. **Anschrift:** über *Dinosaur Valley Museum*, oder *The Bureau of Land Management*, 2815 H Road, Grand Junction, Colorado 81506. **Telefon:** (970) 244-3000.

Internet: http://www.mwc.mus.co.us/dinosaurs/trail.htm

Anfahrtsbeschreibung: Von Grand Junction 30 Meilen westlich (zwei Meilen östlich der Grenze zu Utah) auf der I-70 die Ausfahrt »Rabbit Valley« (Ausfahrt 2) nehmen. Der *Trail Through Time* befindet sich nördlich der I-70 in 150 Meter Entfernung.

Weitere Ziele: Besuch der in der Nähe liegenden Ausgrabungsstätten *Riggs Hill, Dinosaur Hill, Dinosaur Valley Devils Canyon, Museum* und *Fruita Natural History Center.*

Vom 1. Juni bis 30. September wird Montags und Dienstag von 9.00 bis 16.00 Uhr der Stand der laufenden Ausgrabungsarbeiten von einem Mitarbeiter erklärt.

University of Colorado Museum, Boulder

Dieses Museum gehört zu den zehn größten naturhistorischen Museen der USA. Da der Dinosaurier-Experte Dr. Robert T. Bakker hier einst arbeitete, ist auch eine gute Ausstellung über Dinosaurier aus dem Raum Colorado und dem gesamten Südwesten vorhanden, die auch prähistorische Meeresreptilien umfasst.

Besichtigungsdauer: mindestens 30 Minuten. **Eintritt:** Spende. **Öffnungszeiten:** Mo–Fr 9–17 Uhr, Sa 9–16 Uhr, So 10–16 Uhr. **Einrichtungen:** Toiletten, Souvenirshop. **Anschrift:** University of Colorado, Hunter Science Building, Campus Box 315, University of Colorado, Boulder, CO 80309-0315. **Telefon:** (303) 492-6892, (303) 492-8069.
Internet: http://www.colorado.edu/CUMUSEUM/research/index.html
Anfahrtsbeschreibung: Von Denver dem Highway 36 nordwärts bis zur Baseline folgen und in diese nach links in westliche Richtung abbiegen. In die 15th Street rechts abbiegen. Das Museum befindet sich gegenüber der Kreuzung 15th Street und Broadway.
Von Norden kommend die 119 bis zur 28th Street nehmen. Der 28th Street bis zur Baseline folgen und in diese nach rechts in westliche Richtung abbiegen. Dann in die 15th Street rechts abbiegen. Das Museum befindet sich gegenüber der Kreuzung 15th Street und Broadway.

Das *Fiske Planetarium* der Universität – eines der besten der ganzen Welt – mit der Ausstellung über Astronomie besuchen. Im Theater finden 210 Leute Platz, es ist damit das größte zwischen Chicago und Los Angeles.

CONNECTICUT

Dinosaur State Park, Rocky Hill

In diesem 1968 eröffneten Park wurden 2 000 versteinerte dreizehige Abdrücke von Dinosauriern – ähnlich der Größe eines Dilophosaurus – entdeckt, die hier vor 200 Millionen Jahren lebten. 500 Abdrücke sind

durch den *Exhibit Center's Geodesic Dome* (Museum) geschützt und können *in situ* bewundert werden. Außerdem gibt es einen Naturlehrpfad, Rekonstruktionen geologischer Formationen, interaktive Displays, lebensgroße Diarahmen der Tier- und Pflanzenwelt des Jura und der Trias, lebensgroße Modelle von Dilophosaurus und Coelophysis.
Besichtigungsdauer: mindestens 60 Minuten. **Öffnungszeiten:** Di–Sa 9.00–16.30 Uhr, geschlossen montags, Thanksgiving, Weihnachten, Neujahrstag. **Eintritt:** €€. **Einrichtungen:** Toiletten, Souvenirshop, Buchladen. **Anschrift:** 400 West Street, Rocky Hill, CT 06067-3506. **Telefon:** (860) 529-8423.
Internet: http://www.dinosaurstatepark.org/
Anfahrtsbeschreibung: Der Park liegt eine Meile östlich der Abfahrt 23 (West Street) von der I-91, wenige Meilen südlich von Hartford (Connecticut).

Es wurden versteinerte große vierzehige Spuren entdeckt, mit klar zu sehenden Hautabdrücken. Welche Prozesse laufen ab, damit solche feinen Details während des langsamen Versteinerungsprozesses erhalten bleiben?

Wer einen echten selbst angefertigten Abguss eines Dinosaurier-Abdrucks haben möchte, kann dies vom 1. Mai bis 31. Oktober zwischen 9.00 und 15.30 Uhr machen. Der Besucher muss normales Speiseöl, Tuchlappen, einen Plastikeimer (20 Liter) und 10 Pfund Gips mitbringen. Der Park stellt einen Metallring und das erforderliche Wasser. Die ganze Prozedur dauert 30–45 Minuten.

Peabody Museum of Natural History, New Haven

Das Museum wurde 1860 als Stiftung von George Peabody, einem Onkel von O. C. Marsh, gebaut. Es war Hauptquartier im *Cope-Marsh Bone War* (Knochenkrieg, siehe *Garden Park Fossil Area*). Die Kollektion des Peabody Museums stellt das Vermächtnis dieses *Krieges* dar.
Das erste jemals aufgebaute Skelett eines Brontosauriers (heutige Bezeichnung: Apatosaurier) ist hier immer noch zu sehen, immerhin ca. 20 Meter lang. In der großen Eingangshalle sind außerdem ausgestellt: Stegosaurus, Camptosaurus, Anatosaurus, Triceratops, Tyrannosaurus Rex, Centrosaurus, Chasmosaurus, Torosaurus sowie das Modell eines Deinonychus.
Dieses Museum zeichnet sich durch eine umfassende naturhistorische Kollektion aus. Das 33 Meter lange Gemälde von Rudolph F. Zallinger interpretiert das Zeitalter der Reptilien. Außerdem gibt es elf Dioramen, aber auch interessante Ausstellungen über Mineralien, Meteoriten, Primaten, Säugetiere und fossile Pflanzen.

Besichtigungsdauer: mindestens 90 Minuten. **Öffnungszeiten:** Mo–Sa 10–17 Uhr, So 12–17 Uhr, geschlossen Neujahrstag, Ostersonntag, Independence Day, Labor Day, Thanksgiving Day, Weihnachtsabend, erster Weihnachtstag. **Eintritt:** €€€. **Einrichtungen:** Toiletten, Souvenirshop, Imbissmöglichkeit. **Anschrift:** Peabody Museum of Natural History Yale University, P.O. Box 208118, 170 Whitney Avenue, New Haven, CT 06520-8118. **Telefon:** (203) 432-5050.
Internet: http://www.peabody.yale.edu/

Wissenschaftler des Museums entzündeten heftige Kontroversen in Bezug auf das Bild von den Dinosauriern. Im August 1964 entdeckte John Ostrom die fossilen Relikte eines Deinonychus nahe der Kleinstadt Bridger in Montana. Die Untersuchungen ergaben, dass der Schwanz hoch und steif gehalten wurde. Die noch immer allgemein vertretene Ansicht, dass Dinosaurier ihren Schwanz wie Reptilien hinter sich herschleifen, erwies sich als falsch.

FLORIDA

Dinosaur World, Plant City

In diesem Park sind über 150 lebensgroße Dinosauriermodelle in einem subtropischen Dschungel aufgestellt. Allein im Sommer des Jahres 2001 wurden 60 neue Dinosaurier ergänzt.
Besichtigungsdauer: mindestens 3 Stunden. **Öffnungszeiten:** ab 9 Uhr. **Eintritt:** €€€, freies Parken. **Einrichtungen:** Toiletten, Souvenirshop. **Anschrift:** Dinosaur World, Inc., 5145 Harvey Tew Road, Plant City, FL 33565. **Telefon:** (813) 717-9865.
Internet: http://www.dinoworld.net/
Anfahrtsbeschreibung: Dinosaur World liegt direkt an der I-4 zwischen Orlando und Tampa, Exit 10.

GEORGIA

Fernbank Museum of National History, Atlanta

In der großen Eingangshalle präsentiert das Fernbank Museum eindrucksvoll und als Weltneuheit einen komplett aufgebauten pflan-

zenfressenden Argentinosaurus: 33 Meter lang. Das drei Stockwerke hohe Tier beschützt ein Nest mit Eiern gegen einen großen fleischfressenden Giganotosaurus, der eine Länge von 15 Metern besitzt.
Besichtigungsdauer: mindestens 30 Minuten. **Öffnungszeiten:** Mo–Sa 10–17 Uhr, So 12–17 Uhr. **Eintritt:** €€€. **Einrichtungen:** Toiletten, Souvenirshop, Imbissmöglichkeit. **Anschrift:** 767 Clifton Road, N.E., Atlanta, GA 30307-1221. **Telefon:** (404) 370-0960.
Internet: http://robin.fernbank.edu/museum/index.html
Anfahrtsbeschreibung: Auf der I-75/I-85/GA400 kommend, zur Innenstadt Atlantas fahren und nach der Ausfahrt 248 C den Freedom Parkway (Gate 10 East) bis zur Ponce de Leon Avenue nehmen und rechts abbiegen. 1,7 Meilen bis zur Clifton Road fahren und links abbiegen. Nach einer Meile erreicht man das Museum, rechts abbiegen.

T Die Ausstellung *A Walk Through Time in Georgia* (eine Zeitreise in Georgia) ansehen. Für Kinder wurden die *Childrens Discovery Rooms* eingerichtet. Interaktive Spiele sollen die Konzepte der Natur (Wälder, Sümpfe, Höhlen) verständlich machen.

ILLINOIS

Field Museum of Natural History, Chicago

Am 17. Mai 2000 fand der 67 Millionen Jahre alte Tyrannosaurus Rex, liebevoll »Sue« genannt, seine Heimat im *Field Museum*. Bei den im Jahre 1990 in den Badlands von South Dakota gefundenen fossilen Relikten handelt sich um das größte, kompletteste (über 200 Knochen) und besterhaltene Skelett dieser Art.
Neben marinen Reptilien aus der Trias und vielen Amphibien – insbesondere *Mississippian Amphibians* aus Iowa – sind zahlreiche fossile Relikte und Dinosaurier-Skelette zu bewundern: Albertosaurus, Apatosaurus (früher Brontosaurier genannt), Brachiosaurus, Diplodocus, Lambeosaurus, neue Relikte des Cryolophosaurus (aus der Antarktis), Pteranodon, Nyctosaurus und andere.
Auch die Fossiliensammlung der Säugetiere ist sehr umfangreich. Insgesamt erhält man einen umfassenden Überblick über die Vielfalt des prähistorischen Lebens.

Das Museum organisiert Expeditionen zum (siehe) *Egg Mountain* (Montana) und eine drei Wochen dauernde Ausgrabungsteilnahme in

Zusammenarbeit mit dem (siehe) *Old Trail Museum* (Montana). Internet: http://www.projectexploration.org/jp2000.htm
Besichtigungsdauer: mindestens 4 Stunden/insgesamt ein Tag. **Öffnungszeiten:** täglich 9–17 Uhr, vom 22. Mai bis 4. September 8–17 Uhr, geschlossen 1. Weihnachtstag und Neujahrstag. **Eintritt:** €€€. **Einrichtungen:** Toiletten, Museumsladen, Imbissmöglichkeit. **Anschrift:** 1400 S. Lake Shore Dr, Chicago, IL 60605-2496. **Telefon:** (312) 922 9410.
Internet: http://www.fmnh.org/
Anfahrtsbeschreibung: Das Field Museum liegt am Rand der Stadtmitte direkt am Lake Michigan im Grant Park, in der Nähe des Soldier Field. Von der I-90/I-94 kommend, auf den W. Congress Parkway abbiegen und bis zum Ende fahren. Dann rechts in die Columbus Street abbiegen. Man fährt direkt auf das Museum zu. Oder von der I-90/I-94 auf die U.S. 55 Richtung Soldier Field bis zum Ende fahren. Das Museum liegt linker Hand.

? Sue war ein altes Tier und hatte gebrochene Rippen. Die Brüche entstanden teils zu Lebzeiten des Tyrannosaurus Rex, teils nach dem Tod. Die Relikte des Cryolophosaurus und auch anderer Dinosaurier aus der Antarktis zeigen, dass es im Erdmittelalter anscheinend kein Eis am Südpol gab, in dessen unmittelbarer Nähe man auch einen Dinosaurier fand.

KALIFORNIEN

Museum of Palaeontology, Berkeley

Es gibt eine umfangreiche Ausstellung über Paläontologie. In voller Größe aufgebaut ist das Skelett eines Tyrannosaurus Rex im Erdgeschoss und eines Pteranodon im Obergeschoss. Außerdem sind die Schädel eines Triceratops, Edmontosaurus und Parasaurolophus ausgestellt. Weitere Ausstellungsstücke: Archaeopteryx (Deutschland), Heterodontus (Südafrika), jugendlicher Maiasaura (Montana) und Campylognathoides (Pterosaur aus dem frühen Jura, Deutschland). Auch Meeresreptilien (Plesiosaur, Ichthyosaur, Mosasaur, Tylosaurus) sind vorhanden.
Besichtigungsdauer: mindestens 45 Minuten. **Öffnungszeiten:** Mo–Do 8–22 Uhr, Fr 8–17 Uhr, Sa 10–17 Uhr, So 13–22 Uhr. Geschlossen Martin Luther King Day, Presidents' Day, Memorial Day, Labor Day, Thanksgiving, Christmas, New Year's Day. **Eintritt:** frei. **Einrichtungen:** Toiletten, Souvenirshop, Imbissmöglichkeit. **Anschrift:** Museum of Paleontology, University of California, 1101 Valley Life Sciences Building, Berkeley, CA 94720-4780. **Telefon:** (510) 642-1821. **Fax:** (510) 642-1822.
Internet: http://www.ucmp.berkeley.edu/

Anfahrtsbeschreibung: Das Museum liegt auf dem Campus der *University of California*. Von der I-80 aus auf die University-Abfahrt Richtung Osten (Landesinnere) in die Oxford Street abbiegen. Auf dem Universitätsgelände direkt links nach Norden in die Oxford Street, dann rechts in die Hearst abbiegen. Das Museum befindet sich südlich der Kreuzung mit der Euclid Street.

Natural History Museum of Los Angeles County, Los Angeles

In diesem drittgrößten naturhistorischen Museum der Vereinigten Staaten wird eine erstklassige Kollektion von Dinosauriern gezeigt: Allosaurus, Camptosaurus, Triceratops, Stegosaurus, Corythosaurus und ein fast 22 Meter langer pflanzenfressender Mamenchisaurus (Sauropode), der in China gefunden wurde und den längsten Nacken aller bekannten Tiere aufweist.
Zu bewundern sind außerdem die Schädel eines Tyrannosaurus Rex und eines Triceratops. Auch prähistorische Reptilien (Dimetrodon) und Meeresreptilien (Plesiosaurier) sowie eine Vielzahl versteinerter Säugetiere sind ausgestellt.
Besichtigungsdauer: mindestens 80 Minuten. **Öffnungszeiten:** Mo–Fr von 9.30–17 Uhr, Sa–So 10–17 Uhr. **Eintritt:** €. **Einrichtungen:** Toiletten, Museumsladen, Cafeteria (geöffnet bis 16 Uhr). **Anschrift:** 900 Exposition Blvd., Los Angeles, CA 90007. **Telefon:** (213) 763-3515 und (213) 763-DINO. **Fax:** (213) 743-4843.
Internet: http://www.nhm.org/
Anfahrtsbeschreibung: Den Harbour Freeway (I-110) an der Ausfahrt »Exposition Park« verlassen. Das Museum liegt im *Exposition Park* gegenüber dem USC-Campus.
Weitere Ziele: *Knott's Berry Farm, Universal Studios Hollywood.*

Es gibt eine spezielle Abteilung für Kinder (*Children's Discovery Area*), mit einer Vielzahl von Betätigungsmöglichkeiten.

Es gibt auch Quastenflosser zu sehen. Früher glaubte man, dass sie mit den Dinosauriern ausgestorben seien. Jedoch 1938 entdeckte man quicklebendige Exemplare im Indischen Ozean, und vor kurzem fand man eine andere Population in Indonesien. Man nennt sie daher auch *lebende Fossilien*. Welche angeblich ausgestorbenen Tiere findet man vielleicht noch in den Tiefen der Ozeane? 1977 wurde vor Neuseeland von Fischern ein zehn Meter langer Kadaver gefunden, der einem vor 65 Millionen Jahren ausgestorbenen Plesiosaurier ähnelt (siehe Fotos 96–98 in »Darwins Irrtum«).

Universal Studios Hollywood, Los Angeles

Nach fünfjähriger Vorbereitungszeit ist die allerneueste 100 Millionen Dollar teure Attraktion fertig: *Jurassic Park – The Ride*. Modernste Technologie macht es möglich, voll animierten lebensgroßen Dinosauriern auf der 5 1/2 Minuten langen Fahrt zu begegnen. Ein fünf Stockwerke hoher Ultrasaurus sowie ein 12 Meter langer Stegosaurus sind Stars dieses Spektakels, exakt nachgebildet nach dem neuesten Stand der Wissenschaft.
Besichtigungsdauer: einen Tag. **Öffnungszeiten:** 9–19 Uhr, vom 17. Juni bis 4. September 8.00–22.00 Uhr. **Eintritt:** €€€. **Einrichtungen:** Toiletten, Souvenirshop, Essmöglichkeit. **Anschrift:** 100 Universal City Plaza, Universal City, CA 91608. **Telefon:** (818) 622-3771 oder (800) 959-9688.
Internet: http://www.universalstudios.com
Anfahrtsbeschreibung: Universal Studios Hollywood liegt zwischen Hollywood und dem San Fernando Valley, Hollywood Freeway; Ausfahrt: Universal Center Drive oder Lankershim Boulevard.
Weiteres Ziel: *Natural History Museum of Los Angeles County*.

Wheel Inn Restaurant, Cabazon

Dieses Restaurant in Cabazon besitzt überlebensgroße Modelle eines Tyrannosaurus Rex und eines Apatosaurus, in dem sich ein Souvenirshop für Kinder befindet. Cabazon bezeichnet sich selbst als *Home of the Dinosaurs* (Heimat der Dinosaurier).
Internet: http://www.pass-area.com/cabazon.htm
Anfahrtsbeschreibung: Cabazon liegt 16 Meilen westlich von Palm Springs. Die Dinosaurier befindet sich im Norden der Kleinstadt. Man kann sie von der I-10 aus sehen.

MASSACHUSETTS

Dinosaur Footprint Reservation, nahe Holyoke

In wildromantischer Gegend am Rande des *Connecticut River* kann man 190 Millionen Jahre alte Abdrücke von Sauriern studieren (Foto 33). Außerdem gibt es fossilierte Pflanzen und versteinerte Rippelmarken zu entdecken. Bereits seit 1860 sind Funde entsprechender Spuren in dieser

Gegend bekannt. Bei genaueren Untersuchungen durch John Ostrom von der Yale University entdeckte man 28 verschiedene Pfade mit insgesamt 134 separaten Abdrücken. Ostrom war verwundert, dass alle Pfade in einer Richtung verliefen.
Besichtigungsdauer: mindestens 15 Minuten. **Öffnungszeiten:** vom 1. April bis 30. November von Sonnenauf- bis Sonnenuntergang. **Eintritt:** frei. **Einrichtungen:** Anlagen für Picknick, keine Toiletten. **Anschrift** der Verwaltung: The Trustees of Reservations, Headquarters, Long Hill, 572 Essex Street, Beverly, MA 01915-1530. **Telefon:** (413) 684-0148 oder (413) 298-3239. **Fax:** (413) 684-2182 oder (413) 298-5239.
Internet: http://www.thetrustees.org/
Anfahrtsbeschreibung: Die I-91 an der Ausfahrt 17A (Route 141 East) in Richtung Holyoke verlassen. Nach links in die Route 5 Richtung Norden abbiegen und 2,2 Meilen der Straße folgen. Der Eingang befindet sich an dem kleinen Parkplatz für sieben Autos an der rechten Seite der Straße. Ungefähr 400 Meter sind auf Holzstegen bis zum westlichen Ufer des Connecticut River zurückzulegen.

Dieses Gebiet war im Erdmittelalter subtropisch, und es gab hier Sümpfe. Wie und unter welchen Umständen entstanden die Rippelmarken, ehemals als Oberflächenstruktur von Sandboden: Es handelt sich um ehemaligen Meeresboden und nicht um versteinerten Wüstensand.

Museum of Comparative Zoology, Cambridge

Das Museum wurde 1859 von Louis Agassiz gegründet und ist Teil des Harvard Museums of Natural History mit Botanical Museum, Mineralogical und Geological Museum sowie Museum of Comparative Zoology.
Ausgestellt sind Skelette von Tenontosaurus, Herrerasaurus, Deinonychus, Heterodontosaurus, Plateosaurus, Staurikosaurus, Rhamphorhynchus, Dimetrodon, und Teile eines Allosaurus. Außerdem sind die Schädel eines Triceratops, Stegoceras und Massospondylus zu sehen.
Die Ausstellung über Reptilien aus der Trias gehört zu den besten der ganzen Welt. Zu sehen sind auch ein Quastenflosser und ein Mammut neben vielen anderen fossilen Relikten.
Das *Harvard Museum of Natural History* besteht insgesamt aus dem Botanical Museum, Mineralogical and Geological Museum sowie Museum of Comparative Zoology.

Besichtigungsdauer: mindestens 60 Minuten. **Öffnungszeiten:** Mo–Sa 9–17 Uhr und So 13–17 Uhr, geschlossen New Year's Day, Independence Day, Thanksgiving Day und Christmas Day. **Eintritt:** €€, freier Eintritt Samstags bis 12 Uhr. **Einrichtungen:** Toiletten, Souvenirshop, Imbissmöglichkeit. **Anschrift:** 26 Oxford Street, Cambridge, MA 02138. **Telefon:** (617) 495-3045. **Fax:** (617) 495-5667.
Internet: http://www.mcz.harvard.edu/
Anfahrtsbeschreibung: Die Route 90 (Massachusetts Turnpike) an der Ausfahrt »Cambridge/Allston« verlassen und den Schildern Richtung Cambridge – Stadtteil von Boston – folgen. Von der 2A in die Kirkland Street in östlicher Richtung und dann links in die Oxford Street abbiegen. Das Museum befindet sich auf dem Campus der *Harvard University*. Eingänge zum *Harvard Museum* befinden sich an der 26 Oxford Street und 11 Divinity Avenue.

Nash Dinosaur Land, nahe South Hadley

Zu sehen sind Fußspuren und Knochen von Dinosauriern. Die hier 1933 von Carlton Nash gefundenen versteinerten Spuren von Dinosauriern waren der Anlass, ein Museum zu bauen, das mehr einem Souvenirshop ähnelt, in dem man auch seltene Fossilien kaufen kann. Nicht immer zu besichtigen ist der zum Museum gehörende Steinbruch. Obwohl er sehr klein ist, wurden hier in über 50 übereinander liegenden Schichten über 5 000 Trittsiegel aus dem Unterjura geborgen, die teilweise mit dem vor dem Museum stehenden Dinosaurier-Auto (Foto 13) ausgeliefert wurden. Interessant ist auch der einzige bekannte Abdruck eines Schwanzes (Foto 15), der original hinter dem Museum besichtigt werden kann.
Besichtigungsdauer: mindestens 15 Minuten. **Öffnungszeiten:** von Memorial Day bis Labor Day Mo–Fr 8.30–17 Uhr und Sa–So 10–17 Uhr. Von April bis Memorial Day und Labor Day bis zum ersten Schnee an Wochenenden und nach spezieller Terminvereinbarung. Geschlossen vom 23. Dezember bis Mitte März. **Eintritt:** €€. **Einrichtungen:** Toiletten, Souvenirshop, Imbissmöglichkeit. **Anschrift:** Route 116, Amherst Road, South Headley, MA 01075. **Telefon:** (413) 467-9566.
Anfahrtsbeschreibung: *Nash Dinosaur Land* liegt nördlich von Springfield bzw. South Headley (3 Meilen) am Highway 116.

T Sehenswert ist die kleine, aber ungewöhnliche Fossilienausstellung mit seltenen Exponaten. Man kann preiswert originale Trittsiegel aus dem zum Museum gehörenden Steinbruch oder auch rare Fossilien und Mineralien erwerben.

Pratt Museum of Natural History, Amherst

In diesem Museum soll die größte Kollektion versteinerter Dinosaurier-Spuren der ganzen Welt beherbergt sein. Die aus dem *Connecticut River Valley* stammenden Spuren wurden 1836–1865 von Edward Hitchcock angehäuft und führten zur Gründung des Museums.
Sehenswert ist das Skelett eines Kritosaurus mit einer Höhe von 3,60 Metern. Ausgestellt sind auch die Schädel eines Tyrannosaurus und Triceratops, Gliedmaßen eines Diplodocus, Eier eines Hypsilophodon sowie Relikte eines Ichthyosaur, Coelophysis, Edaphosaurus und Gorgasaurus. Neben frühen Amphibien (Eryops) und Ammoniten gibt es Exponate aus dem Tertiär und Quartär: u. a. Mammut, Mastodon, Irischer Elch, Säbelzahntiger und Höhlenbär.
Besichtigungsdauer: mindestens 50 Minuten. **Öffnungszeiten:** von September bis Mitte Juni Mo–Fr 9–15.30 Uhr, Sa 10–16 Uhr, So 12–17 Uhr; im Sommer Sa 10–16 Uhr, So 12–17 Uhr, Mo-Fr geschlossen. **Eintritt:** frei. **Einrichtungen:** Toiletten, Souvenirshop, Imbissmöglichkeit. **Anschrift:** Pratt Museum, Amherst College, Amherst, MA 01002-5000. **Telefon:** (413) 542-2165.
Internet: http://www.amherst.edu/~pratt/
Anfahrtsbeschreibung: Amherst liegt 25 Meilen nördlich von Springfield. Von der I-91 an der Abfahrt Route 9/Amherst 7 Meilen in östlicher Richtung nach Amherst fahren. An der Kreuzung Route 9 und Route 116 in der Innenstadt rechts auf die Route 116 und dann direkt links in den *College-Campus* abbiegen. Das Museum liegt an der südöstlichen Ecke (rechts hinten) des durch die Straße nach rechts gebildeten quadratischen Platzes und kann leicht an der Ziegelfassade und den weißen Doppelsäulen am Eingang erkannt werden.
Weitere Ziele: *Nash Dinosaur Land*, *Springfield Science Museum*.

MINNESOTA

Science Museum of Minnesota, Saint Paul

Das neue Museum stellt für die Präsentation von Dinosauriern und Fossilien 900 m² zur Verfügung. Die Attraktionen des alten und neuen Museums sind ein Allosaurus sowie das aufgebaute Skelett eines 25 Me-

ter langen Diplodocus, der von Schülern der örtlichen High-School gefunden wurde, sowie des größten bisher entdeckten Camptosaurus. Beeindruckend ist auch einer von nur vier auf der ganzen Welt aufgebauten Triceratops. Außerdem sind Dinosaurier-Eier, der Abguss des Schädels eines Tyrannosaurus Rex und ein prähistorisches Krokodil, aber auch Trilobiten und andere Fossilien zu sehen, wie Säbelzahntiger oder Kamel.
Kinder können in den nachgebildeten Magen eines 24 Meter langen Diplodocus klettern. Es gibt ein spezielles paläontologisches Laboratorium, in dem man Fossilen hautnah ansehen kann und auch erklärt bekommt.
Besichtigungsdauer: mindestens 90 Minuten. **Öffnungszeiten:** Mo–Sa 9.30–17 Uhr, So 11–17 Uhr, vom 12. Juni bis Ende September Mo–Sa 9.30–21 Uhr, So 10.30–19 Uhr. **Eintritt:** €€€. **Einrichtungen:** Toiletten, Souvenirshop. **Anschrift:** 120 W. Kellogg Boulevard, St. Paul, Minnesota 55102. **Telefon:** (651) 221-9444.
Internet: http://www.sci.mus.mn.us/
Anfahrtsbeschreibung: Das Museum befindet sich in der Stadtmitte von Saint Paul am Mississippi River. An der Kreuzung I-94 und I-35E die Interstate an der Ausfahrt »Kellogg Exit« verlassen und auf dem Kellogg Boulevard zum südlich der Straße (rechter Hand) gelegenen Museum fahren.
Das Museum präsentiert die Meinung einiger Wissenschaftler, dass der Stegosaurus durch die Platten entlang des Rückens zur Energieaufnahme in Form von Sonnenstrahlen fähig war.

MONTANA

Dinosaur Research Expeditions, Havre

Es wird die Möglichkeit geboten, von Juli bis August an wissenschaftlich geleiteten Ausgrabungen teilzunehmen. »Dig Dinosaur Eggs and Embryos in Montana« (Eier und Embryonen von Dinosauriern ausgraben) ist der Slogan. Man braucht keine Erfahrung, denn man wird fachlich angeleitet. Natürlich campt man unter dem großen Himmel Montanas. Allerdings muss man sein Zelt, Schlafsack und andere persönliche Dinge für die sechs Tage dauernde Exkursion selbst mitbringen.
Das Mindestalter beträgt 13 Jahre. Kinder bis 18 müssen von einem Erwachsenen begleitet sein. Die Teilnehmer erhalten ein T-Shirt zur Erinnerung. Tagsüber kann es sehr heiß, nachts aber empfindlich kalt werden. Film- und Fotomaterial nicht vergessen. Dauer: sechs Tage, Anmeldung frühzeitig erforderlich. Treffpunkt: Am Hagener Science Center auf dem Campus der Montana State University-Northern in Havre (Montana) bzw. erfragen.

Einrichtungen: Toiletten, Souvenirshop. **Anschrift:** Vickie Clouse, Dinosaur Research Expeditions, Montana State University-Northern, Hagener Science Center, P.O. Box 7751, Havre, MT 59501.
Internet: http://scimath.msun.edu/dinosaurs/
T Anmeldeformular über Internet abfragen.

Egg Mountain, nahe Choteau

Der Name *Egg Mountain* erhielt seinen Namen, als hier 1978 mehrere Nester mit kleinen Dinosauriern gefunden wurden. In diesen fast 7 Meter großen Nestern, der Größe eines ausgewachsenen Maiasaura, wurden einerseits nur gut 30 Zentimeter große, in anderen dagegen 90 Zentimeter große Dinosaurier gefunden. Es ist beabsichtigt, ein Museum zu bauen.
G In der Nähe dieser Nester wurden die Relikte von wahrscheinlich 10 000 Dinosauriern der gleichen Spezies gefunden. Man glaubt, dass sie durch den Ausbruch eines Vulkans getötet wurden. Diese Funde veränderten das herrschende Bild über Dinosaurier.
Besichtigungsdauer: mindestens 120 Minuten. **Öffnungszeiten:** Beginn der Touren im (siehe) *Old Trail Museum* nachfragen. **Telefon:** (406) 494-2251.
Anfahrtsbeschreibung: Die Touren beginnen in Choteau, Egg Mountain.
T Derzeit wird ein Tyrannosaurus Rex ausgegraben, und man kann nach vorhergehender Vereinbarung zusehen. Es ist beabsichtigt, ein Museum zu bauen.

Fort Peck Dam Interpretive Center and Museum, Fort Peck

Neben Ausstellungen über lokale Gegebenheiten und Ereignisse wie Bau und Konstruktion des Fort Peck Dam sind auch sehr gute Dinosaurier-Fossilien ausgestellt. In unmittelbarer Umgebung wurden viele Funde gemacht, die zum Teil im *American Museum of Natural History* (New York) zu sehen sind. Spektakulär war der Fund eines Ankylosaurus, da er bisher den einzigen dieser Art darstellt. Im *Power Plant Museum* am *Fort Peck Dam* sind insgesamt 400 Ausstellungsstücke von Dinosauriern zu sehen. In den Bergen östlich von Fort Peck wurde in der Nähe des Highway 24 kürzlich ein Tyrannosaurus Rex gefunden, der der größte bisher entdeckte sein soll. Bilder vom Fundort des Fort Peck's Rex im Internet.
Besichtigungsdauer: mindestens 25 Minuten. **Öffnungszeiten:** täglich von

9–17 Uhr. **Eintritt:** frei. **Einrichtungen:** Toiletten, Souvenirshop. **Anschrift:** Larry Mires, c/o Fort Peck Dam Interpretive Center, Inc., P.O. Box 123, Fort Peck, MT 59223. **Telefon:** (406) 263-8039. **Fax:** (406) 228-8033.
Internet: http://garfieldweb.com/fortpeck/
Anfahrtsbeschreibung: Das Museum liegt im Nordosten Montanas am Highway 24 in Fort Peck auf dem Gelände des U.S. Army Corps of Engineers.

Museum of the Rockies, Bozeman

In diesem insgesamt über 8 000 m² großen Museum sind u. a. die neuesten Funde von Dinosauriern im Montana ausgestellt, die vornehmlich aus der Kreidezeit stammen. Die Ausstellung *One Day 80 Million Years Ago* basiert auf der zwölfjährigen Recherche Dr. John R. Horner am ➛ Egg Mountain in der Nähe von Choteau (Montana). Zu sehen sind das lebensgroße Modell eines Maiasaurus, ein Pterodactyl, Dinosaurier-Eier, der Schädel eines Mosasaur und das Robotermodell eines Triceratops.
Im Time Room wird die Geschichte der Erde dargestellt, und in der Early Earth Hall wird die geologische Geschichte der umliegenden Landformen (Yellowstone und Glacier National Park) dargestellt. Aber auch das prähistorische Leben seit dem Beginn vor 520 Millionen Jahren ist Gegenstand der Ausstellung.
Attraktionen sind außerdem der *Children's Discovery Room*, das *Taylor Planetarium* – Darstellung der Entwicklung des Universums – und die Laser Shows.
Besichtigungsdauer: mindestens 50 Minuten. **Öffnungszeiten:** im Sommer von Memorial Day bis Labour Day: täglich von 8–20 Uhr, im Winter: Mo–Sa 9–17 Uhr, So 12.30–17 Uhr. **Einrichtungen:** Toiletten, Souvenirshop, Imbissmöglichkeit. **Anschrift:** Museum of the Rockies, Montana State University, 600 W. Kagy Blvd., Bozeman, MT 59717-2730. **Telefon:** (406) 994-2251.
Internet: http://www.montana.edu/~wwwmor/index.html
Anfahrtsbeschreibung: Die I-90 an der Ausfahrt Main Street Exit West verlassen. In der Nähe der Stadtmitte in die Wilson Avenue South nach links abbiegen und bis zum Kagy Boulevard zum Museum fahren.
Weitere Ziele: *Old Trail Museum Timescale Adventures Research Center, Egg Mountain, Paleo Field School,* Besuch des *7 Mile Hill* mit Dinosaurier-Knochen enthaltendem Gestein.

T Es werden Touren zum (siehe) *Egg Mountain* veranstaltet.

Old Trail Museum, Choteau

Es sind fossile Funde aus der Umgebung ausgestellt. Außerhalb des Museums sind zwei Dinosaurier in Lebensgröße aufgebaut. Der Einiosaurus wurde erstmals in dieser Gegend, im *Canyon Bonebed* in der Reservation der Schwarzfußindianer, entdeckt und bekam 1995 seinen Namen von Scott Sampson nach dem indianischen Wort für Büffel. Dieser Pflanzenfresser besaß vorne auf dem Schädel ein Horn. Außerdem kann man einen Maiasaurus bewundern, der auch zuerst in dieser Gegend auf der *Peebles Family Ranch* entdeckt wurde.

Vom Museum werden zwei und fünf Tage dauernde Exkursionen in die Umgebung angeboten. Es können möglicherweise fossile Knochen, Zähne, Eierschalen, versteinertes Holz, Koprolithe (fossilierter Dinosaurier-Dung) oder versteinerte Abdrücke entdeckt werden. Auch die Ausgrabungsstätte von Dinosaurier-Knochen werden besucht, an denen Paläontologie-Studenten arbeiten.

Besichtigungsdauer: mindestens 10 Minuten. **Öffnungszeiten:** täglich von 9–18 Uhr von Memorial Day bis Labor Day, restliches Jahr Di–Sa 10–15 Uhr. **Eintritt:** frei, für Exkursionen erfragen. **Einrichtungen:** Toiletten, Souvenirshop. **Anschrift:** Old Trail Museum, 823 N. Main, Choteau, MT 59422. **Telefon:** (406) 466-5332.

Internet: http://www.oldtrailmuseum.org/

Anfahrtsbeschreibung: Choteau liegt 100 Meilen nördlich von Helena und 55 Meilen nordwestlich des Great Falls International Airport an der Kreuzung der Highways 89 und 287.

Es besteht die Möglichkeit, einen interessanten Ausflug mitzumachen: Nach der Besichtigung einer authentischen Geisterstadt und einer Übernachtung kann man am Rafting (12 Meilen) auf dem Missouri River zur Pilot Rock Ranch teilnehmen und anschließend auf Pferderücken zurückreiten.

Weitere Ziele: Besuch des *7 Mile Hill* mit Dinosaurier-Knochen beinhaltendem Gestein, *Egg Mountain*, *Timescale Adventures Research*.

Pine Butte Swamp Preserve mit naturbelassener Landschaft besuchen – Anmeldung unter HC 58, Box 34B, Choteau, MT 59442. Telefon (406) 466-5526. Besonders empfehlenswert: die *Egg Mountain Tour* (im *Old Trail Museum* nachfragen).

Paleo Field Scholl, Bozeman

Das *Museum of the Rockies* ist Teil der *Montana State University*. Es werden Programme durchgeführt, die ein oder zwei Tage dauern.

Teilnehmen können Familien mit mindestens 10 Jahre alten Kindern. Es gibt auch einwöchige Exkursionen, bei denen das Mindestalter der Teilnehmer 15 Jahre beträgt. Es werden mehrere Fossilienstätten besucht. Als Highlight sind neben diversen Fossilien von Maiasaura und Reptilien auch Dinosaurier-Eier und -Nester zu sehen: Exkursionsdauer: ein, zwei oder sieben Tage.
Anschrift: Paleo Field Program, Museum of the Rockies, 600 W. Kagy Blvd., Bozeman, MT 59717. **Telefon:** Informationen erfragen beim *Museum of the Rockies* unter (406) 994-6618.
Weitere Ziele: *Old Trail Museum, Timescale Adventures Resaerch Center, Museum of the Rockies, Egg Mountain, Paleo Field School,* Besuch des *7 Mile Hill* mit Dinosaurier-Knochen enthaltendem Gestein.

Timescale Adventures Research Center und Rock Shop, Bynum

Im Rock Shop sind Funde aus der fossilienreichen Umgebung ausgestellt. Die Besitzer fanden in den nahe liegenden Bergen erstmals einen Baby-Dinosaurier. Das kleine Museum ist bekannt für seine großen Wandgemälde an der Außenseite des Museums. Außerhalb des Museums wurde im Oktober 2000 das 39 Meter lange Skelett eines Seismosaurus aufgebaut.

Gegenüber der Straße befindet sich das nach fünfjähriger Bauzeit neu fertig gestellte Zentrum von *Timescale Adventures*. Es werden unterschiedlich lang andauernde, sehr interessante Programme angeboten. Täglich kann man um 9 und 13 Uhr an dreistündigen Seminaren teilnehmen (Erwachsene bis 20, Kinder unter 13 bis 10 Personen). Das Erkennen von Fossilien und deren Geschichte steht im Mittelpunkt. Angeboten werden auch abendliche Lagerfeuer. Wer aktiv an Ausgrabungen in der Umgebung teilnehmen möchte, kann zwischen ein-, zwei- und zehntägigen Exkursionen wählen. Aber auch halbtägig oder ganztägig dauernde Kurse über das Präparieren von Fossilien werden angeboten. Anmeldungen sollen im Voraus vorgenommen werden.
Anschrift: Timescale Adventures, P.O. Box 356, Choteau, MT 59422. **Telefon:** (800) 238-6873 (Bynum) und (406) 466-5410 (Verwaltung in Choteau).
Internet: http://www.timescale.org/index.html
Anfahrtsbeschreibung: Timescale Adventures liegt in Bynum ungefähr in der Mitte zwischen Great Falls und dem Glacier National Park am Highway 89.
Weitere Ziele: *Old Trail Museum, Museum of the Rockies, Egg Mountain, Paleo Field School,* Besuch des *7 Mile Hill* mit Dinosaurier-Knochen enthaltendem Gestein.

NEVADA

Berlin-Ichthyosaurier State Park, nahe Austin

Etwa 300 Meilen von der heutigen Küste entfernt wurden 15 Meter lange Ichthyosaurier entdeckt, die in einer urzeitlichen Bucht vor 220 Millionen Jahren gestrandet sein sollen. Dieses Gebiet befindet sich heute in 2 100 Meter Höhe, befand sich aber früher auf Meeresniveau. In diesem Park kann man die delphinartigen Reptilien in situ, also an Ort und Stelle, in den geologischen Schichten betrachten. Aber auch ganze Skelette sind im *Fossil House* zu sehen. Ichthyosaur legten keine Eier wie Reptilien, sondern sie pflanzten sich wie Delphine mit lebend geborenen Jungen fort. Eine versteinerte Geburt, die im *Stuttgarter Landesmuseum* (Deutschland) zu sehen ist, liefert Zeugnis über diesen Vorgang: ein junger Ichthyosaur liegt noch zwischen den Beckenknochen des Muttertieres. Meeresreptilien sind zwar Zeitgenossen der Saurier, zählen aber zu den Reptilien.
Besichtigungsdauer: mindestens 30 Minuten. **Öffnungszeiten:** immer nur während Touren veranstaltet werden, die eine Stunde dauern und von Memorial Day bis Labor Day von 10 und um 16 Uhr angeboten werden. Im Sommer zusätzliche Touren um 14 Uhr. **Eintritt:** frei, geführte Touren: gering. **Einrichtungen:** Toiletten, Campingplatz, Picknickplätze. **Anschrift:** HC 61, Box 61200, Austin, NV 89310-93001. **Telefon:** (702) 964-9301.
Anfahrtsbeschreibung: Der Park liegt 150 Meilen südöstlich von Reno, ungefähr 23 Meilen östlich von der Kleinstadt Gabbs. Auf der U.S. 50 zwischen Austin und Fallon auf den Highway 361 in südlicher Richtung abbiegen. Kurz vor und nördlich von Gabbs links in östlicher Richtung auf den Highway 844 abbiegen und bis zum *Berlin-Ichthyosaur State Park* folgen.

? Wie versteinern gestrandete Reptilien?

T In diesem Park ist auch die Minenstadt Berlin als heutige Geisterstadt eingeschlossen, die man selbst oder mit geführten Touren erkunden kann.

NEW MEXICO

Clayton Lake State Park, nahe Seneca

500 Abdrücke fünf verschiedener fleisch- und pflanzenfressender Dinosaurier-Spezies sind am Rande des Clayton Sees in ursprünglicher Lage erhalten geblieben und 1982 entdeckt worden. Es gibt darunter auch einige seltene große vogelfüßige Pterodactyl-Abdrücke, aber mögli-

cherweise auch solche von prähistorischen Krokodilen, die aus der frühen Kreidezeit stammen und 120 bis 98 Millionen Jahre alt sein sollen. Zu dieser Zeit war New Mexico zum größten Teil mit Wasser bedeckt.

Besichtigungsdauer: mindestens 40 Minuten. **Öffnungszeiten:** das Pförtnerhaus ist von 6–21 Uhr geöffnet. **Eintritt:** frei. **Einrichtungen**: Toiletten, Besucherzentrum. **Anschrift:** Park Manager Charles Jordan, Rural Rt. Box 20, Seneca, NM 88437. **Telefon:** (505) 374-8803.

Anfahrtsbeschreibung: Der Park liegt 12 Meilen nördlich von Clayton nahe der Grenze zu Oklahoma und Texas. Von Clayton aus dem Highway 370 in nördlicher Richtung folgen, bis ein Hinweisschild zu dem linker Hand liegenden Park weist. Vom Parkplatz am See ausgehend, muss man einem 800 Meter langen Fußweg rechtsläufig zur gegenüberliegenden Seite des Clayton Sees folgen.

Es gibt einige bisher nicht identifizierte Abdrücke, die u. a. Charakteristika von Schwimmhäuten aufweisen.

Die Spuren sind am besten morgens oder abends zu sehen. Kurz bevor die Sonne hinter dem See untergeht, lassen sich in idyllischer Stimmung die besten Fotos machen.

New Mexico Museum of Natural History, Albuquerque

Am Eingang wird man von zwei lebensgroßen Bronzeskulpturen empfangen. Es handelt sich um einen Albertosaurus und einen Pentaceratops (kurz »Spike« genannt), der bisher nur in New Mexico gefunden wurde. Im Museum sind lebensgroße Skelett-Abgüsse zu bewundern: Allosaurus, Camarasaurus und Stegosaurus sowie ein Coelophysis. Vom *Ghost Ranch Quarry* (siehe *Ruth Hall Museum of Paleontology*) ist ein Sandsteinblock mit Fossilien von Coelophysis zu sehen. Außerdem sind die fossilen Funde des Seismosaurus interessant, die nur hier im Nordwesten von New Mexico – 60 Meilen von Albuquerque entfernt – gefunden wurden. Einige Wissenschaftler glauben, dass dies mit ungefähr 45 Metern das längste Tier gewesen ist, das jemals die Erde bevölkerte. Ferner sind diverse Fossilien unterschiedlicher Dinosaurier-Spezies – u. a. Brachiosaurus –, aber keine ganzen Skelette ausgestellt.

Auch versteinerte Spuren können begutachtet werden, die teilweise in Bronze gegossen sind, sodass man sie auch anfassen darf. Ein 280 Millionen Jahre alter Pfad von Reptilien- und Amphibien-Abdrücken ist ein Highlight der Ausstellung über das Leben vor der Dinosaurier-Ära.

Eine eigene Ausstellung befasst sich mit dem Leben im und am Meer, das früher New Mexico bedeckte. Beeindruckend ist das Modell von Mosasaur, der vor 75 Millionen Jahren in den seichten Gewässern New Mexicos umherschwamm.

Das Museum akzeptiert Helfer für das Präparieren von Fossilien sowie die Reparatur von ausgestellten Fossilien und sonstigen Ausstellungsstücken. Auch aktive Teilnahme an Ausgrabungen sind eventuell möglich.
Besichtigungsdauer: mindestens 3 Stunden. **Öffnungszeiten:** täglich 9–17 Uhr, geschlossen Weihnachten sowie montags im Januar und September, falls kein Feiertag. **Eintritt:** €€€, frei am ersten Montag im Februar und März sowie Veteran's Day (11. November), Heiligabend und der zweite Dienstag im September (New Mexico State Fair). **Einrichtungen:** Toiletten, Souvenirshop, Imbissmöglichkeit. **Anschrift:** 1801 Mountain Road NW, Albuquerque, NM 87104. **Telefon:** (505) 841-2800 und (505) 541-8837. **Fax:** (505) 841-2866.
Internet: http://www.nmmnh-abq.mus.nm.us/nmmnh/nmmnh.html
Anfahrtsbeschreibung: Von der I-40 auf den Rio Grande Boulevard in südlicher Richtung abbiegen und dann in östlicher Richtung auf der Mountain Road zum Museum fahren.
Weiteres Ziel: das kleine *Geology Museum* der *University of New Mexico* in Albuquerque – Telefon (505) 277-4204 – besitzt Dinosaurier-Abdrücke und den Abguss eines Coelophysis-Skeletts.

Ruth Hall Museum of Paleontology, Abiquiu

Im Steinbruch *Ghost Ranch Quarry* wurde 1947 ein Massengrab mit mehr als hundert kompletten Coelophysis-Skeletten entdeckt. Dieses Mysterium versucht man damit zu erklären, dass vor 225 Millionen von Jahren Futterknappheit geherrscht haben könnte, sodass die älteren Tiere ihre Jungen auffraßen. Im Museum sind die fossilen Funde dokumentiert. Der Fundort kann auch besichtigt werden, allerdings sind keine Ausgrabungsarbeiten mehr im Gange.
Besichtigungsdauer: mindestens 30 Minuten. **Öffnungszeiten:** Di–Sa 9–17 Uhr, So 10–17 Uhr, geschlossen montags, Ostern, Thanksgiving und im Dezember. **Eintritt:** frei. **Einrichtungen:** Toiletten, Souvenirshop, Imbissmöglichkeit. **Anschrift:** Ruth Hall Museum of Palaeontology, Ghost Ranch Conference Center, Abiquiu, NM 87501. **Telefon:** (505) 685-4333.
Anfahrtsbeschreibung: Abiquiu liegt 50 Meilen nördlich von Santa Fe. Das Museum liegt an der Ghost Ranch Road, die vom Highway 84 in östlicher Richtung abzweigt, ungefähr zwei Meilen südlich des Ghost Ranch

Living Museums. Dem Hinweisschild zum Presbyterian Conference Center folgen.

NEW YORK

American Museum of Natural History, New York

Fast hundert Jahre war diese Sammlung fossiler Dinosaurier die größte und auch aus wissenschaftlicher Sicht bedeutendste Ausstellung der Welt. Im Juni 1995 wurden neue Hallen eröffnet und die Dinosaurier-Skelette neu aufgebaut, denn die wissenschaftliche Ansicht über die Verhaltensweisen, aber auch die Haltung selbst hat sich geändert. Der Tyrannosaurus Rex wurde 1905 in diesem und später auch in anderen Museen fast senkrecht stehend aufgebaut. In der neuen Ausstellung kann man jetzt die horizontale Anordnung der Wirbelsäule studieren.
Es gibt viele Dinosaurier-Skelette, aber auch interaktive Exponate in dem drei Stadtblocks umfassenden Museum zu sehen. Ein Highlight der Ausstellung stellt sicher ein vor 140 Millionen Jahren lebender pflanzenfressender Barosaurus dar, der sein Junges gegen einen angreifenden Allosaurus verteidigt. Da die Original-Knochen für den Aufbau der Skelette zu schwer gewesen wären, wurden naturgetreue Nachbildungen aus Fiberglas verwendet. Ein Nackenwirbel wiegt allein über 400 kg. Nur in diesem Museum kann man einen voll aufgebauten Barosaurus bewundern.
Neben mehreren Pterosaurien und Amphibien (u. a. Dimetrodon) sind ausgestellt: Albertosaurus, Allosaurus, Apatosaurus, Camptosaurus, Coelophysis, Corythosaurus, Lambeosaurus, Montanoceratops, Monoclonius, Ornitholestes, Panoplosaurus, Plateosaurus, Protoceratops, Psittacosaurus, Saurolophus, Stegosaurus, Styracosaurus, Triceratops, Tyrannosaurus Rex (Foto 3).
Der seltene Fund mumifizierter Relikte eines Entenschnabel-Dinosauriers (Foto 36), die Charles Sternberg 1908 in *Converse County* (Wyoming) fand, gaben Aufschluss über die Anatomie der Dinosaurier. Es handelt sich um den vollständigsten Abdruck des Kadavers eines Dinosauriers, einschließlich der Haut, die denen der Krokodile gleicht und Polster als Beulen aufweist. Interessant ist auch das bei einer Expedition in die Mongolei gefundene 70 bis 80 Millionen Jahre alte Dinosaurier-Embryo eines Theropoden. Interessant ist auch der beim Brüten auf dem Nest versteinerte Oviraptor (Fotos 37 und 38).

Besichtigungsdauer: einen Tag. **Öffnungszeiten:** So–Do 10–17.45 Uhr, Fr–Sa 10–20.45 Uhr, geschlossen Thanksgiving und Weihnachten. **Eintritt:** €€. **Einrichtungen:** Toiletten, Souvenirshop, drei Restaurants. **Anschrift:** Central Park West at 79th Street, New York, NY 10024. **Telefon:** (212) 769-5100 oder (212) 769-5200.
Internet: http://www.amnh.org/
Anfahrtsbeschreibung: Das Museum liegt an der Westseite des *Central Parks* in Manhattan zwischen der 77th und 81st Street. Für Autofahrer gibt es an der 81st Street ein dreistöckiges Parkhaus mit 370 Parkplätzen.
Eine Subway-Station befindet sich an der 81th Street, zwei Blocks westlich des Museums. Die Busse M7, M10, M11, M86 und M104 halten auch in der Nähe des Museums, während der M79 direkt an der 81th Street hält.

Der Barosaurus wurde nicht nur in Nordamerika, sondern auch in Südafrika gefunden. Gibt es aufgrund dieser Hinweise Widersprüche in Bezug auf die Theorie der Plattentektonik bzw. Kontinentalverschiebung?

Die versteinerte Dinosaurier-Mumie (siehe oben).

NORTH CAROLINA

North Carolina Museum of Natural Science, Raleigh

Die paläontologische Sammlung umfasst ungefähr 32 000 Wirbeltiere und 18 000 wirbellose Tiere. Die Attraktion stellt das weltweit besterhaltene und präparierte Skelett eines *Acrocanthosaurus atokensis.* Seit April 2000 ist dieses bisher vollständigste Skelett eines Acrocanthosaurus als Weltpremiere erstmals aufgebaut worden. Außerdem besitzt das Museum das fast vollständige Skelett eines Thescelosaurus.
Besichtigungsdauer: mindestens 45 Minuten. **Öffnungszeiten:** Mo–Sa 9–17 Uhr, So 12–17 Uhr, jeder erste Freitag im Monat – außer im Januar – geöffnet bis 21 Uhr. Geschlossen: Thanksgiving Day, 24. und 25. Dezember. **Eintritt:** Spende. **Einrichtungen:** Toiletten, Souvenirshop, Cafe. **Anschrift:** 11 W. Jones St., Raleigh, NC 27601-1029. **Telefon:** (919) 733-7450, gebührenfrei (877) 4NATSCI.
Internet: http://www.naturalsciences.org/
Anfahrtsbeschreibung: Das Museum befindet sich an der *Bicentennial Plaza* im Zentrum von Raleigh, zwischen dem State Capitol und Legislative Building.

NORTH DAKOTA

Dakota Dinosaur Museum

Auf 1 200 m^2 Ausstellungsfläche sind Mineralien, Gesteine und Fossilien zu sehen. Im Jahr 2000 wurde eine neue Ausstellung eröffnet, in der Dinosaurier-Eier und versteinertes Holz gezeigt wird. Eine Attraktion stellt das komplette Skelett eines Triceratops – Kopf siehe Abbildung – dar. Außerdem sind Replikate von echten Skeletten in Lebensgröße vorhanden: Allosaurus, Albertosaurus, Thescelosaurus und Stegosaurus, sowie Skulpturen von Velociraptor, Archaeopteryx und Compsognathus. Außerdem gibt es lebensgroße realistische Nachbildungen eines Coelophysis, Deinonychus, Dromaeosaurus, Velociraptor, Archaeopteryx und Compsognathus, die ein plastisches Erscheinungsbild der Urzeittiere wiedergeben, so wie man sie sich heute vorstellt. Dieser Eindruck wird durch an die Wand gemalte Bilder eines Tyrannosaurus Rex und Triceratops vervollständigt.
Besichtigungsdauer: mindestens 50 Minuten. **Öffnungszeiten:** Memorial Day bis Labor Day täglich 9–18 Uhr; im März, April, Mai, September, Oktober Mo–Sa 9–16 Uhr, So 11–16 Uhr; vom 1. November bis zum 19. Dezember Fr–So 11–16 Uhr, 26. bis 31. Dezember täglich 11–16 Uhr; Januar und Februar keine täglichen Öffnungszeiten. **Eintritt:** €€€. **Einrichtungen:** Toiletten, Souvenirshop. **Anschrift:** 200 Museum Drive, Dickinson, ND 58601. **Telefon:** (701) 225-DINO.
Internet: http://www.dakotadino.com/
Anfahrtsbeschreibung: Von der I-94 auf die I-94 Business abbiegen und in südlicher Richtung folgen. Nach wenigen Metern links in die Empire Road in östlicher Richtung und dann die nächste Straße links in die State Avenue abbiegen. Direkt wieder rechts in die W. High Street (12. Street W.) und dieser längere Zeit folgen bis zur Kreuzung mit Simms Street und Museum Drive. An der gegenüberliegenden Seite befindet sich das *Dakota Dinosaur Museum*.

Dino Shop besuchen, u. a. viele Dinosaurier-T-Shirts vorhanden.

Pioneer Trails Regional Museum, Bowman

Es sind Exponate aus 30 bis 73 Millionen Jahre alten fossilhaltigen Schichten ausgestellt, die in den vergangenen 18 Jahren in Zusammenarbeit mit anderen Museen und Universitäten in dieser Gegend freigelegt wurden: Dinosaurier (Tyrannosaurus Rex, Triceratops, Edmontosaurus), Krokodile, Kamele und Rhinozerosse sowie marine Saurier

(Mosasaur). Das Museum umfasst weitere Ausstellungen über Anthropologie, Archäologie, Astronomie, Botanik, Paläontologie, lokale Geschichte.

Die paläontologische Abteilung veranstaltet in den Monaten Juni bis August von Dienstag bis Samstag Touren zu den Fossillagerstätten in der Umgebung. Sie dauern von 8 bis 15 Uhr.

Man kann auch an Ausgrabungen teilnehmen. Anmeldung erforderlich: palaeo@ptrm.org und http://www.ptrm.org/page/daytour.html.

Besichtigungsdauer: mindestens 25 Minuten. **Öffnungszeiten:** 15. September bis 14. Mai: Mo–Sa 10–16 Uhr und So 13.30–16 Uhr, 15. Mai bis 14. September: Mo–Sa 9–17 Uhr und So 13.30–17 Uhr, geschlossen New Year's Day, Easter, Memorial Day, Fourth of July, Labor Day, Thanksgiving und Christmas. **Eintritt:** €, Gebühr für Exkursionen erfragen. **Einrichtungen:** Toiletten, Souvenirshop. **Anschrift:** Pioneer Trails Regional Museum, 12 First Avenue Northeast, Bowman, ND 58623. **Telefon:** (701) 523-3600. **Internet:** http://www.ptrm.org/

Anfahrtsbeschreibung: Das Museum befindet sich im südwestlichen Bereich North Dakotas in der Nähe der Kreuzung U.S. 85 und U.S. 12 an der 12 First Ave. NE in Bowman, 16 Meilen von South Dakota und 30 Meilen von Montana entfernt.

Mysteriös: Die Dinosaurier-Fossilien wurden in Zusammenhang mit eiszeitlichen Erosionserscheinungen gefunden.

OHIO

The Cleveland Museum of Natural History, Cleveland

Die Hauptattraktion ist ein 22 Meter langer und über vier Meter hoher *Haplocanthosaurus delfsi*. Es handelt sich um eines der komplettesten Sauropoden-Skelette von der ganzen Welt, das besichtigt werden kann. Interessant ist auch das 12 Meter lange montierte Skelett eines Allosaurus, ein Anatosaurus sowie der bisher einzig bekannte Schädel eines Nanotyrannus, ein kleiner Verwandter des Tyrannosaurus Rex. Die lebensgroße Statue eines Stegosaurus und die Rekonstruktion eines Pteranodon sind ebenso interessant wie die Schädel eines Parasaurolophus und eines Triceratops. Beeindruckend ist ein fast fünf Meter langer prähistorischer Fisch (Dunkleosteus terrelli) mit monströsen Zähnen. Es sind viele weitere Fossilien ausgestellt, u. a. Riesen-Biber, Mammut, Riesenhirsch, Säbelzahntiger. In der Nähe fand man die ältesten Reste von Hai-Skeletten, 360 Millionen

Jahre alt. Es sind sogar Muskelfaser und Reste der letzten Mahlzeit erhalten geblieben.

Besichtigungsdauer: mindestens 60 Minuten. **Öffnungszeiten:** Mo–Sa 10–17 Uhr, So 12–17 Uhr, geschlossen New Year's Day, Memorial Day, 4. Juli, Labor Day, Thanksgiving Day, 24. und 25. Dezember. **Eintritt:** €€€. **Einrichtungen:** Toiletten, Souvenirshop. **Anschrift:** The Cleveland Museum of Natural History, 1 Wade Oval Drive, University Circle, Cleveland, Ohio 44106-1767. **Telefon:** (216) 231-4600, gebührenfrei (800) 317-9155. **Fax:** (216) 231-5919.

Internet: http://www.cmnh.org/

Anfahrtsbeschreibung: Über die I-71 oder I-77 zur I-90 East (Shoreway) und diese an der Abfahrt Martin Luther King Jr. Drive verlassen. Das Museum liegt auf der gegenüberliegenden Seite an der Kreuzung East Boulevard am Wade Park.

Funde von versteinerten Muskelfasern und Fressensresten sind bemerkenswert. Wie lange dauern Versteinerungsprozesse?

ONTARIO (KANADA)

Canadian Museum of Nature, Ottawa

Ausgestellte Dinosaurier-Skelette: Daspletosaurus, Anchiceratops, Triceratops, Ankylosaurus, Brachylophosaurus (7 Meter), Daspletosaurus (8,50 Meter), Dromiceiomimus (3,50 Meter), Edmontosaurus (12,50 Meter), Hypacrosaurus (9 Meter), Leptoceratops (1,80 Meter), Styracosaurus (5 Meter), Thescelosaurus (3,50 Meter), Troodon (1,75 Meter).

Die aus der Oberkreide stammenden Dinosaurier wurden in der Oldman Formation (Alberta), Horseshoe Canyon Formation (Alberta), Paskapoo Formation (Alberta) und der *Frenchman Formation* (Saskatchewan) in Kanada gefunden.

Die Ausstellung ist insgesamt sehr umfangreich, auch marine Reptilien sind vorhanden. Es werden außerdem Filme über das Leben und Aussterben der Dinosaurier gezeigt, oder man kann Abgüsse von Dinosaurier-Haut fühlen.

Besichtigungsdauer: mindestens 2 Stunden. **Öffnungszeiten:** September bis April: Di–Sa 10–17 Uhr, Do bis 20 Uhr, geschlossen montags von Mitte Oktober bis zum 30. April, geschlossen an Feiertagen, Mai bis Labour Day: täglich 9.30–17 Uhr, Do bis 20 Uhr. Geschlossen 24. Dezember (ab 12 Uhr), 25. Dezember und eine Woche im Januar. **Eintritt:** €€€, Familienkarten. **Einrichtungen:** Toiletten, Souvenirshop, Imbissmöglichkeit. **Anschrift:**

Victoria Memorial Museum Building, 240 McLeod Street (at Metcalfe Street), Ottawa, ON Canada K1P 6P4; **Briefadresse:** P.O. Box 3443, Station D, Ottawa, ON Canada K1P 6P4. **Telefon:** (613) 566-4700.
Internet: http://www.nature.ca/
Anfahrtsbeschreibung: Vom Highway 417 (The Queensway) auf die Metcalfe Street Richtung Norden abbiegen. Das burgähnlich aussehenden Museum liegt an der Kreuzung. Man kann am Museum gegen Gebühr parken.

Halber Eintritt Donnerstags bis 17 Uhr, danach freier Eintritt bis 20 Uhr.

Royal Ontario Museum, Ontario

Die Ausstellung von Dinosauriern in diesem Museum gehört zu den besten der Welt. Ausgezeichnete Wandgemälde werden durch mehrere ausgezeichnete Dioramen ergänzt, die den fossilen Knochen förmlich Leben einhauchen. Die meisten Saurierfunde kommen aus Utah (Jura) und Alberta (Kreide).
Ein Diorama aus dem oberen Jura zeigt einen Stegosaurus, der von zwei Allosauriern angegriffen wird, während sich ein Camptosaurus in Sicherheit bringt. Ein anderes Diorama zeigt eine Szene aus der Oberkreide u. a. mit Albertosaurus und Chasmosaurus. Interessant ist auch eine Unterwasserszene aus diesem Zeitalter vor 70 Millionen Jahren mit Plesiosaur und Mosasaur. Während man durch dieses Dioramen wandert, werden vielfältige Erläuterungen angeboten.
Es gibt ganz aktuelle Ausstellungsstücke:
- Das bisher kompletteste Skelett eines Maiasaurus, das man bisher gefunden hat, in einer Spezialausstellung über die prähistorische Welt.
- Ein Coelurosaurus, der erst kürzlich entdeckt wurde.
- Seit März 2001 vervollständigt auch ein Tyrannosaurus Rex die Ausstellung.

Weitere aufgebaute Skelette: Hadrosaurus, Prosaurolophus, Anatosaurus, Albertosaurus, Parasaurolophus, Corythosaurus, Chasmosaurus, Lambeosaurus, Ornithomimus, Allosaurus, Camptosaurus. Außerdem gibt es viele weitere Teilskelette und Fossilien, auch versteinerte Spuren.
Dieses Museum bietet eine breite Angebotspalette, sodass man hier einen ganzen Tag verbringen kann.
Besichtigungsdauer: mindestens 4 Stunden. **Öffnungszeiten:** Mo–Do 10–18 Uhr, Fr 10–19.30 Uhr, Sa 10–18 Uhr, So 11–18 Uhr, geschlossen 24. und 31. Dezember ab 16 Uhr und am 25. Dezember sowie 1. Januar ganz. **Eintritt:** €€€, Familienkarten. **Einrichtungen:** Toiletten, Souvenir-

shop, Imbissmöglichkeit. **Anschrift:** Royal Ontario Museum, 100 Queen's Park, Toronto, ON, Canada M5S 2C6. **Telefon:** (416) 586-5549 und 8000.
Internet: http://www.rom.on.ca/
Anfahrtsbeschreibung: Das Museum liegt in der Innenstadt Torontos. Auf dem Queen Elizabeth Way (QEW) kommend, dem Gardiner Expressway folgen und dann die Avenue Road (York Street) in nördliche Richtung bis zur Kreuzung Bloor Street, an dessen südwestlichen Ecke das Museum liegt.
Im Sommer werden manchmal *Dino Family Sundays* von 13–16 Uhr angeboten, mit Dinosaurier-Kostümen, Ausgrabungen fossiler Knochen, 3-D-Dinosaurier-Puzzles und vielem mehr. Informationen über das Museum. Die Teilnahme ist im normalen Eintrittsgeld enthalten.

PENNSYLVANIA

Carnegie Museum of Natural History, Pittsburgh

In der Dinosaur Hall wird das gesamte Erdmittelalter (Trias, Jura, Kreide) dokumentiert. Die Eingangshalle wird von zwei Dinosaurier-Skeletten aus dem Jura (Diplodocus, Apatosaurus) dominiert. Weitere aufgestellte Saurier-Skelette: Tyrannosaurus Rex, Allosaurus, Stegosaurus, Dryosaurus, Camptosaurus, Corythosaurus, Protoceratops und Coelophysis. Außerdem ist das kompletteste Skelett eines Sauropoden ausgestellt, das bisher je gefunden wurde: ein Camarasaurus.
Ausgestellt sind auch frühere Meeresbewohner (Mosasaur und Ichthyosaur), ebenso wie Amphibien, Ammoniten oder Pterosaurier.
Besichtigungsdauer: mindestens 4 Stunden. **Öffnungszeiten:** Di–Sa 10–17 Uhr, So 13–17 Uhr. **Eintritt:** €€€. **Einrichtungen:** Toiletten, Souvenirshop, Museumscafé und Fossil Fuels Snack Bar. **Anschrift:** Carnegie Museum of Natural History, 4400 Forbes Ave., Pittsburgh, PA 15213. **Telefon:** (412) 622-3131.
Internet: http://www.clpgh.org/cmnh/
Anfahrtsbeschreibung: Auf der I-376 kommend, am Exit 6 auf die Forbes Ave. in nördlicher Richtung abbiegen.
Bonehunters Quarry – interaktive Fossilien-Ausgrabungsstätte – besuchen, eine Nachempfindung des *Dinosaur National Monument* (Utah), wo Paläontologen dieses Museums seit 1909 Dinosaurier ausgegraben haben.

The Academy of Natural Sciences, Philadelphia

Dieses 1812 gegründete Museum ist das älteste durchgehend geöffnete Institut der westlichen Welt. 1868 wurde hier weltweit das erste Dinosaurier-Skelett aufgebaut, ein Hadrosaurier. Seit Juni 1997 hat ein in Argentinien gefundener Giganotosaurus (Foto 32) die Herrschaft über die *Academy's Dinosaur Hall* angetreten, die bis dahin ein Tyrannosaurus Rex inne hatte. Beide lebten zu verschiedenen Zeiten. Niemals zuvor wurde dieser Schwergewichtschampion als komplettes Skelett aufgebaut. Der Kopf allein ist 1,80 Meter groß.
Nicht nur für Kinder geeignet ist die größte Grabungsstätte aller Museen. Auch eine Ausgrabungsausrüstung wird gestellt. Man darf verschiedene Dinosaurier-Fossilien anfassen, u. a. einen Zahn von Tyrannosaurus Rex und ein Horn von Triceratops.
Insgesamt sind mehrere Skelette aufgebaut: Chasmosaurus, Corythosaurus (Foto 13), Deinonychus, Giganotosaurus, Hadrosaurus, Tyrannosaurus Rex, Tenontosaurus und Pteranodon sowie meeresbewohnende Reptilien: Elasmosaurus, Mosasaur und andere.
Weitere Ausstellungsstücke: Torosaurus (Schädel), Ultrasaurus (Beinknochen), Diplodocus (Beinknochen), Deinonychus (Bronzestatue), Apatosaurus (Modell), Stenonychosaurus (Modell); außerdem Dinosaurier-Filme und vieles mehr.
Besichtigungsdauer: mindestens 3 Stunden. **Öffnungszeiten:** Mo–Fr 10–16.30 Uhr, Sa–So und in den Ferien 10–17 Uhr, geschlossen Thanksgiving, Christmas und New Year's Day. **Eintritt:** €€€. **Einrichtungen:** Toiletten, Souvenirshop. **Anschrift:** The Academy of Natural Sciences, 1900 Benjamin Franklin Parkway, Philadelphia, PA 19103. **Telefon:** 215-299-1000.
Internet: http://www.acnatsci.org/
Anfahrtsbeschreibung: Von der I-95 auf die I-676 fahren und an der Abfahrt Ben Franklin Parkway in südöstlich in Richtung Logan Circle fahren. Die Academy ist das rote Backsteingebäude Ecke Race Street und 19th Street. Man wird von einer Dinosaurier-Statue begrüßt.
Weitere Ziele: *Carnegie Museum of Natural History* und *National Museum of Natural History* in Washington D.C.

T Kinder und Jugendliche sollten *The Big Dig* (Museums-Ausgrabungsstätte) nicht versäumen. Den Museumsladen besuchen.

? Die (sehr selten rekonstruierten) verknöcherten Sehnen von Corythosaurus (Foto 10).

SASKATCHEWAN (KANADA)

T-Rex Disvovery Centre, Eastend

Das gerade neu eröffnete T-Rex Disvovery Center ist das Heim von »Scotty«, einem Tyrannosaurus Rex, der in der Nähe zusammen mit anderen hier ausgestellten Fossilien gefunden wurde.
Man kann den Paläontologen bei der Arbeit in dem neu eingerichteten Laboratorium zusehen. Es werden regelmäßig Führungen durchgeführt, die 30 bis 60 Minuten dauern.

Das T-Rex Discovery Center bietet vom 1. Juli bis Labour Day geführte Touren zu einer aktiven Ausgrabungsstätte an, in der 65 Millionen Jahre alte Fossilien gefunden werden. Die Fahrt dauert ungefähr 3 Stunden und beginnt täglich jeweils um 9, 12 und 15 Uhr. Vorausbuchung wird empfohlen.

Sehr empfehlenswert ist die aktive Teilnahme an Ausgrabungen. Man kann einen, mehrere Tage oder auch eine ganze Woche teilnehmen. Zusammen mit den Paläontologen gräbt man nach Fossilien. Man muss sich morgens um 8.30 Uhr am *T-Rex Discovery Center* einfinden und kommt gegen 16 Uhr zurück. Dieses Programm läuft vom 1. Juli bis 31. August. Geringe Kosten, aber Kinder unter 10 Jahren dürfen nicht teilnehmen. Nähere Informationen über das *T-Rex Discovery Center*.

Besichtigungsdauer: mindestens 30 Minuten. **Öffnungszeiten:** täglich geöffnet. **Öffnungszeiten** beim T-Rex Discovery Center erfragen. **Eintritt:** €€. **Einrichtungen:** Toiletten. **Anschrift:** T-Rex Discovery Center, ATTN Joan Hodgins, Public programs, Box 520, Eastend, SK Canada S0N 0T0. Information über Eastend Community Tourism Authority Inc. (ECTA), Eastend, Saskatchewan, Canada. **Telefon:** ECTA: (306) 295-4009. **Fax:** (306) 295-4702.

Internet: http://www.dinocountry.com/

Anfahrtsbeschreibung: über ECTA erfragen.

Weiteres Ziel: *Royal Saskatchewan Museum* in Regina mit »Megamunch«, dem animierten Modell eines Tyrannosaurus Rex in halber Lebensgröße. Diese Tiere waren vor 65 bis 70 Ma in dieser Gegend beheimatet. Außerdem sind Fossilien von Mosasaur, Edmontosaurus und Triceratops ausgestellt. Wertung des Museums: Zwei von sechs Dinosauriern.

Jeden Dienstag- und Donnerstagabend werden von 18.30 bis 20.00 Uhr kostenlos Aktivitäten für die ganze Familie angeboten. Da das *T-Rex Discovery Center* neu ist, neue oder zusätzliche Angebote erfragen.

SOUTH DAKOTA

Museum of Geology, Rapid City

Die Sammlung umfasst 250 000 Fossilien von Wirbeltieren und 6 000 Mineralien mit dem Schwergewicht auf örtliche Funde aus den Black Hills. Neben Säugetieren aus den White River Badlands sind marine Reptilien und Dinosaurier – aus den Zeitaltern Jura und Kreide – ausgestellt. Aufgebaut sind: Edmontosaurus, Mosasaurus (Abbildung), Plesiosaurus. Neu sind Replikate der Skelette eines Camptosaurus und Allosaurus. Außerdem Schädel von Triceratops, Tyrannosaurus Rex und Iguanodon. Umfassend ist die Sammlung kreidezeitlicher mariner Wirbeltiere.

Insgesamt wird die geologische Geschichte der vergangenen 2,5 Milliarden Jahre dieser Gegend und kulturelle Entwicklung dokumentiert.

Besichtigungsdauer: mindestens 50 Minuten. **Öffnungszeiten:** vom Memorial-Day-Wochenende bis Labor Day: Mo–Sa 8–18 Uhr, So 12–18 Uhr, restliche Zeit (akademisches Jahr): Mo–Fr 8–17 Uhr, Sa 9–19 Uhr, So 13–16 Uhr, geschlossen Thanksgiving, Christmas, New Year's Day und Ostern. **Eintritt:** €€€. **Einrichtungen:** Toiletten, Souvenirshop, Imbissmöglichkeit. **Anschrift:** Museum of Geology, 501 E. St. Joseph Street, Rapid City, SD 57701. **Telefon:** (605) 394-2467 oder (800) 544-8162.

Internet: http://www.sdsmt.edu/services/museum/

Anfahrtsbeschreibung: Von der Interstate I-90 im östlichen Teil von Rapid City in südliche Richtung auf den West Blvd. oder die E. North Street abbiegen. In östlicher Richtung auf der Main Street bzw. St. Joseph Street bis zum Museum fahren.

Weitere Ziele: Das *Black Hills Institute of Geological Research* in Hill City besitzt nur wenige Dinosaurier-Fossilien, aber das aufgebaute Skelett eines jugendlichen Entenschnabelsauriers. Es wird derzeit ein Tyrannosaurus präpariert.

Der *Dinosaur Park* in Rapid City ist der älteste Park in den Vereinigten Staaten, der Dinosaurier-Nachbildungen im Freien zeigt. Aufgestellt sind mehrere ungefähr lebensgroße Beton-Dinosaurier. Wertung: Zwei von sechs Dinosauriern.

In der Nähe befinden sich das Agate Fossil Beds National Monument in der Nähe von Gering und Mammoth Site in Hot Springs. In dem einen Park werden diverse an einem Wasserloch gestorbene Säugetiere (Kamele, Pferde, Rhinozerosse) und in dem anderen Mammuts (sehr empfehlenswert) gezeigt, wie sie in situ gestorben sind. Außerdem gibt es jede Menge Fossilien (von vor 37 bis vor 23 Millionen Jahre) in situ im Badlands National Park nahe Interior zu sehen.

TEXAS

Creation Evidence Museum, Glen Rose

Dieses Museum ist ein Insidertipp und in keinem Reiseführer verzeichnet. Denn seit 1908 werden im Gebiet von Glen Rose menschliche Fußabdrücke neben solchen von Dinosauriern in denselben geologischen Schichten aus der Kreidezeit gefunden. Nach der Evolutionstheorie trennen die Existenz von menschlichen Wesen und Dinosauriern allerdings ungefähr 60 Millionen Jahre. Solche Spuren müssten also Fälschungen darstellen. Das Museum gehört so genannten Kreationisten, also gläubigen Menschen, die wortwörtlich an die Bibel glauben und damit an den Sechs-Tage-Schöpfungsrhythmus.
Das bisherige kleine Museum wird durch einen Neubau ersetzt, der bei Drucklegung dieses Buches noch nicht fertig war. Im Museum sieht man besondere Funde, u. a. ein Stück originales Kalkgestein mit einem dreizehigen Dinosaurier-Abdruck, in dem sich der Abdruck eines menschlichen Fußes mit allen fünf Zehen befindet. Es ist zu empfehlen, nach einer Führung zu fragen. Auch das *Somervell County Museum* besuchen.
Vom Museum aus werden jedes Jahr Ausgrabungen veranstaltet, an denen man auch mit Kindern teilnehmen kann. Sie finden auf Privatbesitz der McFall-Ranch statt, die nur wenige Kilometer entfernt am Paluxy River liegt (im Museum wegen Besichtigung fragen). Der Autor hat 1996 selbst an solchen Ausgrabungen teilgenommen, die meistens eine Woche dauern. Vorsicht, es wartet auch harte Arbeit auf den Teilnehmer!
Im Juni 2000 wurden 19 neue Dinosaurier-Spuren (siehe Foto 45) freigelegt. Der gesamte Pfad beinhaltet 136 hintereinander laufende Spuren, unterbrochen von 10 Metern erodierten Felsens, bevor wieder 21 Spuren erhalten sind.
Besichtigungsdauer: im Museum mindestens 60 Minuten (mit Führung), 45 Minuten auf der McFall-Ranch. **Öffnungszeiten:** Di–Sa 10–16 Uhr. **Eintritt:** €, Familienkarte. **Einrichtungen:** Toiletten, Souvenirshop. **Anschrift:** Creation Evidence Museum, P.O. Box 309, Glen Rose, Texas 76043-0309. **Telefon:** (254) 897-3200. **Fax:** (254) 897-3100.
Internet: http://www.creationevidence.org/
Anfahrtsbeschreibung: Glen Rose liegt am Highway 67 südwestlich von Fort Worth. Von Dallas aus die I-35W südlich fahren. Dann dem Highway 174 und schließlich dem Highway 67 bis Glen Rose folgen. Am hinteren Ortsrand rechts in die FM 205 in Richtung *Dinosaur Valley State Park* abbiegen. Man kommt an dem *Creation Evidence Museum* vorbei, das rechter Hand liegt.

Gemeinsame Spuren von Menschen und Dinosauriern. Im Museum gibt es einen fossilen Hammer (Beschreibung in »Darwins Irrtum«), der in 140 Millionen Jahre altem Sandstein steckt, also nach geologischer Datierung aus der Ära der Dinosaurier (Mesozoikum) stammen müsste.

Im Museum kann man eine Kopie des fossilen Hammers kaufen, der in »Darwins Irrtum« beschrieben ist. An Ausgrabungen teilnehmen bzw. die McFall-Ranch mit den Dinosaurier-Spuren am Ufer des Paluxy River besuchen. In der Nähe gibt es ein Restaurant mit riesigen Steaks (im Museum fragen).

Dinosaur Valley State Park, Glen Rose

In diesem Park sind mit die besten Spuren von Dinosauriern aus der Kreidezeit, zwischen 105 bis 140 Millionen Jahre alt, in situ erhalten. Sie sind überall im Fluß und in den Uferböschungen zu finden. Man kann sich mit zwei lebensgroßen Modellen eines Acrocanthosaurus (fast 13 Meter groß) und Pleurocoelus (21 Meter lang) fotografieren lassen (Foto 27). Sie waren ursprünglich auf der World's Fair 1964–65 in New York ausgestellt.
Von hier stammen der Pfad zweier anscheinend kämpfender Dinosaurier (Foto 29), dessen Originalabdrücke jetzt im ➤ Texas Memorial Museum in Austin zu sehen sind. Im Visitor Centor gibt es ein Bild über diese Szene. Es gibt weitere interessante Erklärungen über die damaligen Bedingungen dieses Gebiets, denn es befand sich am Rande des damals bis hierhin reichenden Ozeans.
Besichtigungsdauer: mindestens 120 Minuten. **Öffnungszeiten:** Der Park ist durchgehend geöffnet. Man kann hier auch campen. Das Visitor Center ist täglich von 8–17 Uhr geöffnet. **Eintritt:** pro Auto €€. **Einrichtungen:** Toiletten, Souvenirshop. **Anschrift:** Box 396, Glen Rose, TX 76043. **Telefon:** (254) 897-4588.
Internet: http://www.texasoutside.com/glenrose/dinosaurvalleysp.htm
Anfahrtsbeschreibung: Glen Rose liegt am Highway 67 südwestlich von Fort Worth. Von Dallas aus die I-35W südlich fahren. Dann dem Highway 174 und schließlich dem Highway 67 bis Glen Rose folgen. Am hinteren Ortsrand rechts in die FM 205 in Richtung Dinosaur Valley State Park abbiegen. Man kommt an dem ➤ Creation Evidence Museum vorbei, das rechter Hand liegt.
Weiteres Ziel: Versteinerte Spuren gibt es auch im San Angelo State Park, 3900 – 2 Mercedes, San Angelo TX 76901. Telefon: (915) 949-4757.

Fort Worth Museum of Science & History, Fort Worth

Ausgestellt sind neben Dinosaurier-Eier aus Texas: Acrocanthosaurus (Oberschenkelknochen und Schwanzwirbelknochen), Pleurocoelus, Tenontosaurus, Phytosaurier (Schädel), Hypsilophodon (Teil des Skeletts, Hinterbein), Nodosaurier, Hadrosaurier (Schädelabguss), Chasmosaurus (Horn, Halskrause), Pterosaur, Quetzalcoatlus (Abguss) und Tyrannosaurus Rex (Schädelabguss). Neben einem aufgebauten Tenontosaurus, der in der Nähe von Fort Worth in Weatherford gefunden wurde, attackiert ein Allosaurus in einer dramatischen Szene einen pflanzenfressenden Camptosaurus in der Eingangshalle. Lebensgroße Modelle: Acrocanthosaurus und Tenontosaurus. Siehe auch allgemeine Hinweise unter *Dallas Museum of Natural History*.

Aus Anlass des von Wissenschaftlern des Museums entdeckten Tenontosaurus wurde 1988 »DinoDig« eingerichtet. Es handelt sich um die unter freiem Himmel nachgebildete Ausgrabungsstätte auf dem Museumsgelände. Man kann sich wie ein echter Paläontologe betätigen und Dinosaurier-Knochen ausgraben. Mehrere unterschiedliche Bereiche bieten unterschiedliche Schwierigkeitsgrade. Die Größe der auszugrabenden Knochen reicht von einem 5 Zentimeter großen Wirbelknochen bis hin zum einen 1,80 Meter großen Beinknochen eines großen Sauropoden. Die Ausgrabungsstätte enthält Abgüsse der Knochen des Schwanzes, der Wirbelsäule sowie den Schädel.

Besichtigungsdauer: mindestens 30 Minuten im Museum, den Rest des Tages im »DinoDig«. **Öffnungszeiten:** Mo–Do 9–17.30 Uhr, Fr–Sa 9–20 Uhr, So 12–17.30 Uhr, geschlossen Thanksgiving Day, Christmas Eve und Christmas Day. **Eintritt:** €€€. **Einrichtungen:** Toiletten, Souvenirshop, Courtyard Cafe. **Anschrift:** 1501 Montgomery Street, Fort Worth, Texas 76107. **Telefon:** (817) 255-9300, gebührenfrei (888) 255-9300.

Internet: http://www.fwmuseum.org/

Anfahrtsbeschreibung: Von der I-30 in die Montgomery Street abbiegen und dieser 3 Meilen in westlicher Richtung bis Downtown Fort Worth folgen. Das Museum liegt eine Meile nördlich an der Montgomery Street.

Weitere Ziele: *Creation Evidence Museum*, *Dinosaur Valley State Park*, *Dallas Museum of Natural History* (Wertung: drei Dinosaurier).

Die ausgezeichneten Dinosaurier-Gemälde von Karen Carr bewundern, die die Fauna des Erdmittelalters zum Leben erwecken.

Houston Museum of Natural Science, Houston

In der *Museum's Hall of Palaeontology* gibt es mehr als 450 echte Fossilien und Nachbildungen aus der 3,5 Milliarden Jahre dauernden Geschichte des Lebens auf der Erde. Die Entwicklung von den Trilobiten bis zum König der Dinosaurier, dem Tyrannosaurus Rex, ist hier dokumentiert.

Fast alle Dinosaurier-Skelette in allen Museen der Welt sind nicht vollständig, sondern Kompositionen aus originalen und nachgefertigten Knochen. Der im Houston Museum ausgestellte Diplodocus besteht zu 60 Prozent aus Originalteilen. Dieses Skelett wurde Anfang des 20. Jahrhunderts aus der Morrison-Formation in Wyoming geborgen und 1975 hier im Museum aufgebaut.

Weitere Exponate: Hadrosaurus, ein 9 Meter langer Triceratops aus den Badlands im Südwesten North Dakotas, ein Quetzalcoatlus – ein fliegendes Reptil mit fast 11 Metern Flügelspannweite. Das Huston Museum besitzt seit 1993 zwei Skelette von Edmontosaurus, die in der Hell Creek Formation in North Dakota gefunden wurden. Das kleinere Skelett besitzt zu 95 Prozent und das größere zu 75 Prozent Originalknochen. Ein ausgewachsener Hadrosaurier besaß über 1 000 Zähne.

Außerdem gibt es in diesem großen Museum neben jüngeren Säugetierfunden u. a. noch viele Exponate aus der Dinosaurier-Ära zu sehen, z. B. eine Rekonstruktion eines Ankylosaurus oder ein Wandgemälde, das Leben im Erdmittelalter darstellend.

Das Houston Museum of Natural Science bietet ein umfassendes Angebot: Planetarium, IMAX-Theater, Butterfly Center mit lebenden Schmetterlingen, Mineralienausstellung und vieles mehr.

Besichtigungsdauer: mindestens 2 Stunden. **Öffnungszeiten:** Mo–Sa 9–18 Uhr, So 11–18, geschlossen Christmas Day, Thanksgiving Day und den ersten Sonntag im März. **Eintritt:** €€€, Dienstag freier Eintritt nach 14 Uhr. **Einrichtungen:** Toiletten, Souvenirshop, Imbissmöglichkeit (McDonalds). **Anschrift:** The Houston Museum of Natural Science, One Hermann Circle Drive, Houston, TX 77030. **Telefon:** (713) 639-4629 (allgemein) und (713) 639-4629 (Karten).

Internet: http://www.hmns.org/

Anfahrtsbeschreibung: Das Museum befindet sich im *Hermann Park* gegenüber dem *Miller Outdoor Theater*. Von der I-600 Loop zum Highway 59 und dann in östlicher Richtung bis zur Abfahrt »Fannin«. Bei der Abfahrt in die zweite Spur von links einordnen und dann bis zum Hermann Park fahren. Das Museum ist das erste Gebäude auf der linken Seite des Parks.

Freiwillige Helfer arbeiten in allen Abteilungen, als Führer oder auch hinter den Kulissen. Informationen für Interessierte unter (713) 639-4656.

Texas Memorial Museum, Austin

In einem kleinen Gebäude ist der Originalpfad von zwei Sauriern ausgestellt, der aus dem Bett des Paluxy Creek fünf Meilen nördlich von Glen Rose herausgestemmt wurde. Entdeckt wurden diese versteinerten Spuren 1939 von Roland T. Bird vom *American Museum of Natural History*. Sie gehören zu den besten Abdrücken, die je entdeckt wurden. Es handelt sich einerseits um einen 9 Meter langen theropoden Dinosaurier und anderseits einen 18 Meter langen Sauropoden. Computeranimation sollen ergeben haben, dass ein Kampf stattfand. Aus diesem Grund wurde dieser einmalige Pfad international berühmt.
1971 wurde im heutigen *Big Bend National Park* in West Texas ein 65 Million Jahre alter Quetzalcoatlus mit einer imponierenden Flügelspannweite von 12 Metern entdeckt, den man in Flughaltung bewundern kann (siehe: *Houston Museum of Natural Science*).
Der *Onion Creek-Mosasaur* gehört zu den größten je gefundenen Mosasauriern. Das 9 Meter lange Skelett wurde 1934 von Geologiestudenten der *University of Texas* entdeckt. Der Kopf allein ist 1,40 Meter hoch.
Außerdem sind neben einem Dimetrodon, Erypos und Glyptodon einige Knochen eines Diplodocus und die Schädel von Tyrannosaurus sowie Eucentrosaurus ausgestellt.
Besichtigungsdauer: mindestens 30 Minuten. **Öffnungszeiten:** Mo–Fr 9–17 Uhr, Sa 10–17 Uhr, So 13–17 Uhr, geschlossen an den Feiertagen. **Eintritt:** frei, Spende erwünscht. **Einrichtungen:** Toiletten, Souvenirshop, Imbissmöglichkeit. **Anschrift:** Texas Memorial Museum, University of Texas, 2400 Trinity, Austin, TX 78705. **Telefon:** (512) 232-5504 und (512) 232-1604.
Internet: http://www.utexas.edu/depts/tmm/
Anfahrtsbeschreibung: Das Museum liegt auf dem Gelände der University of Texas, 2 Blocks nördlich des Memorial Stadium. Von der I-35 die Ausfahrt 26th Street nehmen und westwärts fahren. Links in den East Campus Drive, dann in die 23rd Street rechts abbiegen und in die Trinity wiederum rechts abbiegen. Das Museum befindet sich links von der Straße.
Weitere Ziele: *Creation Evidence Museum*, *Dinosaur Valley State Park*.

Fragen Sie beim *Vertebrate Palaeontology Laboratorium* nach einer Liste mit über 50 Fundorten von Dinosaurier-Spuren in Texas.

UTAH

BYU Earth Science Museum, Provo

Das *BYU* (= Brigham Young University) *Earth Science Museum* besitzt weltweit eine der umfangreichsten Sammlungen – über 10 000 Knochen – jurassischer Dinosaurier, die aus den in der Nähe liegenden Fundorten (siehe dort) *Dry Mesa* (Colorado), *Dalton Wells* (Utah) und *Cleveland-Lloyd* (Utah) stammen. Allerdings sind viele Funde nicht ausgestellt. Der Hauptteil der Kollektion lagert in unterirdischen Hallen unter dem Football Stadium und wartet auf wissenschaftliche Untersuchungen. Trotzdem sind in diesem Museum einige der besten Dinosaurier-Fossilien zu bewundern.

Einzigartig ist ein Schädel, bei dem nur zwei Hörner anstatt drei wie beim Triceratops vorhanden sind. Deshalb könnte für diesen seltsamen Fund die Bezeichnung »Diceratops« (Foto 6) gewählt werden. Die im Schädel enthaltenen Öffnungen sollten nach ursprünglichen Überlegungen auf Krankheiten oder schlechte Konservierung während der langen Lagerung hindeuten. Inzwischen wurde aber festgestellt, dass es sich um natürliche Elemente des Schädels handelt.

Voll aufgebaut sind die Skelette eines Camptosaurus, Allosaurus, Nanosaurus, Edaphosaurus sowie ein Dimetrodon. Außerdem sind ein Pterodactyl und Ichthyosaur vorhanden. Jim Jensen und Kenneth Stadtman entdecken 1972 zwei neue Dinosaurier, von denen Knochen ausgestellt sind: ein 10 Meter langer fleischfressender Torvosaurus und ein 31 Meter langer pflanzenfressender Supersaurus, die im Oberjura lebten. Das Museum besitzt das kompletteste Skelett eines Torvosaurus. Beide Saurier wurden im *Dry Mesa Quarry* im Westen Colorados gefunden, in dem BYU-Wissenschaftler seit über 20 Jahren arbeiten.

Zu beachten sind die sehr gut rekonstruierten Bauchrippen bei dem Allosaurus-Skelett, da diese sehr selten gezeigt werden (siehe auch Foto 2). Neben den Schädeln eines Tyrannosaurus Rex und eines Dinosuchus – einem Krokodil aus dem Erdmittelalter – sind Knochen eines Apatosaurus vorhanden, die Beißspuren eines Allosaurus aufweisen.

Weitere sehenswerte Exponate:

- Ein 150 Millionen Jahre altes jurassisches Dinosaurier-Ei mit dem ältesten bekannten Dinosaurier-Fötus.
- Dinosaurier-Hautabdrücke aus Utah.
- Ein wunderschöner Palmwedel sowie fossile Fische aus dem *Green River Shale* (Schiefer).
- Ein 6 mal 3 Meter großes, das Leben im späten Jura darstellendes Wandgemälde.

Durch eine Glaswand kann man in eines der aktivsten paläontologischen Labors der Welt sehen und die Wissenschaftler bei der Arbeit beobachten.

Besichtigungsdauer: mindestens 100 Minuten. **Öffnungszeiten:** Mo 9–21 Uhr (im Sommer eventuell nur bis 17 Uhr), Di–Fr 9–17 Uhr, Sa 10–17 Uhr, So 13–17 Uhr, im Sommer eventuell sonntags geschlossen, geschlossen auch an den Feiertagen. **Eintritt:** Spende. **Einrichtungen:** Toiletten, Imbissmöglichkeit. **Anschrift:** 1683 North Canyon Road in Provo, Utah, **Briefadresse:** BYU Earth Science Museum, PO Box 23300, Provo, UT 84602-3300. **Telefon:** (801) 378-3680. **Fax:** (801) 378-7919.

Internet: http://cpms.byu.edu/ESM/

Anfahrtsbeschreibung: Provo liegt 45 Meilen südlich von Salt Lake City an der I-15. Man nimmt »Exit 272« auf der I-15, fährt ostwärts auf der 1200 S., die zum University Parkway wird. Das Museum befindet sich gegenüber dem *BYU Football Stadium*, an dem man links in die North Canyon Road einbiegen muss.

Weitere Ziele: *College of Eastern Utah Prehistoric Museum*, *George S. Eccles Dinosaur Park*, *Utah Museum of Natural History*, *Dinosaur National Monument*.

Wie versteinert ein Ei mit einem Fötus, ohne zu verfaulen? (Siehe Foto 51).

Cleveland-Lloyd Dinosaur Quarry, nahe Price

Der Spitzname für diesen Steinbruch (englisch: quarry) lautet »Dinosaur Department Store« (Dinosaurier-Warenhaus) und ist bekannt für die schieferfarbenen (schwarzen) Skelette. Neben Dinosaurier-Eiern wurden hier seit 1929 ungefähr 12 000 Knochen ausgegraben. Es wurden 30 komplette Skelette und Knochen von insgesamt 70 verschiedenen Tieren, die 14 verschiedenen Spezies zugeordnet werden, entdeckt. Vor Ort wird auf Anfrage bestätigt, dass viele Knochen noch nicht bestimmten Dinosaurierarten zugeordnet werden konnten, da insgesamt ein riesiges Knochen-Wirrwarr gefunden wurde. Über 60 Dinosaurier-Skelette – Abgüsse und Originale – wurden in über 60 Museen der ganzen Welt von Paris (Frankreich) bis Osaka (Japan) versandt.

Dieser Fundort ist weltweit bekannt für Dinosaurier aus dem Oberjura (ungefähr 147 Millionen Jahre alt), insbesondere für das Vorkommen von Allosauriern. Außerdem fand man: Stegosaurus, Camarasaurus und Camptosaurus. Mitte der Siebzigerjahren wurden von James H. Madsen Jr. auch zwei

zuvor nicht bekannte Dinosaurier beschrieben: Stokesosaurus und Marshosaurus.
Im Besucherzentrum gibt es eine aufgebaute Skelett-Rekonstruktion mit schwarzen Knochen, aber auch andere Knochen und Dinosaurier-Spuren. Es gibt eine separate Halle, die den Fundort überdacht. Man kann dort noch fossile Dinosaurier-Knochen in ihrer ursprünglichen Lage an der Ausgrabungsstätte sehen. Es ist auch eine Übersichtstafel vorhanden.
Besichtigungsdauer: mindestens 60 Minuten. **Öffnungszeiten:** von Ostern bis Memorial Day Sa–So 10–17 Uhr (Zufahrt wetterabhängig), von Memorial Day bis Labor Day täglich von 10–17 Uhr, nähere Informationen Tel. (435) 637-4584. **Eintritt:** €. **Einrichtungen:** Toiletten, Souvenirshop. **Anschrift:** Price District Office, 125 S. 600 W., Price, Utah 84501. **Telefon:** (435) 636-3600 und (435) 637-4584.
Internet: http://www.utah.com/places/public_lands/cleveland_lloyd.htm
Anfahrtsbeschreibung: Dieser Steinbruch befindet sich 30 Meilen südlich von Price mitten in unwegsamen Gelände. Die letzten Kilometer muss man auf einer Piste fahren. Für die Anfahrt reicht aber ein normales Auto aus, falls es das Wetter zulässt. Von Price aus der Route 10 South ungefähr 14 Meilen folgen, dann links auf die Route 155 abbiegen und Richtung Elmo folgen. Am Ende der geteerten Straße den Dinosaurier-Hinweisschildern folgen.

G Dieses Gebiet soll vor 150 Millionen Jahren ein flacher See gewesen sein. Möglicherweise sind Hunderte von Sauriern an dieser Wasserstelle gestorben, die eine Schlammfalle gewesen sein könnte: Immer mehr Tiere versanken im Matsch. Diese Wasserstelle soll dann ausgetrocknet sein, Vulkanasche legte sich darüber, und die Knochen blieben so lange im Matsch erhalten, bis sie schließlich langsam versteinerten. Bei diesen Prozessen entstand angeblich dieser komplexe Wirrwarr von Knochen, wie Ölsardinen in einer Büchse. Für Versteinerungsprozesse sind geochemische Abläufe (Druck und Hitze) erforderlich. Woher, wodurch und wann kamen diese Einflüsse vor knapp 150 Millionen Jahren, als die Dinosaurier im Schlamm versunken waren?
Weiteres Ziel: *College of Eastern Utah Prehistoric Museum* (Price).

T *Raptor Point:* Es lohnt sich, zu Fuß zu diesem Aussichtspunkt zu gehen. Man hat eine herrliche Übersicht über das jurassische Utah.

Man hat verschiedene Besichtigungsmöglichkeiten: *Quarry Walk:* Der Weg beginnt am Visitor Center und dauert 20 bis 30 Minuten. Er führt zu der überdachten Ausgrabungsstätte. *Rock Walk Nature Trail:* Eine einstündige unbegleitete Erkundung des unmittelbar angrenzenden Gebiets, während der man an diversen Besichtungspunkten vorbeigeführt wird. Auch wenn man etwas klettern muss, lohnt sich dieser Ausflug. Man sieht Dinosaurier-Spuren »in situ«, aber anders als man erwartet: unter einer harten Felsschicht über einer weichen Schicht. Der Dinosaurier lief durch weichen Matsch, der auch heute noch mehr sandig-lehmig, aber nicht fest ist, und hinterließ die Spuren. Auf dieser weichen Schicht bildete sich Kalk- oder Sandgestein und füllte die Spuren aus. Auch sind Dinosaurier-Knochen in situ zu sehen (Führer fragen). Nach der Erfahrung des Autors begleitet Sie ein Ranger auf dieser Tour und erklärt alles, wenn Sie danach fragen (kostenlos, Spende erwünscht). *Track Tour:* Die Ranger fragen.

College of Eastern Utah Prehistoric Museum, Price

In diesem ausgezeichneten Museum gibt es zwei Hallen mit prähistorische Funden.
Aufgebaut ist ein Allosaurus, der zu 80 Prozent aus echten Knochen besteht. »Al« (siehe Bild) wurde von dem einheimischen Geologen Don Burge 1961 in dem nahe gelegenen Steinbruch *Cleveland-Lloyd Dinosaur Quarry* entdeckt. Interessant sind die sehr selten rekonstruierten Bauchrippen an der Unterseite des Körpers (siehe auch Foto 2).
Als der Film *Jurassic Park* in den Kinos anlief, entdeckten die CEU Museum Quarry Crew in einem Steinbruch (englisch: quarry) nahe Moab (Utah) einen sensationellen Fund, der weltweit Aufmerksamkeit erregte: ein Utahraptor (»Utah's Predator«), der dem fiktiven gigantischen Velociraptor aus Jurassic Park Konkurrenz machen kann (Foto 48). Diese angebliche »Killermaschine« stammt aus der Kreidezeit und ist der erste Fund dieser Art überhaupt. Dieses Monster ist sechs Meter lang und besaß sichelförmige Klauen mit einer Länge von 30 Zentimeter.
Ausgestellt sind auch pflanzenfressende Saurier: Camptosaurus, Camarasaurus, Chasmosaurus, Gastonia, Prosaurolophus und ein Stegosaurus.
Besichtigungsdauer: mindestens 70 Minuten. **Öffnungszeiten:** Mo–Sa 9–18 Uhr, geschlossen sonntags und an Feiertagen (Thanksgiving Day, Christmas Day, etc.). **Eintritt:** gering. **Einrichtungen:** Toiletten, Souvenirshop. **Anschrift:** College of Eastern Utah, Prehistoric Museum, 155 East Main, Price, UT 84501, **Briefadresse:** 451 East 400 North, Price, UT 84501.
Telefon: (435) 637-5060.
Internet: http://www.ceu.edu/museum/index.htm
Anfahrtsbeschreibung: Price liegt 119 Meilen südlich von Salt Lake City. Von dort über die I-15 South zum Highway 6 fahren und diesen auf dem Exit 240 oder 243 verlassen und den Hinweisschildern zum Museum folgen.
Weiteres Ziel: *Cleveland-Lloyd Dinosaur Quarry.*

Die Ausstellung über die Fremont Kultur besuchen. Diese prähistorischen Indianer siedelten ungefähr von 400 bis 1300 n. Chr. in Utah. Interessant ist das *Huntington Canyon Mammoth Skeleton.* Dieses nordamerikanische Mammut columbi (Columbian mammoth) wurde in einer Höhenlage von 2 700 Metern gefunden. Eigentlich handelt es sich um ein Steppentier. Es besitzt kurzes graues Haar, ähnlich wie unsere modernen Elefanten. Das vor 11 500 gestorbene Tier konnte zu 98 Prozent von dem Museumspersonal geborgen werden.

Dinosaur National Monument, nahe Dinosaur

Das Dinosaur National Monument bietet viele Möglichkeiten der Freizeitgestaltung. Absoluter Höhepunkt ist das Besucherzentrum Quarry Visitor Center. Hier befindet sich eines der spektakulärsten Besichtigungspunkte von Dinosauriern auf der ganzen Welt. Beim Betreten des Gebäudes merkt man, dass das Gebäude einen ganzen Berghang enthält. Dieser Steinbruch (englisch: quarry) mit fossilen Knochen ist das Kernstück des Parks. Im Visitor Center befinden sich zwei Stockwerke. Vom oberen aus hat man einen hervorragenden Blick über den Steinbruch, und außerdem sind Schautafeln zur Erläuterung vorhanden. Im unteren Stockwerk sind Exponate ausgestellt, und man kommt bis direkt an die Sandsteinwand mit den fossilen Knochen heran. Man sollte zuerst in das Obergeschoss und dann die ganze Halle entlanggehen. Am Ende befindet sich eine Treppe nach unten, und man kommt an verschiedenen Dinosaurier-Exponaten vorbei wieder zum Ausgangspunkt zurück.
Besucher können den Paläontologen bei der Arbeit mit elektrischen Spezialhämmern zusehen. Handwerkzeuge – von der Spitzhacke bis zum Spitzmeißel – werden für die Feinarbeit an den Fossilien eingesetzt. Es dauert manchmal Stunden bis mehrere Wochen, bis ein Knochen freigelegt ist.
Die Knochenfunde von Sauropoden überwiegen, aber es kommen auch Stegosaurier-Fossilien häufig vor. Zu den Raritäten unter den Fossilien zählen Dinosaurier-Schädel, die über zwei Dutzend zerbrechlicher Knochen enthalten. Als besondere Kostbarkeit erwies sich ein Camarasaurus-Schädel, den man 1977/78 freilegte. Man fand mehrere Knochen, die man vorher bei einem Sauropoden noch nicht gefunden hatte. Es fehlen allerdings immer noch Knochenteile, die darauf warten, entdeckt zu werden. Diese gehören zum Unterkiefer und zum Ohr. Gefunden wurden fast vollständige Skelette eines Apatosaurus, Camarasaurus und Allosaurus. Weitere Fundstücke sind u. a. Knochen von Stegosaurus-Babys, Stegosaurus-Rückenplatten, Hinter-

bein und Oberschenkelknochen vom Sauropod, ein versteinerter Baumstamm und auch Knochen von Diplodocus.
Ausstellungsstücke: Die mit fossilen Knochen gespickte Sandsteinwand; ein lebensgroßes Stegosaurus-Skelett; verschiedene Dinosaurier-Schädel (u. a. eines Allosaurus); maßstabsgerechte Modelle von Apatosaurus, Diplodocus, Camarasaurus und Stegosaurus; die Kopie eines lebensgroßen Camarasaurus, halb eingebettet in solidem Sedimentgestein; diverse Hinweistafeln, Wandgemälde, eine gut sortierte Bibliothek usw.
Besichtigungsdauer: mindestens 2 Stunden. **Öffnungszeiten:** Das Dinosaur National Monument ist als Park ganzjährig immer zugänglich. Das Quarry Visitor Center ist täglich geöffnet außer Thanksgiving, Christmas und New Year's Day. Im Sommer von Memorial Day bis Labor Day geöffnet von 8–19 Uhr. **Eintritt:** Pro Auto hoch. **Einrichtungen:** Toiletten, Souvenirshop, Imbissmöglichkeit. **Anschrift:** Dinosaur National Monument, P.O. Box 4545, Highway 40, Dinosaur, CO 81610-9724 oder Quarry Visitor Center, Box 128, Jensen, UT 84035. **Telefon:** Dinosaur National Monument (970) 374-2216, Quarry Visitor Center (435) 789-2115.
Internet: http://www.areaparks.com/dinosaur/ und
http://www.nps.gov/dino/
Anfahrtsbeschreibung: Das *Dinosaur National Monument* liegt etwa 320 Meilen westlich von Denver und 200 Meilen östlich von Salt Lake City im Grenzgebiet von Utah und Colorado. Der Park besteht eigentlich aus zwei Arealen: *Dinosaur Quarry Area* in Utah und Canyon Area in Colorado, nördlich der U.S. 40, bekannt als *Stegosaurus Highway*. Es gibt zwei Eingänge, jeweils in Jensen und Dinosaur. Für die Besichtigung des *Dinosaur Visitor Quarry* fährt man von Vernal aus 32 Meilen auf dem Highway 40, dann auf den Highway 149 links in nördlicher Richtung abbiegen. Achtung, auf das Hinweisschild am Highway 40 achten, da man den Abzweig leicht übersehen kann. Nach 7 Meilen auf den Parkplatz und nicht weiter in den Park fahren. Man kommt nicht direkt zum *Quarry Visitor Center*. Vom Parkplatz aus fährt man mit einer alle 15 Minuten abfahrenden Zubringerbahn zum *Quarry Visitor Center*. Die Fahrt dauert nur 5 Minuten.
Weiteres Ziel: *Utah Field House of Natural History State Park* in Vernal.

T In dem kleinen Ort Dinosaur befindet sich mitten in der Stadt am Highway 40 ein kleiner unscheinbarer Fossilienladen, der aber eigene Fossilienfunde verkauft. Der Autor konnte hier preisgünstig echte Dinosaurier-Knochen erwerben, siehe *Broken Arrow*, Colorado.

G Auch außerhalb des Parks gibt es viele Dinosaurier-Knochen. Der Autor nahm in der Nähe von Dinosaur (Elk Springs) selbst an der Ausgrabung eines Stegosaurus östlich vom *Dinosaur National Monument* teil. An dieser Fundstätte liegen mehrere Dinosaurier und ein prähistorisches Krokodil in einem kleinen Massengrab begraben (Ausführlich in »Irrtümer der Erdgeschichte«).

George S. Eccles Dinosaur Park, Odgen

Mit dem Besuch in diesen 1993 eröffneten Park unternimmt man eine Zeitreise in das Erdmittelalter, die Ära der Dinosaurier. Insgesamt sind mehr als hundert Dinosaurier aus Trias, Jura und Kreide in der Landschaft Utahs liebevoll aufgestellt. Die lebensgroßen Sauriermodelle sind nach wissenschaftlichen Gesichtspunkten anhand von Skelettfunden rekonstruiert, mit Klauen, Muskeln und Zähnen. Die Farbgestaltung entspricht jedoch reiner Phantasie, denn es gibt keine Funde oder Anhaltspunkte, ob die Haut überhaupt farbig war.
Besonders ausgestellt sind die in Utah gefundenen Triceratops, Utahraptor und Maiasaurus, aber auch ein über 13 Meter langer und 6 Meter hoher Tyrannosaurus Rex. Modelle des Parasaurolophus, Ceratosaurus, Dryosaurus, Camptosarus, Amargasaurus, Baryonyx, Chasmosaurus belli, Dilophosaurus, Gastonia, Leptoceratops, Marshosaurus (siehe Foto 54), Styracosaurus (siehe Foto 55), Triceratops, Zephyrosaurus fehlen nicht.
Auch akustisch sind die Dinosaurier zu vernehmen, wie sie laufen, schreien oder fressen. Neben marinen Kreaturen gibt es auch fliegende Reptilien. Der Schrei des Pteranodons beim Flug wird durch ein hochqualitatives Soundsystem im Park übertragen.
Neu im Park sind zwei animierte Dinosaurier, die miteinander kämpfen, ein Allosaurus greift einen Diplodocus an. Da man einen Allosaurus mit einem gebrochenen Genick gefunden hat, glaubt man, dass der Diplodocus sich durch peitschende Schläge seines langen Schwanzes verteidigt hat.
Für Kinder gibt es ein *Education Center*, wo es Ausstellungen, Bücher und Souvenirs über Dinosaurier gibt. Auch ein Spielplatz ist vorhanden, wo ein Ankylosaurus beklettert oder nach Fossilien gegraben werden kann.
Besichtigungsdauer: mindestens 60 Minuten. **Öffnungszeiten:** 1. bis 31. März: Mo–Sa 10–17 Uhr, 1. April bis 28. Mai: Mo–Sa 10–18, So 12–18 Uhr, 29. Mai bis 3. September: Mo–Sa 10–20 Uhr, So 12–18 Uhr, 4. bis 30. September: Mo–Sa 10–19 Uhr, So 12–18 Uhr, 1. bis 31. Oktober: Mo–Sa 10–18 Uhr, So 12–18 Uhr, im November nur samstags und am 23.11. von 10–17 Uhr. **Eintritt:** €€. **Einrichtungen:** Toiletten, Souvenirshop. **Anschrift:** 1544 East Park Boulevard, Ogden, UT 84401. **Telefon:** (801) 393-DINO.

Internet: http://www.dinopark.org/
Anfahrtsbeschreibung: Die I-15 am Exit 347 verlassen und 5 Meilen ostwärts auf der 12th Street fahren, die zur Canyon Road wird. Kurz bevor man in den Canyon fährt, rechts abbiegen und den Odgen River überqueren. Rechts beginn dann der Park Boulevard. Der Park befindet sich eine halbe Meile westlich der Kreuzung Valley Drive und Park Boulevard.

Johnson's Farm Dinosaurier Tracks, St. George

Dr. Sheldon Johnson entdeckte erst Ende Februar des Jahres 2000 auf seinem Land ungefähr 200 Millionen Jahre alte Dinosaurier-Spuren unter einer 90 Zentimeter dicken Gesteinsschicht aus dem Trias. Es handelt sich nicht um Eindrücke, sondern die wie mit Gips gemachten Abgüsse. Sie hängen also als Positivabdruck unter der Gesteinsschicht, fest mit dem Fels verbunden.
Man fand zwei Sorten von Abdrücken, die von Dilophosaurus und Coelophysis stammen, beides Fleischfresser. Es gibt weitere Abdrücke, die allerdings bisher nicht identifiziert sind.
Für weitere Untersuchungen sind Helfer erwünscht. Bitte mit Linda Sappington's Office in Verbindung setzen: Washington County Volunteer Center, 46 W. St. George Blvd., St. George, UT 84770. Telefon (435) 674-5757, oder St. George Recreation Center, 285 S. 400 Eas, St. George, UT 8477, (435) 634-5860 Amy Shumway.
Besichtigungsdauer: mindestens 10 Minuten. **Öffnungszeiten:** täglich geöffnet von 9–20 Uhr, Sonntags von 16–19 Uhr. **Eintritt:** frei. **Einrichtungen:** keine. **Anschrift:** Johnson's Farm Dinosaur Tracks, 2000 East Riverside Drive, St. George, Utah.
Internet: http://www.dinotrax.com
Anfahrtsbeschreibung: St. George liegt ganz im Südwesten Utahs an der Grenze zu Arizona und Nevada an der I-15. In St. George ostwärts auf dem Foremaster Drive fahren. Nach der Sod Farm auf der rechten Seite durch das erste Tor rechts abbiegen.

Mill Canyon Dinosaur Trail, near Moab

An einem etwa 400 Meter langen unbewachten Weg sind verschiedene Dinosaurier-Knochen (Camarasaurus und Allosaurus) sowie versteinertes Holz bis hin zu einem ganzen Baumstamm im Fels eingeschweißt. Siehe Foto 52.

Besichtigungsdauer: ca. 1 Std. **Öffnungszeiten:** immer offen. **Eintritt:** frei, Fotografieren erlaubt. **Einrichtungen:** keine. **Anschrift:** Bureau of Land Management, Moab Field Office, 82 East Dogwood, P.O. Box 97, Moab, Utah 84532. **Telefon:** (435) 259-6111.
Anfahrtsbeschreibung: Ungefähr 15 Meilen nördlich von Moab biegt man beim Meilenhinweisschild 141 in westlicher Richtung ab und kreuzt einen Schienenstrang. Dem unbefestigten Weg ungefähr zwei Meilen bis zu einem Hinweisschild folgen.

T Am Anfang des Pfads gibt es eine Box mit einem Hinweisblatt. Markierungen entlang des Weges für den Besucher; Fossiliensammeln verboten – Kontrollen.

Potash Road Dinosaur Tracks, nahe Moab

Wer eine kleine Kletterpartie auf sich nehmen will, findet Dinosaurier-Spuren auf einer Felsplatte, die man vom Parkplatz aus sehen kann. Sie liegt knapp unterhalb einer Bergspitze; die Spuren befinden sich in rotem Sandstein der Kayenta Formation (Unterjura) und sollen 200 Millionen Jahre alt sein.
Besichtigungsdauer: mindestens 30 Minuten. **Öffnungszeiten:** immer offen.
Anfahrtsbeschreibung: Man nimmt den U.S. Highway 191 von Moab aus 4 Meilen in nördlicher Richtung. Nach dem Überqueren des Colorado River muss man links auf den Highway 279 abbiegen und fährt am Colorado River ungefähr 4,5 Meilen entlang. Nach einer Rechtskurve kommt auf der rechten Seite ein Parkplatz, auf dem ein Hinweisschild angebracht ist.

T Bei der Fahrt von der Kreuzung der Highways 191 und 279 aus fährt man an senkrechten roten Sandsteinfelsen vorbei. An mehreren Stellen befinden sich sehr gut sichtbare prähistorische Zeichnungen der Anasazi.

Sauropod Dinosaur Tracksite, nahe Moab

Diese Abdrücke von Sauropoden sind die ersten, von denen in Utah berichtet wurde. Sie sind 150 Millionen Jahre alt und befinden sich in einer Morrison-Formation (Jura) nördlich von Moab. Diese Spuren zeigen, dass ein großer Sauropode eine scharfe Wendung machte – ein sehr ungewöhnlicher Fund, da versteinerte Pfade von Sauriern normalerweise geradeaus verlaufen. Insgesamt sind hier vier verschiedene Pfade vorhanden. Es scheint so, als wenn ein Sauropode gehinkt hätte. Aber auch Abdrücke von theropoden Dinosauriern sind vorhanden.

Besichtigungsdauer: mindestens 60 Minuten. **Öffnungszeiten:** immer offen. **Eintritt:** frei. **Einrichtungen:** keine. **Anschrift:** Bureau of Land Management, Moab Field Office, 82 East Dogwood, P.O. Box 97, Moab, UT 84532. **Telefon:** (435) 259-6111.
Internet: http://www.dinosaurweb.com/guide-moab.htm
Anfahrtsbeschreibung: Empfohlen ist ein Vierradantrieb für das Auto, da es sich um eine unbefestigte Piste handelt. Bei normalen Witterungsverhältnissen kann diese Örtlichkeit jedoch mit einem normalen Auto (vom Autor ausprobiert) erreicht werden. Von Moab aus muss man ungefähr 23 Meilen auf dem U.S. Highway 191 nach Norden Richtung I-70 fahren. Zwischen dem Mile Marker (Meilenstein) 148 und 149 muss man rechts abbiegen und direkt den Schienenstrang überqueren (Achtung, auf Züge achten). Dann den Hinweisschildern folgen, bzw. ein nicht befestigter Weg führt automatisch zur *Sauropod Trackside*. Unten am Berg muss man das Auto stehen lassen und dann die restliche Strecke zu Fuß – ungefähr 5 Minuten – bergauf zurücklegen. Der Fundort liegt knapp unterhalb der Bergspitze.
Weitere Ziele: *Potash Road Tracks*, *Mill Canyon Dinosaur Trail*. Außerdem: *Arches Nationalpark*.

? Hier, wie bei praktisch allen Spuren von Sauropoden, sieht man keine Schwanzschleifspuren. Die populären Darstellung von Sauropoden mit auf dem Boden liegenden Schwänzen sind falsch.

T Die Spuren sind am besten zu sehen, wenn die Sonne niedrig steht.

The Dinosaur Museum, Blanding

Dieses Museum wurde von den durch Dinosaurier-Publikationen bekannten Autoren Stephen und Sylvia Czerkas nach langer Vorbereitungszeit eröffnet. Es wird die gesamte Geschichte von der Welt der Dinosaurier erzählt. Aus der Four Corners Region, aber auch aus allen Teilen der Welt sind Skelette, realistische, als Rarität fossilierte Hautabdrücke sowie versteinerte Eier aus allen Teilen der Welt und Trittsiegel ausgestellt. Zu sehen sind auch detaillierte kunstvolle Protoceratops- und Maiasaura-Babyskulpturen.
Die Stegosaurus-Ausstellung zeigt den Wandel in der wissenschaftlichen Auffassung, wie beispielsweise Stegosaurier ausgesehen haben sollen. Früher glaubte man an eine Reihe Rückenpanzer, während man heutzutage glaubt zu wissen, dass es zwei waren. Die Ausstellung zeigt das hundert Jahre andauernde Puzzlewerk. Neue Untersuchungen von Stephen Czerkas zeigen, dass Stegosaurier anscheinend keine Wangen, aber einen Schnabel besaßen.

Der hier ausgestellte Herrerasaurus – Trias (Argentinien) – war einer der ersten theropoden Dinosaurier. Der Paläontologe Paul Sereno entdeckte in Argentinien Relikte von mehreren Herrerasauriern, die eine Rekonstruktion des Skeletts ermöglichten.
Aus Deutschland ist ein Plateosaurus ausgestellt. Diese Spezies gehörte zu den ersten Dinosauriern im Trias überhaupt. Sie bevölkerten fast die ganze Erde.
Besichtigungsdauer: mindestens 75 Minuten. **Öffnungszeiten:** vom 15. April bis 15. Oktober durchgehend Mo–Sa 9–17 Uhr, von Juni bis August Mo–Sa 8–20 Uhr. **Eintritt:** gering, 65+, Kinder. **Einrichtungen:** Toiletten, Souvenirshop. **Anschrift:** The Dinosaur Museum, 754 South 200 West, Blanding, UT 84511. **Telefon:** (435) 678-3454.
Internet: http://www.dinosaur-museum.org/
Anfahrtsbeschreibung: Blanding liegt 76 Meilen südlich von Moab im Südosten Utahs an der U.S. 191 in der Nähe des *National Bridges National Monument.*

Das Museum enthält die größte und umfassendste Sammlung von Dinosaurier-Filmen und ist chronologisch geordnet, beginnend mit »Gertie the Dinosaur« aus dem Jahr 1909.

Utah Field House of Natural History State Park, Vernal

Das *Utah Field House of Natural History State Park* besteht aus zwei Teilen, dem Museum und dem *Dinosaur Garden.*
Das Museum besitzt eine gute Sammlung lokaler Fossilienfunde einschließlich eines aufgebauten 21 Meter langen Diplodocus-Skeletts. Neu aufgebaut wird das Skelett eines Stegosaurus. Informativ ist in der geologischen Ausstellung ein großes Wandbild, das einen Schnitt durch die Erdkruste mit dem Aufbau der geologischen Schichten der Uinta Mountain-Uinta Basin Region zeigt.
Im Dinosaur Garden sind 17 lebensgroße Modelle prähistorischer Tiere aufgebaut: Tyrannosaurus Rex, Diplodocus, Protoceratops, Pteranodon, Ornithomimus, Triceratops, Rhamphorhynchus, Stegosaurus, Edaphosaurus und ein Mammut.
Vor dem Museum sind drei lebensgroße Dinosaurier-Modelle von Millard F. Malin aus Beton aufgebaut: Stegosaurus, Ceratosaurus und Camarasaurus.
Besichtigungsdauer: mindestens 90 Minuten. **Öffnungszeiten:** von Juni bis August täglich von 8 bis 21 Uhr geöffnet, in der restlichen Zeit von 9–17 Uhr, geschlossen 1. Januar, Columbus Day, Thanksgiving, 24., 25 und

31. Dezember. **Eintritt:** €. **Einrichtungen:** Toiletten, Souvenirshop, Imbissmöglichkeit. **Anschrift:** 235 East Main, Vernal, UT 84078. **Telefon:** (435) 789-3799.
Internet: http://www.desertusa.com/utfield/utfield.html
Anfahrtsbeschreibung: Vernal liegt 175 Meilen in südöstlicher Richtung von Salt Lake City in der Nähe zur Grenze nach Colorado entfernt. In unmittelbarer Nähe liegt das *Dinosaur National Moment.* Das Museum liegt an der Nordseite der East Main mehr am östlichen Ortsausgang. Die Beton-Saurier sind nicht zu übersehen.

Vernal eignet sich ausgezeichnet als Ausgangspunkt zur »Dinosaurier-Jagd« im Dinosaur Triangle. In diesem Ort findet man viele Dinosaurier-Modelle als Werbung. Es gibt u. a. ein Dinosaur Inn.

Utah Museum of Natural History, Salt Lake City

Das *Utah Museum of Natural History* liegt auf dem Campus der *University of Utah.* Es wird eine exzellente Kollektion jurassischer Dinosaurier, aber auch anderer prähistorischer Fossilien präsentiert, u. a. Tiere aus der Eiszeit (Wolf, Mammut, Säbelzahntiger, Faultier).
Für Kinder gibt es einen separaten Raum, indem nach einem Mammut gegraben werden kann. In der *Discovery Hall* kann man auch einen originalen Oberschenkelknochen eines Dinosauriers anfassen.
Voll aufgebaute Skelette zweier Allosaurier, je ein Camptosaurus und Stegosaurus, dominieren die Ausstellung. Neben dem Bein eines Apatosaurus bekommt man einen Eindruck von den Größenverhältnissen. Weiter werden das Nest eines Camptosaurus, versteinerte Spuren und der Abguss eines Archaeopteryx ausgestellt. Das ausgestellte Dimetrodon gehört nicht zu den Dinosauriern. Verschiedene Displays – siehe auch die interessante geologische Abteilung – erläutern die Umwälzungen der Erdkruste im und seit dem Erdmittelalter. Es gibt mehrere interessante Ausstellungen über Archäologie, Geologie, Zoologie oder Botanik in Utah.
Besichtigungsdauer: mindestens 90 Minuten. **Öffnungszeiten:** Mo–Sa 9.30–17.30 Uhr, So 12–17 Uhr, geschlossen Ostersonntag, Independence Day (4. Juli), Utah Pioneer Day (24. Juli), Thanksgiving, Christmas und New Year's Day. **Eintritt:** mittel, 65+, 3–11. **Einrichtungen:** Toiletten, Souvenirshop. **Anschrift:** Utah Museum of Natural History, 1390 E. Presidents Circle, University of Utah, Salt Lake City, UT 84112-0050. **Telefon:** (801) 581-6927.
Internet: http://www.umnh.utah.edu/

Anfahrtsbeschreibung: Das Museum liegt auf dem Campus der University of Utah. Von der I-15 die 600 South (Exit 310) in östlicher Richtung fahren. An der 1300 East nach links in nördlicher Richtung abbiegen, dann rechts in die 200 South, die am Ende des President's Circle endet, in den man rechts abbiegt. Das Museum befindet sich im *George Thomas Building*, dem ersten Gebäude auf der rechten Seite. Man kann vor dem Museumseingang parken.

Warner Valley Dinosaur Tracksite, St. George

Hier können Dinosaurier-Spuren mitten in ursprünglicher Natur entdeckt werden, denn es gibt ausgezeichnete Abdrücke zu entdecken, die sich in rotem, gebändertem Sandstein der Moenave Formation befinden. Es muss sich um ein flaches Überschwemmungsgebiet gehandelt haben, durch dessen weichen Matsch die Dinosaurier liefen. Das Alter der Spuren wird auf 213 Millionen Jahren geschätzt. Am besten sind die Spuren bei tiefstehender Sonne zu sehen. Da man Fragmente von versteinertem Holz in diesem Gebiet findet, scheint es sich damals um eine bewaldete Landschaft gehandelt zu haben.

Besichtigungsdauer: mindestens 90 Minuten. **Öffnungszeiten:** immer offen. **Eintritt:** frei. **Einrichtungen:** keine. **Kontaktadresse:** Bureau of Land Management, 225 North Bluff Street, St. George, UT 84770. **Telefon:** (435) 673-4654.

Anfahrtsbeschreibung: St. George liegt ganz im Südwesten Utahs an der Grenze zu Arizona und Nevada an der I-15. Die Spuren sind im Warner Valley in der südöstlichen Ecke von St. George zu finden. Im Sommer wird es hier in der Wüste sehr heiß. Auf der I-15 kommend, den Exit 6 in östlicher Richtung nehmen. Auf der St. George Road ostwärts fahren, rechts in den Red Cliffs Drive abbiegen, der zur River Road wird. Direkt nach dem Überqueren des Virgin River links in die 1450 South in östlicher Richtung abbiegen. Den Hinweisschildern nach Fort Pierce folgen. Zeichen weisen den Weg zu den Spuren bzw. dem Parkplatz mit einer Picknick-Platz. Es ist nur ein kurzer Fußweg zu dem Areal mit den Abdrücken.

Weiteres Ziel: Im *Natural Bridges National Monument* in der Nähe von Blanding ist unter der *Kachina Bridge* ein Felsbild der prähistorischen Anasazi zu sehen, das einen Sauropoden zeigt (siehe Fotos 19–21 in »Irrtümer der Erdgeschichte«).

T Im Sommer genügend Wasser mitnehmen. Es ist ratsam, sich mit dem *Bureau of Land Management* wegen genauen Informationen in Verbindung zu setzen.

WASHINGTON D.C.

The National Museum of Natural History, Washington D.C.

Die seit 1911 bestehende Dinosaur Hall wurde umgebaut, und die aufgebauten Skelette wurden neu errichtet, in einer mehr waagerechten Position. Dieses Museum bietet einen umfassenden Überblick über die Naturgeschichte. Zu besichtigen sind: Albertosaurus, Allosaurus, Brachyceratops, Camarasaurus, Camptosaurus, Ceratosaurus, Coelophysis, Diceratops, Dinichthys, Diplodocus, Edmontosaurus, Heterodontosaurus, Homalocephale (Schädel), Maiasaurus, Monoclonius, Pachycephalosaurus (Schädel), Prenocephale (Schädel), Pteranodon, Rhamphorhynchus, Stegoceras (Schädel), Stegosaurus, Thescelosaurus, Tyrannosaurus Rex (lebensgroß, siehe Foto 3), Triceratops, Quetzalcoatlus (lebensgroß), sowie *Life in the Ancient Sea* mit Ichthyosaurus, Mosasaurier, Nothosaurus, Plesiosaurier. Interessant ist der mit Bauchrippen rekonstruierte Allosaurus (siehe Foto 2), denn entsprechende Fossilien werden nur ganz selten gefunden. Mit der Rekonstruktion von Bauchrippen erhält Allosaurus einen tonnenförmigen Körper, und die Arme hängen mehr nach hinten gerichtet unter dem voluminösen Körper.

Außerdem sind viele andere fossile Relikte auch aus anderen Zeitaltern zu sehen, u. a. Ammoniten mit Bissspuren eines Mosasaurus. Aber auch versteinerte Spuren und die ersten Reptilien sind ausgestellt.

Besichtigungsdauer: mindestens 3 Stunden. **Öffnungszeiten:** täglich außer am 25. Dezember von 10.00–17.30 Uhr, vom 2. Juni bis Labor Day 10.00–19.30 Uhr. **Eintritt:** frei. **Einrichtungen:** Toiletten, Museumsladen, Cafeteria. **Anschrift:** National Museum of Natural History/Smithsonian Institution, 10th Street and Constitution Avenue, NW, Washington, DC 20560. **Telefon:** (202) 357-2700 oder (202) 357-1729 (TTY).

Internet: http://www.mnh.si.edu

Anfahrtsbeschreibung: Das Museum befindet sich inmitten der Stadt in der Nähe der anderen großen Museen an der Kreuzung 10th Street und Constitution Avenue zwischen dem Capitol und Washington Monument. Parken ist so gut wie unmöglich. Am besten mit der Yellow oder Orange Line der Metrorail zum Smithsonian Institute fahren.

NMNH Highlight Tours (Führungen) von Montag bis donnerstags um 10.30 Uhr und 13.30 Uhr sowie freitags 10.30 Uhr. Empfehlung: Discovery Center besuchen. Neu, aktuell: *Living Fossils of the Deep* (Lebende Fossilien in den Tiefen der Ozeane) ab Mai 2000.

WYOMING

Dinosaur Safaris, nahe Shell

Es handelt sich um eine private Ausgrabungsstätte im Bighorn County, ungefähr 110 Meilen östlich des Yellowstone Nationalparks. In Shell befindet sich das Hauptquartier der privaten Firma mit einem Laboratorium zur Präparation der Knochen. Man kann Dinosaurier-Fossilien auch käuflich erwerben.

Gefunden werden große Mengen Relikte von Allosaurus, Camarasaurus Apatosaurus und anderen Spezies aus dieser Periode.

Die Ausgrabungen finden nur im Sommer (Juli und August) statt. Kinder unter zehn Jahren können an den Ausgrabungen nicht teilnehmen. Höhe der Gebühr erfragen.

Anschrift: Buchungen über: Two Guys Fossils, 1 Lynnes Way, East Bridgewater, MA 02333. **Telefon:** 1-800-367-7457.

Internet: http://www.dinosaursafaris.com oder Buchung über http://www.twoguysfossils.com

Anfahrtsbeschreibung: Von Sheridan aus nördlich auf der I-90 fahren und dann ostwärts auf der U.S. 14 (nicht U.S. 14 alt) Richtung Shell durch den Bighorn National Forest fahren. Oder von Cody westlich auf der U.S. 14 Richtung Greybull und dann nach Shell fahren. In der Stadtmitte befindet sich die Firma.

Wyoming Dinosaur Center, Thermopolis

Das *Wyoming Dinosaur Center* ist ein Insidertipp, denn obwohl man einen kompletten Überblick geboten bekommt und es mehr als »normale« Museen zu bieten hat, ist es relativ unbekannt. Es ist quasi direkt auf einem der größten bekannten Fossilienfelder der Welt gebaut. Auf ungefähr 1100 m^2 Ausstellungsfläche sind insgesamt 19 komplett aufgebaute Skelette zu bewundern, davon acht von Dinosauriern, u. a. Monolophosaurus, Tyrannosaurus Rex im Kampf mit einem Triceratops, ein Allosaurus sowie verschiedene Pterosaurier.

Seit Frühjahr 2000 ist ein 8 Meter langer Camarasaurus zu bewundern, der von Mitarbeitern des Wyoming Dinosaur Center ausgegraben wurde. Ausgezeichnet ist auch die Sammlung von Dinosaurier-Eiern.

Was dieses Museum jedoch so äußerst interessant macht, ist die Möglichkeit, die aktiv betriebenen Ausgrabungsstätten unmittelbar zu besuchen. Zwi-

schen 9.00 bis 16.00 Uhr werden von Mai bis September Shuttle-Bustouren veranstaltet, die durch eine wildromantische Landschaft mit wild lebenden Tieren führen.
Führer erklären die Ausgrabungsstätten und die Arbeitsweise des wissenschaftlichen Personals. Die Rundfahrt dauert ungefähr eine Stunde. Falls man möchte, kann man aber an den einzelnen Plätzen länger verweilen und den Wissenschaftlern bei der Arbeit unmittelbar zusehen.
Seit 1993 wurde zuerst auf der Warm Springs Ranch ausgegraben. Seit dieser Zeit wurden Relikte von Dinosauriern an 40 verschiedenen Plätzen in der Umgebung gefunden.
Es wurden zwei neue große Ausgrabungsstätten geöffnet, die bisher über 3 000 Knochen ergaben. Identifiziert wurden Relikte von Camarasaurier, Diplodocus, Apatosaurier, Stegosaurier, Allosaurier und möglicherweise Camptosaurier und Carnosaurier.
Im Juni, Juli und August hat man Gelegenheit, aktiv selbst an Ausgrabungen teilzunehmen, die jeweils einen Tag dauern. Für nähere Informationen bitte mit dem Wyoming Dinosaur Center per E-Mail oder telefonisch in Verbindung setzen.
Besichtigungsdauer: mindestens 30 Minuten. **Öffnungszeiten:** vom 16. Mai bis 15. September: Mo–So 8–20 Uhr, 16. September bis 15. Mai: Mo–So 10–17 Uhr. Der erste Shuttle-Bus verlässt das Museum um 9 Uhr und der letzte um 16 Uhr: Bitte vorher informieren, da dieser Service witterungsbedingt eingestellt werden kann. **Eintritt:** Museum und Ausgrabungsstätte €€€, Familienkarten. **Einrichtungen:** Toiletten, Souvenirshop. **Anschrift:** 110 Carter Ranch Road, P.O. Box 868, Thermopolis, WY 82443. **Telefon:** (307) 864-5522 oder 2997. **Fax:** (307) 864-5762.
Internet: http://server1.wyodino.org/
Anfahrtsbeschreibung: Von Cody kommend, in Thermopolis den Berg bis zur Ampel hinunter und dann weiter geradeaus bis zur Dinosaurier-Schauwand und weiter über den Schienenstrang und den Fluss, während man rechts schon das Museum liegen sieht. Hinter dem Fluss rechts auf die Hauptstraße abbiegen und dann rechts dem Dinosaurier-Hinweisschild bis zum Museum folgen. *Oder:* von Worland aus dem Highway (6th Street) bis zum Stopplicht folgen, dann links auf den Broadway in östlicher Richtung abbiegen. Nachdem man den Schienenstrang und den Fluss überquert hat, kann man rechts bereits das Museum liegen sehen.
Weiteres Ziel: *Dinosaur Safaris.*
In dem Museumsshop kann man echte oder auch Reproduktionen von Dinosaurier-Knochen oder Bücher, Spiele und Spielzeug kaufen. Sehr interessant ist auch, den Wissenschaftlern bei der Präparation von Fossilien zuzusehen.

Anhang

Dinosaurier im Internet

Deutschsprachige Links

http://www.dinosaurier.tv/dinosaurier/index.shtml
(Pro7 – Dinosaurier im Reich der Giganten)
http://www.saurier-web.de/ und *www.dinosaurier.org*
(Ein Blick in die Erdgeschichte, aktuelle Nachrichten von der Dinosaurier-Forschung)
http://www.dinosaurier-interesse.de/
(Seite für Dinosaurier-Interessierte und spezielle Seiten für Kinder)
http://www.dinomedia.de/Bibliothek/DinoMedia/index.html
(Dinosaurier in Literatur, Film und anderen Medien)
http://www.palaeo.de/palaeo.html
(Ein Service für Paläontologen, Geologen, Biologen, Lehrer, Schüler, Studenten und alle Interessierten, angeboten durch die »Paläontologie Geobiologie München«)

Fossilien

http://goldschneck.fossilien.de/index.html
(Informationen über Fossilien und Zeitschrift für Hobbypaläontologen)
http://www.prehistorix.com/premain.html
(Deutscher Versandhandel für Repliken)
http://www.fossils.ch/index_d.html
(Schweizer Versandhandel für Fossilien)
http://www.dinostore.com/shop/dino.store
(Amerikanischer Versandhandel für Dinosaurier-Fossilien, -Literatur, -Spielzeug und Ausgrabungsausrüstung)
http://www.greatsouth.net/
(Amerikanischer Versandhandel für Fossilien, Repliken, Mineralien)
http://www.mtblanco.com/
(Verkauf von Fossilien: Mt Blanco Fossil Museum in Corsbyton, Texas)

Englischsprachige Links

http://dinosaur.uchicago.edu/
(Entdeckungen, Ausgrabungen und mehr vom Dinosaurier-Experten Professor Paul C. Sereno)
http://www.daily-tangents.com/Aves/Archaeop/
(Informationen und Linkliste zum Archaeopteryx)
http://www.hazard.uiuc.edu/isgsroot/dinos/de_4/index.htm
(Dinosaurier-Enzyklopädie)
(http://dinosauria.com/)
(Fossilienversand, umfangreiche Linkliste, Bilder und Informationen über Dinosaurier)
http://dinosauricon.com/main/index.html
(Umfangreiches Verzeichnis mit Informationen, Genus-Index, Bilder und Palaeolandkarten)
(http://www.fossilexpeditions.com/)
(Eintägige Fossilien-Expeditionen durch Florida – allerdings keine Dinosaurier)
http://www.ucmp.berkeley.edu/people/motani/ichthyo/index.html
(Alles über Ichthyosaurier)
http://www.projectexploration.org/jobaria/index.html
(Umfangreiche Informationen über Dinosaurier-Ausgrabung in der Sahara)
http://www.uni-wuerzburg.de/mineralogie/palbot1.html
(Surftipps für Paläontologen der Universität Würzburg)
http://www.scotese.com/pangeanim.htm
(Informationen über Geologie und Plattentektonik)
http://palaeo-electronica.org/toc_fm.htm
(Elektronische Fachzeitschrift über Paläontologie)
http://www.ucmp.berkeley.edu/Paleonet/
(Geologische und paläontologische Themen und Linkliste)
http://disney.go.com/disneypictures/dinosaur/dinomain.html
(Filmsequenzen, Animationen, und mehr von Walt Disney)
http://www.dinodata.net
(Umfangreiche wissenschaftliche Daten und Informationen über Dinosaurier)

Glossar wichtiger Begriffe

Aasfresser: Tiere, die sich von anderen Tieren ernähren, die schon tot sind.

Aktualismus: Die unserem Weltbild zugrunde liegende Hypothese, nach der sich das erdgeschichtliche Geschehen in der Vergangenheit in gleicher Art und Weise und aufgrund derselben Kräfte abspielte wie das heutige erdgeschichtliche Geschehen. Nach dem Aktualismus lässt sich durch Beobachtungen heute ablaufender Prozesse ein zutreffendes Bild früherer Vorgänge gewinnen. Dieses Prinzip wird vom Autor verworfen, insbesondere da heutzutage unter Beachtung der Gleichförmigkeitstheorien keine Versteinerungsvorgänge (Ausnahmen: z. B. auf biologischer und mineralischer Basis) vorkommen und demzufolge auch nicht in der Vergangenheit hätten vorkommen können.

Ankylosaurier (Ankylosauria): Eine der fünf Hauptgruppen der Orithischier: im Jura und der Kreide lebende vierbeinige Pflanzenfresser mit knöchernen Panzerplatten. Man teilt sie in zwei Untergruppen: Ankylosauridae und Nodosauridae.

Ära: Größere geologische Zeiteinheit.

Art: Die kleinste Unterteilung in der Systematik von Pflanzen und Tieren.

Astenosphäre: Im Schalenaufbau der Erde der Bereich unter der Lithosphäre zwischen rund 100 bis 300 Kilometer Tiefe im oberen Erdmantel.

Aves: Wissenschaftlicher Name für die Vögel (Einzahl lateinisch *avis*).

Basalt: Dunkles, junges Ergussgestein, Hauptbestandteile Plagioklas, Augit und Olivin; häufig säulenförmige Absonderung, senkrecht zur Abkühlungsfläche.

Biped: Ein Tier, das nur auf seinen Hinterbeinen läuft.

Brustbein (Gabelbein, Furcula): Knochen im Brustbereich von Vögeln und einigen Dinosauriern.

Ceratopsier (Ceratopsia): Eine der fünf Hauptgruppen der Ornithischier. Alle Ceratopsier lebten in der Kreidezeit, waren Pflanzenfresser, und die meisten liefen auf allen vieren. Die Mehrzahl besaß eine Halskrause und einen papageienartigen Schnabel – einige hatten Hörner. Zu den Ceratopsia gehören neben Psittacosaurus die zwei Gruppen Protoceratopsidae und Ceratopsidae (Hornsaurier).

Datierung: Altersbestimmung von geologischen Ereignissen und vorgeschichtlichen Funden.

Dinosaurier: Bezeichnung für die Reptilien des Erdmittelalters mit zwei Schläfenfenstern. Man unterscheidet die Echsenbeckensaurier (Saurischia) und die Vogelbeckensaurier (Ornithischia), die beide von den Thecodontia abstammen sollen. Es ist nicht geklärt, ob Dinosaurier warm- oder kaltblütig waren.

Embryo: Bezeichnung für ein noch ungeborenes Lebewesen (Fetus).

Erdaltertum: Paläozoikum (590–250 Ma), umfasst die Systeme Kambrium, Ordovizium, Silur und Devon.

Erdkruste: Äußerer Bereich der Erde. Man unterscheidet die granitische kontinentale Oberkruste (70 Kilomter unter Gebirgen) und die basaltische ozeanische Unterkruste (5–8 Kilometer). Darunter folgt der Erdmantel.

Erdmittelalter: Mesozoikum (250–65 Ma), das Zeitalter der Dinosaurier; umfasst die Systeme Trias, Jura und Kreide.

Erosion: Abtragung von Gesteins- und Lockermaterial an der Erdoberfläche durch Wasser-, Eis- oder Windkraft.

Eruption: Prozess des Emporsteigens glutflüssigen Magmas aus der Tiefe des Erdmantels oder einem Magmaherd.

Fossilien: Überreste sehr alter Tiere und Pflanzen, die im Gestein erhalten blieben.

Frühgeschichte: Umfasst den Zeitraum vor Beginn schriftlicher Aufzeichnungen.

Gastrolithe (Magensteine): Verschluckte Steine im Magen, die die Nahrung besser zermahlen helfen.

Gebirgsbildung (Orogenese): Vorgang der Verformung von Teilen der Erdkruste, verbunden mit vertikalen und horizontalen Verlagerungen der Gesteine, mit Faltung, Bruchtektonik, Deckenbau, Vulkanismus. Die Theorie der *Kontinentalverschiebung* (siehe dort) führt das Entstehen von Faltengebirgen auf Stau bei der aktiven Drift der Kontinente zurück.

Gesteine: Bezeichnung für Mineralgemenge, die in mehr oder weniger konstanter Ausbildung selbstständige Teile der Erdkruste sind. Nach der Entstehung unterscheidet man *magmatische, sedimentäre* und *metamorphe Gesteine* (siehe dort).

Gleichförmigkeitstheorien: Grundlage unseres Weltbildes, begründet durch die Dogmen (Glaubensgrundsätze) von Charles Lyell (Geologie) und Charles Darwin (Biologie). Sie gehen von einer immer gleichmäßigen Entwicklung unserer Erde und der Geschöpfe ohne Erdkatastrophen (siehe auch *Lyell-Prinzip* und *Aktualismus*) aus.

Gondwana: Als Teil des Urkontinentes Pangaea im Süden entstandener Superkontinent, der aus Südamerika, Afrika, Australien, Indien, Madagaskar und der Antarktis bestand.

Granit: Tiefengestein, häufigstes Gestein der Erdkruste; Hauptbestandteile: Feldspat (der die Färbung – rötlich bis grau – bestimmt), Quarz, Glimmer.

Herbivoren: Tiere, die sich von Pflanzen ernähren. Ornithischier, Sauropoden und Prosauropoden waren herbivore Dinosaurier.

Ichthyosaurier (Ichthyosauria): Meeresreptil im Erdmittelalter (Mesozoikum), besonders während des Juras, mit einem fischförmigen Körper, einer langen Schnauze mit vielen Zähnen und einem sichelförmigen Schwanz.

Impakt: Meteoriteneinschlag.

In situ: In originaler Lage entstanden oder beheimatet.

Intrusion: Eindringen und Erstarren von Magma in Gesteine der Erdkruste.

Kamm: Ein aus Knochen oder Haut aus dem Kopf hervorragendes Körperteil. Spektakuläre Kämme besaßen die Hadrosaurier (Entenschnabelsaurier).

Karnivoren: Theropoden waren karnivore Dinosaurier. Sie ernährten sich ausschließlich von Fleisch.

Kontinentalverschiebung: Von dem deutschen Geophysiker Alfred Wegener (1880–1930) aufgestellte Theorie, nach der die Kontinente im Laufe der Erdgeschichte horizontal verschoben wurden. Die von Wegener postulierten Antriebskräfte der Kontinentaldrift erwiesen sich als unzureichend. Siehe *Plattentektonik*.

Koprolith: Versteinerter Kot.

Laurasia: Als Teil des Urkontinentes Pangaea im Norden entstandener Superkontinent, der aus Nordamerika, Europa und Asien bestand.

Lyell-Prinzip: Die Theorie von Charles Lyell (Geologie) vertritt die Alleinwirksamkeit winziger aktueller Kräfte an der Veränderung der Erdoberfläche. Diese Theorie bildet neben der Biogenetischen Grundregel von Ernst Haeckel das wichtigste Standbein der Evolutionstheorie. Die Grundprinzipien der Gleichförmigkeitstheorie bilden daher nur unmerklich langsam wirkende Prozesse und lassen keinen Raum für kataklysmische Großereignisse wie eine weltweite Sintflut.

Magma: Bezeichnung für die Gesteinsschmelze im oberen Erdmantel und in der Erdkruste, die in erstarrtem Zustand die magmatische Gesteine (Erstarrungsgesteine) bildet. Nach der stofflichen Zusammensetzung unterscheidet man saure (granitische) und basische (basaltische) Magmen (über bzw. unter 55% Kieselsäuregehalt).

Metamorphe Gesteine: Sie (Metamorphite) werden wegen ihres Gefüges z. T. auch kristalline Schiefer genannt. Sie entstehen aus Erstarrungsgesteinen und Sedimentgesteinen durch *Metamorphose* (siehe dort) unterschiedlich starke Umgestaltung durch Druck und Temperatur. So entstehen z. B. aus Graniten Orthogneise, aus Tongesteinen Paragneise, aus Kalksteinen Marmore. Die Metamorphose kann über die teilweise Aufschmelzung (Anatexis), wobei Migmatite (Mischgesteine) entstehen, bis zur völligen Aufschmelzung führen (Palingenese), bei der sich Magma neu bildet.

Metamorphose (Gesteinsmetamorphose): Die Umbildung eines sedimentären oder magmatischen Gesteins in ein metamorphes als Folge von Temperatur- und Druckveränderungen, wobei Minerale neu gebildet oder umkristallisiert werden, das Gefüge verändert wird und Stoffaustausch stattfindet. Bei der Kontaktmetamorphose bewirkt aufsteigendes Magma Änderungen im Nebengestein. Neben hohen Temperaturen ist gerichteter Druck entscheidend bei der Dynamometamorphose, die im Zusammenhang mit der Gebirgsbildung steht. Bei der Regionalmetamorphose werden großräumige Gesteinskomplexe in die tiefere Erdkruste abgesenkt.

Mosasaurier: Große mit den heutigen Waranen verwandte Meeresechsen, die während der Kreidezeit lebten.

Omnivoren: Sowohl Pflanzen als auch Fleisch fressende Tiere. Omnivore Dinosaurier waren beispielsweise Ornithomimosaurier.

Ornithomimosaurier (Ornithomimosauria): Eine Gruppe der Theropoden in der Kreidezeit. Sie besaßen scharfe Hornschnäbel ohne Zähne und waren bipede Onmivoren mit langen Hälsen.

Ornithopoden (Ornithopoda): Eine der fünf Hauptgruppen der Ornithischier. Im Jura und in der Kreidezeit lebende zweibeinige Pflanzenfresser, die auch auf allen vieren gehen konnten. Zu ihnen gehören Hypsilophodontiden wie Hypsilophodon, Iguanodontiden wie Iguanodon und Hadrosaurier (Entenschnabelsaurier) wie Hadrosaurus.

Pachycephalosaurier (Pachycephalosauria): Eine der fünf Hauptgruppen der Ornithischier. Pachycephalosaurier waren zweibeinige Pflanzenfresser, die in der Kreidezeit lebten. Eine Schädelkuppe aus festem Knochen war ihr auffälligstes Merkmal.

Paläontologe: Ein Wissenschaftler, der sich mit Fossilien befasst.

Pangaea: Ein riesige Landmasse, in der alle Kontinente vereinigt waren. Brach in die zwei Superkontinente Laurasia im Norden und Gondwana im Süden auseinander.

Periode: Geologischer Zeitabschnitt. Das Erdmittelalter teilt sich in drei Perioden: Trias, Jura und Kreide.

Plateaubasalt (= Flutbasalt): Aus zahlreichen Lava-Decken und Tufflagen aufgebaute, großflächige und zugleich sehr mächtige Decke vulkanischer Gesteine, z. T. mit Zwischenlagen von klassischen Sedimenten.

Plattentektonik: Weiterentwicklung der Theorie der *Kontinentalverschiebung* (siehe dort). Danach ist die Lithosphäre in mehrere große und zahlreiche kleinere Platten aufgeteilt, deren Verschiebung und die damit verbundene Entstehung der Ozeane auf ständiges Aufdringen von basaltischer Lava aus der Zentralspalte der mittelozeanischen Rücken zurückzuführen sind. Als Energiequelle werden in sich geschlossene Wärmeströmungen im Erdinneren angenommen.

Plesiosaurier (Plesiosauria): Im Mesozoikum lebende Meeresreptilien. Sie besaßen einen kurzen, tonnenförmigen Körper. Vier paddelartige Flossen, einen sehr langen Hals und einen kleinen Kopf.

Pliosaurier: Im Jura lebende Meeresreptilien. Sehr eng verwandt mit den Plesiosauriern.

Prosauropoden: Eine der fünf Hauptgruppen der Ornithischier. Prosauropoden besaßen einen langen Hals und einen tonnenförmigen Körper. Einige liefen auf allen vieren, andere nur auf ihren Hinterbeinen. Sie waren Pflanzenfresser und lebten während der Obertrias und dem Unterjura.

Pterosaurier (Pterosauria): Im Erdmittelalter lebende fliegende Reptilien sehr unterschiedlicher Größe, die sehr eng mit den Dinosauriern verwandt waren. Pterosaurier hatten einen langen Flügel, der aus einem Hautlappen bestand.

Quadruped: Ein auf vier Füßen gehendes Tier.

Reginalmetamorphose: Metamorphose (siehe dort).

Saurischier (Saurischia): Echsenhüftige Dinosaurier, zu denen Theropoden, Sauropoden und Prosauropoden zählen.

Sauropoden (Sauropoda): Eine der drei Hauptgruppen der Saurischier. Sauropoden besaßen einen tonnenförmigen Körper sowie einen sehr langen Hals und Schwanz. Die vierbeinigen Pflanzenfresser waren die größten aller Dinosaurier und lebten im Jura und in der Kreidezeit.

Schwanzkeule: Eine aus festen Knochen bestehende Keule am Ende des Schwanzes einiger Ankylosaurier und Sauropoden.

Sedimente: Sedimentgesteine (Schichtgesteine) werden als Lockergesteine (Sand, Schlick, Kies) abgelagert und durch *Diagenese* verfestigt. Sie werden nach ihrem Entstehungsraum eingeteilt in marine Sedimente (Flachsee- und Tiefseeablagerungen) und in kontinentale Ablagerungen (d. h. auf dem Festland und in dessen Gewässern) oder beschreibend in Trümmergesteine wie Löss, Sandstein, Grauwacke, Geschiebemergel, einige Kalksteine, in chemische Sedimente, die durch chemische Reaktionen ausgeschieden werden, wie zum Beispiel Salzgesteine und Gipsgesteine, einige Kalke und Dolomite, und in organogene Sedimente, die von Organismen aufgebaut werden. Durch Pflanzen entstehen zum Beispiel Kohlen und Algenkalke, durch Tiere Korallenkalke, Radiolarite.

Spreizungszone: Siehe *mittelozeanische Rücken.*

Stegosaurier (Stegosauria): Eine der fünf Hauptgruppen der Ornithischier. Stegosaurier waren vierfüßige Dinosaurier, die Reihen knöcherner Platten und Dornen auf ihrem Rücken besaßen.

Subduktion: Die leichtere kontinentale Kruste wird auf die schwerere ozeanische aufgeschoben, die angeblich im Erdmantel verschluckt (subduziert) wird.

Tektonik: Lehre vom Bau und den Lagerungsstörungen der Erdkruste.

Theropoden (Theropoda): Eine der drei Hauptgruppen der Saurischia. Theropoden waren aufrecht auf ihren Hinterbeinen gehende Fleischfresser.

Trittsiegel: Versteinerte Fußspuren.

Literaturverzeichnis

»Cambridge Encyclopaedia of Earth Sciences«, Cambridge 1982
Abel, O.: »Lebensbilder aus der Tierwelt der Vorzeit«, Jena 1927
Andrews, R. C., et al: »The New Conquest of Central Asia«, New York 1932
–: »This Business of Exploring«, New York 1935
Arkell, W. J.: »Jurassic Geology of The World«, London – Edinburgh 1956
Augusta, J. und Burian, Z.: »Leben in der Urwelt«, Stuttgart 1973
Baars, D.: »The Colorado Plateau«, Albuquerque 1983, 6. Aufl. 1994
Barnes, F. A.: »Canyon County Geology«, Salt Lake City 1978, 6. Auflage 1996
Barrett, P. und Sanz J. L.: »Dinosaurs – A Natural History«, 1999 (deutsch: »Dinosaurier – Giganten der Urzeit«, Würzburg 2000)
Beiser, A.: »Die Erde« in der Reihe »Life – Wunder der Natur«, 1970
Benton, M.: »Das große farbige Dinosaurier-Lexikon«, Bindlach 1993
Bird, R. T.: »Bones for Barnum Brown«, Fort Worth 1985
Blackstone, D. L.: »Traveller's Guide to the Geology of Wyoming«, Laramie 1988
Bolsche, W.: »Das Leben der Urwelt«, Leipzig 1932
Bonatti, E.: Der Erdmantel unter den Ozeanen, in: »Spektrum der Wissenschaft«, Mai 1994
Brown, L.: »I Married a Dinosaur«, New York 1950
Browne, M. W.: Skepticism Over Dinosaur DNA, in: »International Herold Tribune«, 22. 6. 1995
Bryan, A. L.: An Overview of Paleo-American Prehistory from a Circum-Pacific Perspective, in: »Early Man in America«, 1978
Buckland, W.: »Reliquiae Diluvianae; or observations on the Organic Remains Contained in Caves, Fissures and Diluvial Gravel and other Geological Phenomena Attesting the Action of an Universal Deluge«, London 1824
Bührke, T.: King Kong unter Druck, in: »Bild der Wissenschaft«, 10/1999
Bülow, K. von: »Geologie für Jedermann«, Stuttgart 1974
Bürgel, B. H.: »Die Weltanschauung des modernen Menschen«, Berlin 1932
Burroughs, W. G.: Human-like Footprints, 250 million years old, in: »The Berea Alumnus«, Kentucky 1938

Carey, S. W.: »The Expanding Earth«, Amsterdam 1976
Carlson, M. P.: »Geology, Geologic Time and Nebraska«, Nr. 10, Lincoln 1993
Carpenter, K., Hirsch, K. F., und Horner, J. R.: »Dinosaur Eggs and Babies«, Cambridge 1994
Chain, V. E., und Michajlov, A. E.: »Allgemeine Geotektonik«, Leipzig 1989
Charig, A.: »A new look at the Dinosaurs«, London (deutsch: »Dinosaurier, rätselhafte Riesen«, Frankfurt/M., Berlin 1993)
Chronik, H.: »Pages of Stone, Grand Canyon and the Plateau County«, Seattle 1988, 4. Auflage 1977
Cleophas, C.: »The White River Badlands«, Rapid City 1920
Closs, H., Giese, P., und Jacobshagen, V.: Alfred Wegeners Kontinentalverschiebung aus heutiger Sicht, in: »Ozeane und Kontinente«, Heidelberg 1987
Colbert, E. H.: »Digging into the Past«, New York 1989
–: »Dinosaurs: their discovery and their world«, London 1962
–: »Evolution of the Vertebrates«, New York 1969
–: »Men and Dinosaurs: the search in field and laboratory«, London 1968
–: »The Age of Reptiles«, London 1965
–: »The Great Dinosaur Hunters and Their Discoveries«, Toronto 1968, Neuauflage 1984
–: »A Fossil-Hunter's Notebook«, New York 1982
Costa, V.: »Dinosaur Safari Guide«, Stillwater 1994
Courtillot, V. E.: Die Kreide-Tertiär-Wende: verheerender Vulkanismus?, in: »Spektrum der Wissenschaft«, Digest 5, 1997
Cox, B. (Hrsg.): »Dinosaurier und andere Tiere der Vorzeit«, München 1989
Credner, H.: »Elemente der Geologie«, Leipzig 1912
Cremo, M. A., und Thompson, R. L.: »Forbidden Archaeology«, Badger 1993 (deutsch: »Verbotene Archäologie«, Augsburg 1997)
Cuvier, G.: »Discours sur les révolutions de la surface du globe, et sur les changements quelles ont produits dans le règne animal«, Paris 1821
Daber, R. und Helms, J.: »Das große Fossilienbuch«, Leipzig – Jena – Berlin 1978
–: »Fossile Schätze aus Museen und Sammlungen«, Innsbruck 1981
Daber, R.: »Geologie erforscht und erlebt«, Leipzig/Jena/Berlin 1965
Dacqué, E.: »Die Erdzeitalter«, München und Berlin, 1930
–: »Urwelt, Sage und Menschheit«, München und Berlin, 1931
Dallmann, G.: »Vorzeitliche Meeresspuren – Die Kalkmergelsand-Flora«, Leopoldshöhe 1995

Dell, R. F.: »Geology of Colorado Illustrated«, Grand Junction 1994
Deloria, V.: »Red Earth, White Lies«, New York 1995
Desmond, A. J.: »The Hot-Blooded Dinosaurs«, London 1975
Dewey, J. F.: Plattentektonik, in: »Ozeane und Kontinente«, Heidelberg 1987, siehe auch: »Scientific American«, 5/1972
Dixon, D., et al: »The Macmillan Illustrated Encyclopaedia of Dinosaurs and Prehistoric Animals«, New York 1988
Dixon, D.: »The Practical Geologist«, New York 1992
Donald, G. J. F.: The Deep Structure of Continents, in: »Reviews of Geophysics«, Band 1, Heft 4, 1963
Dougherty, C. N.: »Valley of the Giants«, Cleburne 1971, Neudruck 1984
Du Torr, A.: »Our Wandering Continents«, Edinburgh 1957
Dunbar, C. O: »Historical Geology«, 1949
Eisbacher, G. H.: »Nordamerika« in der Reihe »Geologie der Erde«, Stuttgart 1988
Feduccia, A.: »The Origin and Evolution of Birds«, New Haven 1996
Fischer, H.: »Rätsel der Tiefe«, Leipzig 1923
Fraas, E.: »Der Petrefaktensammler«, Stuttgart 1980, unveränderter Neudruck von 1910
Freyberg, B. v.: »Thüringen – Geologische Geschichte und Landschaftsbild«, Öhringen 1937
Fritz, W. J.: »Roadside Geology of the Yellowstone County«, Missoula 1985
Gaffney, E. S.: »Dinosaurs«, New York 1990
Gentry, R. V.: »Creation's Tiny Mystery«, Knoxville 1992
Gish: »Wie war das wohl mit den Dinosauriern?«, Gräfeling 1982
Greulich, W. (Hrsg.): »Lexikon der Physik in sechs Bänden«, Heidelberg 1998
Gripenberg, W. S.: »Über eine theoretisch mögliche Art der Paläothermie«, Ark. Keemi 1933
Gross, R.: »Dinosaur Country: Saskatoon«, Prairie 1985
Häckel, E.: »Prinzipien der generellen Morphologie der Organismen«, Berlin 1906
Hager, M. W.: »Fossils of Wyoming«, Laramie 1970
Haines, T.: »Walking with Dinosaurs – a Natural History«, 1999 (deutsch: »Dinosaurier – im Reich der Giganten«, Köln 1999)
Hallam, A.: »A Revolution in the Earth Sciences«, Oxford 1973
–: »Revolution in the Earth Sciences. From Continental Drift to Plate Tectonics«, Oxford 1973
Halls, K. M.: »Dino-Trekking«, New York 1996
Halstead, L. B.: »The Evolution and Ecology of the Dinosaurs«, London 1976

Hartmann, F.: »Das Geheimnis des Leviathan«, Berneck 1994
Haubold, H.: »Die fossilen Saurierfährten«, Wittenberg 1974
Hauff, B.: »Das Holzmadenbuch«, Öhringen 1960
Hausel, W. D.: »Minerals and Rocks of Wyoming«, Laramie 1986
Heinsohn, G.: Wann starben die Dinosaurier aus?, in: »Zeitensprünge«, Ausgabe 4/1995
Hentze, L. F.: »Geologic History of Utah«, Provo 1988, Reprint 1993
Hirsch, W.: Urzeitliche Riesen besiedelten den eurasischen Kontinent, in: »Informationsdienst Wissenschaft«, Online am 26. 9. 1999
Howell, G. H.: Terrane, in: »Die Dynamik der Erde«, Heidelberg 1988
Hubbard, S.: »The Doheny Scientific Expedition to the Hava Supai Canyon, Northern Arizona«, eine Kopie des privaten Berichts über die Expeditionen im Jahre 1924 liegt im Peabody Museum of American Archaeology and Ethnologie der Harvard University
Jacobs, J. A.: »The Earth Core«, New York 1975
–: »Lone Star Dinosaurs«, 1995
Johnson, J.: »The Children's Dinosaur Encyclopedia«, 2000 (deutsch: »Das Lexikon der Dinosaurier«, 2000)
Jordan, T. H.: Composition and Development of the Continental Tectosphere, in: »Nature«, Band 274, 10. 8. 1978
Junker R., und Scherer, S.: »Entstehung und Geschichte der Lebewesen«, Gießen 1986
Kaever, M., Oekentorp, K. und Siegfried, P.: »Fossilien Westfalens. Invertebraten der Kreide«, Forsch. Geol. Paläont., 33/34, Münster 1974
–: »Fossilien Westfalens. Invertebraten des Jura«, Forsch. Geol. Paläont., 40/41, Münster 1976
Kapfer, E.: »Lehrbuch der Geologie«, 2 Teile in 4 Bänden, 6. und 7. Auflage, Stuttgart 1921–23
Karsch, K. und Muntwiler, E.: »Der Schweizer Jura und seine Fossilien«, Stuttgart 1981
Kayser, E.: »Lehrbuch der geologischen Formationskunde«, Stuttgart 1923/24
Kelly, A. O.: »Impact Geology«, 1985
Kerr, R. A.: Continental Drilling Heading Deeper, in: »Science«, Vol. 224, 29. 6. 1984
–: Looking-Deeply-into the Earth's Crust in Europe, in: »Science«, Vol. 261, 16. 7. 1993
Kielan-Jaworowska, Z.: »Hunting for Dinosaurs«, Cambridge 1969
Kraus, E.: »Die Entstehung der Kontinente und Ozeane«, Berlin 1951
–: »Die Entwicklungsgeschichte der Kontinente und Ozeane«, Berlin 1971

Krenkel, E.: »Die Bruchzonen Ostafrikas«, 1922
Krumbiegel, G. und Walter, H.: »Fossilien«, Leipzig 1977
Kühn, A.: »Allgemeine Zoologie«, Göttingen 1922, 10. Aufl. Tübingen 1953
Kuhn, H.: »Die Fauna des Solnhofener Schiefers«, Wittenberg 1971
Kuhn-Schnyder, E.: »Geschichte der Wirbeltiere«, Basel 1953
Kurtén, B.: »The Age of the Dinosaurs«, London 1968
Laatsch, W.: »Dynamik der mitteleuropäischen Mineralböden«, Dresden/Leipzig 1954
Lageson, D. R., and Spearing, D. R.: »Roadside Geology of Wyoming«, Misspoula 1988
Lambert, D.: »A Field Guide to the Dinosaurs«, New York 1983
–: »The Field Guide To Geology«, Cambridge 1932, Neuauflage 1988
Lambert, D.: »The Ultimate Dinosaur Book«, London 1993
Lehmann, U. und Hillmer, G.: »Wirbellose Tiere der Vorzeit«, Stuttgart 1980
–: »Paläontologisches Wörterbuch«, Stuttgart 1977
Lewis, R. S.: A Continent for Science, in: »The Antarctic Adventure«, New York 1961
Ley, W.: »Drachen, Riesen«, Stuttgart 1953
Limestone of the Mississippi Valley, in: »The American Journal of Science and Arts«, 5. Jahrgang 1822
Lindemann, B.: »Die Erde«, 2 Bände, Stuttgart 1925
Lister, A.: »Mammoths«, London 1994 (deutsch: »Mammuts«, Sigmaringen 1997)
Lockley, M. und Meyer, C.: »Dinosaur Tracks and Other Fossil Footprints of Europe«, New York 2000
Lockley, M.: »Auf den Spuren der Dinosaurier«, Basel 19893
Long, R. A. und Welles, S. P.: »All new Dinosaurs«, San Francisco 1975
Lyell, C.: »The Principles of Geology: Being an Attempt to explain the Former Changes of the Earth's Surface, by reference to Causes Now in Operation«, London 1830
–: »The Principles of Geology: Being an Attempt to explain the Former Changes of the Earth's Surface, by reference to Causes Now in Operation«, London 1830
Maack, R.: »Continentaldrift und Geologie des südatlantischen Ozeans«, Berlin 1969
Maisey, J. G, et al.: »Santana Fossils: An Illustrated Atlas«, Neptune 1991
Marsal, D.: »Statistische Methoden für Erdwissenschaftler«, Stuttgart 1967
McKee, E. D., Hamblin, W. K., und Damon, P. E.: K-Ar Age of Lava Dam in Grand Canyon, in: »Geological Society of America Bulletin«, 79, 1968

Milanovsky, E. E.: »Riftogenez v istorii zemli« (»Riftogonese in der Erdgeschichte«), Moskau 1983
Monastersky, R.: Inner Space, in: »Science News«, Vol. 224, 26. 6. 1984
Moody, R. T. J.: »A Natural History of Dinosaurs«, London 1977
Moorbath, S.: The Oldest Rocks and the Growth of Continents, in: »Scientific American«, Band 236, Heft 3, März 1977
Mossmann, D. J. und Sarjeant, W. A. S.: Fossile Fährten – den Dinosauriern auf der Spur in »Spektrum der Wissenschaft«, Digest 5, S. 55
Müller, Roest, Royer, Gahagan und Schlater: Digital Age Map of the Ocean Floor, in: »Scripps Institution of Oceanography«, Ref. Series No. 93–30
Mundlos, R.: »Wunderwelt im Stein«, Gütersloh 1976
Naturkundemuseum Senckenberg: »Kleine Senckenberg-Reihe Nr. 1«, Frankfurt 1998, 31. Auflage
Norman, D. B.: »Dinosaurier«, München 1991
Norrel, M.: »All You Nedd to Know About Dinosaurs«, New York 1991
O'Niens, R. K., Hamilton, P. J., und Evensen, N. M.: Die chemische Entwicklung des Erdmantels, in: »Spektrum der Wissenschaft«, 7/1980
Osborn, H. F.: »The AMNH«, New York 1911
Parrish, J. T., Spicer, R. A. u. a.: Continental Climate near the Albian South Pole and Comparison with Climate near the North Pole, in: »Geological Society of America, Abstracts with Programs«, Band 23, Heft 5, 1991
Paturi, F. R.: »Die Chronik der Erde«, Augsburg 1996
Perkins, J.: »To the Ends of the Earth«, New York 1981
Pitman, W., und Ryan, W.: »Noah's Flood«, New York 1998 (deutsch: »Sintflut«, Bergisch-Gladbach 1999)
Preston, D. J.: »Dinosaurs in the Attic«, New York 1986
Quenstedt, F. A.: »Handbuch der Petrefaktenkunde«, Tübingen 1858
–: »Der Jura«, Tübingen 1858
Raff, A. D.: The Magnetism of the Ocean Floor, in: »Scientific American«, Ausgabe Oktober 1961
Raup, R.: »The Nemesis Affair«, New York 1986 (deutsch: »Der Untergang der Dinosaurier«, Hamburg 1992)
Reichholf, J. H.: »Der schöpferische Impuls. Eine neue Sicht der Evolution«, Stuttgart 1992
Reinsch, D.: »Natursteinkunde«, Stuttgart 1991
Richter, A.: »Handbuch des Fossiliensammlers«, Stuttgart 1981, Lizenzausgabe 1999
Römer, A. S.: »Vergleichende Anatomie der Wirbeltiere«, Hamburg 1966
Rosnau, P. O., Auldaney, J., Howe, G. F., und Waisberger, W.: Are human and mammal tracks found together with the tracks of Dinosaurs in the Kayenta of Arizona?, in: »Creation Research Society Quarterly«, Vol. 26, 1990

Runcorn, S. K.: »Continental Drift«, New York 1962
Sager, W. W., und Koppers, A. A. P.: Late Cretaceous Polar Wander of the Pacific Plate: Evidence of a Rapid True Polar Wander Event, in: »Science«, Vol. 287, 21. 1. 2000, S. 455–459
Sattler, H. R.: »The New illustrated Dinosaur Dictionary«, New York 1990
Scheven, J.: »Leben« (»Deutsches Schöpfungsmagazin«), Nr. 6, 1995
Schindewolf, O. H.: »Der Zeitfaktor in Geologie und Paläontologie«, Stuttgart 1950
–: »Grundfragen der Paläontologie«, Stuttgart 1950
Schmidt, M.: »Die Lebewelt unserer Trias«, Öhringen 1928
Schwarzbach, M.: »Das Klima der Vorzeit«, Stuttgart 1993
Sclater, J. G., und Tapscott, C.: Die Geschichte des Atlantik, in: »Ozeane und Kontinente«, Heidelberg 1987
Seibold, E.: »Der Meeresboden«, Berlin/Heidelberg/New York 1974
Sereno, P. C.: The Evolution of Dinosaurs in »Science«, Vol. 284, 25. Juni. 1999, S. 2137–2147
Shaw, H. R.: »Craters, Cosmos and Chronicles«, Stanford 1994
Shimer, H. W. und Shrock, R. R.: »Indexfossils of North America«, London 1949
Simon, W.: »Zeitmarken unserer Erde«, Braunschweig 1948
Spinar, Z. V.: »Leben in der Urzeit«, Prag 1973
Steiger, B.: »Mysteries of Time and Space«, West Chester 1989
Steiner, W.: »Die große Zeit der Dinosaurier«, Leipzig/Jena/Berlin 1986
Sterberg, C. H.: »Life of a Fossil Hunter«, New York 1909
–: »Dinosaur Hunting on Red Deer River, Alberta, Canada«, Lawrence 1917
Stokes, W. L.: »Dinosaur Tour Book«, Salt Lake City, 1998, 2. Auflage 1992
–: »Geology of Utah«, Salt Lake City 1987, 2. Auflage 1988
Strangway, D. W.: The Continental Crust and its Mineral Deposits, in: »Special Paper 20. Geological Society of Canada«, 1980
Suess, E.: »Das Antlitz der Erde« (4 Bände), Leipzig 1885/1909
Supan, A.: »Grundzüge der physischen Erdkunde«, Leipzig 1916
Taylor, J.: »Fossil Facts & Fantasies«, Crosbyton 1999
Thenius, E.: »Paläontologie«, Stuttgart 1970
–: »Versteinerte Urkunden«, Berlin 1981
Thompson, R. C.: »The Reports of the Magicans and Astrologers of Ninive and Babylon«, II, XVIII
Thorson, R. M., Clayton, W. S., und Seeber, L.: Geologic evidence for a large prehistoric earthquake in eastern Connecticut, in: »Geology«, 14, Boulder 1986
Tollmann, A. und E.: »Und die Sintflut gab es doch«, München 1993

Toon, O. B.: »Sudden Changes in Atmospheric Composition and Climate« in Holland H. D. and Trendall, A. F.: »Patterns in Change of Earth Evolution«, Berlin 1984, S. 14–61 (cf. Tollmann)
Turekian, K. K.: »Die Ozeane«, Stuttgart 1985
Vickers-Rich, P. und Rich, T-H.: Australiens Polar-Dinosaurier in »Spektrum der Wissenschaft«, Digest 5, 1997, S. 88–94
Vollmer, A.: »Sintflut und Eiszeit«, Obernburg 1989
Wagenbreth, O., und Steiner, W.: »Geologische Streifzüge«, Leipzig 1990
Walker, J. C. G.: »Evolution of the Atmosphere«, New York 1977
Wallace, J.: »The American Museum of Natural History's Book of Dinosaurs and other Ancient Creatures«, New York 1994
Weber, H.: »Einführung in die Geologie Thüringens«, Berlin 1955
Wegener, A.: »Die Entstehung der Kontinente und Ozeane«, Braunschweig 1915
–: Die Entstehung der Kontinente, in: »Geologische Rundschau«, Leipzig 1912
Wegner, H. G.: »Der Fossiliensammler«, München 1976
Weinschenk, E.: »Grundzüge der Gesteinskunde, Teil I«, Freiburg 1906
–: »Grundzüge der Gesteinskunde, Teil II«, Freiburg 1907
West, L. u. Chure, D.: »Dinosaur. The Dinosaur National Monument Quarry«, Salt Lake City 1984/1994
Wiedmann, J. (Hrsg.): »Aspekte der Kreide Europas«, Stuttgart 1979
Wilford, J. M.: »The Riddle of the Dinosaurs«, New York 1986
Woodward, S. R., Weyand, N. J., und Bunnel, M.: DNA Sequenz from Cretaceous Period Bone Fragments, in: »Science«, Bd. 266, 18. 11. 1994
Wuketits, F. M.: »Biologie und Kausalität«, Berlin/Hamburg 1981
Wunderlich, H. G.: »Das neue Bild der Erde«, Hamburg 1975
Zillmer, H.-J.: »Darwins Irrtum – Vorsintflutliche Funde beweisen: Dinosaurier und Menschen lebten gemeinsam«, München 1998, 5. Auflage 2002
–: »Irrtümer der Erdgeschichte – Die Wüste Mittelmeer, der Urwald Sahara und die Weltherrschaft der Dinosaurier: Die Urzeit war gestern«, München 2001, 2. Auflage 2002

Sach- und Personenregister

A

D

I

J

K

L

M

N

O

P

Q

R

S

T

U

V

HANS-JOACHIM ZILLMER

Darwins Irrtum

Vorsintflutliche Funde beweisen:
Dinosaurier und Menschen lebten gemeinsam

»Wie ein großer Meteorit fräst sich das Weltbild des Hans-Joachim Zillmer in die Gehirnwindungen und zerstört die bislang so logisch erklärte und begründete Welt eines Darwin und Lyell so nachhaltig und gründlich, dass man sich nach der Lektüre allen Ernstes fragt, wieso man all die Jahre ›diese‹ naturwissenschaftliche Erklärungen unserer Welt für bare Münze genommen hat.«
Amazon Books (Deutschland)

»Der Autor versteht es gut, seine Thesen allgemeinverständlich darzustellen und auch Beziehungen zum Alten Testament aufzuzeigen. Für Nicht-Geologen und -Paläontologen ist es schwierig, die Lücken in Zillmers Beweisführungen zu erkennen.«
»Geologische Mitteilungen«, GMIT Nr. 5 – September 2001

Dieser Bestseller wird in neun Sprachen übersetzt.
304 Seiten, mit 108 z. T. farb. Fotos + 43 Zeichnungen
4. Auflage
ISBN 3-7844-2709-X

HANS-JOACHIM ZILLMER

Irrtümer der Erdgeschichte

Die Wüste Mittelmeer, der Urwald Sahara und die Weltherrschaft der Dinosaurier: Die Urzeit war gestern

»Ein Ingenieur schreibt die Weltgeschichte um. Seine Sachbücher sind Bestseller. Zillmer schwört auf Katastrophen, schrumpft Vergangenheit zusammen und ordnet Ereignisse neu.«
»Welt am Sonntag«

»Das sehr spannend und in erfrischend allgemeinverständlicher Form geschriebene Sachbuch ›Irrtümer der Erdgeschichte‹ bietet höchst interessante Überlegungen zu den Widersprüchen in den heute geltenden Theorien der Normalwissenschaften. Der Autor entwirft ein alternatives Szenario, durch das die Befangenheit der einzelnen Wissenschaftsdisziplinen aufgebrochen und ein neuer Blick auf zentrale Probleme eröffnet wird.«
Prof. Dr. Bazon Brock,
Bergische Universität Wuppertal

336 Seiten, mit 79 z. T. farb. Fotos + 71 Zeichnungen
ISBN 3-7844-2819-3